Eva-Maria Krämer

Der große Kosmos-Hundeführer

Eva-Maria Krämer

Der große Kosmos-Hundeführer

Mit allen **341** FCI-Rassen
und **150** zusätzlichen Rassen

KOSMOS

Vorwort *6*

Rassehunde – Rassezucht *7*
▸ Tipps zum Kauf eines Rassehundes *8*

Zur Handhabung des Hundeführers *9*

Hundetypen *10*
▸ Hüte-, Treib- und Hirtenhunde *10*
▸ Haus- und Hofhunde *11*
▸ Spitze und Hunde vom Urtyp *12*
▸ Gesellschafts- und Begleithunde *12*
▸ Jagd- und Windhunde, Terrier *13*
▸ Gruppeneinteilung der FCI-anerkannten Rassen *16*

▸ bis 30 cm Schulterhöhe *20*

▸ 30 bis 39 cm Schulterhöhe *57*

▸ 40 bis 49 cm Schulterhöhe *98*

▸ 50 bis 59 cm Schulterhöhe *133*

▸ 60 bis 69 cm Schulterhöhe *235*

▸ 70 cm und mehr Schulterhöhe *313*

Service *381*

▸ Glossar *381*
▸ Zum Weiterlesen *385*
▸ Nützliche Adressen *387*
▸ Register *388*
▸ Impressum *400*

Vorwort

Als Ende der 1970er Jahre die Idee zu diesem Buch in mir reifte und ich im Jahre 1990 die erste Auflage in Händen hielt, konnte ich nicht ahnen, dass der KOSMOS Hundeführer zu einem internationalen Standardwerk werden würde, das in viele Sprachen übersetzt wurde und nun auch in China, wo gerade die Rassehundezucht aufblüht, ein wertvoller Leitfaden sein wird. Ich konnte auch nicht ahnen, dass er mich fast 20 lang Jahre lang auf Trab hält. Er entwickelte sich zu einem wundervollen Abenteuer, dessen Ende noch nicht in Sicht ist. Die vollständige Überarbeitung dieser 5. Auflage zeigte deutlich, dass sich viel verändert hat. So hat uns das Bewusstsein, bodenständige Schläge als Rassen zu kultivieren und dieses alte Kulturerbe zu erhalten, einige „neue" Rassen beschert. Die Standards wurden überarbeitet, Fotos konnten aktualisiert werden.

Ich bin stolz darauf, dass der KOSMOS Hundeführer im Laufe der Jahre zu einem Umdenken und besserem Verständnis des Hundes beigetragen hat. Ich legte erstmals den Schwerpunkt darauf, Hunderassen in ihrer Persönlichkeit und nicht deren äußeres Erscheinungsbild zu beschreiben. Es war mir ein Anliegen, die Hunde als individuelle Persönlichkeiten zu zeigen, geprägt von ihren ursprünglichen Aufgaben, für die sie unter sorgfältiger Auslese gezüchtet wurden. Deshalb machte ich mich auf, nach Möglichkeit moderne Rassen als Arbeitshunde zu erleben. Das waren wunderbare Erfahrungen, die tiefe Einblicke in das Hundeverhalten erlaubten. Meine Reisen führten mich durch ganz Europa, von Ungarn bis Schottland, von Portugal bis Norwegen, bis nach Amerika, Australien und Asien. Meine Recherchen gingen oft abenteuerliche Wege, führten kreuz und quer durch die Welt. Kontakte mit Züchtern kamen über Botschaften zustande, der Zufall spielte manchmal eine Rolle. Bis in die Drucklegung hinein gab es überraschende Nachrichten, dass Hunde, die ich vor 20 Jahren bei der Arbeit fotografierte, nun als Rassen gepflegt werden und somit aufgenommen werden konnten. Da ich die meisten Hunde selbst fotografiert habe, konnte ich mir einen persönlichen Eindruck von den Rassen verschaffen und mich in Gesprächen mit den Besitzern und Züchtern über die Eigenarten austauschen. Meine Jahre des Studiums des Hundeverhaltens waren mir beim Verständnis der Hundepersönlichkeiten sehr hilfreich.

Der Große KOSMOS Hundeführer enthält alle FCI-anerkannten sowie national anerkannten Rassen, aber auch zahlreiche nicht offiziell anerkannte, die zuchtbuchmäßig erfasst werden bzw. solche, die für bestimmte Aufgaben gezüchtet werden, aber nicht unbedingt reinrassig sein müssen. Ein Anspruch auf Vollständigkeit besteht nicht. Eine Grenze zu ziehen zwischen privaten Kreationen, Wunschdenken und vernünftigen züchterischen Bemühungen war nicht immer leicht. Doch das Buch wäre nie ohne die Hilfe vieler Freunde und geschätzter Kynologen zustande gekommen, die mir insbesondere bei den Rassen halfen, zu denen ich keinen persönlichen Zugang hatte, oder durch Kontakte meinen Zugang zu seltenen Rassen ermöglichten. Mein Dank gilt Dr. Alzbeta Kovácová-Pecárová für die osteuropä-ischen, Branka und Marjan Kocbek für die jugoslawischen, Manuel Borges, Joao Valente und Marleen van Wolferen für die portugiesischen Rassen, Tonny Popelier und Madelaine Hiemstra für zahlreiche Laufhunde und Paul Kühlwetter für die jagdhundfachliche Durchsicht bei den ersten Auflagen, Carla Cruz, Cory Leed, Phil Taormina, Philippe Touret und Heidrun Holzapfel bei der 4., stark überarbeiteten Auflage und für diese neu bearbeitete 5. Auflage Dr. Urosevic für seine Unterstützung bei den Balkan- und indischen Rassen, Holger Bunyan für die Durchsicht der Windhunde, Carmen Sporidis für ihre Hilfe bei den griechischen und Alexandre de Carvalho bei den brasilianischen Rassen. Dank gilt allen, die mir mit großem Enthusiasmus und oft erheblichem Aufwand ihre Rassen präsentierten, den Zuchtvereinen für Informationen sowie Angela Beck vom Verlag für die angenehme Zusammenarbeit. Ich wünsche mir, weiterhin zum Verständnis des Hundes beizutragen und meinen Lesern spannende Lektüre.

Seelscheid, im Frühjahr 2009   Eva-Maria Krämer

Rassehunde – Rassezucht

Die systematische Rassezucht und die Gründung der Vereine zur Erhaltung bestimmter Rassen fällt in Deutschland auf das Ende des 19. Jahrhunderts. 1863 fand die erste Hundeausstellung in Hamburg statt, 1880 wurde der erste Rassezuchtverband gegründet, weitere folgten und schlossen sich im Vorläufer des heutigen Dachverbandes VDH zusammen.

Der Verband für das Deutsche Hundewesen e.V. ist Mitglied der FCI, Fédération Cynologique Internationale in Thuin, Belgien. Als internationalem Dachverband obliegt der FCI u.a. die Vereinheitlichung des Ausstellungs- und Zuchtwesens in allen ihr angeschlossenen Ländern der Erde. Der vom Mutterland einer Rasse erstellte Standard , der von der FCI anerkannt wurde, ist bindend für alle ihr angeschlossenen Zuchtverbände. Es gibt jedoch eine ganze Reihe nicht der FCI angeschlossener, nationaler und internationaler Rassehundezuchtverbände. Die FCI ist jedoch der bei weitem größte internationale Dachverband, und der VDH einer der international bedeutendsten nationalen Verbände.

Die hohe Anpassungsfähigkeit an die Umwelt und das soziale Rudelleben des Wolfes waren Voraussetzung für die Entwicklung des Haushundes. Die Vielfalt der Hunderassen ist nicht nur durch verschiedene Verwendungszwecke, sondern auch unterschiedliche Größe, Haarbeschaffenheit, Farbe und Gebäudeform entstanden. Die bis zum Beginn der Rassezucht übliche Kreuzung verschiedener Schläge und Typen nach den Gesichtspunkten der Gebrauchstüchtigkeit hatte zur Ausbildung aller nur denkbaren Varianten geführt, die nun rein – oft auf wenigen Einzeltieren beruhend – als Rassen nach einem vorgegebenen Standard weitergezüchtet wurden. Der Gedanke reiner Rassen entsprach dem Zeitgeist, kommerzielle Interessen kamen hinzu, denn reinrassige Hunde waren wertvoll, ein wohlhabender Mittelstand widmete sich dem neuen Hobby, den Schönheitswettbewerben und der Zucht zu diesem Zweck. Durch züchterische Auslese bodenständiger,einheitlicher Hundetypen und Kreuzungen bestehender Rassen entstehen auch heute

noch neue Rassen. Viele Rassen sind Erben uralten Kulturgutes des Menschen, der sich ohne die Hilfe des Hundes nicht weiterentwickelt hätte. Aufgabe der Rassezuchtvereine ist die lückenlose Dokumentation (Zuchtbuch) der Zucht, deren Überwachung nach tierschützerischen Gesichtspunkten und die Zugrundelegung des Standards bei der Zucht. Hierzu werden Zuchtbestimmungen erstellt. Nur der Züchter, der sich daran hält, kann seine Welpen nach Kontrolle durch einen Zuchtwart in das Zuchtbuch des Rassezuchtvereins eintragen lassen. Jeder Welpe bekommt eine Ahnentafel ausgestellt, die Aufschluss über seine Vorfahren gibt. Dem Züchter erschließt sie die Qualität der Vorfahren und damit den Zuchtwert des Hundes. Die Ahnentafel ist als Auszug aus dem Zuchtbuch das wesentliche Dokument für die Rassehundezucht.

In den letzten Jahren geriet die Rassehundezucht in Misskredit. Nicht ganz zu Unrecht, denn wo gewisse Menschen ein Geschäft wittern, machen sie vor übelsten Praktiken nicht halt. Auf Masse und Profit gezüchtete Welpen haben keine artgerechte Aufzucht, sind oft verhaltensgestört und krank.

Doch auch nicht kommerzielle Rassehundezüchter gerieten in die Kritik, da bei manchen Rassen anatomische Defekte zum Schönheitsideal erhoben wurden, die den Hunden Leiden zufügen. Durch Inzucht wurden Rassemerkmale gefestigt, ja sogar maßlos übertrieben, Wohlbefinden, nervliche Belastbarkeit und Gesundheit blieben bei manchen Zuchten auf der Strecke. Der Hund ist kein Schauobjekt oder modisches Accessoire Die Bewertung des Äußeren darf nicht über Gesundheit und Lebensqualität gestellt werden. Deshalb beinhalten die Zuchtbestimmungen seriöser Rassezuchtvereine Gesundheitsvorsorgemaßnahmen, Wesensüberprüfungen usw.

Der unkritische Käufer fördert und finanziert die schwarzen Schafe unter den Hundezüchtern! Die große Mehrzahl der Rassehunde ist gesund und lebensfroh, bedenken Sie jedoch, dass eine Hunderasse nicht einem Markenzeichen gleichzusetzen ist, mit dem Fließbandprodukte gekennzeichnet werden. Verantwortungsvolle Zucht und der richtige Hund beim richtigen Menschen sind Voraussetzung für viele gemeinsame glückliche Jahre. Die richtige Partnerwahl unter der Vielzahl reizvoller Hunderassen zu treffen, soll Ihnen der Hundeführer erleichtern.

▸ Tipps zum Kauf eines Rassehundes

Der erste Schritt vor der Anschaffung eines Hundes sollte eine kritische Selbstprüfung sein: Habe ich Zeit und Platz für einen Hund, will ich mich eingehend mit seinen Bedürfnissen befassen, kann ich ihn mir leisten? Ist man sich seiner Möglichkeiten und Wünsche bewusst, muss nüchtern überlegt werden, welche Rasse sinnvollerweise in Frage kommt. Aussehen alleine darf nicht ausschlaggebend sein. Bedürfnisse, Eigenarten, Auslauf und Pflegeaufwand müssen abgewogen werden.

Neben der Größe spielt das Fell bei der Wahl des Hundes oft eine große Rolle. Wir haben bei jeder Rasse eine Bemerkung zur Pflege gemacht. Grundsätzlich gilt, dass kurzhaarige Hunde ohne Unterwolle witterungsempfindlicher sind als stockhaarige Hunde mit dichter, isolierender Unterwolle. Erstere verlieren nicht so viele Haare, die aber eher an Stoffen hängen bleiben, während Unterwolle zweimal im Jahr in Flocken ausfällt und sich überall verteilt. Langhaar ist nicht unbedingt pflegeintensiv, aber man muss den Umgang mit dem Fell lieben, wenn die Hunde sauber und gepflegt sein sollen. Ausfallende Haare lassen sich gut entfernen, die Hunde tragen aber viel Schmutz ins Haus. Rassen, die getrimmt oder geschoren werden, sind abgesehen von diesen aufwendigen und teuren Maßnahmen (beim Hundefrisör) eher pflegeleicht.

Der größte Vorteil des Rassehundes gegenüber dem Mischlingshund ist, dass man ziemlich genau im Voraus weiß, was man sich mit dem Welpen ins Haus holt. Mischlinge dagegen stecken voller – nicht immer angenehmer – Überraschungen. Meiden Sie jedoch unbedingt Rassen, deren Äußeres die Lebensqualität der Hunde einschränkt, und fördern Sie deren Zucht nicht durch Ihre Nachfrage! Informieren Sie sich beim VDH über Ausstellungstermine, wo Sie die Rasse Ihrer Wahl leibhaftig bewundern und unverbindli-

che Kontakte knüpfen können. Besorgen Sie sich Literatur, die nur dieser Rasse gewidmet ist. Besuchen Sie stets mehrere Züchter und kaufen Sie Ihren Welpen dort, wo die Hunde Ihren Vorstellungen entsprechen und die Welpen eine menschenbezogene Aufzucht genießen, d.h. Vertrauen zum Menschen deutlich zeigen.

Rassehundezucht ist teuer und aufwendig. Welpenpreise um die 1.000 Euro und mehr sind nicht ungewöhnlich. Vorsicht bei Billigangeboten, renommierte Züchter haben in der Regel keine Absatzschwierigkeiten!

Bei keiner Rasse sind ängstliche oder aggressive Hunde in friedlichen Situationen normal. Natürlich darf ein Hund den Eindringling verbellen und je nach Rasse auch mit Nachdruck, aber unter der freundlichen Einwirkung des Züchters muss er sich in Gegenwart der Fremden beruhigen und neutral verhalten. Belasten Sie sich nicht mit einem Hund, der nervlich unserer Umwelt nicht gewachsen ist oder für Menschen eine Bedrohung darstellt. Akzeptieren Sie dann keine Ausreden und Entschuldigungen, gehen Sie zum nächsten Züchter.

Bei der Rassewahl sollte man bedenken, dass sehr große Hunde eine relativ geringe Lebenserwartung haben. Einige Rassen leiden unter Erbkrankheiten. Am weitesten verbreitet dürfte die Hüftgelenksdysplasie (HD) sein. Kaufen Sie nur von Elterntieren, die geröntgt und möglichst frei von HD sind. Fragen Sie bei dem Rassezuchtverein, ob und welche Krankheiten es gibt. In der Regel sehen die Zuchtbestimmungen die Bekämpfung vor. Ich habe bewusst auf das Aufführen solcher Krankheiten und Mängel verzichtet, weil häufig nur wenige Hunde einer Rasse betroffen sind und bei entsprechender züchterischer Bekämpfung ein Problem von heute morgen keines mehr ist oder eine heute „gesunde" Rasse morgen schon ein Problem haben kann. Auch der sorgfältigste Züchter kann nur bis zu einem gewissen Grade für die Gesundheit eines Welpen verantwortlich zeichnen. Er soll aber nach bestem Wissen und Gewissen nur gesunde und charakterlich einwandfreie Hunde zur Zucht verwenden.

Zur Handhabung des Hundeführers

In der **Überschrift** wird die in Deutschland gebräuchliche Rassebezeichnung angegeben. Synonyme Namen sind im Text fett hervorgehoben, Querverweise auf andere Rassen mit einem Pfeil gekennzeichnet. Der **Randspaltentext** informiert über die im Standard vorgegebene Schulterhöhe, Gewicht, Farbe und evtl. Varietäten. Neben den von der FCI anerkannten Rassen werden einige national von FCI-Mitgliedsverbänden gepflegt, bis sie die Voraussetzungen für eine internationale Anerkennung erfüllen. Es gibt aber auch solche, die unabhängig jeglicher Anerkennung gezüchtet werden, wobei eine Kontrolle über den Verlauf der Zucht nicht immer gegeben ist.

Die **Rassebeschreibungen** schildern das erwünschte, typische Charakterbild. Dank generationenlanger Auslese auf bestimmte Merkmale ist die Wahrscheinlichkeit groß, dass ein Hund einer Rasse die gewünschten Eigenschaften auch zeigt. Trotzdem gibt es angeborene Abweichungen, denn das weit gefächerte Sozial- und Jagdverhalten von Urahn Wolf steckt noch immer in unseren Rassehunden. Aufzucht und Haltung prägen das Verhalten in hohem Maße, z.B. können Hunde sog. „kinderliebe" Rassen aufgrund schlechter Erfahrungen zur Gefahr für Kinder und normalerweise menschenfreundliche Hunde bissig werden.

Es ist wichtig zu wissen was man will und dies dem Züchter auch zu sagen. Aufgrund seiner Erfahrung kann er den geeigneten Welpen heraussuchen. Hinweise zur Kinderfreundlichkeit beziehen sich auf familieneigene Kinder unter der Voraussetzung, dass die Eltern Kind und Hund vernünftig füreinander erziehen und stets unter Kontrolle haben. Hunde sind kein Kinderspielzeug!

Auf eine nähere Beschreibung des Aussehens habe ich verzichtet und **Fotos** möglichst typischer Exemplare gewählt. Viele sind Champions und Siegertiere, die für sich sprechen.

Den Standardwortlaut bekommt man auf der Website des VDH www.vdh.de oder der FCI www.fci.be. Wesentlich ist, dass Mensch und Hund charakterlich zusammenpassen und der Mensch den Bedürfnissen des Hundes gerecht wird.

In Deutschland ist das Abschneiden von Ohren und Rute verboten (Ausnahme: jagdlich geführte Hunde), so dass ich mich bemüht habe, nur unkupierte Hunde abzubilden. Allerdings war mir das bei Hunden, die ich nur in ihrem Heimatland aufnehmen konnte, oder bei aktiven Jagdhunden, nicht immer möglich.

Wir haben den Hundeführer **nach der Größe der Hunde geordnet**, da sie ein wesentliches Auswahlkriterium für die Anschaffung ist und die Rassebestimmung erleichtert. Die Größe wird am Widerrist (Spitze der Schulterblätter am Rücken) im Stand gemessen. In der Gruppe der über 70 cm messenden Hunde wünscht man oft möglichst große Exemplare. Innerhalb der Größengruppen sind manche Rassen nach Ähnlichkeit und Verwandtschaft geordnet. Die Größengruppen werden durch verschiedenfarbige Griffleisten gekennzeichnet.

Das umfangreiche Register enthält alle synonymen Namen. Über diesen **alphabetischen Zugriff** ist jede Rasse schnell aufzufinden. Einen **kynologischen Zugriff** bietet die Gruppeneinteilung der FCI-anerkannten Rassen (S. 16).

Im Anschluss an die Rassebeschreibungen finden Sie ein Lexikon zur Erläuterung der Fachausdrücke (S. 381) sowie Referenzen, wo Sie Züchteradressen und Ausstellungstermine bekommen. Bei den nicht offiziell anerkannten Rassen können wir leider keine verbindlichen Anschriften angeben. Kontakte bekommt man über das Internet oder Anzeigen in Hundefachzeitschriften.

Da die Rassehundezucht ständig im Wandel begriffen ist und diese Auflage hoffentlich nicht die letzte sein wird, bin ich stets für Anregungen und ergänzende Hinweise dankbar.

Hundetypen

▶ **Hüte-, Treib- und Hirtenhunde**

Früher hütete der Mensch seine Herde alleine. Er ging meist vor der Herde her, die ihm bzw. einem handzahmen Leittier an seiner Seite willig folgte. Der Hirte führte starke, gegen Witterungsunbill durch dichtes, derbes, manchmal zottiges Fell geschützte Hunde mit sich. Sie bewachten die Herde bei Nacht vor Raubtieren und zweibeinigen Dieben. Den empfindlichen Hals schützte ein stachelbewehrtes Eisenhalsband. Als Beschützer der Lebensgrundlage des Menschen hatten diese Hunde für die Hirten unschätzbaren Wert und wurden mit großer Sorgfalt gezüchtet, wenn auch nicht nach unseren Vorstellungen der Rassehundezucht. In erster Linie zählte ihre Leistungsfähigkeit. Ähnlichkeiten in der Erscheinung ergaben sich durch Verwandtschaftszucht in entlegenen Gebieten und die Anforderungen, die die Umwelt an die Hunde stellte, z.B. Körperbau je nach Gelände, Fellfarbe je nach Umfeld, Art des Fells je nach Witterung usw.

Heute finden wir **Hirtenhunde** bei ihrer ursprünglichen Arbeit noch in den Gebirgsregionen Süd- und Osteuropas sowie in Asien, wo es noch oder wieder Wölfe und Bären gibt. Alle Hirtenhunde sind ihrer ursprünglichen Aufgabe heute noch verbunden, was sich in ihrem Charakter zeigt. Sie sind in der Regel keine Schmeichler und allem Fremden gegenüber unnahbar bis misstrauisch. Ihr Territorialinstinkt ist stark ausgeprägt, sie bewachen und verteidigen das ihnen Anvertraute mit aller Hingabe. Besonders aufmerksam werden diese Hunde bei hereinbrechender Dunkelheit, wenn für den Menschen die Zeit der Ruhe kommt. Um ihrer verantwortungsvollen Aufgabe gewachsen zu sein, wurde auf Dominanz selektiert, so dass sie von klein an lernen müssen, sich dem Menschen unterzuordnen. Völlige Selbständigkeit und Unabhängigkeit gewohnt, brauchen sie eine konsequente, aber keinesfalls grobe Erziehung, die beim Besitzer sehr viel Hundeverstand voraussetzt. Schnellwüchsig, kräftig und als Junghunde temperamentvoll, brauchen sie einen Menschen, der körperlich fit ist. Diese Hunde verlassen ihr Territorium nur ungern und sind außerhalb oft unsicher. Kontakt, Beschäftigung, Spaziergänge zur Kontrolle der Reviergrenzen lieben sie, aber ständigen Ortswechsel, ständig neue Aufgaben müssen sie nicht haben. Diese Hunde werden erwachsen, haben eine Aufgabe und brauchen keinen Entertainer. Das kommt sicher vielen Menschen entgegen, dennoch muss beim Kauf eines Hirtenhundes sehr wohl abgewogen werden, ob man sich für diesen Hund eignet. Niemals darf man ihn leichtfertig kaufen oder sich als problemlos aufschwätzen lassen. Hirtenhunde gehören in die Hand von Menschen, die Freude daran haben, sich mit einem ursprünglichen Hundecharakter, der wenig Abhängigkeit vom Menschen zeigt, zu beschäftigen.

Treibhunde sind wehrhafte, robuste, derbe Hunde voller Kraft und Durchsetzungsvermögen. Früher brachten die Viehhändler Rinder, Schafe und Schweine oft über lange Strecken vom Erzeuger zum Markt. Der Hund trieb das Vieh in dichtem Pulk voran und schützte es vor Dieben. Der Rottweiler ist ein typischer Treibhund.

Die **Hütehunde** entwickelten sich erst, als Wolf und andere Raubtiere weitgehend ausgerottet waren. Die mächtigen Hirtenhunde hatten ihre Schuldigkeit getan. Manche überlebten als Schutzhunde großer Anwesen. Die Landwirtschaft breitete sich weiter aus, die Schafherden wurden größer, denn die industrielle Verarbeitung von Wolle zu Tuch eröffnete einen schier unerschöpflichen Markt. Jetzt brauchte der Schäfer einen wendigen, kleineren Hund, der weniger selbstständig arbeitete als der Hirtenhund. Nicht schützen, sondern treiben und zusammenhalten der Herden waren seine Aufgaben. Der Schäfer-

Altdeutscher Schäferhund bei der Arbeit

hund muss auf Fingerzeig seines Herrn reagieren und trotzdem in gewissen Situationen auch ohne Anweisungen Entscheidungen treffen. Sicherlich zog der Schäfer für diese Aufgabe kräftige Bauernhunde heran, die durch den engen Kontakt mit Mensch und Tier die Voraussetzung für die neuen Tätigkeiten mitbrachten. Überall in der Alten Welt entwickelten sich bodenständige Hütehunde, deren Äußeres durch die Anforderungen von Gelände und Witterung her bestimmt wurden. Schnelle, wendige Hütehunde treiben Schafe und Ziegen in unzugänglichem Gelände zusammen. Kräftigere Hunde begleiten in ausdauerndem Trab große Herden auf langen Wanderungen. Sie müssen sich durchsetzen und Herde und Schäfer gegen Diebe verteidigen. Aus letzteren rekrutieren sich viele moderne Gebrauchshunderassen, wie z.B. der Deutsche Schäferhund. Zu den lebhaften Berghütern gehören Berger Pyrenée und Bearded Collie. Sie sind alle sehr wachsam und bellfreudig. Hütehunde sind Arbeitshunde. Ein Schäfer hat nicht viel Zeit, um einen Hund auszubilden. Er muss möglichst rasch möglichst perfekt arbeiten. Dazu gehören angeborene Arbeitswilligkeit und enge Verbundenheit zum Herrn. Beides bringen Hütehunde mit. Das macht sie wiederum zum bevorzugten Begleithund, denn sie sind intelligent, stellen sich auf den Menschen ein und sind recht leicht zu erziehen. Da der Hütetrieb auf tief im Innern des Hundes verwurzelten Jagdmethoden seiner Vorfahren beruht, kommt die Neigung zum Wildern vor. Da sie aber zu den „unter Kommando" arbeitenden Hunden gehören, kann man sie in den meisten Fällen über den Gehorsam zügeln. Fast alle Hütehunde bzw. Schäferhunde kann man als sensibel bezeichnen, manche sind ausgesprochen unterordnungsbereit. Sie brauchen klare Führung und wollen arbeiten. Unterforderte Hütehunde neigen oft zu Wesensproblemen, sie sind deshalb vor allem für sportliche Menschen geeignet, die sich intensiv mit ihren Hunden beschäftigen und Ersatzaufgaben bieten können.

▶ **Haus- und Hofhunde**

Hierunter fassen wir all die Rassen zusammen, deren Aufgabenbereich sich auf das Anwesen ihrer Menschen erstreckt. Die **Pinscher** und

Entlebucher Sennehunde sind Nachfahren alter Bauernhunde aus dem Alpenraum.

Schnauzer waren von jeher Stallhunde. Ihre wichtigste Aufgabe war das Kurzhalten von Ratten und Mäusen, was ihnen die Bezeichnung „Rattler" einbrachte. In einer Zeit, als Pferde kostbarer Besitz und lebensnotwendiges Transportmittel waren, waren die Hunde einfach unentbehrlich. Sie führten, verglichen mit vielen anderen Hunden, sicherlich nicht das schlechteste Leben in der Wärme der Ställe bei sich reichlich vermehrender Nahrung. Der ständige Umgang mit Stallburschen, Kutschern und Reitern, Lärm und oftmals Hektik, ließ nervenfeste, robuste Hunde heranwachsen, bissige Hunde wurden nicht geduldet, während Wachsamkeit besonders nachts gern gesehen war. Schneid, Draufgängertum und Geschicklichkeit beim Rattenfang zeichnete die Hunde aus. Selbstverständlich durften sie keinerlei Neigung zum Streunen zeigen.

Der **Deutsche Spitz** gilt als der Wachhund schlechthin. Seit dem Mittelalter prägte er das Bild des bäuerlichen Alltags, gewann aber auch in den Städten als nimmermüder Wächter viele Freunde. Erst in jüngerer Zeit wurde der Spitz von „neuen" Rassen verdrängt und geriet ziemlich in Vergessenheit. Heute empfiehlt die Jägerschaft Bewohnern abgelegener Höfe die Haltung eines Spitzes, da er kaum zum Wildern neigt. Der Spitz ist Fremden gegenüber misstrauisch und abweisend, stets aufmerksam und wachsam, reviertreu und lässt sich leicht erziehen. Man darf den Deutschen Spitz nicht mit den nordischen Spitzen vergleichen.

Molosser nennt man schwere, doggenartige Hunde, wie man sie schon in der Antike zur Großwildjagd und im Krieg als Kampfhunde einsetzte. Die doggenartigen Nachkommen der antiken Molosser sind nach wie vor zuverlässige Beschützer ihrer Familien und von deren Besitz, die bei Gefahr mit Nachdruck verteidigen. Diese Hunde brauchen eine konsequente Erziehung mit Hundeverstand, frühe Gewöhnung an Menschen und Tiere sowie verantwortungsvolle Züchter, die nur mit ausgeglichenen, nervenfesten Hunden züchten. Falsch geprägt und künstlich scharf gemacht, könnten manche der großen, starken Hunde außer Kontrolle geraten.

Einige unter der FCI-Gruppe „Berghunde" (= Hirtenhunde) eingereihte Rassen sind typische Haus- und Hofhunde. Der Hovawart wurde aus Bauern- und Schäferhunden herausgezüchtet und gehört zu den anerkannten Diensthunden. Landseer, Neufundländer, Leonberger und St. Bernhardshund sind Begleiter, die wenig Angriffslust, im Höchstfall Verteidigungsbereitschaft bei ernster Bedrohung zeigen. Als stark revierorientierte Hunde sind sie unter gleichgeschlechtlichen Hunden oft unverträglich.

Die **Schweizer Sennenhunde** sind Nachfahren der Bauernhunde, die sich in der Abgeschiedenheit der Alpentäler entwickelten. Der kleine Entlebucher und der etwas größere Appenzeller sind lebhafte Viehtreiberhunde, ausgesprochen wachsam und immer im Dienst, während der Große Schweizer und der Berner den Hof bewachten und die Milchkarren zogen.

▶ **Spitze und Hunde vom Urtyp**
Diese ursprünglichen Hunde mit spitzem Fang, spitzen Stehohren, quadratischem Körperbau und

Akita Inu sind sehr ursprüngliche Hunde.

Havaneser zählen zu den Gesellschafts- und Begleithunden.

Ringelrute verdanken ihr noch sehr uriges Verhalten den für Mensch und Hund gleichermaßen schwierigen Lebensbedingungen. Das unentbehrliche Arbeitstier Hund musste mit minimaler menschlicher Fürsorge überleben und arbeiten. Ein vom Menschen abhängiges Geschöpf wäre eine Belastung. Einen anhänglichen Hausgenossen brauchten weder die Eskimos noch die Jäger der Tundra und Taiga, des Kongos oder die Beduinen. Zu den Spitzen und Hunden vom Urtyp zählen die nordischen Jagdhunde ebenso wie die japanischen Jagdhunde, der afrikanische Basenji, der Kanaan Dog aus Israel ebenso wie der Dingo Australiens. Unter den nordischen Hunden finden wir Schlittenhunde, Jagd- und Hütehunde. Allgemeines kann man über die Arbeitsweisen und den Charakter dieser Hunde nicht aussagen. Sie werden in den Rassebeschreibungen ausführlich besprochen.

▶ **Gesellschafts- und Begleithunde**
Diese Rassen haben das zweifelhafte Vergnügen, allein zur Freude des Menschen zu leben und sind alle angenehme Hausgenossen. Hierzu gehören die Zwerg- und Schoßhunde. Diese Luxusgeschöpfe benötigen größte Aufmerksamkeit ihrer Menschen, sei es, dass ihr üppiges Fell sorgfältige, oft stundenlange Pflege braucht oder sie gar keines haben! Auf die Haltung eines Zwerghundes muss man sich einstellen, er hat seine Eigenheiten, die beachtet werden müssen. Deshalb sollte man sich vor dem Kauf einer solch winzigen Per-

sönlichkeit gut informieren und beraten lassen. Besonders die kurznasigen Hunde sind mit übergroßen Augen und Atemnot nicht immer glückliche Geschöpfe! Fast alle sind schwierig zu züchten, sei es, dass die Köpfe zu groß sind und die Geburt erschweren oder die Mütter die Welpen unmittelbar nach der Geburt nicht betreuen können. Da die Zwerge nur wenige Welpen gebären, sind alle Zwerghunde kostbar, teuer und kaum reinrassig und rassetypisch von „Hundevermehrern" zu bekommen, denn die Zucht ist nicht lukrativ.

▸ Jagd- und Windhunde, Terrier

Der Begriff Jagdhunde umfasst alle Hunde, die im weitesten Sinne dem Menschen bei der Jagd behilflich sind. Wölfe beherrschen alle Finessen der Jagd, im Rudel gibt es aber Einzeltiere, die bestimmte Jagdtechniken besonders gut beherrschen und so eine Arbeitsteilung ermöglichen, die das Überleben des Rudels sichert. Diese tief im Erbgut des Hundes verankerten Fähigkeiten machte sich der Mensch seit Jahrtausenden zunutze und schuf durch Zuchtauslese Jagdspezialisten, die sein Überleben garantieren. Die Entwicklung der Jagdhunde geht Hand in Hand mit der der Jagdmethoden und Waffen. Jagdhunderassen befinden sich ständig im Wandel der Zeit, lösen einander ab, entwickeln sich weiter. Die Geschichte der Jagdhunde ist ein Stück Kulturgeschichte des Menschen.

Die älteste Form der Jagd ist das Hetzen des Wildes mit Hunden. Der so genannte Leithund arbeitete die Spur aus und führte die Meute an. Je nach Gelände und Wild, ob man zu Fuß oder zu Pferde folgte, brauchte man langsamere, leichtere, schwerere, größere oder kleinere Hunde. Die **Laufhunde** jagen in großen Meuten oder einzeln mit dem Jäger. Die Jagd mit großen Meuten, die Parforce-Jagd, erlebte im feudalen Frankreich ihre Blütezeit. Jagdwild waren Hirsch und Schwarzwild, selten Damwild oder Fuchs. Während der Französischen Revolution wurden die herrschaftlichen Jagdhunde umgebracht, und viele schöne Laufhundrassen verschwanden. Heute erfreut sich die Parforce-Jagd in Frankreich wieder allgemeiner Beliebtheit. In Deutschland ist das Hetzen von Wild verboten, es gibt jedoch Schleppjagden,

ein reiterliches Vergnügen, bei dem die Hunde einer künstlichen Fährte (Schleppe) mit Heringslake folgen.

Neben den Meutehunden gehören die **Bracken** zu den Laufhunden. Die Brackenjagd mit ein oder zwei Hunden ist eine Treib- oder Drückjagd auf Hasen (seltener Füchse). Da der Hund langsamer als der Hase ist, hetzt er ihn nicht, sondern folgt seiner Spur mit lautem Gebell (Geläut) und treibt ihn so vor sich her. Der Hase hat die Angewohnheit, zu seinem Ausgangspunkt zurückzukehren, wo der Jäger auf ihn wartet. Die Bracken Europas sind besonders den Boden- und Klimaverhältnissen und dem Jagdwild ihrer Heimat angepasst. Sie zeichnen sich alle durch hervorragende Nase und große Ausdauer aus. Wegen zu kleiner Reviere ist die Brackenjagd in Deutschland kaum durchführbar.

Ein aufmerksamer Gefährte des Jägers ist der Pointer.

Eine Sonderstellung unter den Bracken nehmen die **mediterranen Laufhunde** ein, schlanke, fast windhundartige Geschöpfe mit großen Stehohren, die schon im alten Ägypten beliebt waren. Sie konnten sich vor allem in der Abgeschiedenheit der Mittelmeerinseln und auf den Kanarischen Inseln erhalten. Sie jagen mit Nase, Augen und Ohren vornehmlich Kaninchen.

Laufhunde sind edle, freundliche Hunde. Als Begleit- und Familienhunde sind sie jedoch wegen ihrer zügellosen Hetzleidenschaft kaum zu empfehlen. Dem selbständigen Jäger, der nie unter

Kommando steht, entgeht keine Spur und keine Bewegung, die nicht sofort zum Nachlaufen veranlasst. Gehorsam ist dann vergessen, es bleibt dem Hundebesitzer nur, fasziniert und besorgt zugleich dem herrlichen Geläut seines Hundes zu lauschen und zu hoffen, dass er unversehrt, abgehetzt aber glücklich, wiederkommt. Nur der Beagle ist ein beliebter Familienhund, aber auch er erinnert sich gern seines Laufhunderbes!

Der ehemalige Leithund des Hannoverschen Jägerhofs und die alten Brackenrassen des Alpenraums (Wildbodenhunde) wurden den neuen Bedürfnissen entsprechend zu hervorragenden **Schweißhunden** umgezüchtet, die das angeschossene, „schweißende" Wild suchen.

Eine kleine Bracke ist der **Teckel**, der jedoch seinen ursprünglichen Aufgabenbereich verlassen hat und in erster Linie für die Arbeit unter der Erde gedacht ist. Er ist einer der wenigen Jagdhunde, die sich eine Vorrangstellung als Haus- und Familienhunde schufen.

Im frühen Mittelalter galt die Jagd mit Greifvögeln als nobelste Beschäftigung des Mannes. Dazu gehörten die so genannten Vogelhunde, Stöberhunde, die das Federwild aufscheuchten, damit Habicht oder Falke es schlagen konnten. Später trieben die **Stöberhunde** die Vögel in große Netze. Meist waren diese Hunde langhaarig und spanielartig. Aus ihnen züchtete man später die langhaa-

rigen Vorstehhunde. In Großbritannien, dem Land der Jagdspezialisten, entwickelte sich eine Vielzahl von Spaniels parallel zu den Vorstehhunden. Sie suchen in unübersichtlichem Gelände, außerhalb der Kontrolle des Jägers, gründlich nach Wild, verfolgen es spurlaut und treiben es dem Herrn zu. Der Cocker Spaniel zählt zu den beliebtesten Begleithunden, kann aber seine Jagdhundherkunft nicht verleugnen.

Die Jagdverhältnisse änderten sich schlagartig mit der Urbarmachung natürlicher Landschaften und mit immer besseren, schnelleren und auf größere Entfernungen treffsicheren Gewehren. Der **Vorstehhund** wurde gebraucht. Seine Aufgabe ist, das Haar- oder Federwild aufzuspüren und anzuzeigen. Hat seine feine Nase Witterung aufgenommen und ist er nahe genug, um den Vogel zu veranlassen, sich zum Schutz zu ducken, gefriert seine Körperhaltung in einer typischen Pose – er steht vor. Ist der Jäger nahe genug zum Schuss, springt der Hund auf Befehl auf, Hühner und Fasane fliegen auf, der Hase flieht. Bis der Jäger geschossen hat, muss sich der Hund ruhig verhalten, setzen oder legen. In England, wo man solche Jagdveranstaltungen zum Sport erhob, arbeiten Pointer und Setter im rasenden Galopp das Gelände Meter für Meter ab. Je schneller der Hund, desto öfter die Möglichkeit, zum Schuss zu kommen. Das geschossene Wild zu finden und heran-

Labrador Retriever sind dafür gezüchtet, das geschossene Wild zu finden und zu bringen.

zubringen, ist Aufgabe der **Retriever**, die ebenfalls je nach Gelände, Feld oder Wasser, spezialisiert sind. Der Retriever eignet sich von allen Jagdhunden am besten als Haus- und Familienhund, da das Verfolgen einer Spur und selbstständiges Hetzen von Wild nicht zu seinen Aufgaben gehören und nicht geduldet werden.

In Deutschland bevorzugt man einen Jagdhund, der stöbert, vorsteht, sucht, findet, apportiert und früher möglichst auch Mannschärfe zeigte. Entsprechend sind die Jagdprüfungen ausgerichtet. Von den „unter Kommando" arbeitenden Jagdhunden eignen sich einige bei richtiger Haltung und Erziehung recht gut zum Familien- und Begleithund, doch sollte man sich und die Rasse sehr gut prüfen und genau überlegen, ob beiden ein Leben als Familienhund zuzumuten ist. Ein nicht ausgelasteter Jagdhund wird zur Nervensäge und Belastung. Er fühlt sich wohler in Jägerhand, wo er seine Veranlagung ausleben kann. Lassen Sie sich nicht vom Wesen und der Schönheit dieser Hunde blenden! Bei den deutschen Jagdhunden achten Züchter und Verbände darauf, dass gut veranlagte Hunde jagdlich geführt werden. Nichtjäger haben selten eine Chance, einen Welpen zu bekommen. Auf Hunde, die nicht aus einer Verbandszucht stammen, sollte man auf jeden Fall verzichten.

Bis auf den Schwarzen Terrier (als Diensthund gezüchtet) und den Tibet Terrier (ein Hütehund) sind alle **Terrier** ehemalige oder noch aktive Jagdhunde. Ihre Raubwildschärfe bei der Jagd auf Fuchs, Dachs, Otter und Ratten ist sprichwörtlich. Alle Terrier (außer dem Deutschen Jagdterrier) sind heute ausgezeichnete Familienbegleithunde, die zwar noch immer jedes Mauseloch kontrollieren, deren Jagdeifer aber erzieherisch oftmals im Zaum gehalten werden kann. Sie alle zeichnen sich durch Temperament, Robustheit, charmante Selbständigkeit, hohe Intelligenz und Lernfähigkeit aus.

Ebenfalls auf Jagdhunde, nämlich die mittelalterlichen Saupacker und Bärenbeißer, gehen alle **bullterrier-** und **doggenartigen Hunde** zurück. Gelegentlich werden zwar Bull Terrier bei der Jagd auf Schwarzwild eingesetzt, doch im allgemeinen sind sie und die Doggenartigen nicht mehr jagdlich aktiv. Ausnahmen bilden Fila Brasileiro und

Der Irish Wolfhound ist ein Windhund, aber kein Rennbahnspezialist.

Dogo Argentino, die heute noch in ihrer Heimat Raubkatzen und Großwild jagen. Auch in der Spitzfamilie finden wir passionierte Jagdhunde. Die edelste und älteste Form der Jagdhunde sind die **Windhunde**. Sie jagen mit den Augen und hetzen flüchtiges Wild bis zur Erschöpfung oder zum Tode. Auch hier gibt es Spezialisten für lange und kurze Strecken, Wüsten, Steppen und Gebirge. Alle Windhunde besitzen ein feinfühliges, oft anschmiegsames Wesen, bleiben aber immer eine geheimnisvolle Persönlichkeit für sich, die sich dem Menschen nie unter Zwang unterordnet. Ihre faszinierende Schönheit verführt oft dazu, dass Windhunde von Menschen angeschafft werden, die dem Wesen und den Bedürfnissen ihres Hundes nicht gerecht werden. Nur wenige können einem Windhund sicheren, freien Auslauf gewähren. Ein Leben an der Leine, den kurzen Schritten des Menschen angepasst, ist für den Windhund eine Qual, die er zwar ohne zu klagen erträgt – er wird aber jede Gelegenheit nutzen, freizukommen und in mächtigen Sätzen zu verschwinden. Windhundrennen hinter dem künstlichen Hasen auf der Bahn oder das Coursing, das dem Jagdverhalten vieler Windhundrassen näher kommt, bieten nur eine bescheidene Möglichkeit, den Jagdeifer des Hundes zu befriedigen.

Noch mehr als der Jagdhundfreund sollte der Windhundliebhaber prüfen, ob er den Bedürfnissen dieser herrlichen Hunde wirklich gerecht werden kann oder aus Liebe zum Windhund lieber auf ihn verzichtet.

Gruppeneinteilung der FCI-anerkannten Rassen
Mit Seitenzahlen; Stand 1.11.2008; * vorläufig aufgenommen

Gruppe 1
Hüte- und Treibhunde

Sektion 1: Schäferhunde
Australian Kelpie 147
Australian Shepherd 199
Bearded Collie 193
Belgischer Schäferhund (Groenendael, Laekenois, Malinois, Tervueren) 244
Berger de Beauce 312
Berger de Brie 289
Berger de Picardie 276
Berger des Pyrénées à poil long 118
Berger des Pyrénées à face rase 119
Border Collie 158
Ca de Bestiar 332
Cane da Pastore Bergamasco 241
Cane da Pastore Maremmano-Abruzzese 354
Cao da Serra de Aires 189
Ceskoslovensky Vlcak 343
Ciobanesc Romanesc Carpatin* 362
Ciobanesc Romanesc Mioritic* 362
Collie (Lang- und Kurzhaar) 238, 239
Deutscher Schäferhund 246
Gos d'Atura Catala 188
Holländischer Schäferhund 242
Hrvatski Ovcar 134
Komondor 357
Kuvasz 356
Mudi 134
Old English Sheepdog 194
Polski Owczarek Nizinny 135
Polski Owczarek Podhalanski 354
Puli 121
Pumi 115
Saarlooswolfhond 342
Schapendoes 136
Schipperke 63
Shetland Sheepdog 87
Slovensky Cuvac 354
Südrussischer Ovtcharka 368
Weißer Schweizer Schäferhund* 247
Welsh Corgi (Cardigan, Pembroke) 54

Sektion 2: Treibhunde
Australian Cattle Dog 145
Ausralian Stumpy Tail Cattle Dog* 146
Bouvier des Ardennes 291
Bouvier des Flandres 290

Gruppe 2
Pinscher und Schnauzer, Molossoide, Schweizer Sennenhunde und andere Rassen

Sektion 1: Pinscher und Schnauzer
1.1. Pinscher
Affenpinscher 51
Dansk Svensk Gardhund* 86
Deutscher Pinscher 141
Dobermann 331
Österreichischer Pinscher 133
Zwergpinscher 44

1.2. Schnauzer
Riesenschnauzer 315
Schnauzer 140
Zwergschnauzer 72

1.3. Smoushond
Hollandse Smoushond 110

1.4. Tchiorny Terrier
Tchiorny Terrier 329

Sektion 2: Molossoide
2.1. Doggenartige Hunde
Broholmer 337
Bulldog 99
Bullmastiff 293
Cane Corso Italiano 301
Cao Fila de Sao Miguel 229
Cimarron Uruquayo* 300
Deutsche Dogge 378
Deutscher Boxer 272
Dogo Argentino 299
Dogo Canario * 227
Dogue de Bordeaux 288
Fila Brasileiro 336
Mastiff 338
Mastino Napoletano 335
Perro Dogo Mallorquin 227
Rottweiler 292
Shar Pei 144
Tosa 303

2.2. Berghunde
Aidi 271
Anatolischer Hirtenhund 364
Cao da Serra da Estrela 351
Cao de Castro Laboreiro 225
Do-Khyi 369
Hovawart 313
Kaukasischer Ovtcharka 366
Kraski Ovcar 248
Landseer 340
Leonberger 348
Mastin del Pirineo 352
Mastin Español 352
Mittelasiatischer Schäferhund 367
Neufundländer 339
Pyrenäenberghund 352
Rafeiro do Alentejo 349
Sarplaninac 358
St. Bernhardshund 377
Tornjak * 358

Sektion 3: Schweizer Sennenhunde
Appenzeller Sennenhund 195
Berner Sennenhund 314
Entlebucher Sennenhund 127
Großer Schweizer Sennenhund 330

Gruppe 3
Terrier

Sektion 1: Hochläufige Terrier
Airedale Terrier 240
Bedlington Terrier 108
Border Terrier 76
Brasilianischer Terrier 96
Deutscher Jagdterrier 106
Fox Terrier (Glatt-und Drahthaar) 95
Irish Glen of Imaal Terrier 75
Irish Soft Coated Wheaten Terrier 125
Irish Terrier 116
Kerry Blue Terrier 126
Lakeland Terrier 88
Manchester Terrier 109
Parson Russell Terrier 58
Welsh Terrier 88

Sektion 2: Niederläufige Terrier
Australian Terrier 24
Cairn Terrier 33
Cesky Terrier 62
Dandie Dinmont Terrier 31
Jack Russell Terrier 58
Japanischer Terrier 96
Norfolk Terrier 24
Norwich Terrier 24
Scottish Terrier 35
Sealyham Terrier 60
Skye Terrier 32
West Highland White Terrier 34

Sektion 3: Bullartige Terrier
American Staffordshire Terrier 124
Bull Terrier (Standard, Miniature) 190, 77
Staffordshire Bull Terrier 107

Sektion 4: Zwerg-Terrier
Australian Silky Terrier 23
English Toy Terrier 46
Yorkshire Terrier 22

Gruppe 4
Dachshunde

Dachshund (Zwerg, Kaninchen) 48

Gruppe 5
Spitze und Hunde vom Urtyp

Sektion 1: Nordische Schlittenhunde
Alaskan Malamute 273
Grönlandhund 223
Samojede 211
Siberian Husky 208

Sektion 2: Nordische Jagdhunde
Finnenspitz 138
Jämthund 187
Karelischer Bärenhund 222
Norbottenspets 113
Norwegischer Elchhund (Gra, Sort) 186
Norwegischer Lundehund 94

Ostsibirische Laika 213
Russisch-Europäische Laika 212
Westsibirische Laika 212

Sektion 3: Nordische Wach- und Hütehunde
Islandhund 123
Lapinporokoira 164
Norsk Buhund 122
Schwedischer Lapphund 164
Suomenlapinkoira 164
Westgotenspitz 57

Sektion 4: Europäische Spitze
Deutscher Spitz (Zwerg, Klein, Mittel, Groß, Wolf) 21, 64,
   129, 210
Volpino Italiano 65

Sektion 5: Asiatische Spitze und verwandte Rassen
Akita 317
American Akita 317
Chow Chow 191
Eurasier 209
Hokkaido 148
Japan Spitz 65
Kai 148
Kishu 149
Korea Jindo Dog 216
Shiba 101
Shikoku 148

Sektion 6: Urtyp
Basenji 114
Kanaan Hund 215
Perro sin Pelu del Peru 66
Pharaonenhund 201
Xoloitzcuintle 214

Sektion 7: Urtyp – Hunde zur jagdlichen Verwendung
Cirneco dell'Etna 202
Podenco Canario 324
Podenco Ibicenco 324
Podengo Portugues 50, 200, 323
Taiwan Hund* 216
Thailand Ridgeback 218

Gruppe 6
Laufhunde, Schweisshunde und verwandte Rassen

Sektion 1: Laufhunde
1.1. Große Laufhunde
American Foxhound 262
Billy 327
Black and Tan Coonhound 262
Chien de Saint Hubert 283
English Foxhound 264
Français (blanc et noir, blanc et orange, tricolore) 328
Grand anglo-français (blanc et noir, blanc et orange, tricolore)
   327, 328
Grand Bleu de Gascogne 326
Grand Gascon Saintongeois 327
Grand Griffon Vendeen 256
Otterhound 284
Poitevin 327

1.2. Mittelgroße Laufhunde
Anglo-français de petite vénerie 168
Ariegeois 172
Beagle Harrier 168
Bosanski Ostrodlaki Gonic Barak 182
Briquet Griffon Vendeen 170
Chien d'Artois 172
Crnogorski Planinski Gonic 182
Dunker 174
Erdélyi Kopó 269
Gonczy Polski* 155
Griffon Bleu de Gascogne 170
Griffon Fauve de Bretagne 256
Griffon Nivernais 256
Haldenstövare 174
Hamiltonstövare 176
Harrier 168
Hellenikos Ichnilatis 166
Hygenhund 174
Istarski Kratkodlaki Gonic 180
Istarski Ostrodlaki Gonic 181
Ogar Polski 270
Österreichische Glatthaarige Bracke 152
Petit Bleu de Gascogne 170
Petit Gascon-Saintongeois 170
Porcelaine 172
Posavki Gonic 182
Sabueso Espanol 166
Schillerstövare 177
Schweizer Laufhund (Berner, Jura, Luzerner, Schwyzer) 178
Segugio Italiano 167
Slovensky Kopov 154
Smalandstövare 177
Srpski Gonic 182
Srpski Trobojni Gonic 181
Steirische Rauhaarbracke 152
Suomenajokoira 184
Tiroler Bracke 152

1.3. Kleine Laufhunde
Basset artésien normand 80
Basset bleu de Gascogne 81
Basset fauve de Bretagne 81
Basset Hound 79
Beagle 98
Deutsche Bracke 161
Drever 92
Grand Basset Griffon vendeen 81
Petit Basset Griffon vendeen 81
Schweizer Niederlaufhund (Berner, Jura, Luzerner, Schwyzer) 84
Westfälische Dachsbracke 161

Sektion 2: Schweißhunde
Alpenländische Dachsbracke 92
Bayerischer Gebirgsschweißhund 156
Hannoverscher Schweißhund 185

Sektion 3: verwandte Rassen
Dalmatiner 232
Rhodesian Ridgeback 309

Gruppe 7
Vorstehhunde

Sektion 1: kontinentale Vorstehhunde
1.1. Typ kontinentale Vorstehhunde
Bracco Italiano 310
Braque d'Auvergne 258
Braque de l' Ariège 259
Braque du Bourbonnais 259
Braque français type Gascogne 259
Braque français type Pyrénées 259
Braque St. Germain 258
Deutsch Drahthaar 304
Deutsch Kurzhaar 281
Deutsch Stichelhaar 304
Gammel Dansk Honsehond 310
Magyar Vizsla Drahthaar 261
Magyar Vizsla Kurzhaar 261
Perdigueiro Portugues 231
Perdiguero de Burgos 310
Pudelpointer 305
Weimaraner 316

1.2. Typ Spaniel
Deutsch Langhaar 282
Drentse Patrijshond 253
Epagneul Bleu de Picardie 255
Epagneul Breton 137
Epagneul du Pont-Audemer 207
Epagneul Français 254
Epagneul Picard 254
Großer Münsterländer 274
Kleiner Münsterländer 196
Stabyhoun 162

1.3. Typ Griffon
Cesky Fousek 306
Griffon d'arrêt à poil dur-Korthals 307
Slowakischer Raubart 306
Spinone Italiano 308

Sektion 2: britische und irische Vorstehhunde
2.1. Pointer
English Pointer 298

2.2. Setter
English Setter 295
Gordon Setter 294
Irish Red Setter 296
Irish Red and White Setter 297

Gruppe 8
Apportierhunde, Stöberhunde, Wasserhunde

Sektion 1: Apportierhunde
Chesapeake Bay Retriever 278
Curly Coated Retriever 279
Flat Coated Retriever 236
Golden Retriever 235
Labrador Retriever 234
Nova Scotia Duck Tolling Retriever 157

Sektion 2: Stöberhunde
American Cocker Spaniel 91
Clumber Spaniel 104
Deutscher Wachtelhund 163

English Cocker Spaniel 111
English Springer Spaniel 142
Field Spaniel 104
Kooikerhondje 102
Sussex Spaniel 104
Welsh Springer Spaniel 143

Sektion 3: Wasserhunde
American Water Spaniel 132
Barbet 205
Cao de Agua Portugues 198
Irish Water Spaniel 206
Lagotto Romagnolo 131
Perro de Agua Espanol 130
Wetterhoun 286

Gruppe 9
Gesellschafts- und Begleithunde

Sektion 1: Bichons und verwandte Rassen
1.1. Bichons
Bichon à poil frisé 38
Bichon Havanais 37
Bologneser 39
Malteser 40

1.2. Coton de Tuléar
Coton de Tuléar 36

1.3. Petit Chien Lion
Löwchen 73

Sektion 2: Pudel
Pudel (Toy, Zwerg, Klein, Groß) 90, 226

Sektion 3: Kleine belgische Rassen
3.1. Griffons
Belgischer Griffon 52
Brüsseler Griffon 52

3.2. Petit Brabancon
Kleiner Brabanter 52

Sektion 4: Haarlose Hunde
Chinese Crested Dog 66

Sektion 5: Tibetanische Hunderassen
Lhasa Apso 26
Shih Tzu 26
Tibet Spaniel 26
Tibet Terrier 120

Sektion 6: Chihuahueno
Chihuahua 20

Sektion 7: Englische Gesellschaftsspaniel
Cavalier King Charles Spaniel 69
King Charles Spaniel 68

Sektion 8: Japanische Spaniel und Pekingesen
Chin 29
Pekingese 28

Sektion 9: Kontinentaler Zwergspaniel und russischer Zwerghund
Papillon, Phalène 30
Russkiy Toy* 43

Sektion 10: Kromfohrländer
Kromfohrländer 117

Sektion 11: Kleine doggenartige Hunde
Boston Terrier 112
Französische Bulldogge 71
Mops 70

Gruppe 10
Windhunde

Sektion 1: Langhaarige oder befederte Windhunde
Afghanischer Windhund 334
Barsoi 376
Saluki 321

Sektion 2: Rauhaarige Windhunde
Deerhound 345
Irish Wolfhound 380

Sektion 3: Kurzhaarige Windhunde
Azawakh 333
Chart Polski 372
Galgo español 319
Greyhound 344
Italienisches Windspiel 78
Magyar Agar 320
Sloughi 322
Whippet 150

Diese Rassen gelten als ausgestorben und wurden aus der FCI-Rassenliste gestrichen:
Basset d'Artois FCI-Nr. 18
Braque Belge FCI-Nr. 79
Braque Dupuy FCI-Nr. 178
Belgischer Karrenhund FCI-Nr. 69
Griffon à poil Laineux 174
Harlekinpinscher FCI-Nr. 210

Langhaar

Chihuahua

▶ **Chihuahua**
Schulterhöhe im Standard
nicht festgelegt
Gewicht 0,5–3 kg,
ideal 1–2 kg
Farbe alle
Land Mexiko
FCI-Nr. 218, Gruppe 9.6

Um die Herkunft der kleinsten Hunde
der Welt, der „Schiwawas", benannt
nach der größten Provinz Mexikos,
ranken sich viele Legenden. Wahrscheinlich sind sie Nachkommen der
heiligen Hunde der Tolteken und Azteken und waren Opfergaben und
köstliche Delikatessen zugleich. Eine
Theorie besagt, dass die schon den alten Ägyptern bekannten Zwerge mit
Wikingerschiffen in die Neue Welt gelangten; viel wahrscheinlicher erscheint mir eine Verwandtschaft mit
dem → *Podengo Pequeno* portugiesischer Seefahrer. Wie dem auch sei,
Amerikaner entdeckten die Winzlinge
in Mexiko. Ein gesunder Chihuahua

aus guter Zucht ist selbstbewusst, neugierig, ja geradezu dreist, voller Temperament und wirkt niemals scheu
oder nervös. Er ist gelehrig und wachsam. Selbst viel größeren Hunden gegenüber weiß er sich zu behaupten. Er
ist kein verzärtelter Zwerg, sondern
eine Hundepersönlichkeit im Handtaschenformat. Schmusen gehört zu seinen besten Übungen, und er stellt sich
ganz auf seinen Partner ein, den er ei-
fersüchtig beschützt. So ist er ein idealer Begleiter für Menschen, die sich
auf engen Lebensraum beschränken,
viel Zeit und Liebe für ihren kleinen
Freund aufbringen.
Zweifelhaftes Rassenmerkmal ist die
offene Schädeldecke, auch wenn nur
„eine kleine Fontanelle" zulässig ist.

Kurzhaar

Zwergspitz

Der Zwergspitz oder Pomeranian hatte in Deutschland früher wenig Freunde und wurde züchterisch kaum beachtet. Erst mit der aufkommenden Beliebtheit der Kleinhunderassen gewann er wieder an Bedeutung. In Amerika und England hingegen fand der Zwerg schon um die Jahrhundertwende begeisterte Freunde, die ihn nach der pommerschen Heimat vieler Spitze Pomeranian nannten. Als die bunten Fellkugeln in den 60er Jahren nach Deutschland kamen, stießen sie bei den Spitzzüchtern zunächst auf wenig Zuneigung, haben sich aber inzwischen einen festen Platz unter den Liebhabern der Kleinhunde erobert. Die Zucht dieser Zwerge ist nicht ganz einfach, und

die Pomeranians kann man kaum als robuste Vertreter der Spitzfamilie bezeichnen. Sie sind in ihrer Winzigkeit jedoch große Persönlichkeiten, die selbst gegenüber viel größeren Hunden Selbstbewusstsein ausstrahlen. Das macht sie in den angelsächsischen Ländern zu beliebten Ausstellungs hunden. Der Zwergspitz ist ein entzückender, farbenprächtiger Begleiter für alle, die Freude an einem intelligenten, fröhlichen Hundezwerg haben, der voll und ganz in seinem Menschen aufgeht. Selbstverständlich benötigt das enorme Haarkleid aufmerksame Pflege.

▶ **Zwergspitz**
Schulterhöhe 20 ± 2 cm
Farbe schwarz, weiß, braun, orange, graugewolkt, andersfarbig; einfarbig oder gescheckt
Land Deutschland
FCI-Nr. 97, Gruppe 5.4

Yorkshire Terrier

▶ **Yorkshire Terrier**
Schulterhöhe im Standard
nicht festgelegt
Gewicht bis 3,1 kg
Farbe dunkles Stahlblau
mit vollem, hellem Tan an
Brust, Kopf und Beinen
Land Großbritannien
FCI-Nr. 86 , Gruppe 3.4

Biewer-Yorkie -Welpe

Der Yorkshire Terrier ist eine Züchter-
kreation aus Yorkshire. Ausgangsrasse
war der inzwischen ausgestorbene
Clydesdale Terrier, der dem → **Skye
Terrier** sehr ähnlich, aber kleiner war.
Zur Verbesserung der Farbe wurde die
blaue Variante des alten Black and Tan
Terriers eingekreuzt. Skye und →
Malteser fügten langes, seidiges Haar
hinzu, auch der → **Dandie Dinmont**
dürfte mit von der Partie gewesen
sein. Die ersten typischen Yorkies
waren noch keine Zwerge, aber der
Trend ging zu immer kleineren Exemplaren. Die Zuchtpraxis, größere
Hündinnen mit winzigen Rüden zu
verpaaren, führte zu erheblichen Grö-
ßenunterschieden bei den Nachkommen. Der winzige Schausieger ist
noch immer eine hoch gepriesene
Rarität. Das lange, manchmal auf dem
Boden schleifende Haar des Ausstel-
lungshundes bedarf besonderer Pflege: es wird geölt und zum Schutz
beim Toben und Spielen in Seiden-
papier gewickelt. Der Yorkie ist eine
Frohnatur, noch immer Terrier mit
Leib und Seele, von erstaunlicher
Klugheit, Anpassungsfähigkeit und
fröhlicher Zärtlichkeit. Ein idealer Kamerad für kleinsten Wohnraum in der
Stadt, der gern viel spazieren geht.
Beim Welpenkauf sollte man Hunde
aus Schaufenstern und Käfigzuchten
meiden.
Der **Biewer-Yorkie à la Pom-Pon** ist
nicht FCI-anerkannt. 1982 fiel erstmals bei Züchter Biewer ein weiß gescheckter Welpe. Mit diesen hübschen
„fehlfarbenen" Hündchen wurde weitergezüchtet. Eine weitere Variante
sind die goldfarbenen, sog. Gold
Dusts. Sog. Mini-Yorkies gibt es nicht,
der Begriff wurde von unseriösen Ver-
mehrern zwecks Verkaufsförderung
geprägt.

Australian Silky Terrier

Die ersten kleinen Terrier kamen mit britischen Siedlern nach Australien und Tasmanien, wo sie sich bei der Ratten- und sogar Schlangenbekämpfung sowie als zuverlässige Wächter unentbehrlich machten. Um 1820 wurde eine in Australien gezüchtete, rauhaarige Terrierhündin mit auffallend stahlblauem Haarkleid nach England gebracht und dort mit einem → *Dandie Dinmont Terrier* verpaart. Ein Mr. Little züchtete aus diesen Nachkommen einen seidenhaarigen Kleinhund mit stahlblauem Fell. Als er nach Australien auswanderte, setzte er die Zucht fort und kreuzte dort seine Hunde mit dem → *Australian* und → *Yorkshire Terrier*. Es fielen immer wieder rau- und langseidenhaarige Exemplare, deren Züchter sich schließlich bei der Weiterzucht auf zwei unterschiedliche Rassen einigten. Obwohl der Standard schon 1900

aufgestellt wurde, erfolgte die Anerkennung erst 1959. Inzwischen wurde aus den vielfältigen Vorfahren des Australian Silky Terriers ein hübscher, fröhlicher, unkomplizierter Begleithund, bewegungsfreudig, intelligent und leicht zu erziehen. Er ist trotz des Seidenhaars kein Schoßhund, sondern ein typischer Terrier, der laut Standard noch immer zur Jagd auf Ratten eingesetzt werden könnte. Er braucht Familienanschluss und Beschäftigung und ist bei entsprechendem Auslauf ein idealer Wohnungshund. Beachtung muss man dem seidigen Haarkleid schenken, das regelmäßiger gründlicher Pflege bedarf. Silky-Welpen werden schwarz und loh geboren und färben sich später in Stahlblau um.

► **Australian Silky Terrier**
Schulterhöhe
 Rüden 23–26 cm,
Hündinnen weniger
Gewicht passend zur
Größe
Farbe blau und loh
Land Australien
FCI-Nr. 236, Gruppe 3.4

Welpe

Norfolk Terrier

Norfolk Terrier, Norwich Terrier, Australian Terrier

- ▶ **Norfolk und Norwich Terrier**
Schulterhöhe
ideal 25–26 cm
Farbe rot, weizenfarben, schwarz mit loh oder grizzle
Land Großbritannien
FCI-Nr. Norfolk 272, Norwich 72, Gruppe 3.2

Norfolk Terrier, Norwich Terrier
Beide Rassen unterscheiden sich nur dadurch, dass der Norwich Stehohren und der Norfolk Kippohren besitzt. Sie stammen aus der südenglischen Grafschaft Norfolk, wo die roten Terrier der Farmer Ratten, Mäuse und Kaninchen kurzhielten und zur Fuchsjagd eingesetzt wurden. Man vermutet eine Verwandtschaft mit → *Irish, Yorkshire* und **schottischen Terriern**. Studenten der Universität Cambridge machten sie populär. Zum Zeitvertreib jagten sie Raubwild, konnten ihre Unterkünfte aber nur mit kleinen Hunden teilen. Die kompakten Hunde sind selbstbewusst, aber nicht rauflustig, gut zu mehreren zu halten, lebhaft, robust und stets fröhlich. Dabei zärtlich, liebenswürdig und gelehrig, lassen sie als Familienhunde wenig zu wünschen übrig. Das raue Haar wird nur in Form gezupft.

Australian Terrier
Schottische Siedler besaßen schon um 1800 kleine, rauhaarige Terrier mit stahlblauem Fell, deren unbestechliche Wachsamkeit berühmt war. Zahlreiche britische Terrier trugen zu seiner Züchtung bei. Der Australian ist ein robuster, wachsamer, draufgängerischer, fröhlicher, intelligenter, anhänglicher Terrier, Menschen gegenüber aufgeschlossen, verträglich mit Artgenossen, selbstbewusst und dennoch gut zu erziehen. Das pflegeleichte Fell wird nur in Form gezupft.

Norwich Terrier

Australian Terrier

▶ **Australian Terrier**
Schulterhöhe ca. 25 cm
Gewicht 6,5 kg, Hündinnen
weniger
Farbe blau, stahlblau, grau-
blau mit loh, sandfarben
oder rot
Land Australien
FCI-Nr. 8, Gruppe 3.2

Lhasa Apso

Tibetische Rassen

▶ **Lhasa Apso**
Schulterhöhe
ideal 25,4 cm, Hündinnen
etwas kleiner
Farbe gold-, sand-, honig-,
schieferfarben, dunkel-
grizzle, rauchgrau, schwarz,
weiß, braun, zweifarbig
Land Tibet (Großbritannien)
FCI-Nr. 227, Gruppe 9.5

Der Legende nach begleiteten Buddha kleine „Löwen", die sich bei Gefahr in große Löwen verwandelten und ihn beschützten. Seitdem werden die kleinen Hunde mit dem Herzen eines Löwen in buddhistischen Tempeln verehrt. Die Engländer brachten sie nach Europa.

Lhasa Apso
Der kleine Löwenhund wurde um Lhasa und in Potala, dem Palast des Dalai-Lama, gezüchtet. Einst Lieblingshund der Aristokratie im alten Tibet, schätzt er es heute noch, geachteter Mittelpunkt der Familie zu sein. Fremden gegenüber ist der Lhasa Apso misstrauisch und wachsam, doch in seiner Familie anhänglich und zärtlich, ohne seine stolze Persönlichkeit aufzugeben. Er ist intelligent und sehr von sich eingenommen. Gelassener, trotzdem lebhafter Haushund, der ausgiebige Spazier-

gänge liebt. Das üppige, lange Haar ist pflegeintensiv.

Tibet Spaniel
Ebenfalls zu den Löwenhündchen zählend, wurde er mehr von der ländlichen Bevölkerung gehalten. Er stammt aus der Gegend um Darjeeling und Lhasa. Die Tibeter nennen ihn „geschorenen Apso". Nur die schönsten Exemplare durften in den Klöstern die Gebetsmühlen treten. Der Tibet Spaniel ist ein fröhlicher, bestimmt auftretender, äußerst intelligenter Hund, Fremden gegenüber zurückhaltend. Wachsam, treu, aber unabhängig. Ausgesprochen unkomplizierter, robuster, handlicher, anpassungsfähiger Begleiter. Das schlichte Langhaar ist pflegeleicht.

Shih Tzu
Die Chinesen nennen ihn Shi-Tze-kou = tibetanischer Löwenhund, was da-

Shih Tzu

rauf hinweist, dass ihr Ursprung in Tibet liegt und sie Nachkommen des Lhasa Apso sind. Die kostbaren Tempelhündchen gelangten als Gastgeschenk an den chinesischen Hof, wo sie mit viel Liebe weitergezüchtet wurden und vermutlich ihre kurzen Nasen bekamen. Zauberhafter, robus-

ter Kleinhund mit überschäumendem Temperament und freundlichem Wesen, der eine gewisse Arroganz ausstrahlt. Er ist aufmerksam und intelligent. Intensive Fellpflege notwendig.

▸ **Shih Tzu**
Schulterhöhe max. 26,7 cm
Gewicht ideal 4,5 bis 7,3 kg
Farbe alle
Land Tibet (Großbritannien)
FCI-Nr. 208, Gruppe 9.5

Tibet Spaniel

▸ **Tibet Spaniel**
Schulterhöhe ca. 25,4 cm
Gewicht ideal 4,1–6,8 kg
Farbe alle
Land Tibet (Großbritannien)
FCI-Nr. 231, Gruppe 9.5

Pekingese

▶ **Pekingese**
Schulterhöhe im Standard
nicht festgelegt
Gewicht Rüden max. 5 kg,
Hündinnen max. 5,4 kg
Farbe alle außer Albino und
leberfarben
Land China (Groß-
britannien)
FCI-Nr. 207, Gruppe 9.8

Der Überlieferung nach wurde Buddha von kleinen Löwenhündchen begleitet, die sich vor Feinden in Löwen verwandelten. Porzellan- und Jadefigürchen zeugen von jahrhundertealter Tradition. Ihre Blütezeit erlebten die Peking-Palasthunde in der Mandschu-Dynastie (1644–1912), aus der viele wunderschöne Darstellungen typischer Pekingesen erhalten sind. Sie wurden mit großer Sorgfalt gezüchtet und besonders von der letzten Herrscherin verehrt. Es war undenkbar, dass ein Europäer, „weißer Teufel" genannt, einen solchen Hund besitzen durfte. Gebot die Diplomatie ihn zu verschenken, starb der Hund an gefütterten Glassplittern, ehe er sein Ziel erreichte. Als die Engländer 1860 Peking eroberten, fanden sie fünf der begehrten Hündchen im Palast. Einen erhielt Queen Victoria als Geschenk.

Seither ist der Pekingese aus der englischen Hundeszene nicht mehr wegzudenken. 1900 erschienen die ersten Exemplare in Deutschland. Im Wesen gleicht der Pekingese eher einer Katze als einem Hund, sagen viele seiner Freunde. Tatsächlich ist der kleine Hund sehr selbstbewusst, draufgängerisch, eigenwillig und niemals unterwürfig. Freundlich, anhänglich und verschmust, wenn ihm danach ist, schenkt er seine Zuneigung längst nicht jedem. Der kleine, ruhige Löwe ist gelegentlich erstaunlich aufbrausend und kampflustig, hat aber kein großes Laufbedürfnis. Eher ein Einmannhund und weniger Familienhund.
Die vorstehenden großen Augen sind empfindlich, die kurze Nase bedingt Atemnot. Das üppige Haarkleid bedarf aufwendiger Pflege.

Japan Chin

Der Überlieferung nach gelangte er im Jahr 732 aus Korea an den japanischen Hof. Zweifellos ist der Chin mit den kurznasigen Rassen Chinas verwandt. In Japan genoss er ein ebenso hohes Ansehen wie der Peking-Palasthund in China, er durfte nur vom höchsten Adel gehalten werden, lebte in Bambuskäfigen, wurde in den Ärmeln der seidenen Kimonos getragen und vegetarisch ernährt. 1853 erhielt Kommodore Perry ein Pärchen zum Geschenk, das er der hundefreundlichen Königin Victoria überreichte. Das erste reinrassige Pärchen gelangte 1880 als Geschenk der japanischen Kaiserin an Kaiserin Auguste nach Deutschland. Der ursprüngliche Chin war größer als man ihn heute kennt und wurde erst in England, vermutlich durch Einkreuzung von → **King Charles Spaniels** kleiner. Japan Chins

sind fröhliche, aufgeschlossene Hausgenossen, anpassungsfähig und verspielt bis ins hohe Alter, und sie lieben ausgedehnte Spaziergänge. Die aufmerksamen, intelligenten, lebhaften Hunde sind friedlich im Umgang mit Artgenossen und leicht zu erziehen. Zärtlich und ganz in seinem Menschen aufgehend, wachsam, aber nicht aggressiv, ist der Japan Chin ein charmanter Begleiter und anpassungsfähiger Wohnungshund. Das lange Fell ohne Unterwolle ist bei regelmäßigem Kämmen pflegeleicht, die Augenwinkel müssen täglich ausgewischt werden.

▶ **Japan Chin**
Schulterhöhe ca. 25 cm, Hündinnen etwas kleiner
Farbe weiß mit schwarzen oder roten Abzeichen; mit gleichmäßiger Gesichtszeichnung
Land Japan
FCI-Nr. 206, Gruppe 9.8

Papillon

Kontinentaler Zwergspaniel

▶ **Papillon, Phalène**
Schulterhöhe ca. 28 cm
Gewicht Papillon: bis
2,5 kg; Phalène: Rüden
2,5 bis 4,5 kg, Hündinnen
2,5 bis 5 kg
Farbe alle Farben auf weißem Grund, am Körper
weiß vorherrschend, farbiger Kopf mit Blesse
Land Frankreich/Belgien
FCI-Nr. 77, Gruppe 9.9

Es gibt zwei Formen des Kontinenta-
len Zwergspaniels (**Epagneul Nain
Continental**): den **Papillon** mit Stehohren, das „Schmetterlingshündchen", und den **Phalène** (Nachtfalter)
mit Hängeohren, die ursprüngliche
Form. Die Zwergspaniels erfreuten
schon im 12. Jh. die feinen Damen
des spanischen Hofes, im 14. und
15. Jh. gehörten sie zum Alltagsbild
der meisten europäischen Adelshäu-
ser, wie auf
zahlreichen
Gemälden
berühmter
Meister zu se-
hen. Rubens
selbst soll ei-
nen besessen
haben, ebenso
wie die Mar-
quise de Pom-

padour und Marie Antoinette. Sie
wurden als Privileg der Begüterten
angesehen und während der Französischen Revolution fast ausgerottet. Erst
im 19. Jh. wurden die stehohrigen Papillons durch Einkreuzung von →
Spitz und → *Chihuahua* populär, sie
sind heute viel häufiger als der Phalène anzutreffen. Der Papillon darf kein
zitterndes, empfindliches Nervenbün-
del sein. Er ist von Haus aus robust,
selbstbewusst, fröhlich, intelligent
und steckt voller Temperament. Der
leicht erziehbare, anschmiegsame
Hausgenosse passt sich sehr gut ins
Familienleben ein, ist jedoch kein Kin-
derspielhund. Die Zwergspaniels lieben Spaziergänge und sind angenehme Wohnungshunde. Sie fühlen sich
in der Stadt ebenso wohl wie auf dem
Lande, wo sie gerne Mäuse und sogar
Kaninchen jagen. Sehr gut im Agility.
Das lange, kräftige Haar ohne Unterwolle ist pflegeleicht.

Phalène

Dandie Dinmont Terrier

Zur Familie der schottischen Terrier gehörend, trägt der robuste kleine Haudegen seinen Namen nach der Romanfigur Dandie Dinmont, die einem Züchter dieser Tiere nachempfunden sein könnte. Dieser literarische Aufstieg zu Beginn des 19. Jh. verschaffte ihm Zutritt zu Englands feinsten Kreisen, sodass er sich schnell vom raubwildsscharfen Jagdhund zum Salonlöwen entwickelte. Er ist eng mit dem → *Bedlington Terrier* verwandt und wurde auch in andere englische Terrierrassen eingekreuzt. Er gehört zu den unmittelbaren Vorfahren des → *Rauhaardackels*, der manchmal noch typische Dandie-Merkmale aufweist. Ähnlich ist auch sein Charakter. Man bezeichnet ihn als den Philosophen unter den Terriern, ruhig, wenn nötig, und lebhaft, wenn möglich. Fremden gegenüber ist der Dandie unnahbar bis reserviert, zu seinen Menschen zärtlich und um-

gänglich, aber auch eigenwillig. Er ist ein wachsamer Hund mit Respekt einflößender Stimme. Weniger geeignet für Familien mit Kindern; besonnene, ruhige Menschen sind eher mit ihm glücklich. Der wendige, flinke Terrier ist auch heute noch ein ausgezeichneter Ratten- und Mäusevertilger. Das Haarkleid wird regelmäßig gekämmt und mehrmals jährlich in Form gezupft, der Hund sollte aber nie „frisiert" wirken.

▶ **Dandie Dinmont Terrier**
Schulterhöhe im Standard nicht festgelegt
Gewicht 8–11 kg
Farbe mustard (Senf), pepper (Pfeffer)
Land Großbritannien
FCI-Nr. 168, Gruppe 3.2

Skye Terrier

Skye Terrier
Schulterhöhe 25–26 cm,
Länge von der Nase bis zur
Rutenspitze 103 cm
Farbe schwarz, hell-
oder grau, falbfarben,
cremefarben, schwarze
Markierung an Ohren und
Fang
Land Großbritannien
FCI-Nr. 75, Gruppe 3.2

Eine außerordentlich aparte Erscheinung unter den Terriern ist der Skye. Zur Zeit Elisabeth I. beschrieb Dr. Caius einen Terrier, der von der „Insel" gekommen sei und dem heutigen Skye sehr ähnlich gewesen sein muss. Vermutlich meinte er die im Nordwesten Schottlands gelegene Isle of Skye. Der Skye Terrier gehörte ursprünglich zu den raubwildscharfen, harten schottischen Terriern, deren dichtes Fell vor den Bissen der Füchse schützte. Als Liebling des britischen Adels kam er im 19. Jh. in Mode und wurde von seiner ursprünglichen Aufgabe immer weiter weggezüchtet. Längst kann er in keinen Fuchsbau mehr eindringen, wenngleich es ihm nicht an Schneid fehlt. Der Skye Terrier ist kein Hund für Anfänger. Er braucht eine liebevoll-konsequente Erziehung und ordnet sich nur Menschen unter, deren Führung er akzeptiert. Zu Fremden abweisend, ist er fremden Artgenossen gegenüber zuweilen unduldsam. Der enorm kräftige Hund ist trotz seiner kurzen Beine durchaus ein zuverlässiger Beschützer. Man muss das besondere Wesen dieses Eigenbrötlers lieben, will man mit ihm glücklich werden. Er liebt ausgedehnte Spaziergänge bei jedem Wetter. Die Fellpflege ist sehr aufwendig. Steh- und hängeohrige Skyes werden getrennt gezüchtet.

Cairn Terrier

Seit jeher züchten die Vieh- und Schafzüchter im schottischen Hochland raubwildscharfe Terrier. Nicht Sport, sondern Notwendigkeit bestimmt die Jagd auf die Füchse. Sie ziehen genau dann ihre Jungen auf, wenn Lämmer leichte Beute bieten. Damit stellen sie eine ernstzunehmende Bedrohung für die Farmer dar. Da es in der dünnen Erdkrume keine unterirdischen Baue gibt, leben die Füchse in „Cairns", uralten, durch Baumwurzeln fest verankerten Geröllhalden. Da man bei der Fuchsjagd den Hunden durch Ausgraben der Baue nicht zu Hilfe kommen kann, ist der Hund ganz auf sich allein gestellt und muss den Fuchs austreiben oder töten. So überleben nur die kühnsten, raffiniertesten und härtesten Terrier ihre Lebensaufgabe. Der moderne

Cairn Terrier wurde zwar im Laufe der Jahre als Familienhund gesetzter, ist aber noch immer ein fröhlicher Draufgänger, der vor nichts zurückschreckt. Nicht zuletzt gilt er deshalb als beliebter Männerhund. Doch der unempfindliche, robuste Cairn ist ein ebenso feuriger Beschützer alleinstehender Damen. Der selbstständige, jedoch nicht eigensinnige Hund lernt schnell, braucht aber konsequente Erziehung, sonst schwingt er sich zum Familienoberhaupt auf. Als ausgesprochen territorialer Hund ist er wachsam und fremden Hunden im eigenen Revier gegenüber unduldsam. Sorgfältige Prägung als Welpe nötig, da schlechte Erfahrung zu aggressivem Verhalten führen kann. Das raue Fell ist pflegeleicht und wird nur ein wenig in Form gezupft.

▶ **Cairn Terrier**
Schulterhöhe 28–31 cm
Gewicht 6–7,5 kg
Farbe rot, creme, weizenfarben, grau oder fast schwarz, gestromt
Land Großbritannien
FCI-Nr. 4, Gruppe 3.2

▶ **West Highland
White Terrier**
Schulterhöhe ca. 28 cm
Farbe weiß
Land Großbritannien
FCI-Nr. 85, Gruppe 3.2

West Highland White Terrier

Der Westie hat den gleichen Ursprung wie der → *Cairn Terrier*. In seiner schottischen Heimat hielt man weiße Terrier für schwächlich und feige, deshalb wurden weiße Welpen schon bei der Geburt ersäuft und hatten nie die Gelegenheit, das Gegenteil zu beweisen. Ein gewisser Major Malcolm aus Poltalloch wollte es genau wissen und widmete sich der Zucht einer weißen Linie von Cairn Terriern. Seine Hunde nahmen es mindestens genauso gut mit Dachs, Fuchs, Otter und Wildkatze auf wie jeder farbige Cairn. Es gab aber auch weiße Welpen aus anderen schottischen Terrierschlägen, die alle einen eigenen Namen hatten. 1904 wurden sie als West Highland White Terrier anerkannt und schnell populär. In den 1990er Jahren war der fröhliche Terrier hier ein beliebter

Modehund, der Trend ist jedoch stark rückläufig. Der kleine Hund mit dem kecken Gesichtsausdruck ist selbstbewusst, immer zu Spiel und Spaß aufgelegt, stets aufmerksam, wachsam bis bellfreudig und unkompliziert im Umgang mit Kindern. Der robuste Bursche soll mutig auftreten und Raubwildschärfe erkennen lassen. Als typischer, unerschrockener Terrier benötigt er eine konsequente Erziehung, versteht es aber, sich mit viel Charme durchzusetzen. Menschen gegenüber freundlich, fremden Hunden gegenüber gelegentlich unduldsam. Er geht gerne spazieren und ist gut in der Stadt zu halten. Das drahtige Fell benötigt Pflege, und nur bei regelmäßigem, fachmännischem Trimmen ist der Westie auch im Alltagsleben typisch und schön weiß.

Scottish Terrier

In Schottland haben niederläufige Terrier eine jahrhundertealte Tradition. In der Abgeschiedenheit der Täler und Inseln entwickelten sich verschiedene Typen, die alle ausgezeichnete Fuchs-, Dachs- und Otterjäger waren und sich durch Mut, Raubwildschärfe, Härte und Robustheit auszeichneten. Erst mit Beginn der Rassehundezucht gab man den verschiedenen Terriern Namen und züchtete sie als getrennte Rassen. Schottische Terrier gab es viele, und so war der Disput groß, welcher nun tatsächlich der „Scottish" Terrier war. Capt. Gordon Murray setzte sich mit einem bestimmten Typ durch, und der auch **Aberdeen Terrier** genannte Hund wurde populär. Aus dem urigen Jagdhund wurde ein Salonlöwe, der seiner ursprünglichen Aufgabe nicht mehr nachgehen kann.

In Amerika wurde der Schotte mit dem charakteristischen Bart und dem ernsten Gesichtsausdruck Modehund. Heute ist er nur mehr selten anzutreffen. Der Scottish Terrier ist ein eher ruhiger, gesetzter, ernster Hund, der sich nur schwer mit Fremden anfreundet. Seiner Familie treu ergeben, besitzt er dennoch eine starke Persönlichkeit, die konsequent erzogen werden will. Der wachsame, aber nie laute Hund hat kein allzu großes Laufbedürfnis und eignet sich deshalb recht gut für ein Stadtleben. Das harsche Fell wird regelmäßig getrimmt.

▶ **Scottish Terrier**
Schulterhöhe 25,4–28 cm
Gewicht 8,6–10,4 kg
Farbe schwarz, weizenfarben, gestromt in jeder Farbe
Land Großbritannien
FCI-Nr. 73, Gruppe 3.2

Coton de Tuléar

Bichons

▶ **Coton de Tuléar**
Schulterhöhe
Rüden 25–30 cm,
Hündinnen 22–27 cm
Gewicht Rüden 4–6 kg,
Hündinnen 3,5–5 kg
Farbe weiß; gelbe und
graue Flecken, insbeson-
dere an den Ohren, erlaubt
Land Madagaskar (Frank-
reich)
FCI-Nr. 283, Gruppe 9.1

Mumien kleiner, weißer Schoßhunde wurden schon in ägyptischen Pharaonengräbern gefunden. Seither entzückten die herzigen Wollknäuel vornehme, reiche Damen von der Antike bis in die Neuzeit. Zum Glück braucht man heute weder reich noch vornehm zu sein, um sich an ihrem reizenden Aussehen und bezaubernden Wesen zu erfreuen. Alle Bichons zeichnen sich durch unwiderstehlichen Charme, fröhliche Ausgelassenheit, Witz und Klugheit aus. Sie gehen völlig in ihrer Bezugsperson auf und begleiten sie durch dick und dünn. Die kleinen Persönlichkeiten sind viel robuster und ausdauernder, als man annehmen möchte, und lieben ausgedehnte Spaziergänge. Trotzdem hält sich ihr Bewegungsdrang in Grenzen, und sie haben keinerlei Neigung zum Wildern. Sie sind wachsam, aber keine Kläffer. Das weiche Fell benötigt tägliche sorgfältige Pflege, schon der Bichon-Welpe muss ans Bürsten gewöhnt werden. Ansonsten unkomplizierte und anpassungsfähige Anfängerhunde.

Coton de Tuléar

Seine Herkunft ist rätselhaft. Historische Berichte erwähnen kleine, wuschelige weiße Hunde als Lieblinge der herrschenden Schicht Madagaskars. Der Legende nach überlebten um 1500 zwei weiße Hündchen einen Schiffsuntergang vor der Insel. Möglicherweise brachten Seefahrer Bichons aus dem Mittelmeerraum mit. Von 1883 bis 1960 war Madagaskar französische Kolonie. Sicher vermischten sich deren mitgebrachte Hunde mit

Havaneser

den vor Ort lebenden. Als die Franzosen abziehen mussten, nahmen sie Hunde mit zurück und züchteten die Rasse in Frankreich weiter. Die übrig gebliebenen Hunde verwilderten. Das „**Baumwollhündchen**" trägt seinen Namen, weil sein wattiges, nicht seidiges Fell an reife Baumwolle erinnert. Der Coton ist ein fröhlicher, wachsamer, wenn nicht gezügelt auch bellfreudiger Hund, intelligent und anpassungsfähig, dabei robust und langlebig. Das Fell verfilzt leider sehr schnell und muss selbst im gekürzten Zustand täglich gebürstet und gekämmt werden.

Havaneser

Die Vorfahren des **Bichon Havanais** gelangten vermutlich mit Italienern und Spaniern nach Kuba und waren dort in den feinen Kreisen sehr beliebt. Aber sie machten sich auch bei Kleinbauern als Hütehunde von der Kuh bis zum Geflügel nützlich, vertilgten Ratten und meldeten Fremde. Nach der Revolution schmuggelten Exil-Kubaner in der Kennedy-Ära Exemplare des „Havana Silk Dog" in die USA, wo sie die Rasse weiterzüchteten. In ihrer Heimat starb sie aus. Der lebhafte, wachsame, fröhliche, liebenswerte Hund erfreut sich auch in Europa wachsender Beliebtheit. Der unkomplizierte Kleinhund ist sehr gelehrig und leicht zu erziehen. Mit unwiderstehlichem Charme versteht er es, jedes Herz zu erobern. Seine Kinderliebe und Spielfreudigkeit sind zwar im Standard festgelegt, doch hat seine Robustheit natürlich Grenzen. Er ist kein Kinderspielzeug. Das schlichte Langhaar, das keinem saisonbedingten Haarwechsel unterliegt, muss regelmäßig gekämmt und gebürstet werden.

▶ **Havaneser**
Schulterhöhe 23–27 cm ± 2 cm
Farbe selten reinweiß, falbfarben, schwarz, havannabraun, tabakfarben, rötlichbraun, auch gescheckt.
Land westl. Mittelmeer/Kuba
FCI-Nr. 250, Gruppe 9.1

Bichon à poil frisé
Schulterhöhe max. 30 cm
Farbe reinweiß
Land Frankreich/Belgien
FCI-Nr. 215, Gruppe 9.1

Bichon à poil frisé

Zu den ältesten Rassen Europas gehören die „gelockten" Bichons. Schon im alten Rom waren diese weißen Hündchen geliebte Begleiter vornehmer Damen. Sie sind es viele Jahrhunderte lang geblieben, besonders in Italien und Frankreich, wo der Bichon auf kaum einem Gemälde aristokratischer Damen fehlen darf. Die Spanier sollen die kleinen weißen Hündchen auf die Kanarischen Inseln mitgenommen haben. Später brachten Seeleuten sie als „Teneriffa-Hündchen" auf das Festland zurück. Der Bichon beglückte seine Herrin nicht nur durch sein entzückendes Wesen, sondern erfüllte eine wichtige praktische Funktion – er diente als Bettwärmer und Heizkissen für Kranke. Der ehemals „Teneriffa-Hündchen" genannte Vierbeiner besitzt ein entzückendes Wesen voller Charme, Klugheit, Fröhlichkeit und

Liebe. Er ist wachsam, ohne zu viel zu kläffen, und ein idealer Wohnungshund. Er liebt Spaziergänge, kommt aber auch mal ohne aus. Er kann seinen Herrn um den Finger wickeln, und man kann ihm einfach nicht böse sein oder seiner Zuneigung widerstehen. Trotzdem ist er leicht nur mit Worten zu erziehen. Der Bichon ist ein ausgesprochen anpassungsfähiger Begleiter. Das robuste selbstbewusste Kerlchen braucht allerdings sorgfältige Pflege, soll es manierlich aussehen. Zweimal wöchentlich gründlich kämmen und einmal monatlich baden sind nötig. Die Spitzen des korkenzieherartigen Fells, das dem des Mongolenschafes ähnelt, werden etwas in Form geschnitten. Vorzug: er verliert keine Haare! Dieser noch seltene Hund erfreut sich zunehmender Beliebtheit.

Bologneser

Dieser gelockte Schoßhund erfreute schon die besseren Damen des Mittelalters, aber eine Aufteilung der kleinen, langhaarigen Schoßhunde nach Rassen, wie wir sie heute bezeichnen, erfolgte erst viel später. Daher ist der Unterschied zum Bichon gering. Er gehört jedoch zu den ältesten belegten **Bichons**. Er wird schon im 14. Jh. in Zusammenhang mit der Stadt Bologna erwähnt, wo er als kostbar galt, mit großer Sorgfalt gezüchtet und gepflegt und für viel Geld gehandelt wurde. Damals gab es nicht nur weiße, sondern auch farbige Exemplare. Im 15. Jh. nahm die italienische Gattin König Sigismunds I. ihre Bologneser mit nach Polen, im 17. Jh. schickten die Medici acht kleine Bologneser als Gastgeschenke nach Belgien. Die Rasse erlangte an den europäischen Fürstenhöfen Beliebtheit, und Bologneser begleiteten berühmte Persönlichkeiten wie Madame Pompadour, Katharina die Große von Russland oder Maria Theresia von Österreich. In Westeuropa konnte sich die Rasse kaum erhalten, erfreute sich jedoch großer Beliebtheit in der Sowjetunion und folglich der ehemaligen DDR. Dank der Grenzöffnung konnte die Bologneserzucht wieder belebt werden, doch der kleine weiße, gelockte Hund ist heute noch sehr selten. Der Bologneser ist ein eher ernster, ruhiger, anhänglicher Hund. Er bindet sich sehr eng an seine Menschen, fordert deren Aufmerksamkeit und erweist sich als gelehrig und anpassungsfähig. Fremden gegenüber ist er wenig aufgeschlossen und wachsam, aber nicht aggressiv. Das gelockte Haarkleid bedarf regelmäßiger Pflege und haart nicht.

▸ **Bologneser**
Schulterhöhe
Rüden 27–30 cm,
Hündinnen 25–28 cm
Gewicht 2,5–4 kg
Farbe reines Weiß
Land Italien
FCI-Nr. 196, Gruppe 9.1

Malteser

Malteser
Schulterhöhe
Rüden 21–25 cm,
Hündinnen 20–23 cm
Gewicht 3–4 kg
Farbe reinweiß; blasse
Elfenbeintönung zulässig
Land zentrales Mittelmeer-
gebiet (Italien)
FCI-Nr. 65, Gruppe 9.1

Der Malteser ist der bekannteste **Bi-chon**. Sein Name rührt nicht von der Insel Malta her, sondern von der Insel Meleda im Adriatischen Meer. Die Vorfahren lebten in den Hafenstädten und auf den Schiffen rund um das zentrale Mittelmeer, wo sie Ratten und Mäuse vertilgten. Vermutlich kamen die schneeweißen Hündchen über Griechenland nach Rom und in neuerer Zeit an den französischen Königshof. Von jeher schmückten sich feine Damen mit den charmanten, feenhaften Wesen, aber sie sollen auch als „Heilmittel" gegen allerlei Gebrechen gedient haben. Ganz sicher wirkte sich der warme Körper wohltuend auf den Leib aus, und die Gesellschaft des Hündchens heilsam auf die Seele. Malteser sind lebhafte, gelehrige, intelligente Hausgenossen, wachsam, aber nicht unnötig kläffend.

Der Malteser geht gerne spazieren, rennt und tollt und begleitet seine Menschen am liebsten auf Schritt und Tritt, was bei der handlichen Größe auch kein Problem ist. Malteser gehören zu den langlebigen Rassen. Der zierliche Hund eignet sich besonders als Begleiter älterer Menschen. Das glatte, bodenlange Seidenhaar muss täglich gekämmt, die Augen jeden Morgen und der Bart nach jeder Mahlzeit gereinigt sowie die Afterregion peinlich sauber gehalten werden. Damit das Malteserfell blütenweiß und rein bleibt, wird es häufig, wie langes Frauenhaar, mit einem milden Shampoo gewaschen.
Nur wer wirklich Spaß an der Fellpflege und die nötige Zeit dazu hat, kann sich an einem weißen, gepflegten Malteser erfreuen. Allerdings trifft man in häufig auch geschoren an.

Deutscher Bolonka

Bolonka

In Russland wurde aus dem Bologneser mit verschiedenen anderen Rassen der **Bolonka Zwetna** (russischer farbiger Bichon, Tsvetnaya Bolonka) gezüchtet, der im ehemaligen Ostblock und der DDR viele Freunde fand und sich nach der Wende auch in den alten Bundesländern verbreitete. Diese Hunde sind noch immer recht unterschiedlich im Erscheinungsbild.

Inzwischen unterscheiden seine Liebhaber in Deutschland in den Bolonka Zwetna und in den sog. Deutschen Bolonka. Der **Deutsche Bolonka** ist kleiner, kompakter, mit kürzerem Fang und erlaubt alle Farben. Er soll dem ursprünglichen russischen Bolonka franzuska näher kommen. Die Unterschiede sind jedoch minimal, beide Typen fallen oft in einem Wurf. Bolonkas sind freundliche, anhängli-che, unkomplizierte Begleiter mit mehr oder weniger pflegeintensivem Fell.

Bolonka Zwetna

▸ **Deutscher Bolonka**
Schulterhöhe 21–24 cm
Gewicht 2–3,5 kg
Farben alle
Land Deutschland,
nicht VDH-anerkannt
FCI nicht anerkannt

▸ **Bolonka Zwetna**
Schulterhöhe 24–26 cm
Farbe alle außer rein weiß
mit max. 20 % Weißzeich-
nung
Land Russland, national
anerkannt
FCI nicht anerkannt

Maliaro

▸ **Kyi Leo®**
Schulterhöhe 23–28 cm
Farbe schwarz- oder gold-
weiß
Land USA, nicht anerkannt
FCI nicht anerkannt

▸ **Mi-Ki™**
Schulterhöhe 27,5 cm
Farbe alle erlaubt
Land USA, nicht anerkannt
FCI nicht anerkannt

▸ **Kypriako Maliaro Bichon**
Schulterhöhe bis 32 cm;
32–38 cm; 39–45 cm
Farben alle
Land Zypern, national aner-
kannt
FCI nicht anerkannt

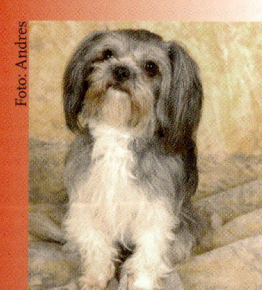

Kyi Leo®, Mi-Ki™, Kypriako Maliaro Bichon

Kyi Leo®
Ursprünglich aus einer Mischung
zwischen → *Lhasa Apso* und → *Malteser* entstanden und in den 1970er Jahren von Harriet Linn als Rasse (Kyi =
tibetisch Hund, Leo = lateinisch Löwe)
gezüchtet. Lebhafter, verspielter, ausgeglichener, anhänglicher, anpassungsfähiger Familienhund. Sehr gut
in der Wohnung zu halten. Die Fellpflege ist intensiv, dafür haart er nicht.

Mi-Ki™ (Foto links)
Seine Vorfahren sollen aus Malaysia
stammen, die in den USA in den
1980er Jahren mit → *Papillon*, → *Mal
teser* und → *Japan Chin* als Rasse ge
züchet wurden. Intelligente, anhäng
liche, fröhliche, nicht zu lebhafte
Kleinhunde. Ideale Wohnungshunde,
die keine langen Spaziergänge for
dern. Es gibt eine kurz- und langhaari-

ge Variante, letztere wird teilweise ge
schoren und haart kaum.

Kypriako Maliaro Bichon
Bichontyp, der sich auf der Insel Zypern zahlreich als Haus- und Familienhund über die Jahrtausende hinweg erhalten konnte und als Rasse
kultiviert werden soll. Verspielter, anhänglicher, leicht erziehbarer Hund,
wachsam, aber nicht aggressiv.

Kyi Leo®

Foto: Kreckova

Russkiy Toy

Anfang des 20. Jh. war der English Toy Terrier in Russland außerordentlich beliebt. Doch in den Jahren 1920–1950 geriet die Rasse in Vergessenheit und verschwand fast vollständig. Mitte der 1950er Jahre erinnerten sich russische Züchter der kleinen Hunde, deren Restbestände natürlich nicht mehr reinrassig waren, und begannen mit der Neuzucht. Ein neuer Standard wurde erstellt, und der damals Moskauer Toy Terrier genannte, kurzhaarige Kleinhund erfreute sich bald großer Beliebtheit. 1958 wurde nach zwei kurzhaarigen Eltern ein langhaariger Welpe mit deutlicher Befederung an den Ohren geboren. Diese hübsche Variante wurde weiter gezüchtet und ist heute sehr beliebt. Der **Russische Zwerghund** ist ein eleganter, lebhafter Hund. Er ist immer gut gelaunt, niemals ängstlich oder aggressiv. Dennoch ist der kleine Hund wachsam und meldet Fremde. Er ist ausgesprochen anhänglich und auf seine Bezugsperson bezogen. Er braucht, wie jeder Hund, eine liebevoll konsequente Erziehung und ist dann ein gehorsamer Hund. Verschmust, aber nicht aufdringlich, versteht er es allerdings mit viel Charme, seine Menschen um die kleinen Pfoten zu wickeln. Der Russische Toy ist ein begeisterter und ausdauernder Spaziergänger, liebt Agility und apportiert gerne, ein anpassungsfähiger Hund im Handtaschenformat, mit dem es nie langweilig wird. Dabei ist er von robuster Gesundheit und scheut auch schlechtes Wetter nicht. Das nicht zu üppige Haarkleid ist pflegeleicht.

▶ **Russskiy Toy**
Schulterhöhe 20–28 cm
Gewicht bis 3 kg
Farbe schwarz, braun, blau mit Brand, einfarbig rot oder sable
Land Russland
FCI Nr. 352, Gruppe 9.9

Welpe

▶ **Zwergpinscher**
Schulterhöhe Rüden und
Hündinnen 25–30 cm
Gewicht 4–6 kg
Farbe einfarbig hirschrot,
rot-braun bis dunkelrot-
braun und schwarzrot
Land Deutschland
FCI-Nr. 185, Gruppe 2.1

Zwergpinscher

Zwergpinscher und Zwergschnauzer gab es schon vor der Reinzüchtung aller Schnauzer- und Pinscherrassen. Die Zwerge waren beliebte Salonhunde. Feine Damen der Jahrhundertwende schmückten sich mit den Winzlingen, die nicht klein und zart genug sein konnten. Zum Glück blieb das Zuchtideal nicht beim möglichst kleinen, feinen, zittrigen Schoßhund, sondern der Zwergpinscher soll genauso aussehen wie der Pinscher im Taschenformat. Typische Zwerghundmerkmale wie runder Schädel, kleine spitze Schnauze, große vorstehende Augen usw. sind ebenso unerwünscht wie ängstliches Wesen. Der Begriff **Rehpinscher** bezieht sich auf die rotbraune Farbe und ist keine Rassebezeichnung. Der Zwergpinscher ist mit seinem kurzen dichten Glatthaar ein sauberer, pflegeleichter Wohnungshund für kleinsten Raum. Er schließt sich eng an seine Familie an, gibt älteren, alleinstehenden Menschen Gesellschaft und Zuneigung, er ist spielfreudig und lustig, zärtlich und selbstbewusst. Der intelligente, aufmerksame Zwerg ist leicht zu erziehen. Er liebt ausgedehnte Spaziergänge, fordert sie aber nicht ein und ist ebenso mit Toberunden im nahen Park oder Garten zufrieden. Der unbestechliche Wächter ist Fremden gegenüber misstrauisch. Ein Hund im Handtaschenformat, der kaum Ansprüche stellt. Der für seine Größe erstaunlich robuste Hund hat eine sehr hohe Lebenserwartung.

Prager Rattler

Prager Rattler,
Perro Ratero Mallorquin

Prager Rattler

Der dem → *Zwergpinscher* sehr ähnliche **Prazsky Krysarik** ist in Literatur und Kunst bis ins 14. Jh. zurückzuverfolgen, als der böhmische König Karl I. dem französischen König Karl V. ein solches Hündchen schenkte. Der anspruchslose Liebling böhmischer Könige bis in die Neuzeit war auch bei der einfachen Bevölkerung beliebt, geriet jedoch in den politischen Wirren des 20. Jh. in Vergessenheit. 1975 begann der Zuchtaufbau, und der kleine Kerl fand wieder rasch Freunde, auch außerhalb seiner Heimat. Zarter, lebhafter, wachsamer Kleinhund. Unbekümmert und selbstbewusst kommt er auch mit größeren Artgenossen gut aus und passt sich alleinstehenden Menschen ebenso gut an wie lebhaften Familien. Fremden gegenüber misstrauisch, geht der intelligente und gelehrige Hund ganz in seiner Familie auf, ist anhänglich und anschmiegsam. Das kurze Fell ist pflegeleicht.

Perro Ratero Mallorquin

Sehr ähnlich dem Zwergpinscher, nur etwas größer und derber, ist der nicht offiziell anerkannte Perro Ratero Mallorquin oder **Ca Rater** von der Baleareninsel Mallorca. Vermutlich waren an seiner Entstehung → *englische Toy Terrier* beteiligt. Er zeichnete sich einst als Rattenfänger aus und ist heute noch wegen seiner Wachsamkeit allgemein beliebt. Er gelangt gelegentlich als Mitbringsel oder über den Tierschutz nach Deutschland.

Perro Ratero Mallorquin

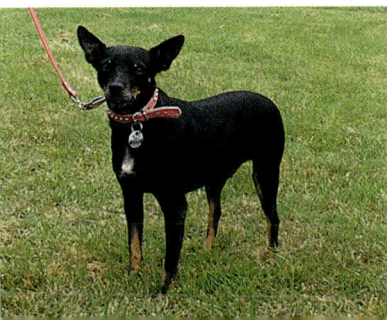

▸ **Prager Rattler**
Schulterhöhe 18–23 cm
Gewicht optimal 2 kg
Farbe schwarz-, schokoladenbraun- und blau mit Loh, gelb
Land Tschechische Republik, national anerkannt
FCI nicht anerkannt

▸ **Perro Ratero Mallorquin**
Schulterhöhe
Rüden 32–36 cm,
Hündinnen 29–33 cm
Gewicht Rüden 3,5–5 kg,
Hündinnen 3–4 kg
Farbe schwarz-rot, braunrot, mit oder ohne weiße Abzeichen
Land Spanien
FCI nicht anerkannt

English Toy Terrier

▶ **English Toy Terrier**
Schulterhöhe 25–30 cm
Gewicht 2,7–3,6 kg
Farbe schwarz-loh
Land Großbritannien
FCI-Nr. 13, Gruppe 3.4

Er ist auch unter dem Namen **Black and Tan Toy Terrier** bekannt. Bis 1982 wurde der Black and Tan Terrier in drei Gewichtsklassen geführt, danach teilte man in English Toy und → *Manchester Terrier* auf. Der Zwerg hat eine uralte Tradition und begleitete einst seine Herren in die Kneipen, um dort gegen Wettgelder Ratten in einer Arena zu töten. Die Briten entwickelten daraus einen blutigen Sport: je mehr Ratten ein Hund in der Minute tötete, desto wertvoller war er. Auf dem Heimweg verteidigte er, in der Jackentasche getragen, wirkungsvoll den Gewinn gegen Taschendiebe. Schon 1881 gab es einen Standard für den Toy (toy = Spielzeug). Vermutlich wurde die Zwergform durch Auslese und Kreuzung mit dem → *Italienischen Windspiel* erreicht, denn insgesamt ist der Toy zierlich und feingliedrig, auch wenn der Standard einen harmonischen, eleganten, kompakten Hund wünscht, der einen Eindruck von Auf-

merksamkeit und Schnelligkeit vermitteln soll. Dabei darf er keineswegs an den → *Whippet* erinnern. Vielmehr sollte er das verkleinerte Ebenbild des Manchester Terrier darstellen. Ein schwieriges Unterfangen, da extrem kleine Exemplare immer gewisse Verzwergungsmerkmale aufweisen wie gewölbten Schädel, runde, große Augen, spitzer Fang, Zahnprobleme, dünnes Fell und dünne Knochen. Er ist ein fröhlicher, flinker, trotz geringer Größe mutiger, wachsamer Terrier, der nie nervös sein sollte. Er schließt sich eng an seine Menschen an, ist intelligent und leicht zu erziehen. Ein guter Hausgenosse für die Großstadtwohnung, da er ausgesprochen pflegeleicht ist. Er liebt Bewegung und Beschäftigung, ist ein ausdauernder Spaziergänger, tobt sich aber auch beim Spiel im Garten oder Park aus. Er gehört auch in England zu den seltenen Rassen und ist hierzulande kaum anzutreffen.

American Hairless Terrier

American Hairless Terrier, Rat Terrier, Toy Fox Terrier

American Hairless Terrier
1972 aus einem haarlosen Rat-Terrier-Welpen entstanden. Welpen werden mit zartem Flaum geboren, der nach 4–6 Wochen ausfällt. Es gibt weder Zahnprobleme, noch ist die Haarlosigkeit ein Letalfaktor. Sie löst selten allergische Reaktionen beim Menschen aus. Sehr lebhafte, anhängliche, gelehrige Hunde, selbstbewusst, wachsam, aber nicht aggressiv. Umgänglich mit Kindern, Artgenossen und Katzen im eigenen Haushalt. Unempfindlich bei Normaltemperaturen, helle Haut ist gegen Sonnenbrand zu schützen.

Rat Terrier
Nachkomme verschiedener Terrier, die Einwanderer aus Europa mitbrachten. Beliebter Farmhund; mit → **Beagle** für bessere Nase und → **Whippet** für Schnelligkeit gekreuzt. Passionierter Rattenfänger und Eichhörn-chenjäger. Im Wesen dem Hairless entsprechend. Die kurzbeinige Variante heißt „Teddy Roosevelt Terrier".

Toy Fox Terrier
Aus kleinen → **Fox Terriern**, → **Zwergpinschern**, → **Windspielen** und → **Chihuahuas** gezüchteter, intelligenter, gelehriger, sehr feinfühliger, anhänglicher, dennoch selbstbewusster und dreister Kleinhund. Genügsam in Haltung und Pflege. Nicht geeignet für kleine Kinder, ideal für ältere Menschen und Stadtwohnungen.

Rat Terrier

▶ **American Hairless Terrier**
Schulterhöhe 25–45 cm
Farbe weiß mit pigmentierten Flecken, Sprenkeln oder Platten, die in der Sonne nachdunkeln
Land USA
FCI nicht anerkannt

▶ **Rat Terrier**
Schulterhöhe Mini unter 32,5 cm, Standard 47,5 cm
Farbe weiß mit allen klaren Laufhundfarben
Land USA (AKC, FSS)
FCI nicht anerkannt

▶ **Toy Fox Terrier**
Schulterhohe 21–29 cm
Farbe vorherrschend weiß mit schwarzem oder braunem Kopf, mit oder ohne loh
Land USA, national anerkannt
FCI nicht anerkannt

Langhaar Zwerg, Brauntiger

Dachshund, Zwerg-Dachshund, Kaninchen-Dachshund

▶ **Dachshund**
Gewicht Normalgröße
ca. 9 kg
Brustumfang ab 35 cm,
Zwerg 30–35 cm,
Kaninchen bis 30 cm
Farbe Lang- und Kurzhaar:
einfarbig rot, rotgelb, gelb
mit oder ohne schwarze
Stichelung, zweifarbig tief-
schwarz oder braun mit
rostbraunen oder gelben
Abzeichen; gefleckt (geti-
gert, gestromt): dunkle
Grundfarbe (schwarz, rot,
grau) mit grauen oder bei-
gen Flecken; rot oder gelb
mit dunklerer Stromung;
Rauhaar überwiegend hell-
bis dunkelsau- und dürr-
laubfarben, ansonsten wie
Lang- und Kurzhaar.
Land Deutschland
FCI-Nr. 148, Gruppe 4

Der seit dem Mittelalter bekannte **Teckel** oder **Dackel** stammt von kurzbeinigen Bracken ab. Kurzbeinigkeit erleichtert das Durchstöbern dicht bewachsener Regionen, der langsamere Hund kann vom Jäger leichter verfolgt werden und in Dachs- und Fuchsbauten einschliefen. Der Vollblutjagdhund von erstaunlicher Vielseitigkeit kämpft unter der Erde tollkühn gegen den Fuchs und den ihm körperlich überlegenen Dachs, jagt spurlaut, stöbert, zeigt beste Leistungen auf Schweiß und kann sogar bei der Wasserarbeit eingesetzt werden. Trotz seiner Jagdpassion ein beliebter Haus- und Familienhund. Der Clown, der Schelm, der Schauspieler unter den Hunden wird nie langweilig, seine Mimik ist unnachahmlich. Er weiß genau, wie er seine Menschen um den Finger wickeln kann. Er ist zärtlich,

rücksichtsvoll, dreist und draufgängerisch, wann immer es die Situation erfordert. Der wachsame, ja durchaus verteidigungsbereite Dackel versteht es, sich Respekt zu verschaffen, ohne sich zu überschätzen. Da er bei seiner Arbeit auf selbstständiges Handeln angewiesen ist, darf man ihm eigenen Entscheidungswillen nicht als Ungehorsam auslegen. Bei liebevoll-konsequenter Erziehung ist auch der Dackel ein gehorsamer Hausgenosse. Dackel sind sehr langlebig und pflegeleicht. Bei der Haltung ist die Gefahr eines Bandscheibenvorfalls zu berücksichtigen.

Rauhaar Kanin, saufarben

Langhaar normal, rot

Kurzhaar normal, rot

Podengo Portugues pequeno

▶ **Podengo Portugues pequeno**
Schulterhöhe 20–30 cm
Gewicht 4–5 kg
Farbe gelb, falb, schwarz mit oder ohne weiße Abzeichen
Land Portugal
FCI-Nr. 94, Gruppe 5.7

▶ **Maneto**
Schulterhöhe 30–35 cm
Gewicht ca. 10 kg
Farbe zimtfarben mit oder ohne Weiß
Land Spanien, national anerkannt
FCI nicht anerkannt

Podengo Portugues pequeno, Maneto

Podengo Portugues pequeno

Der niederläufige Schlag des Podengo ist in seiner Heimat weit verbreitet, denn er ist nicht nur ein hervorragender Kaninchenjäger, sondern auch ein amüsanter Haus- und Familienhund, der allmählich weltweit Freunde findet. Der stets fröhliche Hund ist freundlich zu Menschen und sozial verträglich mit anderen Hunden. Der robuste, ausdauernde Jagdhund ist auf die Treibjagd auf Kaninchen in schwierigem Gelände spezialisiert und jagt einzeln oder in der Meute. Hervorragender Rattenfänger und Mäusejäger. Der Pequeno ist ausgesprochen lebhaft und anhänglich. Er wird als aufmerksamer Wachhund geschätzt. Der gelehrige, kleine Hund braucht eine konsequente Erziehung und liebt Action.

Maneto

(ohne Foto) Kurzläufige Variante des → *Podenco Andaluz*, passionierter Kaninchenjäger, sehr ausdauernd und couragiert bei der Jagd, unabhängig, freundlich ergeben seinen Menschen.

Podengo Portugues pequeno Rauhaar

Affenpinscher

Vor 150 Jahren glaubte man, dieser struppige Zwerg sei eine Kreuzung zwischen Affe und Pinscher, daher der Name. Bis 1895 gehörte er, wie der Zwergschnauzer, zu den rauhaarigen Pinschern. Hunde mit Vorbiss wurden zu Affenpinschern. Mit seinem runden Kopf, dem verkürzten Nasenrücken und seinen großen, runden, glutvollen Augen fällt er völlig aus dem Rahmen der Schnauzer-Pinscher-Familie. Strebel (1905) erwähnt noch einen seidenhaarigen Affenpinscher, der jedoch ausgestorben ist. Heute wünscht man das Fell hart und dicht mit harschem, sternförmig abstehendem Haarkranz um den Kopf, der mit dem stattlichen Bart und stachelig abstehenden Augenbrauen das charakteristische „Affengesicht" unterstreichen soll. Die hoch angesetzten Ohren dürfen stehen oder kippen. Sein Fremden gegenüber abweisen-

des, zuweilen aufbrausendes Wesen und der abfällige Name schaffen ihm auf Anhieb keine Freunde. Dabei ist er seinen Menschen ein liebevoller, etwas kauziger Hausgenosse mit ausgeprägter Persönlichkeit. Er ist sehr wachsam und bellt viel. Abgesehen davon ist er wegen seiner handlichen Größe ein idealer Wohnungshund mit hoher Lebenserwartung. Pflege bis auf das Kämmen des Kopfhaars und regelmäßiges Trimmen des Körperhaars einfach. Ein anpassungsfähiger Hausgenosse, der sich sowohl im Stadtpark austobt als auch ausgiebige Wanderungen mitmacht. Leider ist diese aparte Rasse hierzulande selten geworden. Die Zuchtbasis ist schmal. Umso beliebter ist der kleine Kauz in den angelsächsischen Ländern und in Skandinavien. Der Affenpinscher dürfte eng verwandt mit den → *Belgischen Griffons* sein.

▸ Affenpinscher
Schulterhöhe 25–30 cm
Gewicht 4–6 kg
Farbe rein schwarz mit schwarzer Unterwolle
Land Deutschland
FCI-Nr. 186, Gruppe 2.1

Brüsseler Griffon

Belgische Griffons

- **Brüsseler Griffon**
  Schulterhöhe im Standard
  nicht festgelegt
  Farbe rauhaarig, rot
  Land Belgien
  FCI-Nr. 80, Gruppe 9.3

- **Belgischer Griffon**
  Schulterhöhe im Standard
  nicht festgelegt
  Farbe rauhaarig, schwarz,
  schwarz mit loh
  Land Belgien
  FCI-Nr. 81, Gruppe 9.3

- **Kleiner Brabanter**
  Schulterhöhe im Standard
  nicht festgelegt
  Farbe kurzhaarig, rot oder
  schwarz mit loh
  Land Belgien
  FCI-Nr. 82, Gruppe 9.3

Alle drei Rassen gehen auf kleine rauhaarige, „Smousje" genannten Hunde im Raum Brüssel zurück, die Kutschen bewachten und in Stallungen Ratten und Mäuse kurzhielten. Im 19. Jh. wurden → *King Charles Spaniels* und → *Möpse* eingezüchtet. Dies führte zum kurzen glatten Fell und der kurzen Nase. Die Liebe der Königin Marie-Henriette von Belgien und der Sieg eines Brüsseler Griffon als „Bester Hund der Ausstellung" in Brüssel 1880 machte die Rasse populär. Während die kleinen Belgier in England, Amerika und Skandinavien zahlreiche Anhänger fanden, zählen sie in Deutschland zu den seltenen Rassen. Das mag an der schwierigen Zucht (große Welpen, anstrengende Geburten) und an der extremen Kurznasigkeit mit den damit verbundenen Problemen liegen. Die Hautfalte zwischen Stirn und Nase muss sorgfältig gepflegt werden, um Entzündungen zu vermeiden. Außerdem schnarchen die kleinen Kurznasen. Die kleinen Burschen sind wachsam, bellen aber nur leise, was für die Haltung in der Wohnung vorteilhaft ist. Lästiges Keifen kennt der kleine Belgier nicht. Die Griffons sind robuste, anhängliche Familienhunde, die gerne laufen, toben und tollen. Voller Spiel- und Lebensfreude werden sie oft 15 Jahre und älter. Bis auf die Augen-Nasen-Region einfache Pflege. Rauhaar wird getrimmt.

Belgischer Griffon

Kleiner Brabanter (Petit Brabancon, unten und links)

Welsh Corgi Pembroke

Welsh Corgi

▶ **Welsh Corgi Pembroke**
Schulterhöhe 25,4–30,5 cm
Gewicht Rüden 10–12 kg,
Hündinnen 10–11 kg
Farbe rot, sable, rehfarben,
schwarz mit Brand, mit
oder ohne weiße Abzeichen
Land Großbritannien
FCI-Nr. 39, Gruppe 1.1

Zu den Vorfahren der Welsh Corgis zählt man spitztypische Vikingerhunde aus Skandinavien und Brackentypen. Ich halte das für reine Spekulation und sehe in ihnen vielmehr die kurzläufige Variante des → *Welsh Sheepdog*, der Steh- und Kippohren, langes und kurzes Fell haben kann. Auch die Farben sind identisch. Zu Beginn der Rassereinzucht sahen die schon seit dem Mittelalter bekannten Corgis (walisisch cor = Zwerg und gi = Hund) wie kurzläufige Sheepdogs aus. In Corgiwürfen fallen heute noch gelegentlich langhaarige „Fluffies". Kurzläufigkeit ist bei Hunden eine häufig vorkommende Mutation, die auch bei vielen Jagdhunden geschätzt und weitergezüchtet wurde. Kurzbeinige Farmhunde wurden früher von den Jagdherren gern gesehen, weil die Bauern

mit ihnen nicht wildern konnten. Außerdem eigneten sie sich besonders gut für die Arbeit am Vieh, duckten sich unter den ausschlagenden Rinderhufen weg, sprangen geschickt vor, um widerspenstigen Bullen erneut in die Fesseln zu kneifen und dem tödlichen Tritt blitzschnell auszuweichen. Die Corgis standen damals noch nicht so tief, waren leichter und sehr viel schneller, wendiger und ausdauernder als es die modernen Hunde sind. Heute besinnt man sich in Wales wieder dieses alten Farmhundes, doch ist es nicht leicht, geeignete Hunde zu finden.
Corgis sind ausgesprochen vielseitig. Sie sind nicht nur hervorragende Treiber und Hüter, sondern halten Ratten und Mäuse kurz und bewachen das Anwesen.

Welsh Corgi Cardigan

Corgis sind immer aufmerksam, immer im Dienst. Der intelligente, mittelgroße Hund auf kurzen Beinen ist selbstbewusst, kraftvoll und braucht eine konsequente Erziehung und Beschäftigung. Er stellt die Rangordnung in der Familie immer wieder infrage und versteht es durchzusetzen, was er sich in den Kopf gesetzt hat! Er unterscheidet sich darin nicht von den anderen Treibhundrassen und ist nicht unbedingt ein Hund für Anfänger. Der wachsame Hund mit kräftiger Stimme ist nicht überaggressiv, aber durchaus verteidigungsbereit. Ein robuster, pflegeleichter, aber stark haarender, herrlicher Kumpel für die ganze Familie!

Pembrokeshire und Cardiganshire

Ursprünglich waren die Corgis, als die Rasse 1928 anerkannt wurde, eine bunte Mischung, und um die Streitig-keiten um den „richtigen" Corgi zu beenden, wurden daraus 1934 die getrennten Rassen. Ob diese generell von der Rassehundeszene als Bastarde missachteten Bauernhunde eine Zukunft gehabt hätten, ist fraglich, wenn nicht 1933 ein Corgi ins britische Königshaus eingezogen wäre, als erklärter Lieblingshund von Königin Elisabeth II. Damit erlangte der Pembroke ungeahnte Popularität in seiner Heimat. Seine Rute wurde einst kupiert, doch es kommen auch angeboren verkürzte Ruten vor. Der Cardiganshire Corgi ist bis heute eine seltene Rasse geblieben. Seit der Pembroke nicht mehr kupiert wird, sind beide kaum für das ungeübte Auge zu unterscheiden. Der Cardigan erfreut sich jedoch einer großen Farbenvielfalt und ist ein wenig größer und gesetzter im Wesen als die quirlige, stets fordernde Pembroke.

▸ **Welsh Corgi Cardigan**
Schulterhöhe 30 cm
Farbe alle Farben mit oder ohne weiße Abzeichen
Land Großbritannien
FCI-Nr. 38, Gruppe 1.1

Lancashire Heeler

Lancashire Heeler, Kokonis

▶ **Lancashire Heeler**
Schulterhöhe
Ideal Rüden 30 cm,
Hündinnen 25 cm
Farbe schwarz oder leber-
braun mit Brand
Land Großbritannien,
national anerkannt
FCI nicht anerkannt

▶ **Kokonis**
Schulterhöhe
Rüde 24–28 cm,
Hündin 23–27 cm
Gewicht 4–8 kg
Farbe alle
Land Griechenland,
national anerkannt
FCI nicht anerkannt

Lancashire Heeler

Er ist wie der → *Corgi* in Wales die kurzbeinige Variante des typischen Farmhundes der Region Lancashire im Norden Englands und seit alters her bekannt. Kurzläufige Farmhunde eignen sich hervorragend für den Umgang mit Rindern. Der Name „Heeler" wurde allgemein für Treibhunde benutzt und weist auf das Kneifen in die Fersen der Rinder (heels) hin. Freundlicher, lebhafter, intelligenter, selbstbewusster Hausgenosse und fröhlicher Kamerad der Kinder, der eine konsequente Erziehung braucht. Der Heeler ist wachsam, aber nicht aggressiv und eignet sich sehr gut fürs Mini-Agility. Er fängt Ratten und Kaninchen wie ein Terrier. Die Anerkennung 1981 bewahrte die Rasse vor dem Aussterben und sicherte ihr wachsende Be-

liebtheit als unkomplizierter Familienhund.

Kokonis

Seit der Antike beliebter Haus- und Hofhund, der erst kürzlich als Rasse anerkannt wurde. Im Wesen temperamentvoll, lustig, intelligent und treu. **Alopekis** ist die kurzhaarige Variante.

Kokonis

Westgotenspitz

Westgotenspitz, Can Guicho

Westgotenspitz

Der **Västgötaspets** oder **Swedish Vall-hund** ist ein unermüdlicher Hüte-, Treib- und Hofhund. Ob der Bauern-hund reinrassig war oder nicht, inter-essierte den Bauern weniger, solange der Hund seine Arbeit tat. Deshalb drohte er mit Verbesserung der Ver-kehrswege und Verbreitung fremder Rassen unterzugehen. Gerade noch rechtzeitig begann in den 1950er Jah-ren ein Zuchtprogramm. Der Vall-hund ist heute in Schweden populär. Der kleine, intelligente, sehr aktive Hund lässt sich leicht erziehen. Er be-sitzt nicht die Eigenständigkeit der an-deren Spitze. Er ist ein Familienhund von handlicher Größe, robuster Ge-sundheit, kräftig und pflegeleicht. Duldsam im Umgang mit Kindern, stets zum Spielen und Toben bereit, wachsam, aber nicht bissig, passt der Vallhund in jede Familie, die dem klei-nen Arbeitshund Zuneigung schenkt und seinen regen Geist beschäftigt. Angeboren verkürzte Rute kommt vor.

Can Guicho

Dem Vallhund ähnlich, vermutlich mit den Wikingern nach Spanien ge-langt, ist dieser robuste Kaninchen-jäger im bergigen Nordwesten der iberischen Halbinsel verbreitet und der rauen, dornenbewachsenen Berg-landschaft bestens angepasst. Der **Quisquelo** stöbert leise und gibt auf frischer Spur Laut. Lebhafter, auf-merksamer, wachsamer Hund.

Can Guicho

▸ **Westgotenspitz**
Schulterhöhe
Rüden 33 cm,
Hündinnen 31 cm,
Gewicht 9–14 kg
Farbe grau, graubraun,
grau-gelb, rötlich-braun,
hell und dunkel schattiert.
Land Schweden
FCI-Nr. 14, Gruppe 5.3

▸ **Can Guicho**
Schulterhöhe
Rüden 34–42 cm,
Hündinnen 30–38 cm
Gewicht Rüden 8–12 kg,
Hündinnen 6–10 kg
Farbe alle
Land Spanien, national
anerkannt in Galizien
FCI nicht anerkannt

Jack Russell Terrier

Weißbunte Terrier

▶ **Jack Russell Terrier**
Schulterhöhe ideal
zwischen 25 und 30 cm
Gewicht zwischen 5 und
6 kg
Haarkleid/Farbe glatt, rau
oder langhaarig; weiß mit
schwarzen oder braunen
Abzeichen
Land Großbritannien
(Australien)
FCI-Nr. 34, Gruppe 3.2

▶ **Tenterfield Terrier**
Schulterhöhe 25,4–30,5 cm,
ideal 28 cm, nicht über
30,5 cm
Farbe wie beim Jack Russell
Terrier
Land Australien, national
anerkannt
FCI nicht anerkannt

**Jack Russell Terrier und
Parson Russell Terrier**
Eine junge und alte Rasse zugleich,
verkörpert er die Urform des Fox Terriers, ehe der zum gestylten Ausstellungshund wurde. Der 1795 geborene
Pfarrer (Parson) John (Jack) Russell
war passionierter Jäger, Hundezüchter
und 1873 Gründungsmitglied des Kennel Club und züchtete neben Show
Fox Terriern weißbunte robuste Jagdterrier. Sie kannten weder Standard
noch Schönheitswettbewerbe, sondern
erfreuten sich besonderer Beliebtheit
bei Jägern und Reitern, wo sie in den
Ställen Ratten und Mäuse kurzhielten
und bei den großen Fuchsjagden zum
Einsatz kamen. Die Hunde waren in
Aussehen und Charakter sehr unterschiedlich. In England und Australien
wurden sie beliebte Begleithunde. Anfang der 1980er Jahre tauchten die
Hunde vermehrt über Pferdeleute in
Deutschland auf. Die Bestrebungen
zur Rasseanerkennung führten zu hef-

tigen Auseinandersetzungen und
schließlich zur Aufspaltung der kurzbeinigen und hochbeinigen Typen in
zwei Rassen. Die kleinere Variante, der
Jack Russell, wurde in Australien entwickelt. Inzwischen allseits beliebt
und auf dem besten Wege zum Modehund, werden diese Hunde gnadenlos
vermarktet, was zu untypischen Hunden in Aussehen und Wesen führt.
Beide Terrier sind ausgesprochen lebhaft, schneidig und draufgängerisch.
Als Einzeljäger sehr selbstständige
Hunde voller Durchsetzungsvermögen, die trotzdem umgänglich und
nicht aggressiv sein sollen. Typische
Russells sind wachsam, aber nicht unfreundlich, sehr robust und immer auf
Trab. Kleiner, vielseitiger Jagdgebrauchshund, überwiegend für die Bo-
denjagd auf Fuchs und Schwarzwild.
Außerordentlich gelehrig und jederzeit zu allem bereit, macht er auch dem
Nichtjäger viel Spaß bei hundesportlichen Aktivitäten. Er braucht allerdings

Parson Russell Terrier

eine sorgfältige Prägung durch den Züchter, konsequente Erziehung und viel Beschäftigung! Quirliger Familienhund. Das kurze oder rauhaarige Fell ist pflegeleicht.

Tenterfield Terrier
Um 1800 sollen diese kleinen Terrier mit Siedlern nach Australien gekommen sein. Den Namen haben sie von ihren ersten Züchtern Banjo Patterson und George Woolbough (The Tenterfield Saddler). Man benutzte sie zur Fuchsjagd, kreuzte später für mehr Schnelligkeit → *Whippet* und → *Windspiel*, später → *Chihuahua* ein. Der selbstbewusste, lerneifrige, treue Hund ist kühn und furchtlos bei der

Arbeit und ein idealer Begleithund. Er ist dem Jack Russell Terrier sehr ähnlich, hat Stehohren und ist glatthaarig.

Plummer Terrier
Dr. Brian Plummer, ein passionierter Ratten- und Kaninchenjäger, züchtete in den 1960er Jahren aus Jack Russell, → *Fell-*, → *Fox-* und → *Bull Terrier* und → *Beagle* einen zähen, furchtlosen, selbstständigen, eifrigen Jäger, der hart und ausdauernd über und unter der Erde arbeitet und ohne zu zögern zupackt. Lebhaft, freundlich, jedoch selbstständig und nicht unterwürfig, darf er nicht hyperaktiv und muss erziehbar und gehorsam sein. Rasseanerkennung ist beantragt.

▸ **Parson Russell Terrier**
Schulterhöhe
Rüden ideal 35 cm,
Hündinnen ideal 33 cm
Haarkleid/Farbe rau oder glatt; weiß mit braunen und/oder schwarzen Abzeichen an Kopf und/oder Rutenansatz
Land Großbritannien
FCI-Nr. 339, Gruppe 3.1

▸ **Plummer Terrier**
Schulterhöhe Rüden 34 cm, Hündinnen 31 cm, ± 2,5 cm
Farbe feuriges Kupferrot mit weißen Abzeichen
Land Großbritannien, nicht anerkannt
FCI nicht anerkannt

Tenterfield Terrier

Plummer Terrier

Foto: Fulton

Foto: Saxon Plummer Terriers

Sealyham Terrier

Sealyham Terrier
Schulterhöhe max. 31 cm
Gewicht Rüden 9 kg,
Hündinnen 8,2 kg
Farbe weiß, weiß mit gelben, braunen, blauen oder dachsfarbenen Markierungen an Kopf und Ohren
Land Großbritannien
FCI-Nr. 74, Gruppe 3.2

In der zweiten Hälfte des 19. Jh. schuf Capt. Edwardes auf seinem Gut Sealyham (ham = Weiler am Fluss Sealy) den Sealyham Terrier. In Wales, genauer Pembrokeshire, gab es schon lange zuvor einen kräftigen, untersetzten weißen Terrier, den Edwardes mit dem → *Dandie Dinmont Terrier* kreuzte. Er führte noch → *Bullterrier-*blut hinzu, um die Kraft der Kiefer zu verstärken, denn sein Zuchtziel war ein unerschrockener, harter Hund, der den Dachs aus seinem Bau trieb, gleichzeitig aber verträglich mit anderen Hunden sein musste, da sie in der Meute mit den Foxhounds laufen sollten und er sie in großer Zahl hielt. Edwardes ließ die Welpen bei Farmern aufziehen und traf eine rigorose Auslese auf Raubwildschärfe. Wer nicht bestand, wurde getötet, die guten ka-

men zurück nach Sealyham. Obwohl hauptsächlich auf Dachs gezüchtet, verfolgten sie alles, was ihnen vor die Nase kam: Otter, Wiesel, Iltis und Kaninchen. Der moderne Showtyp-Sealyham eignet sich allerdings nicht mehr für die ursprünglichen jagdlichen Aufgaben. Er wurde zu schwer, plump und reich behaart.
Der Sealyham ist ein angenehmer, fröhlicher, humorvoller Hausgenosse, der gerne spielt und läuft. Er soll freundlich, gelehrig, furchtlos und aufmerksam sein. Seine tiefe, volle Stimme lässt hinter der Tür einen weit größeren Hund vermuten; der Sealyham ist deshalb ein effektvoller Wächter. Leider ist dieser liebenswerte Hund nur sehr selten anzutreffen. Das weiße Fell wird regelmäßig getrimmt.

Lucas Terrier

Sir Jocelyn Morton Lucas (1889–1980) suchte als passionierter Jäger einen idealen Stöberhund auf Kaninchen und Fasan. Bei Erfahrung mit vielen Rassen entschloss er sich für den → *Sealyham Terrier*, obwohl das nicht die typische Arbeit eines Terriers ist. Mit ihren kurzen Beinen blieben sie dicht beim Treiber, arbeiteten gut mit mehreren zusammen und hielten stets Kontakt zum Jäger. 10 bis 15 Paare gingen mit auf die Jagd und wurden gemeinsam im Auto transportiert, streitsüchtige Hunde wurden nicht geduldet. Die Hunde suchten besonders gründlich und ausdauernd in schwer zugänglichem Gelände, vor allem in Rhododendren, Ginster und Dornen. Hatten sie ein Kaninchen aufgestöbert, ließen sie sich sofort abrufen. Da sie stumm jagten, kreuzte er kurzbeinige → *Spaniels* ein, Bellen unterstützte beim Stöbern. Enid Plummer leitete die Zucht und kreuzte gezielt → *Norfolk Terrier* ein. Dem Wunsch Sir Jocelyns folgend, dass diese Hunde nicht den Weg als Showhund gehen, wird eine Anerkennung nicht angestrebt. Wo sinnvoll, werden die Ausgangsrassen eingekreuzt, sodass der Lucas Terrier nie ein gänzlich einheitliches Rassebild zeigen wird, jedoch im Typ unverkennbar ist. Als Begleithund gezüchtet, schätzt man sein nettes Wesen, seine Verträglichkeit und Anhänglichkeit. Dennoch ist er ein schneidiger, aufgeschlossener, fröhlicher Terrier, der nicht selbstständig jagt, leicht erziehbar und gehorsam ist. Das Fell wird getrimmt und haart nicht. Der Lucas Terrier wird mit großer Sorgfalt von einem kleinen Liebhaberkreis gezüchtet.

▶ **Lucas Terrier**
Schulterhöhe
Rüden 25–30 cm,
Hündinnen 22,5–27,5 cm
Gewicht max. 9 kg
Farbe alle Schattierungen von braun, mit oder ohne Sattel, weiße Abzeichen erlaubt, weiß-gescheckt
Land Großbritannien, nicht anerkannt
FCI nicht anerkannt

Česky Teriér

► **Česky Teriér**
Schulterhöhe 25–32 cm,
ideal beim Rüden 29 cm,
ideal bei der Hündin 27 cm
Gewicht 6–10 kg
Farbe graublau und milch-
kaffeefarben mit hellen
Abzeichen
Land Tschechische
Republik
FCI-Nr. 246 Gruppe 3.2

Der Kynologe Frantisek Horak suchte einen Terrier für die Jagd auf Hase, Fuchs und Dachs. Er begann 1949 mit Kreuzungsversuchen mit → *Scottish* und → *Sealyham Terriern*, die damals noch arbeitsfähig waren. Horak schätzte die Jagdpassion des Schotten, er war ihm aber zu aggressiv und starrköpfig. Der leichtführige, mit vorzüglicher Nase ausgestattete Sealyham Terrier besaß nicht genug Raubwildschärfe, und so züchtete er aus beiden Rassen einen leichten, wendigen, umgänglichen und leichtführigen Terrier voller Jagdpassion. 1959 wurden die ersten Exemplare ausgestellt, und 1963 wurde die Rasse offiziell anerkannt. Inzwischen ist der **Tschechische Terrier** weit über die Grenzen seines Landes hinaus bekannt. Allerdings nicht als

Jagdterrier. Im Gegenteil, seine guten Eigenschaften als Familienbegleithund wurden züchterisch gefördert. Českys sind ideale Wohnungshunde, sauber, klein, wachsam, aber nicht aggressiv. Der ruhige, anpassungsfähige, zärtliche Hund ist Fremden gegenüber zurückhaltend und guter Begleiter älterer Menschen, die viel spazieren gehen können. Der Česky tobt sich dabei mit Artgenossen und beim Ball- oder Stöckchenspielen aus. Bewegung allerdings braucht der gute Futterverwerter, sonst wird er schnell fett und träge. Da er leicht zu erziehen und sehr anhänglich ist, bereitet seine Jagdpassion kaum Probleme. Das seidig feine Haar wird regelmäßig geschoren, weil es so leichter zu pflegen ist. Häufiges Kämmen notwendig. Welpen werden schwarz oder schokoladenbraun geboren und erst später heller.

Schipperke

Kleiner Schäferhund vom Spitztyp, dessen Name vom flämischen „Scheperke" = kleiner Schäferhund abgeleitet wird. Er wird im 15. Jahrhundert in der Chronik des Mönches Wencelas erstmals erwähnt. Auf vielen alten flämischen Gemälden ist der Hund als Bestandteil bäuerlichen Lebens zu finden. Als im wasserreichen Belgien noch Pferde die Schiffe flußaufwärts zogen, spielten die Schipperkes die Rolle unserer Schnauzer und Pinscher als Wächter und Ratten- und Mäusevertilger. Aber auch auf den zahlreichen Kähnen war der Schipperke heimisch, worauf manche seinen Namen zurückführen. Der kleine wendige Bursche hielt das Schiff von Ratten und Mäusen frei und bewachte es lautstark und energisch vor Dieben. 1690 gab es in Brüssel sogar einen Wettbewerb um das schönste Hundehalsband für die kleinen schwarzen Kerlchen. Als 1885 die belgische Königin Marie-Henriette einen solchen Hund bekam, gewann der Schipperke rasch an Beliebtheit. Der lebhafte, neugierige, immer aufmerksame Begleiter ist geduldig im Umgang mit den Kindern seiner Familie. Der unbestechliche Wächter verteidigt sein Revier voller Leidenschaft. Wem ein Hund genügt, der bellt und verteidigt, ohne Menschen ernsthaft gefährden zu können, der findet in ihm einen ausgesprochen zuverlässigen Kameraden. Intelligent und gelehrig, voller Temperament und gut in der Wohnung zu halten, schließt sich der Hund ganz an seinen Menschen an. Fremden gegenüber ist er entsprechend unnahbar bis unfreundlich. Der Schipperke liebt besonders die Nähe von Pferden, ist pflegeleicht und robust. Aber auch im Hundesport bewährt sich der Schipperke mit viel Spaß bei Agility und Obedience.

▶ **Schipperke**
Schulterhöhe im Standard nicht festgelegt
Gewicht 3–9 kg
Farbe schwarz
Land Belgien
FCI-Nr. 83, Gruppe 1.1

Mittelspitz

Klein- und Mittelspitz, American Eskimo

▸ **Klein- und Mittelspitz**
Schulterhöhe Klein: 26 ± 3 cm, Mittel: 34 ± 4 cm
Farbe schwarz, weiß, braun, orange, graugewolkt; andersfarbig einfarbig oder gescheckt
Land Deutschland
FCI-Nr. 97, Gruppe 5.4

▸ **American Eskimo**
Schulterhöhe
Zwerg (Toy) 22,5–30 cm,
Miniatur 30–37,5 cm,
Standard 37,5–47,5 cm
Farbe weiß, weiß-biscuit
Land USA, AKC anerkannt
FCI nicht anerkannt

Deutscher Spitz

Spitze sind die älteste Haushundform überhaupt und entwickelten sich auf der ganzen Welt. Insbesondere die deutschen Spitze gelten als hervorragende Haus- und Familienhunde. Die mittelgroßen und kleinen eignen sich bestens als Wohnungshunde. Bei entsprechender Erziehung lässt sich die sprichwörtliche Bellfreudigkeit in Grenzen halten, jedoch ist der Spitz immer ein zuverlässiger Wächter, der Fremden gegenüber ausgesprochen misstrauisch ist. Dafür ist er umso mehr seinen Menschen zugetan; er ist robust, anpassungsfähig und bewegungsfreudig. Groß genug, um lange Wanderungen unermüdlich mitzumachen, klein genug, um seinen Herrn überallhin zu begleiten. Der sehr ge-

Kleinspitz-Welpen

lehrige, leicht zu erziehende Hund ist sehr anhänglich, an sein Revier gebunden und zeigt kaum Neigung, selbstständig loszuziehen. Der Jagdtrieb beschränkt sich auf Mäusefang. Spitze sind sehr reinlich, das lange Haar braucht regelmäßige Pflege, neigt aber nicht zum Verfilzen. Die deutschen Spitze unterscheiden sich nur durch Größe und Farbe voneinander.

American Eskimo

(ohne Foto) Deutsche Einwanderer brachten weiße Spitze mit in die USA, wo sie den nützlichen Haus- und Hofhund weiterzüchteten. Der zunächst „**American Spitz**" benannte Hund hieß ab 1917 aus unerfindlichen Gründen „American Eskimo". Das Erscheinungsbild und das typische Wesen des deutschen Spitzes blieben jedoch unverändert.

Japan Spitz

Japan Spitz, Volpino Italiano

Japan Spitz

Der fröhliche **Nihon Supittsu** ist ein wachsamer, aber nicht kläffender, freundlicher Hausgenosse, ruhiger als die deutschen Spitze und niemals aggressiv. Er ist gelehrig und leicht zu erziehen. Im Standard ist vermerkt, dass er „keinen Lärm machen darf". Er stammt vermutlich von → *Groß-spitz* und asiatischen Spitzen ab und tauchte 1921 erstmals auf. Die Anerkennung erfolgte 1948. In letzter Zeit erfreut sich der liebenswürdige Japan Spitz weltweit wachsender Beliebtheit. Anspruchsloser Familienhund. Das straffe, dichte Fell ist pflegeleicht.

Volpino Italiano

Das italienische „Füchschen" ist Nachfahre der in ganz Europa seit der Bronzezeit verbreiteten Hausspitze. Er unterscheidet sich kaum vom deutschen Kleinspitz. Man trifft ihn in ganz Italien an, als eingetragenen Rassehund jedoch eher selten. Er ist temperamentvoll, ganz seinen Menschen zugetan, aber allem Fremden gegenüber skeptisch. Leicht erziehbarer, anspruchsloser Hausgenosse, wachsam, aber nicht aggressiv und sehr ortstreu. Das lange Fell ist pflegeleicht.

Volpino

▶ **Japan Spitz**
Schulterhöhe 30–38 cm (Hündinnen etwas kleiner)
Farbe weiß
Land Japan
FCI-Nr. 262, Gruppe 5.5

▶ **Volpino Italiano**
Schulterhöhe
Rüden 27–30 cm, Hündinnen 25–28 cm
Farbe weiß, rot, champagnerfarbig
Land Italien
FCI-Nr. 195, Gruppe 5.4

Powder Puff

Chinesischer Schopfhund, Peruanischer Nackthund

Chinesischer Schopfhund
Schulterhöhe
Rüden 28–33 cm,
Hündinnen 23–30 cm
Gewicht max. 5,5 kg
Farbe alle
Land China (Großbritannien)
FCI-Nr. 288, Gruppe 9.4

Chinesischer Schopfhund

Im warmen Klima Asiens, Afrikas und Südamerikas können sich haarlose Mutationen normalerweise behaarter Hunde am Leben erhalten. Seit Jahrhunderten dienen sie als Wärmespender, Medizin und Speise. Von Seefahrern aus China mitgebrachte Exemplare wurden in neuester Zeit zuerst in den USA gezüchtet. Die bis auf mehr oder weniger behaarte Pfoten, Rutenquaste und Schopf haarlosen Exoten (Chinese Crested Dog) weisen eine ständig überhöhte Körpertemperatur auf, die Bezahnung ist unvollständig. Bei allen „Haarlosen" gibt es eine behaarte, vollzahnige Variante (**Powder Puff** mit schleierartigem Haarkleid), denn die ausschließliche Zucht mit haarlosen Tieren führt zum

Absterben der Welpen im Mutterleib. Haarlose Hunde sind pflegeleicht, unanfällig gegen Ungeziefer und werden von Menschen besonders geschätzt, die an einer Tierhaarallergie leiden. Sie sind vor Kälte und starker Sonneneinwirkung gleichermaßen zu schützen. Ansonsten lebhafte, zärtliche, liebebedürftige, Fremden gegenüber abweisende Hunde.
Die Powder Puffs sind unempfindlich und müssen regelmäßig gekämmt werden.

Peruanischer Nackthund
Die Herkunft des „**Inca Orchid Moonflower Dog**" (Inka-Orchideen-Mondblumen-Hund, **Perro sin Pelo del Peru**) ist unbekannt, doch in Peru auf alten Keramiken von 300 v. Chr. und

Peruanischer Nackthund

1400 n. Chr. belegt. Der fast haarlose Hund mit unvollständigem Gebiss ist anhänglich, lebhaft und aufgeweckt.

Die größeren sind athletische, lauffreudige, wachsame, verteidigungsbereite Begleiter.

Chinesischer Schopfhund

▶ **Peruanischer Nackthund**
Schulterhöhe/Gewicht
Klein: 25–40 cm, 4–8 kg
Mittel: 40–50 cm, 8–12 kg
Groß: 50–65 cm, 12–25 kg
Farbe schwarz, schiefer-, elefanten-, blauschwarz, jede Grautönung, dunkelbraun bis hellblond mit oder ohne rosafarbene Flecken
Land Peru
FCI-Nr. 310, Gruppe 5.6

King Charles Spaniel

▸ **King Charles Spaniel**
Schulterhöhe im Standard
nicht festgelegt
Gewicht 3,6–6,3 kg
Farbe Tricolour (ehemals
„Prince Charles"), Black
and Tan (ehemals „King
Charles"), Blenheim (weiß
mit roten Platten), Ruby
(kastanienrot)
Land Großbritannien
FCI-Nr. 128, Gruppe 9.7

Häufig wird der hierzulande auch **Toy Spaniel** genannte Zwergspaniel mit dem Cavalier King Charles verwechselt, er ist aber kleiner und hat einen verkürzten Fang. Beider Vorfahren kamen im 13. Jh. aus Italien nach England. Anna von Cleve, vierte Frau Heinrichs des VIII., brachte sie an den englischen Hof, wo man sie zur Zeit Elisabeth I. unter den Gewändern mit sich trug und im Sitzen von den Hündchen die Füße wärmen ließ. Berühmt wurde der Hund von Maria Stuart, der nach ihrer Enthauptung unter den Röcken hervorkroch und den Leichnam nicht verlassen wollte. König Charles I. legte per Gesetz fest, dass der kleine Spaniel als einziger Hund den königlichen Rat betreten darf, und Charles II. kümmerte sich angeblich mehr um seine Hunde als um die Staatsgeschäfte. Auch Königin Victoria liebte diese Hunde sehr. Erst im 20. Jh. erfolgte die Trennung der beiden Rassen in King Charles und Cavalier King Charles Spaniel. Der kleine, stupsnasige King Charles Spaniel erlangte allerdings nie die Popularität des Cavalier King Charles. Auch in Deutschland ist er sehr selten anzutreffen. Der King Charles ist ruhig, friedfertig, anhänglich, ganz auf seinen Menschen eingestellt und glücklich, wenn er mit ihm zusammen sein darf. Draußen entwickelt er Temperament und erweist sich als fröhlicher, ausdauernder Spaziergänger, der nicht zum selbstständigen Streunen neigt. Fremden Menschen begegnet er zurückhaltend, sollte aber nie nervös oder ängstlich wirken. Das feine Haar wird regelmäßig gekämmt.

Blenheim

Cavalier King Charles Spaniel

Die Vorfahren der kleinen Spaniels waren Stöberhunde spanischer und französischer Herkunft und besondere Lieblinge englischer Könige, deren Namen sie noch heute tragen. Obwohl der Cavalier King Charles Spaniel zu den ältesten Rassen Englands gehört, verdankt er seine Existenz heute einem Amerikaner. Er hatte die entzückenden Kleinhunde auf Gemälden alter Meister bewundert und war in den 1920er Jahren nach England gereist, um ein Exemplar zu kaufen. Leider fand er dort nur die kurznasigen King Charles Spaniels vor! Allerdings wurden auch Welpen mit normalem Fang in den Würfen kurznasiger Eltern geboren. Mr. Eldridge setzte beachtliche Geldpreise für diese „Rückschläge" aus. Damit war das Interesse der Züchter geweckt, die Neuzüchtung des alten Zwergspaniels begann. 1945 wurde die Rasse anerkannt. Seither hat sie den kurznasigen Vetter an Beliebtheit in aller Welt weit überflügelt. Der kräftige Kleinhund, kein Zwerg, ist ein angenehmer Haus- und Familienhund, freundlich und aufgeschlossen. Das hübsch gefärbte Fell ist nicht zu üppig und gut zu pflegen. Der Cavalier liebt ausgedehnte Spaziergänge, ist umgänglich mit anderen Hunden und gelehrig. Nach wie vor passionierter Stöberhund. Kindern ist er ein fröhlicher Spielkamerad und älteren Menschen ein verständnisvoller Begleiter. Ein guter Stadthund, wenn er im nahe gelegenen Park viel laufen und spielen kann.

▶ **Cavalier King Charles Spaniel**
Schulterhöhe im Standard nicht festgelegt
Gewicht 5,5–8 kg
Farbe Black & Tan: rabenschwarz mit lohfarbenen Abzeichen; Tricolour: dreifarbig schwarz-weiß mit lohfarbenen Abzeichen; Ruby: einfarbig leuchtendes Rot; Blenheim: kastanienfarbige Platten auf weißem Grund
Land Großbritannien
FCI-Nr. 136, Gruppe 9.7

Ruby und Black & Tan

Mops

▸ **Mops**
Schulterhöhe im Standard
nicht festgelegt
Gewicht 6,3–8,1 kg
Farbe silber, apricot, hell-
falb, schwarz; schwarze
Gesichtsmaske, Aalstrich
und schwarze Schönheits-
fleckchen auf Stirn und
Wangen
Land Großbritannien
FCI-Nr. 253, Gruppe 9.11

Holländische Seefahrer brachten ihn im 16. Jh. aus dem Fernen Osten mit. Wilhelm von Oranien verdankte sein Leben einem wachsamen Mops (**Pug**), der ihn rechtzeitig vor den Spaniern warnte. Mit den Oraniern gelangte der kleine Muskelprotz nach England, und bis ins 20. Jh. war er an allen europäischen Fürstenhöfen heimisch. Als verhätschelter, fett gefütterter Begleiter ältlicher Damen gelangte er in den Ruf eines dummen, faulen Hundes. Freiwillig „mopste" er sich wohl kaum, aber seinen treuen Kulleraugen, den Sorgenfalten auf der Stirn und dem auffordernden Schnaufen zu widerstehen und die begehrten Köstlichkeiten zu verweigern, verlangt schon harte Disziplin. Der Mops ist eine Persönlichkeit, die sich nie ganz unterordnet. Der liebenswürdige Hund ist niemals aggressiv, immer guter Laune und ein robuster Spielgefährte der Kinder. Zu kurze Nase und

Missbildungen im Rachenraum (brachyzephales Syndrom) bedingen Atemnot und das typische Schnarchen. Anstrengung und Hitze verkraftet ein solcher Hund nicht. Die nicht tief im Schädel liegenden Augen sind stark verletzungsgefährdet. Züchterische Übertreibungen, die nicht komisch, sondern tierschutzrelevant sind. Der gesunde Mops bewegt sich gerne und hat eine hohe Lebenserwartung. Abgesehen davon, dass er ständig haart, ist Fellpflege kaum nötig, nur Augenwinkel und Nasenfalte müssen täglich ausgewischt werden.

Französische Bulldogge

Der Not gehorchend siedelten kurz vor Ende des 19. Jh. Spitzenklöppler aus England in die Normandie über und brachten ihre Zwergbulldoggen mit. Nach Verbot des Bullenhetzens in England 1802 hatte man in den ärmeren Bevölkerungsschichten eine Mini-Bulldogge als Begleithund gezüchtet. Während die Rasse auf der Insel unterging, erblühte der französische Familienzweig und fand im Großraum Paris viele Liebhaber. Dort schuf man mit Terrier und Griffon einen kleinen Molossertyp, der sich in Temperament und Aussehen deutlich gegen die Bulldogge absetzte. Bis zur offiziellen Anerkennung war allerdings ein weiter Weg, denn die Zucht der fledermausohrigen, kompakten Hunde mit vorstehendem Unterkiefer lag in Händen einfacher Leute: Handwerker, Straßenhändler und Dirnen. Erst als der englische König Eduard VII. einen solchen Hund kaufte, wurde der

Bouledogue français salonfähig. Leider gehört er wegen seiner Körperproportionen zu den Problemrassen, natürliche Geburten sind selten (großer Kopf, schmales Becken), viele Hunde leiden an Kurzatmigkeit, Missbildungen im Rachenraum (brachyzephales Syndrom), schnarchen und sind hitzeempfindlich.

Der Bully ist intelligent, liebenswürdig, zärtlich und verschmust. Der aufgeweckte, intelligente Hund mit großem Beschützerherz ist anspruchslos und stets bereit, Freud und Leid mit seinem Menschen zu teilen. Der *gesunde* Hund geht gerne spazieren, ist aber kein besonders lauffreudiger Bursche. Der aufmerksame, verspielte Hund bellt wenig. Die französische Bulldogge ist besonders geeignet als Begleiter älterer Menschen und von Familien mit Kindern. Augen und Nasenfalten sind sauber zu halten, das Fell ist pflegeleicht.

▶ **Französische Bulldogge**
Schulterhöhe im Standard nicht festgelegt
Gewicht 8–14 kg
Farbe Falbfarbe oder Fauve, gestromt oder weiß mit gestromten Platten
Land Frankreich
FCI-Nr. 101, Gruppe 9.11

Zwergschnauzer
Schulterhöhe 30–35 cm
Gewicht ca. 4–8 kg
Farbe schwarz, weiß, pfeffersalz, schwarzsilber
Land Deutschland
FCI-Nr. 183, Gruppe 2.1

Zwergschnauzer

Affenpinscher und Zwergschnauzer wurden stets in einen Topf geworfen und waren ebenso gut Begleiter feiner Damen wie Kutscher- und Stallhunde, die Ratten und Mäuse vernichteten. 1899 wurden sie erstmals getrennt ausgestellt. Man wollte weg von der rundköpfigen, kurznasigen Zwergform, hin zum verkleinerten Ebenbild des Schnauzers. Dass der Weg richtig war, beweist die weltweite Beliebtheit des Zwergschnauzers. Der Zwergschnauzer ist ein unerschrockener Draufgänger und versteht es, durch sein Selbstbewusstsein manchen Hunderiesen zu bluffen. Sein quirliges, manchmal recht bellfreudiges Temperament ist sicherlich nichts für nervöse Menschen. Auch braucht der Winzling eine konsequente Erziehung, wenn er seiner Familie nicht auf dem Kopf herumtanzen soll. Er ist Fremden gegenüber misstrauisch und unfreundlich, dafür aber umso treuer seiner Familie ergeben. Besonders für ältere, alleinstehende Menschen ist der pflegeleichte Schnauzbart, der regelmäßig getrimmt werden muss und kaum Haare verliert, ein fröhlicher, wanderlustiger Gefährte.

Löwchen

Etwas aus der Reihe der Bichons tanzt das Löwchen **(Petit Chien Lion)** mit seinen längeren Beinen und dem geschorenen Fell in vielfältigen Farben. Löwchen in ihrer charakteristischen Schur findet man auf zahlreichen Darstellungen seit dem frühen Mittelalter. In der im 13. Jh. erbauten Kathedrale von Amiens schmücken zwei in Stein gehauene, geschorene Löwchen das Grab des hl. Firmin. Sie lagen feinen Damen, mächtigen Herren und Bischöfen zu Füßen. Leider geriet die Rasse nach dem 1. Weltkrieg vollkommen in Vergessenheit. Eine belgische Züchterin suchte mühevoll Reste der alten Rasse zusammen und baute die Zucht neu auf. Heute erfreut sich das Löwchen internationaler Beliebtheit. Kein Wunder, denn es ist lebhaft, verspielt, gelehrig, folgsam und verträglich mit anderen Hunden. Es liebt ausgedehnte Spaziergänge mit Freilauf und Spiel. Anschmiegsam und zärtlich zu seinen Menschen, verhält sich das Löwchen Fremden gegenüber reserviert. Es ist wachsam, aber kein unnötiger Kläffer und alles in allem ein fröhlicher Kleinhund, der sich auch in beengten Wohnverhältnissen wohlfühlt, sofern er genug Auslauf bekommt. Mit seinem kräftigen, leicht gewellten, nicht gelockten Haar ist er zudem der pflegeleichteste Bichon. Er braucht nur regelmäßig kurz gebürstet zu werden. Allerdings gehört zu seinem Standardbild das geschorene Hinterteil, um die Löwenhaftigkeit des Hundes zu betonen. Jedoch ist es jedem Hundebesitzer selbst überlassen, ob und wie er seinen Hund scheren lassen möchte.

▶ **Löwchen**
Schulterhöhe
26–32 cm ± 1 cm
Gewicht ca. 6 kg
Farbe alle erlaubt
Land Frankreich
FCI-Nr. 233, Gruppe 9.1

▶ **Markiesje**
Schulterhöhe 35 cm
Farbe schwarz; Blesse, wei-
ßer Brustfleck, Pfoten und
Rutenspitze erlaubt
Land Niederlande, national
anerkannt
FCI nicht anerkannt

Markiesje

Auf niederländischen Gemälden des 17. und 18. Jh. fällt häufig ein kleiner schwarzer, spanielartiger Schoßhund mit weißen Abzeichen auf. Noch vor dem 1. Weltkrieg berichtet der holländische Kynologe Toepoel: „Obwohl nie als Rasse gezüchtet, sieht man sie doch überall, nicht reinrassig, selbstverständlich. Wahrscheinlich könnte die Rasse noch rehabilitiert werden." Diese Initiative ergriff 1978 Mia van Woerden und begann voller Enthusiasmus mit dem Rückzüchtungsprogramm. Tatsächlich lebten in Holland noch viele Markiesje-ähnliche Hunde, und es gelang ihr, einen Zuchtbestand aufzubauen. Noch immer werden Hunde, die dem Rassetyp entsprechen, nach sorgfältiger Überprüfung ins Zuchtprogramm über-

nommen, um Inzuchtengpässe zu vermeiden. 1985 erlangte das Markiesje die vorläufige offizielle Rasseanerkennung und erfreut sich in seiner Heimat wachsender Beliebtheit. Das Markiesje ist ein eleganter, feingliedriger, aber nicht zerbrechlicher Kleinhund ohne Zwerghundmerkmale. Er ist ruhig, intelligent, gesellig und gelehrig. Charakteristisch ist sein anmutiger, sanftmütiger Augenaufschlag. Auf keinen Fall darf das Markiesje ein nervöser, ängstlicher Kläffer sein. Vielmehr ist es ein handlicher, zärtlicher, anpassungsfähiger Begleithund und ausdauernder Spaziergänger. Das pechschwarz glänzende, schlichte Langhaar ist pflegeleicht. Markiesjes werden nicht ins Ausland verkauft!

Irish Glen of Imaal Terrier

George Tuberville erwähnt ihn schon 1575 in seinem Werk „The Noble Art of Venerie". Benannt wurde der charmante Hund nach seiner Heimat, dem Tal von Imaal im irischen County Wicklow. Der zähe, draufgängerische Strubbelkopf wurde ausschließlich zur Jagd auf wehrhafte Tiere wie Dachs, Fuchs und Otter gezüchtet. Er arbeitet stumm und zieht die Beute aus dem Bau. Dabei setzt er seine starken, krummen Vorderläufe und sein kräftiges, scharfes Gebiss ein. Er lernt jedoch auch Apportieren von Feder- und Haarwild. Glens lieben Wasser und sind kraftvolle, ausdauernde Schwimmer. Der Irish Glen of Imaal ist daher von alters her ein ausgesprochen harter, unempfindlicher Waidgeselle. Der Glen hat eine Zukunft bei sportlichen Menschen, die einen robusten, intelligenten, fröhlichen Gefährten suchen, der mit ihnen durch dick und dünn geht. Er ist ein mittelgroßer Hund auf kurzen Beinen. Allerdings braucht der Draufgänger unbedingt eine konsequente Erziehung und frühe Prägung auf fremde Hunde, da Glens sonst Geschlechtsgenossen gegenüber unduldsam sein können. Der zuverlässige Wächter bellt nur bei Gefahr und verteidigt Heim und Familie furchtlos. Er ist gelassener als manch anderer Terrier, bei Bedarf mutig entschlossen und temperamentvoll, ansonsten sanft und gelehrig.
Naturbelassen benötigt das raue Haar regelmäßige Pflege, es darf aber auch getrimmt werden.

▸ **Irish Glen of Imaal Terrier**
Schulterhöhe max. 35,5 cm, Hündinnen etwas kleiner
Gewicht 16 kg
Farbe blau gestromt oder weizenfarbig
Land Irland
FCI-Nr. 302, Gruppe 3.1

Border Terrier

Border Terrier
Schulterhöhe im Standard nicht festgelegt
Gewicht Rüden 5,9–7,1 kg, Hündinnen 5,1–6,4 kg
Farbe rot, weizenfarben, graumeliert (grizzle) und blau mit Loh
Land Großbritannien
FCI-Nr. 10, Gruppe 3.1

Der Border Terrier stammt aus dem Grenzraum (Border) England/Schottland. Der ursprüngliche Jagdterriertyp ist wahrscheinlich mit → *Bedlington* und → *Dandie Dinmont Terrier* verwandt und wurde nach der Border Hunt (= Grenzjagd), einer Parforce-Meute, benannt. Jede Meute wird von Terriern begleitet, die den unter die Erde gehenden Fuchs wieder ans Tageslicht treiben. Schönheit war bei diesen Hunden vollkommen unwichtig, jedoch mussten Körperbau und Fell den Anforderungen gerecht werden: die Läufe lang genug, um mit den Pferden zu galoppieren, der Brustkorb schmal genug, um dem Fuchs unter die Erde zu folgen, das Fell wasserab-

weisend und schützend, das Gebiss stark genug, um auch Dachs und Otter zu töten. Diese enorm raubwildscharfen Terrier schreckten vor keinem Feind zurück. Nach wie vor wird der Border Terrier in Großbritannien jagdlich geführt und ist ein beliebter Familienbegleithund. Der mit Artgenossen verträgliche Terrier ist ein beliebter „Zweithund". Der Border Terrier ist freundlich, gesellig, intelligent und mit liebevoller Konsequenz leicht zu erziehen. Der robuste Naturbursche mit dem ausgeglichenen Wesen ist ein ausdauernder Begleiter für sportliche Menschen und liebt Abwechslung und Bewegung. Der arbeitsfreudige Hund ist ein leidenschaftlicher Jäger. Das pflegeleichte Haar wird regelmäßig mit den Fingern in Form gezupft.

Miniatur Bull Terrier

Der Miniatur Bull Terrier ist die „Taschenausgabe" des → **Bull Terrier**. Er entstammt der Kreuzung alter Terrierschläge mit dem ausgestorbenen weißen Terrier und der → **Bulldogge**, um einen starken, wendigen Hund für Tierkämpfe, bei denen um sehr viel Geld gewettet wurde, zu züchten. Von Anfang an gab es kleine Exemplare, die große Beliebtheit beim wettkampfmäßigen Rattentöten genossen. Es galt, in einer „Arena" so viele Ratten wie möglich in schnellster Zeit zu töten. Die Zucht möglichst kleiner Bull Terrier Zwerge ließ sich mit dem Bull Terrier Standard nicht vereinbaren, so dass die Rasse 1918 offiziell als ausgestorben galt. Doch das war ein Irrtum, da die kleinen Bull Terrier noch immer in der Bevölkerung als Rattenfänger und für die Jagd unter der Erde

beliebt waren. Erst 1938 wurde die Zucht wieder aufgenommen. Heute erfreut sich das naturgetreue kleine Ebenbild des Bull Terrier wachsender Beliebtheit. Der robuste, dennoch empfindsame Hund braucht eine konsequente Erziehung und verleugnet seine Verwandtschaft nicht, ist aber etwas leichtführiger, agiler und auch bellfreudiger als die großen. Der von Natur aus furchtlose Hund bricht selten Streit vom Zaun, geht ihm aber auch nicht aus dem Weg. Gleichgeschlechtlichen Artgenossen gegenüber ist der Bull Terrier in der Regel unduldsam. Freundlich zu Menschen, ist er seiner Familie innig zugetan und verschmust. Bei schneeweißen Exemplaren kommt Taubheit vor, beim Kauf Hörvermögen prüfen. Das kurze glatte Fell ist pflegeleicht.

▶ **Miniatur Bull Terrier**
Schulterhöhe bis 35,5 cm
Farbe alle außer blau und leberfarben
Land Großbritannien
FCI-Nr. 11, Gruppe 3.3

▶ **Italienisches Windspiel**
Schulterhöhe 32–38 cm
Gewicht max. 5 kg
Farbe schwarz, schiefer-
grau, grau, isabellfarben;
weiß an Brust und Pfoten
zulässig
Land Italien
FCI-Nr. 200, Gruppe 10.3

Italienisches Windspiel

Der kleine italienische Windhund **(Piccolo Levriero Italiano)** gehört zu den ältesten Windhundrassen, die schon in der Bronzezeit existierten. Der Begriff Windspiel wurde allerdings auf alle Windhunde angewandt. Stets war das kleine Windspiel Liebling der Könige und feinen Damen. Der berühmteste Windspielfreund war zweifellos Friedrich der Große, König von Preußen, der neben seinen Lieblingshunden beigesetzt werden wollte. Das italienische Windspiel, das mit angezogenem Pfötchen so zerbrechlich wirkt und immer zu frieren scheint, ist bei natürlicher, robuster Aufzucht keineswegs empfindlich, sondern ein engagierter Jagd- und Rennhund, der viel Bewegung braucht. Dabei ist er klein und handlich, genügsam und stört nie. Fremden gegenüber verhält er sich zurückhaltend. Bei liebevoller, aber konsequenter Erziehung ist das Windspiel ein gehorsamer Kamerad, den man in der Regel gut frei laufen lassen kann, da er sehr an seiner Bezugsperson hängt und ungern selbstständig loszieht. Windspiele lassen sich sehr gut zu mehreren halten, was auch bei begrenzten Raumverhältnissen möglich ist. Der kleine Bursche besitzt eine unerwartet starke Persönlichkeit und viel Mut, er geht manchmal über seine tatsächliche Kraft hinaus. Das Windspiel ist ein unterhaltsamer, lebhafter Hausgenosse, der ganz in seinen Menschen aufgeht, ein idealer Wohnungshund und Reisebegleiter. Es eignet sich weniger als Gefährte für kleinere Kinder. Bemerkenswert ist die hohe Lebenserwartung der Italienischen Windspiele von oft mehr als 15 Jahren. Der mit seinem dünnen Fell relativ kälteempfindliche Hund muss bei kaltem Wetter in Bewegung bleiben. Der Pflegeaufwand dieser kurzhaarigen Hunde ist gering.

Basset Hound

Der Basset Hound ist ein Abkömmling des schweren, heute ausgestorbenen französischen Basset d'Artois und des leichteren Typs, des heutigen → *Basset Artesien Normand*. Beide wurden 1874 nach England gebracht und verschmolzen zu einem einheitlichen Typ. 1892 wurde ein → *Bluthund* eingekreuzt. Diese Paarung war die erste erfolgreiche künstliche Besamung bei einem höheren Säugetier! Jagdlich wurde der Basset Hound in kleinen Meuten bei der Hasenjagd eingesetzt und bewährte sich besonders im schwer zugänglichen Dickicht. Er zeichnet sich aus durch hervorragende Nasenleistung, bedächtige, spurtreue Nachsuche mit tiefer, melodischer Stimme und Ausdauer. Auch heute arbeitet er gelegentlich noch auf Schweiß. In Amerika gelangten die Hunde vor Jahren in die Hände von Schauzüchtern, die die Rassemerkmale überbetonten und einen Hund

schufen, der nur noch eine Karikatur des ehemaligen Jagdhundes darstellte, aber als knautschiger Hush Puppy in Mode kam. Der einst selbstständig jagende Hund hat seine Eigenständigkeit bewahrt, was oft als Sturheit und Eigensinn ausgelegt wird. Seine Erziehung bedarf konsequenter Geduld, jedoch wird er nie ein gefügiger Hund, der aufs Wort gehorcht. Der ausgeglichene, verträgliche, niemals scheue oder aggressive Basset ist kein sehr bewegungsfreudiger Hund. Haut, Augen und Ohren bedürfen intensiver Pflege.

▶ **Basset Hound**
Schulterhöhe 33–38 cm
Farbe alle Houndfarben erlaubt
Land Großbritannien
FCI-Nr. 163, Gruppe 6.1

Basset artésien normand

▶ **Basset artésien normand**
Schulterhöhe 30–36 ± 1 cm
Gewicht 15–20 kg
Farbe dreifarbig: falbfarben
mit schwarzem Mantel und
weiß; zweifarbig: falbfarben
mit weiß
Land Frankreich
FCI-Nr. 34, Gruppe 6.1

Französische Niederlaufhunde

Bassets (gesprochen Basseeh) sind kurzbeinige Laufhunde, die schon seit dem 16. Jh. bekannt sind. Der Name geht auf das französische bas = tief, niedrig zurück. Es handelt sich bei der Kurzläufigkeit um eine angeborene erbliche Knochenverkürzung der Läufe (Chondrodystrophia fetalis). Schon die alten Ägypter stellten solche Hunde dar, sodass man annehmen kann, dass diese Mutation beim Hund durchaus nichts Ungewöhnliches ist. Die Niederläufer sind mit ihren „normalen" Rassevettern identisch und weisen keine weiteren Verzwergungsmerkmale auf. Es handelt sich also um große Hunde auf kurzen Beinen und keine Kleinhunde.

Früher gab es in Frankreich von fast allen Laufhundrassen Bassetschläge. Heute sind es nur noch vier. Da es sich um uralte Schläge handelt, gehen sie auf die Vorfahren der heutigen Laufhunde zurück, die Keltenbracken, die in den vier königlichen Rassen (St. Hubertushund aus den Ardennen, fahlroter Laufhund der Bretagne, graue Hunde Ludwigs des Heiligen und weiße Hunde der Könige) weitergezüchtet wurden. Da die Bretonen und die Skoten zum gleichen Volk gehörten und miteinander verkehrten, ist nicht auszuschließen, dass auch die kurzbeinigen schottischen Terrier, die die Skoten nachweislich besaßen, an der Züchtung der kurzbeinigen Bassets, insbesondere der rauhaarigen Bretonen, beteiligt waren. Der Mensch machte sich die Vorteile der kurzen Beine zunutze, denn solche Hunde verfolgen die Spur langsamer, sodass der Jäger besser Schritt halten

Basset bleu de Gascogne

kann, und sie dringen leichter durch dichtes Unterholz und Gebüsch. Charakteristisch ist der angeborene, melodische Spurlaut auf frischer Fährte. Wie alle Laufhunde sind auch die Bassets Meutehunde und daher sozialverträglich und wenig territorial. Sie fühlen sich in menschlicher Gesellschaft wohl und sind Kindern gegenüber sanft und liebenswürdig. Im Hause sind die Bassets fröhliche, lebhafte, intelligente Hausgenossen, wenn sie genügend Bewegung bekommen. Dennoch sind die kraftvollen Hunde als Familienbegleithunde kaum geeignet, denn ihr Charakter wird geprägt durch Eigenständigkeit und große Jagdpassion. Frühzeitig konsequente Erziehung ist nötig, trotzdem lassen sie sich kaum von einer aufgenommenen Spur zurückpfeifen. Wach- und Schutztrieb sind nur mäßig entwickelt. Ende des 19. Jh. begannen die

Herren Lane und Couteulx mit der Reinzüchtung der uns heute bekannten Bassetrassen aus alten örtlichen Schlägen. Heute sind die französischen Bassets in ihrer Heimat beliebte Jagdhunde, die erfolgreich bei Jagdprüfungen abschneiden.

Basset artésien normand
Ebenbild des großen Laufhundes aus Artois und Normandie, entstanden aus dem schweren normannischen und dem leichteren Artois-Basset. Der robuste Jäger ist der Vorfahr des → *Basset Hound*, ohne dessen körperliche Übertreibungen. Er jagt zuverlässig und spurlaut alleine oder in der Gruppe bevorzugt Kaninchen, aber auch Hase und Rehwild. Anhänglicher Begleiter. Der Basset artésien normand sucht mit großer Sicherheit, nicht sehr schnell, aber laut, systematisch und ausdauernd.

▶ **Basset bleu de Gascogne**
Schulterhöhe 34–38 cm
Farbe vollständige schwarz-weiße Tüpfelung mit oder ohne schwarze Platten, lohfarbene Abzeichen
Land Frankreich
FCI-Nr. 35, Gruppe 6.1

Basset fauve de Bretagne

- **Basset fauve de Bretagne**
  Schulterhöhe
  32–38 cm ±2 cm
  Farbe falbfarben, weizen-
  gold oder ziegelrot
  Land Frankreich
  FCI-Nr. 36, Gruppe 6.1.3

- **Basset Griffon Vendeen**
  Schulterhöhe
  Petit 34–38 cm,
  Grand Rüden 40–44 cm,
  Hündinnen 39–43 cm
  Farbe weiß-schwarz,
  schwarz-rot, weiß-orange,
  falb- und sandfarben,
  schwarz gewolkt mit Weiß,
  auch dreifarbig
  Land Frankreich
  FCI-Nr. Petit 67, Grand 33,
  Gruppe 6.1

Basset bleu de Gascogne

Niederläufiger Vertreter des → *Grand Bleu de Gascogne*. Aktiver, flinker Hund mit liebenswürdigem Charakter, der sich perfekt in die Meute einordnet. Jagt alleine oder in der Meute sehr gründlich und mit charakteristisch heulender Stimme Kaninchen und Hase.

Basset fauve de Bretagne

Kurzbeinige Form des → *Griffon fauve de Bretagne*. Fauve bezeichnet die fahlrote Fellfarbe. Der lebhafte, schnelle Draufgänger stört sich nicht an dornigem, dichtem Gestrüpp und stöbert Hasen, Füchse und Dachse mit enormer Energie und Zähigkeit auf und wird mit jedem Beutetier fertig. Im Wesen ausgeglichen, zutraulich und liebevoll. Kann alleine und in großen Meuten jagen.

Basset Griffon Vendeen

Die Griffon Vendeen gibt es noch in allen vier Größen. Ihr lustiges, ruppiges Aussehen verschafft ihnen immer mehr Freunde. Der stets froh gelaunte Hund ist quirlig lebhaft, ausdauernd und schnell. Dem selbstständig jagenden, passionierten Hund steht der Sinn immer nach Jagd. Er ist sehr unabhängig und wenig unterordnungsbereit und verschließt sich selbst konsequenter Erziehung. Er ist daher ungeeignet für Menschen, die einen gehorsamen Hund für entspannte Spaziergänge in freier Natur suchen. Als Meutejäger sozialverträglich, in der Familie sanft. Der große (Grand) jagt alles Haarwild von Hase bis Wildschwein, der kleine (Petit) Kaninchen. Beide unterscheiden sich nicht nur in der Größe, sondern auch geringfügig in den Rassekennzeichen.

Petit Basset Griffon Vendeen

Grand Basset Griffon Vendeen

Berner

Schweizer Niederlaufhunde

▶ Schweizer Niederlauf-
hunde
Schulterhöhe
Rüden 35–43 cm, Hündin-
nen 33–40 cm ± 2 cm
Farbe wie bei den Laufhunden: Berner weiß-schwarz-
loh, auch in Rauhaar; Lu-
zerner weiß, dicht grau-
oder schwarz-weiß
gesprenkelt mit größeren
schwarzen Platten mit Loh;
Jura schwarz-loh, lohfarben
mit schwarzem Mantel;
selten Stockhaar; Schwyzer
weiß mit gelbroten bis
orangefarbenen Platten
oder roter Mantel
Land Schweiz
FCI-Nr. 60, Gruppe 6.1

Die Niederlaufhunde **(Petit chien
courant suisse)** sind kurzbeinige Ab-
kömmlinge der → *Schweizer Laufhundrassen*. Früher jagten die Laufhunde Hasen, Füchse, Dachse, kleines
Raub- und Flugwild, manchmal Gäm-
sen. Um die Jahrhundertwende wechselte immer mehr Rehwild in die Reviere ein. Die Brackenjagd mit den
laut jagenden, schnellen, großen Laufhunden verängstigte die Rehe und
wurde unbeliebt. Die untätigen Laufhunde indes erwiesen sich als üble
Wilderer. Man wollte nun einen kleineren, langsamen Laufhund haben,
der für das Rehwild keine Gefahr darstellte, der aber die Aufgaben des
Schweißhundes erfüllen konnte. Man
versuchte sich auf die Auslese kleiner
Exemplare, kreuzte mit → *Dackel*, →
Dachsbracke und → *Fox Terrier* und
schuf eine Schweizer Dachsbracke,
die wenig Laufhundcharakter besaß.
Die Freunde des alten Laufhundes
hingegen strebten einen niederläufi-
gen Laufhund mit den typischen Farben an. Schließlich kreuzte man franz.

Laufhunde und → *Bassets* ein und
nannte sie „Schweizer Niederlaufhunde". Die Zucht wird heute rein betrieben. Sie jagen spur- und fährtenlaut,
sehr selbstständig und mit großer Sicherheit in schwierigem Gelände. Vorzüglich bei der Schweißarbeit. Im
Wesen freundlich mit ruhigem bis
lebhaftem Temperament. Die auch in
der Schweiz seltenen Hunde werden
als reine Jagdgebrauchshunde gehalten. Bei jagdlicher Führung sind sie angenehme Familienhunde.

Berner Rauhaar

Schwyzer

Jura

Luzerner

Dansk/Svensk Gardhund

▸ **Dansk/Svensk Gardhund**
Schulterhöhe Rüden
34–37 cm, Hündinnen
32–35 cm ± 2 cm
Farbe weiß mit farbigen
Flecken
Land Dänemark/Schweden
FCI-Nr. 356, Gruppe 2.1

In Schleswig-Holstein, Dänemark und Südschweden war der sog. „Rattenbeißer" unentbehrlich, um in den großen Ställen und Scheunen Ratten und Mäuse kurzzuhalten. Außerdem meldete er Fremde mit lautem Gebell und war der stets fröhliche, unempfindliche, nie übelnehmerische Spielkamerad der Kinder. Seine Intelligenz und Lernfähigkeit machten ihn zu einem beliebten Zirkushund. Robustheit war von je her eines der wichtigsten Merkmale der Hofhunde. Gehörten sie bis vor wenigen Jahren zum Alltagsbild bäuerlichen Lebens, drohte den lustigen Hunden mit Aufgabe der Höfe und Abwandern der Jugend in die Städte das Ende. Der dänische und der schwedische Zuchtverband sammelten rechtzeitig auf den Höfen zuchtfähige, typische Hunde ein und erarbeiteten ein

Zuchtprogramm zur Erhaltung der Rasse. Es handelt sich hier um einen weißbunten Pinschertyp und keinen Terrier, was besonders in seinem ruhigeren und unterordnungsbereiten Verhalten zum Ausdruck kommt. Inzwischen erfreuen sich die bunten Bauernhunde großer Beliebtheit. Dänisch-Schwedische Hofhunde sind wachsame, gesunde Hausgenossen, leicht zu erziehen, sie wildern oder raufen nicht und brauchen kaum Pflege. Stets lustig und zum Spielen aufgelegt, sind sie gelehrige und anhängliche Kameraden, die viel Zuwendung und Beschäftigung brauchen, gerne spazieren gehen, aber nur mäßiges Laufbedürfnis haben. Trotzdem haben sie an hundesportlichen Aktivitäten Freude. Anpassungsfähiger Hund, auch für Anfänger. Das kurze Fell ist pflegeleicht.

Shetland Sheepdog

Die Shetland Inseln nördlich von Schottland sind berühmt für ihre kleinen Pferde, Rinder und Schafe. Aufgabe des kleinen Shetland Hundes war, Haus und Hof zu bewachen, Gärten und Felder vor gefräßigen Schafen zu bewahren, Ratten und Mäuse zu fangen. Die kleinen Burschen waren zäh, klug, wendig, schnell, gehorsam. Matrosen kauften sie gerne als Souvenirs. Eine Einnahmequelle witternd, kreuzten die Shetlander ihre Hunde mit → *Zwergspaniels*, → *Papillons* und → *Zwergspitzen*, um hübsch bunte Hunde anbieten zu können. Heute noch kommen aufgrund der zur Typverbesserung vorgenommenen → *Collie*-Einkreuzungen zu groß geratene Shelties vor. Der Shetland Sheepdog ist ein robuster, kluger, lerneifriger, leichtführiger Hausgenosse und zuverlässiger Wächter, der alles, was sich regt, lautstark meldet. Auch drückt er seine Gefühlsregungen gerne laut und deutlich aus. Er liebt Bewegung und Beschäftigung und geht ganz in seiner Bezugsperson auf, folgt ihr auf Schritt und Tritt. Fremden gegenüber ist er in der Regel abweisend. Der Sheltie ist ein idealer Weggefährte für denjenigen, der dem Hund viel liebevolle Aufmerksamkeit schenken möchte. Laute, strenge, harte Menschen werden mit dem sensiblen Sheltie nicht glücklich. Trotzdem muss er mit liebevoller Konsequenz erzogen werden. Das Fell muss einmal wöch-entlich gründlich gebürstet werden.

Shelties erfreuen sich auch in Deutschland wachsender Beliebtheit, insbesondere bei Freunden des Agility-Sports, den sie sehr lieben und mit großem internationalem Erfolg bestehen.

▸ **Shetland Sheepdog**
Schulterhöhe
Rüden 37 cm,
Hündinnen 35,5 cm
Farbe zobelfarben, schwarz und blue merle mit oder ohne lohfarbene und/oder weiße Abzeichen
Land Großbritannien
FCI-Nr. 88, Gruppe 1.1

Lakeland Terrier

Lakeland, Welsh, Fell Terrier, Westfalenterrier

▶ **Lakeland Terrier**
Schulterhöhe max. 37 cm
Gewicht Rüden 7,7 kg,
Hündinnen 6,8 kg
Farbe schwarz/loh,
blau/loh, rot, weizenfar-
ben, rotgrizzle, leberbraun,
blau oder schwarz
Land Großbritannien
FCI-Nr. 70, Gruppe 3.1

Lakeland Terrier

In Schafzuchtgebieten ist die Fuchsjagd eine Notwendigkeit. Jungfüchse
werden genau zur Lammzeit abge-
säugt, neugeborene Lämmer sind eine
leichte Beute für die Ernährung der
Welpen. Der Verlust der Lämmer
zwingt die Schäfer dazu, Füchse kurzzuhalten. Terrier töten sie im Bau. Im
Lake District und in den unwirtlichen
Fell-Bergen entwickelte sich ein zäher
Terrier, gelegentlich **Patterdale Terrier**
genannt, mit tödlichem Biss und
sprichwörtlichem Mut. 1912 gelangte
er in die Ausstellungsszene. Heute ist
der Lakeland ein guter Familienhund,
wachsam, klein, pflegeleicht, immer
fröhlich und vergnügt, doch geht er
einer Rauferei nur ungern aus dem
Wege. Der Lakeland Terrier wird regelmäßig getrimmt.

Welsh Terrier

Der Welsh Terrier trieb bei Fuchsjagden mit Hundemeuten den Fuchs unverletzt aus dem Bau. Auch der Welsh
ist ein beherzter, draufgängerischer,
typischer Terrier. Der fröhliche, in seiner Familie liebenswürdige, populäre
Terrier, der oft als „kleiner → *Airedale*" bezeichnet wird, ist bei ausreichender Bewegung gut in der Stadt
zu halten. Das Fell wird regelmäßig
getrimmt.

Fell Terrier

Nicht FCI-anerkannt. Je nach Bedarf
gezüchtete, robuste, widerstandsfähige, raubwildscharfe Terrier. In
Großbritannien weit verbreitet. In
Aussehen und Arbeitsweise recht
unterschiedlich, da reine Arbeits- und
keine Schauhunde. Working Terrier

Fell Terrier

Welsh Terrier

werden lokal auch Lakeland oder **Patterdale Terrier** genannt.

Westfalenterrier
Anfang der 1970er Jahre aus → *Jagd-terrier*, → *Lakeland* und → *Fox Terrier* aus Jagdlinien gezüchteter, sehr führi-ger, wasserfreudiger Terrier, der mit überlegter Schärfe und gutem Selbst-schutzverhalten arbeitet und dennoch absolut raubwildscharf ist. Er wird vorwiegend auf Drückjagden auf Schwarzwild eingesetzt. Angenehmer Hausgenosse, verträglich mit anderen Hunden. Rau- und Glatthaar.

▶ **Welsh Terrier**
Schulterhöhe im Standard nicht festgelegt
Größe max. 39 cm
Gewicht 9–9,5 kg
Farbe schwarz mit loh, grizzle mit loh
Land Großbritannien
FCI-Nr. 78, Gruppe 3.1

Westfalenterrier

▶ **Westfalenterrier**
Schulterhöhe durchschn. 37 cm
Farbe loh- bis saufarben mit dunkler Maske
Land Deutschland
FCI nicht anerkannt

Black and Tan Kleinpudel

Pudel

▶ **Pudel**

Schulterhöhe
Klein 35–45 cm,
Zwerg 28–35 cm,
Toy 24–28 cm
Farbe einfarbig schwarz,
weiß, braun, grau, Apricot,
rotfalb, Neufarben (nur in
Deutschland anerkannt):
schwarzlohfarben,
schwarz-weiß gescheckt
(Harlekin)
Land Frankreich
FCI-Nr. 172, Gruppe 9.2

Pudelähnliche, kleine, gelockte Hunde waren schon in der Antike Begleiter edler Damen. Ab dem 16. Jh. findet man sie häufig auf Gemälden großer Meister. Im Barock und Rokoko waren sie außerordentlich beliebt. Sie stammen von den alten Wasserhunden ab, die viele Jagd- und Hütehundrassen prägten. Die Vielseitigkeit und die damit einhergehende Anpassungsfähigkeit des Pudels, die Tatsache, dass er keine Haare verliert, und die handliche Größe machten ihn zum bevorzugten Begleithund. Seit sich in den 1950er Jahren neben der sogenannten Standardschur mit Löwenmähne und geschorenem Hinterteil die Neue Schur durchsetzte, erlebte der Pudel einen kometenhaften Aufschwung. Besonders die Kleinen und Zwerge wurden vermarktet. Der **Caniche** ist ein lebhafter, intelligenter, anhänglicher, auf seinen Menschen

eingehender, bis ins hohe Alter verspielter, leicht erziehbarer Hausgenosse, der kaum Probleme bereitet. Er muss etwa alle acht Wochen geschoren und täglich gekämmt werden, um immer hübsch auszusehen. Er ist wachsam, aber nicht aggressiv und kein Kläffer. Fremden gegenüber verhält er sich neutral. Er liebt ausgedehnte Spaziergänge, neigt nicht zum selbstständigen Streunen und ist verträglich mit Artgenossen. Bemerkenswert seine hohe Lebenserwartung.

Rotfalbfarbener
Zwergpudel

Toy

American Cocker Spaniel

Spaniels gehören zu den ältesten Jagdhundrassen überhaupt und stöberten vornehmlich Vögel auf, die mit Netzen gefangen wurden. Daher der niederläufige Hund, der sich unter den Netzen, später unter dem Schuss wegduckte. Aus ihm entwickelten sich die Setter als reine Vorstehhunde. Der American Cocker wurde in den Vereinigten Staaten aus dem englischen → *Cocker Spaniel* herausgezüchtet. Er wird zwar auch noch jagdlich geführt, ist heute aber in erster Linie eine Schaurasse und gehört zu den beliebtesten Hunderassen in den USA. Walt Disney setzte der Rasse mit Susi in seinem berühmten Zeichentrickfilm „Susi und Strolch" ein Denkmal. Der American Cocker ist kleiner als der englische und unterscheidet sich hauptsächlich durch den runderen Kopf, die deutlichen Augenbögen, sehr große sprechende Augen und üppiges Haarkleid am ganzen Körper, das sorgfältig geschnitten und gepflegt werden muss. Der American Cocker ist ein zärtlicher, fröhlicher Familienhund, sanftmütig und leicht zu erziehen. Er ist sehr menschenbezogen und braucht engen Kontakt. Er ist wachsam, aber nicht laut. Sein Jagdtrieb hält sich bei guter Erziehung in Grenzen. Vermutlich erreichte er wegen seines „frisierten" Aussehens bei uns nicht die Beliebtheit wie in seiner Heimat. Das Fell wird bei Familienhunden häufig gekürzt und ist damit pflegeleichter.

American Cocker Spaniel
Schulterhöhe ideal Rüden 38,1 cm, Hündinnen 35,56 cm, jeweils ± 1,3 cm
Farbe einfarbig: schwarz, creme bis dunkelrot und braun mit oder ohne Loh-Abzeichen (black und tan); mehrfarbig: schwarz-weiß, rot-weiß, braun-weiß und Schimmel, jeweils mit oder ohne Loh-Abzeichen
Land USA
FCI-Nr. 167, Gruppe 8.2

Welpe

Alpenländische Dachsbracke

▶ **Alpenländische Dachsbracke**
Schulterhöhe 34–42 cm, ideal Rüden 37–38 cm, Hündinnen 36–37 cm
Farbe dunkles Hirschrot, schwarz mit rostrotem Brand (sog. Vieräugel)
Land Österreich
FCI-Nr. 254, Gruppe 6.2

▶ **Westfälische Dachsbracke**
Schulterhöhe 30–38 cm
Farbe wie Deutsche Bracke (Seite 161)
Land Deutschland
FCI-Nr. 100, Gruppe 6.1

Dachsbracken

Schon auf Bildern aus dem Mittelalter werden kurzbeinige Jagdhunde dargestellt. Niederläufige Bracken wurden aus hochläufigen Bracken herausgezüchtet, weil man langsamere Hunde zur Jagd auf Fuchs und Hase wünschte. Wegen ihrer handlichen Größe und des angenehmen Wesens sind sie zwar gut in der Familie zu halten, gehören aber dennoch ausschließlich in Jägerhand.

Alpenländische Dachsbracke

Hervorragender Schweißhund auf alles Schalenwild. Weiteres Arbeitsgebiet ist die laute Jagd auf Hase und Fuchs. Anspruchsloser, wetterharter, ausdauernder, ruhiger Hund mit feiner Nase, sehr spursicher, spurlaut, wildscharf. Kann bei Bedarf auch kleines Haar- und Federwild apportieren.

Westfälische Dachsbracke

Anpassungsfähiger, freundlicher Jagd-

hund mit feiner Nase und großer Spürpassion. Wird vornehmlich zum Stöbern auf Hase, Fuchs, Kaninchen und Schwarzwild eingesetzt, daneben auch zur Schweißarbeit. Furchtloser, wachsamer Hund, genügsam, robust und liebevoll mit Kindern.

Drever

Praktisch identisch mit der Westfälischen Dachsbracke, die nach Schweden exportiert wurde, dort weite Verbreitung fand und 1953 als schwedische Rasse anerkannt wurde. Beliebtester Jagdhund Schwedens. Passionierter, ausdauernder Spür-

Wälderdackel

Westfälische Dachsbracke

Drever

Drever
Schulterhöhe
Rüden 32–38 cm,
Hündinnen 30–36 cm
Farbe alle Farbkombinatio-
nen außer ganz weiß und
leberfarben
Land Schweden
FCI-Nr. 130, Gruppe 6.1

Wälderdackel
Schulterhöhe 28–40 cm
Farbe schwarz, rot, braun,
mit oder ohne Brand und
weiße Abzeichen
Land Deutschland
FCI nicht anerkannt

hund für die Hirschjagd, der auch auf Hase und Fuchs eingesetzt wird.

Wälderdackel
Schwarzwälder Bracke. Typische Bracken der Region. Reine Gebrauchs-zucht, deren Aussehen die Nützlichkeit bestimmt. Der spurlaut jagende Hund wird zum Stöbern, zur Baujagd und Nachsuche auf Hase, Fuchs, Schwarzwild und Reh eingesetzt. Sehr führerbezogen.

Norwegischer Lundehund

▸ **Norwegischer Lundehund**
Schulterhöhe
Rüden 35–38 cm,
Hündinnen 32–35 cm
Gewicht Rüden 7 kg, Hündinnen 6 kg
Farbe rot-braun bis fahlbraun mit schwarzen Haarspitzen; schwarz oder grau mit weißen Abzeichen oder weiß mit dunklen Abzeichen
Land Norwegen
FCI-Nr. 265, Gruppe 5.2

Seit über 400 Jahren wurde der **Norsk Lundehund** abgerichtet, Papageientaucher (Lunde) in den Steilklippen der Inseln Vaeroy und Rost lebendig zu fangen und seinem Herrn zu bringen. Die hübschen, heute streng geschützten Vögel leben in Höhlen direkt unter der Grasnarbe am Klippenrand. Für diese spezielle Aufgabe entwickelte der Lundehund einige Eigenheiten im Körperbau. So besitzt er fünf ausgebildete Zehen mit relativ großen Ballen und zwei zusätzlichen Afterkrallen für größere Trittsicherheit im glitschigen Gestein. Um geschickter in die Höhlen kriechen zu können, kann er die Vorderläufe um 90° vom Körper abspreizen. Zum Schutz der Ohren vor Nässe und Schmutz klappt er die Ohrmuschel seitlich ein. Das Jagdverbot auf die Vögel schien das Schicksal dieser einmaligen Rasse zu besiegeln, doch sie konnte rechtzeitig von Hundefreunden gerettet werden. Anfangs war die Ausfuhr verboten, weil es so wenig Zuchttiere gab. Heute sieht man den Lundehund hie und da auf Ausstellungen. Er ist ein temperamentvoller, aufmerksamer, anhänglicher Begleithund, der Fremden gegenüber zurückhaltend ist.

Fox Terrier

Bei der Fuchsjagd zu Pferde ist es
Aufgabe der Terrier, den Fuchs möglichst unverletzt aus seinem Versteck
herauszutreiben, damit die Jagd mit
den Meutehunden weitergehen kann.
Obwohl schon seit Generationen als
Familienbegleithunde gezüchtet, sind
die Foxl selbstbewusste, harte Terrier
mit großer Jagdpassion geblieben. Die
unabhängigen Hunde benötigen konsequente Erziehung, und wer vom
Hund zuverlässigen Gehorsam erwar-
tet, wird den Fox anstrengend finden.
Intelligenter, unternehmungslustiger,
immer fröhlicher, sehr gelehriger und
wachsamer Begleiter. Robuster, unver-
wüstlicher, außerordentlich lebhafter
Bursche, der beschäftigt werden will
und selten einem Streit mit Artgenossen aus dem Weg geht. Gelegentlich
wird der Fox in Deutschland noch

jagdlich geführt. Der Drahthaarfox
muss regelmäßig fachkundig
getrimmt werden, um Form und Farbe zu behalten. Der Glatthaarfox ist
lebhafter, noch härter und pflegeleicht, haart aber stark.

Glatthaar

▸ **Fox Terrier**
Schulterhöhe Drahthaar:
Rüden max. 39 cm,
Hündinnen etwas kleiner
Gewicht Drahthaar:
Rüden 8,25 kg, Hündinnen
weniger;
Glatthaar Rüden 7,3–8,2 kg,
Hündinnen 6,8–7,7 kg
Farbe vorherrschend weiß
mit schwarzen oder lohfar-
benen Flecken, auch drei-
farbig
Land Großbritannien
FCI-Nr. Drahthaar (Wire)
169, Glatthaar (Smooth)
12, Gruppe 3.1

Brasilianischer Terrier

Brasilianischer Terrier, Japanischer Terrier

Brasilianischer Terrier
Schulterhöhe
Rüden 35 bis 40 cm,
Hündinnen 33–38 cm
Gewicht max. 10 kg
Farbe Grundfarbe weiß mit
schwarz, braun oder blau
und lohfarbenen Abzeichen
Land Brasilien
FCI-Nr. 341, Gruppe 3.1

Japanischer Terrier
Schulterhöhe ca. 30–33 cm
Farbe dreifarbig mit
schwarzem Kopf; lohfarben
und weiß; weiß mit schwarzen Flecken, schwarzen
oder lohfarbenen Abzei-
chen am Körper
Land Japan
FCI-Nr. 259, Gruppe 3.2

Brasilianischer Terrier

Der **Fox Paulistinha (Terrier Brasileiro)**
gilt als Nationalhund Brasiliens. Nachkomme kleiner Schiffshunde und
Souvenirs aus Europa wie → *Fox Terrier* und einheimischer Hafenhunde,
die sich als Rattenvertilger nützlich
machten. Sehr guter Haus- und Familienhund, der sich dem Landleben
ebenso gut anpasst wie einer Etagen-
wohnung in der Stadt. Sehr anhänglich, verschmust, ist er unterordnungsbereiter und verträglicher mit Artgenossen als mancher Terrier. Lebhaft,
verspielt, liebt er alle Aktivitäten, ausgiebige Wanderungen, aber er be-
gnügt sich auch mit einem Tobespiel
im Park. Sehr hohe Lebenserwartung.
Das kurze Fell ist pflegeleicht. Angeborene Stummelrute kommt vor.

Japanischer Terrier

Japanischer Terrier

Im 17. Jh. brachten holländische Seefahrer kleine windhund- und terrierar-
tige Hunde nach Japan, wo sie sich in
den Städten Kobe und Yokohama mit
einheimischen kleinen Hunden kreuzten. Diese **Kobe-** oder **Mikado-Terrier**
waren als Schoßhunde geschätzt. Mit
der politischen Öffnung kamen mehr
fremde Hunde nach Japan. Welche
Rassen sich nun einmischten, ist nicht
bekannt, lediglich ein Mischling zwischen → *English Toy Terrier* und Toy
Bullterrier ist um 1916 dokumentiert.
Mit ihm und einer Kobe-Hündin wurde die Rasse ab 1920 aufgebaut und
1932 anerkannt. Der **Nihon Teria** ist
ein sauberer, fast geruchloser, pflegeleichter, extrem kurzhaariger, lebhafter,
dennoch ausgeglichener Hund, geschaffen für die beengten Wohnverhält-
nisse in den japanischen Großstädten.

Foto: Boix

Ratonero Valenciano

Ratonero Bodeguero
Andaluz

Ratonero Valenciano, Ratonero Bodeguero Andaluz

Ratonero Valenciano

Der **Rater Valencia** oder **Gos Rater** ist der traditionelle Rattenfänger von Valencia. Vermutlich auf kleine englische Terrier und Podencos zurückgehend. Jagt couragiert Wasserratten, aber auch Kaninchen und Maulwürfe. Er wird als aufmerksamer Wächter geschätzt, der alles meldet. Heute ist er in erster Linie ein Begleithund, fröhlich, temperamentvoll, liebenswürdig und anhänglich, Fremde mag er jedoch nicht. Mutig bei der Jagd und beim Bewachen seines Reiches. Die Rasse wurde erst kürzlich national anerkannt. Das kurze Fell ist pflegeleicht.

Ratonero Bodeguero Andaluz

Auf englische Terrier, die Ende des 18. und im 19. Jh. mit britischen Weinhändlern kamen, und eingeborene Rattenfänger zurückgehender, eifriger Ratten- und Mäusevertilger in den Häfen, Bodegas, Ställen und Lagerhäusern südspanischer Hafenstädte. Er geht mit den Galgos auf die Hasen- und Kaninchenjagd und treibt Raubwild aus dem Bau. Aus diesen nicht als Rasse definierten Hunden entwickelte sich im 20. Jh. ein einheitlicher Typ, der durch die Einkreuzung von → *Toy Terrier* gefestigt wurde. Die weiße Farbe ist wichtig, um die Hunde in den düsteren Lagerhallen besser zu sehen. Schneidiger, quirliger und zärtlicher Bursche. Er ist immer auf der Jagd, aber wenn es nichts zu fangen gibt, ein treuer Freund, der sich an jedes Klima anpasst. Der Bodeguero geht rücksichtsvoll mit Kindern, seiner zweiten Leidenschaft, um und ist sehr reinlich und pflegeleicht.

▶ **Ratonero Valenciano**
Schulterhöhe
Rüden 30–40 cm,
Hündinnen 29–38 cm
Gewicht 4–8 kg
Farbe schwarz, braun, zimt mit oder ohne lohfarbene und weiße Abzeichen
Land Spanien, national anerkannt
FCI nicht anerkannt

▶ **Ratonero Bodeguero Andaluz**
Schulterhöhe Rüden 40 cm, Hündinnen kleiner
Farbe weißer Grund mit schwarzen Flecken, auch dreifarbig
Land Spanien, national anerkannt
FCI nicht anerkannt

▶ **Villanunca de las Encartaciones**
Rattenfänger und Wächter aus dem spanischen Baskenland

Beagle

▶ **Beagle**
Schulterhöhe 33–40 cm
Farbe alle Houndfarben
außer leberbraun
Land Großbritannien
FCI-Nr. 161, Gruppe 6.1

Schon die Römer fanden in Großbritannien beagleähnliche Jagdhunde vor. 1475 taucht der Name zum ersten Mal auf. Im 16. Jahrhundert begleiteten Beagles die englischen Könige auf der Jagd. Der Beagle gilt als kleines Ebenbild des ehemaligen Southern Hound, eines vom → *Bleu de Gascogne* abstammenden Hasenjägers. Da kleiner und langsamer als die großen Hunde, geht man mit Beaglemeuten zu Fuß auf Hasenjagd.

Dem hiesigen Jäger bietet der kleine, familienfreundliche Jagdhund viel: feine Nase, Spurlaut, Brackieren, Stöbern ebenso wie Schweißarbeit. In erster Linie wird der Beagle heute dank seiner Charaktereigenschaften als Familienhund gehalten. Anpassungsfähig, gesellig und verträglich untereinander, eignen sich Beagles leider bestens für Laborzuchten und als Versuchstiere. Der kleine weißbunte Jagdhund ist sanft, fröhlich und lustig, intelligent und pfiffig, aber auch etwas stur. Der nimmermüde Spielgefährte für Kinder macht allen Unsinn mit und reagiert nicht böse auf unbeholfene Kinderhände. Niemals ist der Beagle scharf und aggressiv.

Der passionierte Jagdhund folgt nur zu gerne jeder Spur, und als selbstständig jagender Meutehund zeigt er auch heute noch Selbstständigkeit und Eigenwillen. Deshalb muss der Beagle von klein an konsequent erzogen werden, was bei den putzigen Welpen schwerfällt und oft genug vergebene Liebesmüh ist, sobald er eine Fährte aufnimmt! Für Kinder ist dieses Verhalten enttäuschend!

Beagle sind robust. Das kurze, dichte Fell ist wetterfest und pflegeleicht.

Bulldog

Bullenbeißen war in England einst ein beliebter „Sport" für Menschen aller Klassen. Große Summen wurden auf Hunde und Bullen verwettet. Der Körperbau der Englischen Bulldogge war darauf abgestimmt, den Bullen bei der Nase zu packen und zu Boden zu ziehen. Der Bullenbeißer war gedrungen, immens standfest mit enormer Kraft im Nacken- und Kieferbereich. Der kurze Fang mit vorstehendem Unterkiefer erlaubte festes Zupacken bei freier Atmung. 1835 wurde das Bullenbeißen verboten. Aus dem ehemaligen Muskelpaket mit blitzschnellem Reaktionsvermögen wurde ein atmungs- und bewegungsbehindertes, übergewichtiges Monster, das sich kaum noch natürlich fortpflanzen konnte und mit allen möglichen Krankheiten behaftet war. Der Nationalhund Englands wurde in all seiner Hässlichkeit zum politischen Symbol. Trotz Standardanpassung zugunsten von Gesundheit und Wohlbefinden nur gemächlicher, sehr hitzeempfindlicher Spaziergänger. Er kann sein wirkliches Temperament nicht mit diesem Körper ausleben, was Lebensqualität und -dauer beeinträchtigt. Die steife Korkenzieherrute kann zu Behinderungen im Afterbereich führen. Aus vernünftiger Zucht ist der Bulldog ein fröhlicher, freundlicher Haus- und Familienhund, dessen charmanter Eigensinn bezaubert. Showzüchtern und Ausstellungsrichtern fällt es jedoch schwer, sich von dem übergewichtigen, übertypisierten Hund zu verabschieden. Augen und Nasenfalten sind pflegebedürftig. Sorgfältige Welpenaufzucht nötig, um Übergewicht und Entwicklungsstörungen zu vermeiden.

▶ **Bulldog**
Schulterhöhe im Standard nicht festgelegt
Gewicht Rüden 25 kg, Hündinnen 23 kg
Farbe einfarbig oder gescheckt, gestromt, rot, falb, rehbraun, weiß usw.
Land Großbritannien
FCI-Nr. 149, Gruppe 2.2

Continental Bulldog

Continental Bulldog, Olde English Bulldogge

▶ **Continental Bulldog**
Schulterhöhe
Rüden 42–46 cm, Hündin-
nen 40–44 cm ± 2 cm
Gewicht Rüden 22–30 kg
Farbe alle Farben, die mit
schwarzer Nase einherge-
hen, einfarbig, gestromt
oder gescheckt
Land Schweiz, national
anerkannt
FCI nicht anerkannt

▶ **Olde English Bulldogge**
Schulterhöhe
Rüden 43–50 cm,
Hündinnen 40–48 cm
Gewicht Rüden 27–36 kg,
Hündinnen 22–30 kg
Farbe rot, grau, falb,
schwarz gestromt, einfar-
big oder gescheckt, weiß
Land USA, nicht AKC aner-
kannt
FCI nicht anerkannt

Continental Bulldog
Die erfolgreiche Bulldogzüchterin
Imelda Angehrn sah angesichts der
verschärften Tierschutzgesetze nur
die Möglichkeit, mit einer Blutauf-
frischung durch die Olde English
Bulldogge eine Verbesserung bei den
Bulldogs zu erreichen. Schon die erste
Kreuzungsgeneration war ein Erfolg:
normale Ruten, längere Nasen, agile
und robuste Hunde. Sie fanden so
großen Anklang, dass es 2004 zur
Anerkennung der neuen Rasse Continental Bulldog kam. Aufmerksamer,
selbstsicherer, freundlicher, nicht aggressiver, athletischer, pflegeleichter,
auch sportlich aktiver Familienhund.

Olde English Bulldogge
1971 von David Leavitt begonnene
Rückzüchtung des Bulldogs zu

Beginn des 19. Jh. Ziel: Ein gesunder,
lebensfroher, sich natürlich fortpflan-
zender Hund, der durch grimmiges
Aussehen abschrecken, aber nicht
beißen sollte. Freundlicher, anhänglicher, auch arbeitsfreudiger Begleiter.

Olde English Bulldogge

Shiba Inu

Shiba Inu, Mino-Shiba

Shiba Inu

Seine Vorfahren gelangten vor 4.000 Jahren vom asiatischen Festland auf die japanische Inselgruppe. Heute noch wird er jagdlich auf kleines Wild und Vögel geführt. Man trifft ihn sogar bei der Bären- und Wildschweinjagd an. Der kleinste japanische Spitz ist in Japan ein beliebter Familienhund und hat sich weltweit viele Herzen erobert. Der **Shinsyu-Shiba** hat viel ursprüngliches Hundeverhalten bewahrt. Er ist sehr intelligent, selbstbewusst und unabhängig. Kein Hund für Anfänger, da er seinen Menschen unbedingt als fähigen Rudelführer anerkennen muss, denn er ist niemals unterwürfig. Sehr territorial und wachsam; aufgrund seiner Jagdpassion ist Freilauf schwierig. Robust und witterungsunempfindlich fühlt er sich im Freien wohl. Reinlicher Hund, pflegeleicht, haart aber stark beim Fellwechsel.

Mino-Shiba

1936 wurde er zum Kulturerbe Japans erhoben. Er ist dem Shiba ähnlich, kommt aus der Präfektur Gifu und wird als Arbeits- und Wachhund sowie jagdlich auf Großwild eingesetzt, das er couragiert stellt. In Japan ebenso geschätzt als freundlicher, liebenswerter Familienhund, wo Hunde grundsätzlich an der Leine geführt werden müssen. Mit 125 Exemplaren in Japan sehr seltene Rasse. Pflegeleicht und robust.

Mino-Shiba

Foto: Kamei

▸ **Shiba Inu**
Schulterhöhe
Rüden 40 cm,
Hündinnen 37 cm,
jeweils ± 1,5 cm
Farbe rot, schwarzloh,
sesam, schwarz-sesam,
rot-sesam
Land Japan
FCI-Nr. 257, Gruppe 5.5

▸ **Mino-Shiba**
Schulterhöhe Rüden
42 cm, Hündinnen 38,5 cm
Farbe leuchtend rotbraun
Land Japan, national
anerkannt
FCI nicht anerkannt

Kooikerhondje

Kooikerhondje
Schulterhöhe 35–40 cm
Farbe weiß mit orange-
roten Platten
Land Niederlande
FCI-Nr. 314, Gruppe 8.2

Im wasserreichen Holland hat das „**Kojenhündchen**" (Kleiner Holländischer Wasserwild-Hund) eine uralte Tradition, wie zahlreiche Darstellungen auf alten Gemälden dokumentieren. Das Fangen von Wildenten in Kojen ist eine jahrhundertealte Jagdweise. Am Ende eines mit Draht bedeckten Kanals werden Enten aufgezogen und gefüttert. Sie kennen den Menschen und seinen Hund. Rasten Wildenten auf dem Zuge, erscheint das Kooikerhondje am Ufer, wo der Kanal beginnt. Für die halbwilden Enten ein Zeichen, dass der Mensch kommt und Futter streut. Sie schwimmen freudig in den Kanal, gefolgt von den Wildenten. Der Hund läuft am Ufer des Kanals entlang, das so bewachsen ist, dass der Hund immer wieder auftaucht und verschwindet. Er lockt die neugierigen Enten in die Falle. Seine wichtigsten Attribute sind die buschige weiße Rute und ein ruhiges, niemals nervöses Wesen, um die Enten nicht zu erschrecken. Heute unterhält man Entenkojen nur noch zu wissenschaftlichen Zwecken. Kooikerhondje sind fröhlich, lebhaft, wachsam, intelligent und gelehrig. Sie verehren ihren Herrn, für den sie alles tun, und brauchen ständigen Familienkontakt. Sie genießen es, mit ihren Menschen zu arbeiten und für Gutgemachtes gelobt zu werden. Das Kooikerhondje ist leicht zu erziehen, daher eignet es sich für hundesportliche Aktivitäten, braucht trotzdem klare Führung, ohne die es unsicher und aufsässig wird. Im Umgang mit groben Kindern nicht sehr geduldig. Das schlichte Langhaar ist pflegeleicht.

Foo Dog

Foo Dog, Thai Bangkaew, Telomian

Foo Dog
Hunde dieses Typs galten in der chinesischen Mythologie als Verkörperung des Löwen und Glücksbringer. Vor ca. 20 Jahren brachte ein Chinese die ersten Exemplare in die USA. Der Foo ist ein typischer Asiate, ruhig, gelassen, souverän, freundlich und liebenswürdig zu seinen Menschen, Fremden gegenüber neutral. Stur, wenn ihm etwas nicht in den Kram passt, ist er kein Hund für Menschen, die auf Unterordnung Wert legen. Er ist wachsam, aber nicht bellfreudig. Sein Bewegungsdrang hält sich in Grenzen. Nicht pflegeintensiv, haart aber stark. Es gibt auch langhaarige Exemplare.

Thai Bangkaew

Thai Bangkaew
Seit 1957 gezüchtete Form des überall in Thailand anzutreffenden Pariatyps. Kultiviert wurden die Hunde in einem Kloster im Dorf Bangkaew. Sehr territorial, wachsam und verteidigungsbereit, gelehrig, intelligent und gehorsam.

Telomian (ohne Foto)
Hund vom Pariatyp der Ureinwohner im Dschungel von Malaysia, ähnlich dem Basenji. 1963 von amerikanischen Wissenschaftlern in die USA mitgenommen. Über den derzeitigen Zuchtstand ist nichts bekannt.

Foto: Chumsansongkram

▸ **Foo Dog**
Schulterhöhe Mini bis 25,5 cm, Standard 25,5,–38 cm, groß über 38 cm
Gewicht Mini bis 9 kg, Standard 9,5–23 kg, groß ab 23 kg
Farbe schwarz, braun, blau mit oder ohne Loh, creme, zobel, rehfarben, orange, rot, wolfsgrau
Land China, nicht anerkannt

▸ **Thai Bangkaew**
Schulterhöhe
Rüden 48–53 cm, Hündinnen 43–48 cm ± 2,5 cm
Farbe Rot-, braun-, grau- oder schwarz-weiß gescheckt
Land Thailand, national anerkannt

▸ **Telomian**
Schulterhöhe 37,5–47,5 cm
Farbe alle, meist rot weiß
Land Malaysia

Field Spaniel

Spaniels

Field Spaniel
Schulterhöhe ca. 45,7 cm
Gewicht 18–25 kg
Farbe einfarbig schwarz, leberbraun oder schimmel mit oder ohne Brand
Land Großbritannien
FCI-Nr. 123, Gruppe 8.2

Field Spaniel
Seltener Spaniel, der im Laufe seiner Reinzucht oft modisch „verformt" und mit vielen Rassen verkreuzt wurde. Heute ausdauernder Jagdhund für raues Gelände mit guter Nase, dem das Apportieren beigebracht werden kann. Freundlicher, anhänglicher Familienhund, jedoch etwas eigensinniger als die anderen Spanielrassen, braucht er eine geduldige, konsequente Erziehung.

Sussex Spaniel
Etwa seit 150 Jahren rein gezüchteter, einstmals beliebter Jagdhund, gehört der Sussex heute zu den seltenen Rassen. Er jagt bedächtig, gründlich und besonders ausdauernd in dichtem Unterholz und besitzt eine sehr gute Nase. Ungewöhnlich für einen Spaniel: er jagt spurlaut. Der Sussex ist leichtführig, freundlich und anhänglich.

Clumber Spaniel
Alter, von englischen Königen bevorzugter Spaniel mit Basset- oder →︎ *Bluthund*-Einkreuzung. Man wollte einen schweren Hund, der besser durchs dichte Unterholz kam, langsam und bedächtig, dabei gründlich suchte. Trotz seiner Schwere beweglicher, ausdauernder Jäger mit hervorragender Nase, der gut apportiert. Freundlicher, ruhiger Familienhund. Alle drei müssen regelmäßig gebürstet werden.

Sussex Spaniel

Clumber Spaniel

▸ **Sussex Spaniel**
Schulterhöhe 38–41 cm
Gewicht ca. 23 kg
Farbe goldleberfarben mit
goldenen Haarspitzen
Land Großbritannien
FCI-Nr. 127, Gruppe 8.2

▸ **Clumber Spaniel**
Schulterhöhe im Standard
nicht festgelegt
Gewicht Rüden 36 kg, Hün-
dinnen 29,5 kg
Farbe weiß mit zitronengel-
ben Abzeichen
Land Großbritannien
FCI-Nr. 109, Gruppe 8.2

▸ **Deutscher Jagdterrier**
Schulterhöhe 33–40 cm
Gewicht Rüden 9–10 kg,
Hündinnen 7,5–8,5 kg
Farbe schwarz, schwarz-
grau meliert, dunkelbraun
mit rotgelben Abzeichen
Land Deutschland
FCI-Nr. 103, Gruppe 3.1

Deutscher Jagdterrier

Der Deutsche Jagdterrier **(DJT)** wurde aus → *Fox Terrier* und alten schwarz-roten englischen Rauhaarterriern gezüchtet. Anders als in Großbritannien erfasste man hier den Jagdterrier zuchtbuchmäßig, ohne dass er zum Mode-Schauhund geworden wäre, wie in England z.B. → *Lakeland* und → *Welsh Terrier*. Ganz im Gegenteil: der Deutsche Jagdterrier nimmt es an Passion und Raubwildschärfe mit jedem englischen Working Terrier auf, ist zudem aber ein vielseitig einsetzbarer Jagdhund in allen deutschen Revieren. Angeborene Schärfe und Härte sowie ausgeprägter Freiheits- und Bewegungsdrang und eine gute Portion Hartnäckigkeit machen eine konsequente Führung notwendig. Der DJT ordnet sich auch nur seinem Führer unter. Er ist ein hervorragender Bauhund. Dank seiner ausgeprägten Wasserfreude gut als Wasserwildstöberer und -apporteur auszubilden. Auch bei der Schweißarbeit vermag er Spitzenleistungen zu vollbringen, insbesondere auf der Raubwildwitterung. Spurlaut ist ihm angeboren. Der Deutsche Jagdterrier setzt sich mit vollem Eifer ein und gibt niemals auf. Der selbstständige Jäger attackiert das gestellte Wild oft ohne Rücksicht auf die eigene Gesundheit und wird häufig verletzt. Nicht selten kann er im Fuchsbau nur noch tot geborgen werden oder nimmt den ungleichen Kampf mit einem Keiler auf. Der Jagdterrier will und muss arbeiten. Als reiner Haus- und Familienhund ist der charmante Bursche undenkbar. Dem fast täglich führenden Berufsjäger oder Förster hingegen ist er ein kaum ersetzbarer Helfer. Pflegeleichtes Rau- und Glatthaar.

Staffordshire Bull Terrier

In der ersten Hälfte des 19. Jh. waren Tierkämpfe, insbesondere massenhaftes Rattentöten, ein beliebter Volkssport, bei dem hohe Wettgewinne erzielt wurden. Für Hundekämpfe kreuzte man scharfe, schneidige Terrier mit kampfstarken, harten Bulldoggen. Das Ergebnis war ein kräftiger, wendiger Hund mit mächtigen Kiefern, Mut, Ausdauer und Intelligenz. Daraus entstand der weiße Bull Terrier. Der alte farbige Typ blieb im Staffordshire Bull Terrier erhalten. Nach dem Verbot der grausamen Hundekämpfe wurde der Staffordshire Bull Terrier zu einem harmonischen, wohlgestalteten Kraftpaket umgezüchtet, der sich als Haus- und Familienhund in seiner Heimat großer Beliebtheit erfreut. Menschen gegenüber ist er freundlich, liebenswürdig und laut Rassestandard gutmütig im Umgang mit Kindern. Der kleine Muskelprotz zeichnet sich traditionell durch unbeugsamen Mut und Hartnäckigkeit aus und gilt als tapfer, furchtlos und absolut zuverlässig. Der Staffordshire Bull Terrier braucht unbedingt Familienanschluss. So liebenswert er in seiner Familie ist – die starke, sehr selbstbewusste Persönlichkeit braucht eine konsequente Erziehung und Führung sowie frühe Gewöhnung an fremde Hunde. Er zeigt sich souverän dominant gegenüber Artgenossen, aber er geht keinem Streit aus dem Weg. Er ist deshalb kein Hund für jedermann. Ansonsten ist der Staffordshire Bull Terrier ein ausgeglichener, ruhiger Hund, der in Aktion sprühendes Temperament entfaltet. Er ist ein pflegeleichter, robuster, ausdauernder Begleiter vor allem sportlicher Männer, der Action liebt.

▸ **Staffordshire Bull Terrier**
Schulterhöhe 35,5–40,5 cm
Gewicht Rüden 12,7–17 kg, Hündinnen 11–15,4 kg
Farbe rot, falb, weiß, schwarz, blau, gestromt mit oder ohne weiß
Land Großbritannien
FCI-Nr. 76, Gruppe 3.3

Bedlington Terrier

Bedlington Terrier
Schulterhöhe ca. 41 cm
Gewicht 8,2–10,4 kg
Farbe blau, leber- oder sandfarben, mit oder ohne Loh
Land Großbritannien
FCI-Nr. 9, Gruppe 3.1

Die Vorfahren des „Wolfs im Schäfchenpelz" versorgten die Familien armer englischer Bergarbeiter im Gebiet um Bedlington mit erwildertem Fleisch und wertvollen Otterpelzen und verdienten ihren Unterhalt als Rattenfänger. Vermutlich standen rauhaarige Terrier, Bull Terrier, Whippet, Otterhound, ja sogar Bulldog bei seiner Entstehung Pate. Der ursprüngliche, rauhaarige Terrier erhielt seine Schäfchenform erst mit Beginn seiner Ausstellungskarriere im ausgehenden 19. Jahrhundert. Heute ist der Bedlington eine elegante Schauschönheit mit fein gekraustem Haar, dessen mit der Schere geschnittene Frisur einiges Geschick erfordert. Geblieben sind seine Charaktereigenschaften: der schneidige Terrier besitzt stark ausgeprägten Jagdinstinkt, ist intelligent und lernfreudig und lässt sich vielseitig ausbilden. Der wachsame, temperamentvolle Vierbeiner ist ein liebevoller, zärtlicher Hausgenosse, der nie ängstlich wirken sollte. Er braucht Bewegung und Beschäftigung. Er haart nicht und muss regelmäßig gekämmt werden. Bedlingtonwelpen werden schwarz bzw. dunkelbraun geboren (kleines Foto).

Manchester Terrier

Glatthaarige, schwarzlohfarbene Terrier gibt es in Großbritannien seit Jahrhunderten. Sie gelten als Vorfahren vieler moderner Terrierrassen und sicherlich auch des Deutschen → **Pinschers**. Sie wurden weniger zur Jagd als zu Tierkämpfen eingesetzt. In der Bergbauregion Großbritanniens war das Rattentöten ein beliebter Sport, bei dem es um viel Geld ging. Je mehr Ratten ein Hund tötete, desto wertvoller war er. „Billy" soll 100 Ratten in 6 Minuten und 30 Sekunden geschafft haben! Berühmte Rattenkiller zeichneten sich auch bei der Kaninchenhatz aus und wurden mit → **Whippets** gepaart. So entstand um Manchester herum ein eleganter, schnellerer Typ. Da auch die Wiege der Hundeausstellungen in dieser Region stand, waren Manchester oder **Black and Tan Terrier** schon früh beliebte Schauhunde.

Nach den Weltkriegen war die Rasse dem Aussterben nah und wurde mithilfe von US-Importen wieder aufgebaut. Heute ist der Manchester eher eine Rarität innerhalb der Terrierfamilie, obwohl er ein überaus angenehmer Begleithund ist. Die Manchester Terrier waren immer eng dem Menschen verbunden, wurden nie im Zwinger, sondern stets in kleiner Anzahl im Haus gehalten. Wir haben es hier mit einem sehr häuslichen, freundlichen, Kindern zugetanen Hund zu tun, der ausgesprochen sauber und pflegeleicht ist. Der Manchester ist wachsam, aber nicht bissig, temperamentvoll und bewegungsfreudig, ohne ständig Beschäftigung zu fordern. Gelehrig und leicht erziehbar, dürfte der Manchester Terrier auch dem unerfahrenen Hundehalter Freude machen.

▸ **Manchester Terrier**
Schulterhöhe
Rüden 40–41 cm,
Hündinnen 38 cm
Farbe schwarzlohfarben
Land Großbritannien
FCI-Nr. 71, Gruppe 3.1

Hollandse Smoushond

▶ **Hollandse Smoushond**
Schulterhöhe
Rüden 37–42 cm,
Hündinnen 35–40 cm
Gewicht 9–10 kg
Farbe einfarbig gelb; dunklere Ohren und Fang
erlaubt
Land Niederlande
FCI-Nr. 308, Gruppe 2.1

1850 verkaufte der Hundehändler Abraas in Amsterdam sog. „Herrenstallhunde" als vorzügliche Ratten- und Mäusefänger. Mit ziemlicher Sicherheit bezog er sie aus Deutschland, wo man sich auf die Zucht pfeffer- und salzfarbener → *Schnauzer* konzentrierte und die gelbroten aus der Zucht ausschloss. Diskretion den Züchtern gegenüber mag Herrn Abraas veranlasst haben, die Herkunft der Hunde nie preiszugeben. Der strohgelbe Schnauzer Hollands war allgemein beliebt. Nach dem II. Weltkrieg galt der Smoushond jedoch als ausgestorben. 1972 stieß Frau Barkman durch Zufall auf einen Smoushond und begann ein Rückzüchtungsprogramm mit schnauzerähnlichen gelben Bauernhunden, in das der → *Border Terrier* einbezogen wurde. So-

lange sich die Rasse im Aufbau befindet, werden Welpen nur über den Verein vermittelt und mit strengen Auflagen ausschließlich in den Niederlanden verkauft. Smousjes fallen noch recht unterschiedlich aus, aber die Rasse gewinnt stetig an Beliebtheit. Der Smous ist ein robuster, fröhlicher, freundlicher Kamerad ohne Furcht, aber nicht rauflustig und gut zu mehreren zu halten. Er streunt und wildert nicht. Der gelehrige und anhängliche Hund ist mit liebevoller Konsequenz leicht zum gehorsamen Hausgenossen zu erziehen. Der verspielte, temperamentvolle, aber nie nervöse Hund ist ein ausdauernder Läufer und geduldiger Spielkamerad der Kinder, wachsam, aber nicht aggressiv. Das raue Fell ist bei korrekter Beschaffenheit pflegeleicht.

Englischer Cocker Spaniel

English Cocker Spaniel, Russischer Jagdspaniel

English Cocker Spaniel

Er gehört zu den ältesten bekannten Hunderassen und geht auf spanische Vogelhunde zurück. Im 19. Jh. wurde der Cocker Spaniel speziell für die Jagd auf Waldschnepfe (= woodcock) gezüchtet. Die jagdlichen Vorzüge des Cockers sind weites, bogenreines Stöbern, spurlautes Jagen, leidenschaftliches Apportieren, auch aus dem Wasser, sowie gute Leistungen auf Schweiß und Totverbeller oder -verweiser. Letzteres ist wichtig, da der kleine Hund oft die Beute nicht apportieren kann. Guter Rauschgift- und Sprengstoffsuchhund. Seine wahre Karriere ist die des Familienhundes. Er ist sehr intelligent, anhänglich und verschmust, dabei temperamentvoll, immer fröhlich, verspielt und zu Spaziergängen bereit. Der charmante Hund mit dem Madonnenblick braucht eine konsequente Erziehung, da er es gut versteht, seine Familie um den Finger zu wickeln. Dem Hund zuliebe sollte unbedingt auf zuverlässigen Gehorsam geachtet werden. Auf schlanke Linie achten, da Cocker sehr gute Futterverwerter und immer hungrig sind. Regelmäßige Haarpflege und Ausdünnen überschüssigen Fells nötig, besonders in den Ohren.

Russischer Jagdspaniel

Der Russische Jagdspaniel stammt von verschiedenen Spanielrassen ab, die vor der Revolution nach Russland kamen. (ohne Foto)

▸ **English Cocker Spaniel**
Schulterhöhe
Rüden 39–41 cm,
Hündinnen 38–39 cm
Gewicht 12,5–14,5 kg
Farbe verschiedene
Land Großbritannien
FCI-Nr. 5, Gruppe 8.2

▸ **Russischer Jagdspaniel**
Schulterhöhe 43 cm
Farbe viele Farben erlaubt
Land Russland
FCI nicht anerkannt

Farbenfrohe Gruppe Englischer Cocker

Boston Terrier

▶ **Boston Terrier**
Schulterhöhe
etwa 35–42 cm
Gewicht drei Klassen:
Leicht bis 6,8 kg, Mittel
6,8–9 kg, Schwer 9–11,3 kg;
Hündinnen in der Regel
etwas zierlicher als Rüden
Farbe gestromt, schwarz
oder seal mit weißen Ab-
zeichen
Land USA
FCI-Nr. 140, Gruppe 9.11

Der Boston Terrier wurde um Boston/
Massachusetts durch Kreuzung englischer → **Bulldoggen** mit heute ausgestorbenen weißen Englischen Terriern
ursprünglich als Kampfhund gezüchtet. Später kam noch ein Schuss →
Französischer Bully hinzu. Seit 1893
sind Name und Standard anerkannt.
Der anpassungsfähige Kamerad ist
stets fröhlich und zu jedem Ulk bereit,
außerordentlich menschenfreundlich
und kinderlieb. Er benötigt wenig Erziehung, denn er ist sehr intelligent
und feinfühlig und reagiert auf die
Stimmlage. Der Boston ist wachsam,
aber kein Kläffer, doch verteidigt er
sein Revier wütend gegen Fremde.
Trotz der langen Reinzüchtung gibt es
manchmal stärker zum Bulldog-Erbe
tendierende Tiere (etwas massiger
und im Wesen gesetzter). Die mehr-
heitlich vorkommenden leichteren
Terriertypen sind von unbekümmerter
Lebhaftigkeit und Spielbereitschaft.
Das kleine Kraftpaket strotzt vor Selbstbewusstsein und ist ein ausdauernder
Läufer – allerdings Vorsicht bei extremer Hitze! Das feine Haar ist ausgesprochen pflegeleicht. Da Unterwolle
fehlt, kann der Boston bei extremer
Kälte frieren. Idealer, außerordentlich
anpassungsfähiger Wohnungshund.
Charakteristisch für den Boston Terrier ist sein intelligenter Ausdruck,
geprägt durch die großen, runden,
tiefdunklen Augen und die aufgerich-
teten, unkupierten Ohren. Zur Blut-
auffrischung der in Europa wenig
vertretenen Rasse werden ständig
Zuchttiere aus den USA und Kanada
importiert. Die winzige Rute ist
unkupiert.

Norbottenspets

Der hübsche weißbunte, mittelgroße, stockhaarige Spitz ist in seiner Heimat sehr selten und außerhalb Schwedens praktisch unbekannt. Er stammt aus dem Norbotten-Gebiet an der finnischen Grenze. Der **Norbottenspitz** ist der ideale Jagdhund auf Federwild in den ausgedehnten lichten Wäldern und Mooren der Region. Der kleine Spitz jagte mit den nordischen Jägern seit Tausenden von Jahren, geriet aber in Vergessenheit und wurde 1948 für ausgestorben erklärt. Zwar blieb der Norbottenspitz Ausstellungen fern und Welpen wurden nicht mehr zur Eintragung gemeldet, doch bedeutete das nicht, dass die Jäger ihren Hund aufgegeben hatten. So wurde die Rasse 1967 wiederentdeckt und erlebt seither einen erfreulichen Aufschwung. In Jagdweise und Charakter gleicht er

dem → *Finnenspitz*. Der Hund findet die Vögel und verbellt sie anhaltend, sobald sie sich auf einem Baum niedergelassen haben. Die sich in Sicherheit wiegenden Vögel lassen sich vom Hund ablenken und bleiben sitzen, bis der Jäger herankommt. Er jagt auch ausgezeichnet Marder. Das Jagdverhalten ist dem kleinen Spitz angeboren und braucht ihm nicht beigebracht zu werden. Der Norbottenspitz ist aufmerksam, furchtlos und draufgängerisch. Er macht einen munteren, aktiven, freundlichen, selbstbewussten Eindruck. Der Hund ist nie scheu, nervös oder aggressiv. Der Norbottenspitz ist ein ausgezeichneter Wächter. Als reiner Familienbegleithund ohne jagdliche Aktivitäten fühlt er sich nicht wohl. Das kurze, wetterbeständige Haarkleid ist pflegeleicht.

▸ **Norbottenspets**
Schulterhöhe
Rüden 45 cm,
Hündinnen 42 cm
Farbe alle, ideal weiß mit gelben oder roten Abzeichen
Land Schweden
FCI-Nr. 276, Gruppe 5.2

Basenji

Basenji, Hahoawu

Basenji
Schulterhöhe ideal Rüden
43 cm, Hündinnen 40 cm
Gewicht ideal Rüden 11 kg,
Hündinnen 9,5 kg
Farbe schwarz, rot,
gestromt mit oder ohne
Loh, weiße Abzeichen
Land Zentralafrika (Groß-
britannien)
FCI-Nr. 43, Gruppe 5.6

Hahoawu
Schulterhöhe mittelgroß
Gewicht 11–14 kg
Farbe sand bis rotbraun
Land Afrika
FCI nicht anerkannt

Basenji

Basenjis sind primitive Haushunde
des tropischen Hackgürtels, die innerhalb menschlicher Siedlungen leben
und sich selbst durchbringen müssen.
Die Eingeborenen schätzen sie als
unentbehrliche Jagdgehilfen. Die Hunde jagen weitgehend selbstständig, der
Jäger folgt ihnen wie zu Urzeiten. Im
19. Jh. brachten Afrikaforscher die
ersten Basenjis nach England. Es werden noch immer typische Hunde aus
dem Kongo in die Zucht einbezogen.
Der Basenji bellt nicht, sondern drückt
Gemütsregungen durch kurzes Wuff,
Grollen oder Jodeln aus. Der kluge,
gelehrige, stets heitere, verspielte,
doch unaufdringliche Hund braucht
verständnisvolle, konsequente Behandlung, um sich zu entfalten. Barschheit
macht ihn scheu, eigensinnig und

unfolgsam. Der sehr eigenständige
Hund mit geringer Unterordnungsbereitschaft zeichnet sich durch ausgeprägten Jagdtrieb aus. Er braucht
Bewegungsraum, viel Auslauf und Beschäftigung. Er ist pflegeleicht, reinlich wie eine Katze und riecht nicht.

Hahoawu

Jiri Rotter brachte die Hunde vom
„Hahofluss" aus Togo mit. Sie erwiesen sich als angenehme Stadt- und
Wohnungshunde, wachsam, aber
nicht bellfreudig, sehr reinlich und
auffallend weitsichtig.

Hahoawu

Pumi

Der Pumi entstand vermutlich im 17. und 18. Jh. Importierte Merinoschafe lösten in Ungarn das einheimische, weniger wirtschaftliche Zackelschaf ab. Mit den Herden kamen fremde Hütehunde ins Land und vermischten sich mit den einheimischen. So vermutet man Verwandtschaft mit dem Berger de Brie, Spitz und sogar Terrier. Das Endprodukt war ein robuster, lebhafter Treibhund mit kurz gelocktem Haar und viel Unterwolle. Erst Anfang der 1920er Jahre erkannte man im Pumi eine eigene Rasse. Der Pumi ist bis heute Arbeitshund geblieben und überall in Ungarn auf den Bauernhöfen anzutreffen.

Der überaus kluge, anpassungsfähige, gelehrige Bursche treibt sogar erstklassig Schweine und wird auch bei der Wildschweinjagd eingesetzt, wo sich sein draufgängerisches Terriererbe bewährt. Geschätzt wird seine Raubwildschärfe als Ratten- und Mäusevertilger. Der stets aufmerksame, aktive Hund braucht Beschäftigung und Auslauf. Sportliche Menschen mit guten Nerven, die einen zuverlässigen Wachhund suchen und deren Nachbarschaft einen bellfreudigen Hund ertragen kann, finden im Pumi ganz bestimmt einen reizvollen Begleiter.

▶ **Pumi**
Schulterhöhe
Rüden 41–47 cm,
Hündinnen 38–44 cm
Gewicht Rüden 10–15 kg,
Hündinnen 8–13 kg
Farbe grau, schwarz, falb, weiß
Land Ungarn
FCI-Nr. 56, Gruppe 1.1

Irish Terrier

► **Irish Terrier**
Schulterhöhe ca. 45,5 cm
Gewicht Rüden 12,25 kg,
Hündinnen 11,4 kg
Farbe einfarbig rot, rotwei-
zen, gelblichrot
Land Irland
FCI-Nr. 139, Gruppe 3.1

Man weiß über die Entstehung der „roten Teufel" Irlands nur, dass sie im 19. Jahrhundert noch in verschiedenen Farben vorkamen und sich, wie alle irischen Terrier, in abgelegenen Gegenden zu ihrem heutigen Rassebild entwickelten. Wegen seiner Größe ist der Irish nur bedingt ein Erdhund und passt höchstens in den Dachsbau. Er kämpft am Dachs stumm, mit tolldreistem Mut. Wie überhaupt seine Lebenseinstellung zu sein scheint: „Sieg oder Tod!" Er besitzt einen ausgezeichneten Ruf als Rattenvertilger und Kaninchenjäger. Ohne zu zögern dringt er in dorniges Gestrüpp ein, um das Kaninchen herauszutreiben, und verfolgt die Ratten bis ins Wasser. Der unwiderstehliche Charme der Irish Terrier liegt in Draufgängertum, großer Treue und Hingabe an ihre Herrn. Ein zärtlicher Hitzkopf! Als auf sich selbst gestellter Jäger mit starker Persönlichkeit

braucht der intelligente, gelehrige Hund eine konsequente Erziehung, am besten eine handfeste Ausbildung im Hundesport, denn er eignet sich zu allem, was ein Hund lernen kann: Turnierhundsport, Agility, jagdliche Führung.
Nach wie vor geht ein Irish Terrier keiner Rauferei aus dem Wege. Er ist sportlich und ausdauernd, Jogger, Radfahrer und Wanderer finden in ihm einen unermüdlichen Gefährten. Immer fröhlich, immer einsatzbereit, ist der Irish Terrier ideal für Menschen, die Langeweile hassen. Das drahtige Fell wird regelmäßig getrimmt.

Kromfohrländer

Der Kromfohrländer entsprang einer Laune der Natur. Eine Fox Terrier-Hündin fand Gefallen an einem Streuner, den amerikanische Soldaten vermutlich in Frankreich aufgelesen und 1945 im Siegerland zurückgelassen hatten. Im Nachhinein bezeichnete man ihn als Griffon Vendeen, was dem Foto dieses Ur-Peters nicht entspricht. Eine solche Mischung hätte nie einen Hund vom Typ des Kromfohrländers ergeben. Das Ergebnis waren entzückende Mischlinge, die Ilse Schleifenbaum alle aufnahm. Das fröhliche Wesen, hübsche Aussehen, die unkomplizierte Art, Anhänglichkeit und robuste Gesundheit begeisterten sie so, dass sie beschloss, sie weiterzuzüchten. Unterstützt vom Hundefachmann Borner wurde der Kromfohrländer (Krom fohr = Krumme Furche, ein Stück Land ihrer Heimat bei Siegen) schon 1955 als Rasse anerkannt. Kromfohrländer sind auf-geschlossene, menschenbezogene, anhängliche Familienhunde. Sie neigen weder zum Streunen noch zum Wildern und lieben ausgedehnte Spaziergänge. Bis ins hohe Alter verspielt, lassen sich leicht erziehen und beschäftigen. Sie eignen sich gleichermaßen für alleinstehende Stadtmenschen wie lebhafte Familien auf dem Lande, wenn sie nur ständig mit ihren Menschen zusammen sein dürfen. Kromfohrländer sind gesellig und gut zu mehreren zu halten. Die wachsamen Kerlchen sind nicht bissig, können jedoch im Ernstfall die Zähne blitzen lassen. Die Haarpflege des Kromfohrländers ist einfach.

▸ **Kromfohrländer**
Schulterhöhe 38–46 cm
Gewicht Rüden 11–16 kg, Hündinnen 9–14 kg
Haar/Farbe Stockhaar und Rauhaar; weiß mit hell-bis dunkelbraunen oder rotbraunen Flecken
Land Deutschland
FCI-Nr. 192, Gruppe 9.10

Langhaariger Pyrenäen-Hütehund

Pyrenäen-Hütehund

▶ Langhaariger Pyrenäen-Hütehund
Schulterhöhe
Rüden 40–48 cm, Hündinnen 38–46 cm + 2 cm
Farbe Fauve, grau, schwarz, gestromt, Harlekin (schwarz-gesprenkeltes Blau), mit oder ohne weiße Abzeichen
Land Frankreich
FCI-Nr. 141, Gruppe 1.1

Beide Berger-Rassen sind ursprüngliche, unverfälschte Hütehunde, die über Jahrhunderte Charakter und Aussehen kaum verändert haben.

Langhaariger Pyrenäen-Hütehund
Der große weiße → **Pyrenäenberghund** war einst der Herdenschützer im Hochgebirge gegen Wölfe und Bären, der kleine Pyrenäen-Hütehund **(Berger des Pyrénees à poil long)** trieb und hütete noch bis vor einigen Jahr-

zehnten Schafe, Ziegen, Rinder, Pferde. Es entwickelten sich robuste, sehr agile, wendige Hunde, die selbst in schwierigstem Hochgebirge trittsicher und selbstständig dem Schäfer zuarbeiten. Leider ist er inzwischen aus dem Landschaftsbild fast vollständig verschwunden. Er konnte sich jedoch als Familienhund erhalten, weil er über die Grenzen seiner Heimat hinaus in den Weltkriegen beim Einsatz als Sanitäts- und Meldehund berühmt wurde. Der gelehrige, quicklebendige, ruppige Pfiffikus ist ein virtuoser Hütehund mit bewundernswerter Schnelligkeit, Ausdauer und Durchsetzungskraft. Der unbestechliche Wächter, der schnell anschlägt, aber nicht ausdauernd kläfft, ist Fremden gegenüber misstrauisch, in seiner Familie jedoch ein hingebungsvoller

Kurzhaariger Pyrenäen-Hütehund

Hausgenosse, der nie seine Persönlichkeit aufgibt. Seine Eigeninitiative muss mit konsequent liebevoller Erziehung in die richtigen Bahnen gelenkt werden. Er gehorcht nur einem Herrn, den er als solchen anerkennt, doch verträgt er keine grobe oder raue Behandlung. Er ist noch immer der selbstständige Arbeitshund mit allen Konsequenzen und kein Hund für Bequeme und Stubenhocker. Wird er nicht körperlich und geistig ausgelastet, sucht er sich Beschäftigung! Er braucht viel Bewegung, Aktion und geistige Anregung. Da er sehr klug, gelehrig und aufmerksam ist, eignet er sich für vielerlei hundesportliche Aktivitäten. Die Pflege ist nicht aufwendig, denn der Hund soll urwüchsig und nicht frisiert wirken. Evtl. sich bildende Zotteln („cadenetten") werden einmal im Jahr ausgekämmt. So verliert der Hund kaum Haare.

Kurzhaariger Pyrenäen-Hütehund
Der **Berger des Pyrénees à face rase** stammt aus den vorgelagerten Landschaften der Pyrenäen, wo ein nicht ganz so leichter, kräftigerer Hund mit größeren Herden umgehen musste, der besonders zum Viehtreiben eingesetzt wurde. Er ist etwas ruhiger als sein Gebirgsvetter, aber immer noch sehr bewegungs- und arbeitsfreudig. Leichter zu führen, zeichnet er sich bei vielen hundesportlichen Aktivitäten aus, auch als Rettungshund. Pflegeleichter, angenehmer Hausgenosse, der sich wachsender Beliebtheit erfreut. Bei beiden Rassen wird das instinktive Verhalten an den Schafen zur Zuchtzulassung überprüft, um die typischen Wesenseigenschaften nicht zu verlieren.

Kurzhaariger Pyrenäen-Hütehund
Schulterhöhe
Rüden 40–54 cm,
Hündinnen 40–52 cm
Farbe Fauve, grau, schwarz, gestromt, Harlekin (schwarz-gesprenkeltes Blau), mit oder ohne weiße Abzeichen
Land Frankreich
FCI-Nr. 138, Gruppe 1.1

Harlekin

Tibet Terrier

▶ **Tibet Terrier**
Schulterhöhe
Rüden 35,6–40,6 cm,
Hündinnen etwas kleiner
Farbe alle außer schokola-
den- oder leberbraun
Land Tibet (Großbritan-
nien)
FCI-Nr. 209, Gruppe 9.5

Der Tibet Terrier ist kein Terrier, sondern ein Hütehund wie die sehr ähnlichen europäischen zotthaarigen Hütehunde. Seine Heimat ist das bis
5.000 m hohe Hochplateau von Tibet,
das Dach der Welt. Während die anderen tibetischen Kleinhunde vom Menschen gehegt und gepflegt wurden,
war der Tibet Terrier der Arbeitsge-
fährte der Bauern und Viehzüchter,
der sich mit seinen Menschen in den
rauen Lebensbedingungen und den
extremen Klimaverhältnissen durch-
schlagen musste. Natürliche Auslese
unter härtesten Bedingungen prägte
die Rasse. In den 1920er Jahren arbeitete die britische Ärztin Dr. Agnes
Greig in Indien nahe Tibet. Zum
Dank für die gelungene Operation einer wohlhabenden Tibeterin erhielt
sie einen Tibet Terrier, der sie so faszi-
nierte, dass sie sich bis zu ihrem Le-
bensende der Zucht widmete und die
Rasse in Europa etablierte. Der Tibet
Terrier gewinnt mit seinem lustigen,
strubbeligen Aussehen und dem charmanten Charakter viele Freunde. Er
ist lebhaft, verspielt und unkompliziert im Umgang mit Kindern, intelligent und gelehrig. Er passt sich allen
Lebensumständen bestens an, vorausgesetzt, er hat engen Familienkontakt.
Der fröhliche Begleiter liebt Bewegung und Beschäftigung. Fremden
gegenüber abweisend, ist er bei
Bedarf ein mutiger Beschützer und
erfreut sich wachsender Beliebtheit.
Das derbe Haarkleid des robusten
Naturburschen braucht bei korrekter
Beschaffenheit nur einmal in der
Woche gründlich durchgebürstet zu
werden.

weiß

Puli

1751 wurde der Puli erstmals in der Literatur erwähnt. Man vermutet seine Heimat in Tibet und Nordindien. Ursprünglich wurden Pulis in allen Farben und gescheckt geboren, doch mit der Schönheitszucht in den 1920-er Jahren ging der Trend zum rein-schwarzen Hund. Heute züchtet man wieder andere Farben. Der Puli ist noch ein sehr ursprünglicher Hütehund. Er ist überaus intelligent, lernt schnell und freudig und braucht engen Kontakt zu seiner Familie. Er hütet und beschützt alles, was zu seinem Rudel gehört, einschließlich Kinder, Katzen und andere Hunde. Seine Kompetenz als Wach- und Hütehund unterstreicht er mit seiner hellen Stimme. Der fröhliche, immer aktive Hund passt gut auf einen Bauernhof, zu aktiven Menschen oder in eine Familie mit Kindern und weiteren Tieren. Er ist glücklich, wenn er eine Aufgabe hat, und benötigt entsprechend viel Beschäftigung und Auslauf. Das lange Schnürenhaar, das ca. 3 Jahre zur Entwicklung braucht, wird nie gekämmt, sondern vom Welpenalter an durch das Auseinanderziehen der sich von allein bildenden Zottansätze in Form gebracht. Kämmen und Bürsten entfällt, aber die Zotten müssen aus hygienischen Gründen regelmäßig gewaschen werden. Wer keine Ausstellungspreise erringen will, sollte es den Schäfern nachtun: sie scheren jedes Jahr mit den Schafen auch die Hunde. Auskämmen verhindert die Schnürenbildung.

▶ **Puli**
Schulterhöhe
Rüden 39–45 cm,
Hündinnen 36–42 cm
Gewicht Rüden 13–15 kg,
Hündinnen 10–13 kg
Farbe schwarz (mit oder ohne rostroten oder grauen Nuancen), perlweiß, falbfarben
Land Ungarn
FCI-Nr. 55, Gruppe 1.1

schwarz

► **Norwegischer Buhund**
Schulterhöhe
Rüden 43–47 cm,
Hündinnen 41–45 cm
Gewicht Rüden 14–18 kg,
Hündinnen 12–16 kg
Farbe weizenfarben
(Biscuit), schwarz
Land Norwegen
FCI-Nr. 237, Gruppe 5.3

Norwegischer Buhund

Schon die Wikinger besaßen Hütespitze. Die Bezeichnung Buhund taucht aber erst Ende des 17. Jh. auf. Bu bedeutet sowohl „Wohnplatz" als auch „Vieh" und bestätigt die Aufgabe des Buhundes als Wach- und Viehtreiberhund. Darüber hinaus ging er mit auf die Jagd auf Elch, Rotwild, Fuchs, Fasan und Rebhuhn. Besonderen Mut erforderte die Bären- und Wolfsjagd. Heute noch wird der **Norsk Buhund** im Südwesten Norwegens als Hütehund eingesetzt, wobei ihm seine Fähigkeit, sich sicher und schnell über unwegsames Gelände zu bewegen, zugute kommt. Zuverlässig findet er in unübersichtlichem Gebiet verlorene Schafe und treibt große Herden. Allerdings verdrängen ihn fertig ausgebildete, aus England importierte → *Border Collies* bei der Schafherde, dafür gewinnt er als Haus- und Familienhund immer mehr Freunde. In Norwegen wird die Rasse als altes Kulturgut besonders gefördert und am Leben erhalten. Der Buhund wird außerhalb Norwegens in größerem Rahmen nur noch in England gezüchtet. Vereinzelt trifft man ihn in anderen Ländern Europas an. Der Norwegische Buhund ist lebhaft, gelehrig und ein unerschrockener Wächter. Charmantes, menschenfreundliches, dennoch energisches Wesen, anhänglich und kinderlieb. Der kleine Hund ist erstaunlich kraftvoll und ausdauernd, aber auch bellfreudig. Das dichte, derbe Fell ist pflegeleicht.

Island Hund

Mit den Islandponys kamen auch die Island Hunde **(Islenskur Fjarhundur)** nach Deutschland. Diese uralte, von den Wikingern mitgebrachte Jagdhundrasse wurde auf der Insel mangels Wild zum Treib- und Hütehund umfunktioniert. Obwohl eng mit dem Menschen zusammenarbeitend, wurde er nie als Haus- oder Familienhund gehalten. Harte Auslese auf Leistungsfähigkeit und Gesundheit machen den Island Hund zu einem robusten, anspruchslosen, gehorsamen, flinken, mutigen, arbeitseifrigen Hund, der sich nicht durch unwegsames Gelände oder schlechtes Wetter beeinträchtigen lassen darf. Ausgesprochen gutartig und freundlich, sind sie gut für den Umgang mit Kindern geeignet.

Island Hunde hängen voller Hingabe an ihren Menschen, lernen schnell und willig. Sie sind sensibel und müssen konsequent, aber ohne Härte erzogen werden. Der Island Hund ist kein Schutzhund, jedoch zuverlässiger Wächter, der bellt, aber nicht beißt. Aggressive Hunde wurden nie geduldet! Verträglich im Umgang mit anderen Hunden und Tieren. Der sehr lebhafte, bellfreudige Hund braucht eine Aufgabe und Bewegung. Kein Hund für bequeme Menschen. Als Reitbegleithunde erfreuen sie sich besonders in Reiterkreisen großer Beliebtheit. Island Hunde können recht unterschiedlich aussehen, sie kommen kurz- oder langhaarig und in großer Farbenvielfalt vor. Pflegeleicht.

▶ **Island Hund**
Schulterhöhe
Rüden ideal 46 cm;
Hündinnen ideal 42 cm
Farbe verschiedene Braunnuancen von creme bis rotbraun, schokoladenbraun, grau, schwarz; weiß immer vorhanden, aber nicht vorherrschend (über 50%)
Land Island
FCI-Nr. 289, Gruppe 5.3

- American Staffordshire Terrier
Schulterhöhe
Rüden 46–48 cm,
Hündinnen 43–46 cm
Farbe alle außer überwiegend oder rein weiß; black and tan und leberfarben unerwünscht
Land USA
FCI-Nr. 286, Gruppe 3.3

Pit Bull Terrier

American Staffordshire Terrier

Mit englischen Einwanderern gelangten 1870 die ersten → *Staffordshire Bull Terrier* in die USA und erhielten später den Namen American Staffordshire Terrier. Sie sind hochläufiger und eleganter als ihre englischen Ahnen. Leider werden sie, obwohl es in vielen Ländern verboten ist, weltweit unter der Bezeichnung **Pit Bull Terrier** für Hundekämpfe gezüchtet. Die Rasse ist stark in Verruf geraten, weil sie in der kriminellen Szene nicht nur für Hundekämpfe, sondern auch für Attacken gegen Menschen missbraucht wird. Von der FCI anerkannt sind nur American Staffordshire Terrier mit AKC-Papieren, die als Schau- und nicht als

Kampfhunde gezüchtet werden. Im Grunde ist der American Staffordshire Terrier Menschen gegenüber freundlich, unbefangen und ein verschmuster Hausgenosse. Die Erziehung des starken, selbstbewussten Hundes verlangt von klein an gefühlvolles Durchsetz- ungsvermögen, Erfahrung und Kenntnis in Hundeverhalten sowie körperliche Fitness, denn der Hund ist sehr dominant und, wenn er zupackt, blitzschnell und kompromisslos mit enormer Beißkraft. Nach wie vor geht er keinem Streit aus dem Weg, deshalb müssen die Welpen früh mit viel Sachverstand an den Umgang mit anderen Hunden herangeführt werden. Der drahtige, sportliche, robuste Hund braucht Bewegung und Beschäftigung. Das kurze Fell ist pflegeleicht.

Irish Soft Coated Wheaten Terrier

Über die Herkunft des „weichhaarigen weizenfarbenen Terrier" ist nichts bekannt, außer dass schon vor 200 Jahren „weichhaarige" Hunde schriftlich erwähnt wurden. Er entwickelte sich auf den abgeschiedenen Bauernhöfen Irlands, wo sich die Menschen mühevoll ihren Lebensunterhalt erarbeiteten. Der Hund musste sich sein Futter verdienen und nützlich machen. Luxushunde konnte man sich nicht leisten, ebenso wenig einen Hund für die Jagd, einen für die Herde, einen Wachhund usw. Der Soft Coated Wheaten Terrier konnte alles: er ernährte sich vornehmlich von Ratten und Mäusen, trieb das Vieh ein, beschützte Haus und Hof und half bei der gefährlichen Jagd auf Dachs und Otter. Harte natürliche Auslese schenkte uns einen robusten, gesunden Vierbeiner von charmanter Vierschrötigkeit. Der Irish Soft Coated Wheaten ist ein fröhlicher, temperamentvoller Hausgenosse, menschenfreundlich, wachsam, aber nie bissig, doch im Ernstfall verteidigungsbereit. Anhänglich und klug, lässt er sich mit Liebe leicht erziehen, aber er braucht eine konsequente Führung. Der lebhafte Hund liebt viel Bewegung und Beschäftigung. Das lange weiche Fell bringt Schmutz in die Wohnung, verfilzt rasch und bedarf sorgfältiger Pflege. Ausstellungstiere werden meist sorgfältig in Form geschnitten. Sie sind dann pflegeleichter. Kein Hund für bequeme Menschen!

▸ **Irish Soft Coated Wheaten Terrier**
Schulterhöhe Rüden 46–48 cm, Hündinnen etwas weniger
Gewicht Rüden 18–20,5 kg, Hündinnen etwas weniger
Farbe reine Weizenfarbe von hellweizen bis rotgold
Land Irland
FCI-Nr. 40, Gruppe 3.1

Junghund

Kerry Blue Terrier
Schulterhöhe
Rüden 45,5–49,5,
Hündinnen 44,5–48 cm
Gewicht Rüden 15–18 kg,
Hündinnen entsprechend
weniger
Farbe blau mit oder ohne
schwarze Maske und
Ohren
Land Irland
FCI-Nr. 3, Gruppe 3.1

Kerry Blue Terrier

Dieser außergewöhnliche Terrier stammt aus der Region „Ring of Kerry", wo er auf den verstreut liegenden Höfen wachte, Ratten und Mäuse kurzhielt und das Vieh trieb. Er zeichnete sich bei der Jagd auf Dachse unter der Erde, im Wasser auf Otter sowie gegen anderes Raubwild aus und wurde gelegentlich bei Hundekämpfen eingesetzt. Vermutlich ist die blaue Farbe auf die Einkreuzung von → *Bedlington Terriern* zurückzuführen. Der Kerry Blue Terrier ist ein Hund, der alles kann. Er ist intelligent und gelehrig, ein vorzüglicher Wächter und zuverlässiger Beschützer. Dabei bellt er nur, wenn nötig. Er kann jagdlich geführt werden und apportiert wie ein Retriever zu Wasser und zu Lande. Der Kerry ist temperamentvoll, aber nicht nervös. Selbstständiges Handeln gewohnt, weiß er sich durchzusetzen. Nur eine klare, konsequente Führung ohne Zwang und Drill macht auch den Kerry Blue zu einem folgsamen Gefährten.

Er braucht Beschäftigung und Bewegung. Sehr revierbewusst ist er insbesondere im eigenen Terrain, fremden Hunden gegenüber oft unduldsam. Zu Menschen ist er allgemein freundlich. Seinen Menschen innig zugetan, ist er ein guter Haus- und Familienhund, sofern man Zeit für die Fellpflege und ausgiebige Beschäftigung mit dem Hund hat. Kein Hund für bequeme Menschen oder Anfänger in Sachen Hund! Die Welpen werden schwarz geboren und färben sich binnen zwei Jahren in alle Blau- und Silbertöne um. Das schön gewellte, seidige Haar des Kerry Blue fällt nicht aus, sondern wird ausgekämmt und in Form geschnitten.

Entlebucher Sennenhund

Der uralte Treib- und Bauernhund aus dem Emmental und Entlebuch wurde 1889 erstmals erwähnt. Er gehört zu den für den Alpenraum typischen Hof- und Bauernhunden, die vor allem beim Viehtreiben halfen und den Hof mit allem Inventar bewachten. Aus einer bunten Hundevielfalt entwickelten sich die verschiedenen Schweizer Sennenhunde. Prof. Heim förderte die Reinzucht, doch schien die Rasse 1924 ausgestorben. Es ist Dr. Koblers Hartnäckigkeit zu verdanken, die letzten Exemplare aufgespürt und einen Verein gegründet zu haben, der die Entlebucher-Zucht rettete. Heute findet der handliche, doch kräftige Hund mit dem klugen Gesichtsausdruck immer mehr Freunde bei Menschen, die mit ihrem Hund etwas anfangen wollen, ohne sich mit einem großen Hund zu belasten. Der Entlebucher ist stets aufmerksam, lernt schnell, hat ein unerschrockenes Wesen, besitzt guten Schutz- und Wachtrieb und bellt gern. Er ist Fremden gegenüber unnahbar. Er weiß sich durchzusetzen und braucht eine konsequente Führung. Sehr territorial veranlagt, ist er gegenüber fremden Hunden im eigenen Revier unduldsam. Er besitzt eine hervorragende Nase und eignet sich für viele hundesportliche Aktivitäten, wenn man ihn zu motivieren versteht, denn als Treiber ist er gewohnt, Entscheidungen zu treffen und selbstständig zu handeln. Der Entlebucher ist ein sehr robuster, wetterfester Hund, der Aktion und Beschäftigung liebt. Kein Hund für bequeme Menschen! Gelegentlich kommt noch eine angeboren verkürzte Rute vor. Das derbe Kurzhaar ist pflegeleicht.

▸ **Entlebucher Sennenhund**
Schulterhöhe
Rüden 44–50 cm,
Hündinnen 42–48 cm
Farbe Grundfarbe Schwarz mit gelb- bis rostbraunen und weißen Abzeichen
Land Schweiz
FCI-Nr. 47, Gruppe 2.3

▶ **Česky Strakaty Pes**
Schulterhöhe
Rüden 45–53 cm,
Hündinnen 43–51 cm
Farbe schwarz oder braun-
bunt, Lang- und Stockhaar
Land Tschechien, national
anerkannt
FCI nicht anerkannt

Česky Strakaty Pes

Prof. Frantisek Horak benötigte für genetische Experimente Hunde. Da er sich eine Beagle-Laborzucht nicht leisten konnte, begnügte er sich mit Straßenhunden. Die Ergebnisse waren wegen mangelnder Vergleichbarkeit unbefriedigend. Als passionierter Züchter züchtete er seine eigenen, lange als „**Horak'sche Laborhunde**" bekannten Hunde. Er begann 1954 mit einem hängeohrigen Schäferhund und einem dreifarbig gefleckten Fox-Terrier-artigen Hund. Die Zucht konzentrierte sich auf Glatthaar, später wurde ein Deutsch Kurzhaar eingekreuzt, der die braune Farbe einbrachte. 1960 wurde die Anerkennung in Tschechien erwogen, 1961 die ersten Hunde ausgestellt. 1980 wurden die Forschungsarbeiten eingestellt. Die Hunde sollten dem Zuchtverband unterstellt werden, aber die Verhandlungen dauerten so lange, dass kaum noch Zuchttiere vorhanden waren, als

1991 der erste Wurf außerhalb der Zuchtstation eingetragen werden konnte. Das Interesse an dem handlichen, hübschen Hund ist inzwischen groß. Der böhmische gefleckte Hund ist anpassungsfähig und vielseitig, temperamentvoll, arbeitsfreudig und gelehrig. Ein angenehmer Hund für Anfänger, freundlich und leicht zu erziehen, wachsam, aber nicht aggressiv, und sozialverträglich. Er eignet sich für vielerlei hundesportliche Aktivitäten. Das Fell ist pflegeleicht.

Großspitz

Großspitz, Dansk Spids

Großspitz

Der Spitz war im Mittelalter aus dem täglichen Leben auf dem Bauernhof nicht wegzudenken. Der Fremden gegenüber stets misstrauische Hund war ein ausgezeichneter Wächter. Da er geringe Neigung zum Wildern zeigte, duldeten die Jagdherren solche Hunde gern bei ihren Bauern. Außerdem bewährte er sich als Hütespitz. Natürlich duldet der Spitz keine Ratten und Mäuse auf dem Hof und macht sich in vieler Weise unentbehrlich. Obwohl der Großspitz dank seiner Reviertreue und Wachsamkeit ein idealer Haus- und Hofhund für die vielen Menschen wäre, die ein Leben abseits der Stadt suchen, ist er vom Aussterben bedroht. Dabei ist er intelligent, gelehrig, geflügelfromm, robust und witterungsunempfindlich. Der Spitz ist eine selbstbewusste Persönlichkeit, die sich nur ungern unterordnet und deshalb eine

konsequente Erziehung benötigt. Der Hund geht gerne spazieren und liebt den Aufenthalt im Freien, er wird aber nicht hysterisch, wenn sein Spaziergang einmal ausfällt, denn der sehr territorialbewusste und reviertreue Hund fühlt sich zu Hause wohl, wenn er seiner Aufgabe als Wachhund gerecht werden kann. Spitze sind nicht immer verträglich im Umgang mit Artgenossen. Die Haarpflege ist nur beim Junghund aufwendig, das Fell des erwachsenen Hundes wird regelmäßig gebürstet.

Dansk Spids

Traditioneller Haus- und Hofspitz, seit 1988 als Rasse aufgebaut. Lebhafter, neugieriger, mutiger, ausgezeichneter Wachhund mit geringem Jagdtrieb.

▸ **Großspitz**
Schulterhöhe46 ± 4 cm
Farbe schwarz, weiß, braun
Land Deutschland
FCI-Nr. 97, Gruppe 5.4

▸ **Dansk Spids**
Schulterhöhe Rüden 43–49 cm, Hündinnen 39–46 cm
Farbe weiß oder biscuit
Land Dänemark, national anerkannt
FCI nicht anerkannt

Dansk Spids

Perro de Agua Español

▸ **Perro de Agua Español**
Schulterhöhe
Rüden 44–50 cm,
Hündinnen 40–46 cm
Gewicht Rüden 18–22 kg,
Hündinnen 14–18 kg
Farbe einfarbig weiß,
schwarz und braun, zwei-
farbig weiß und schwarz,
weiß und braun
Land Spanien
FCI-Nr. 336, Gruppe 8.3

Die Herkunft des **Spanischen Wasser-hundes** ist unklar; die Tatsache, dass er auch **Turco (Türke) Andaluz** genannt wird, könnte auf Wurzeln im östlichen Mittelmeerraum hindeuten. Seit Jahrhunderten Hund der Bauern und Fischer Andalusiens. Ausgesprochen vielseitig hütet er Schafe, treibt Rinder, Schweine und Ziegen, bewacht Haus und Hof. Bei der Jagd zeichnet er sich durch eifriges Stöbern, große Wasserfreude und zuverlässiges Apportieren aus. Den Fischern half er Netze einzuholen, Schiffsleinen im Wasser zu transportieren, entkommene Fische zu fangen und zum Grund tauchend verlorene Gegenstände zu apportieren. Das gelockte, Luft einschließende, gut isolierende Fell kommt ihm bei der Wasserarbeit auch in tiefstem Winter zugute. Die unterschiedlichen Aufgaben prägten unterschiedliche Typen. Erst seit wenigen Jahrzehnten als Rasse anerkannt, erfreut sie sich internationaler Beliebtheit. Anpassungsfähiger, sehr vielseitiger Hund, der unbedingt die Nähe zu seinen Menschen braucht. Zu Fremden zurückhaltend. Kein Hund für Stubenhocker, denn er fordert Beschäftigung und Aufgaben. Sehr sportlich, immer unternehmungslustig, fröhlich, sehr intelligent, gelehrig und führig, eignet er sich für vielerlei hundesportliche Aufgaben wie Agility oder auch für die Ausbildung zum Spür- und Katastrophenhund. Das gelockte Fell wird nie gebürstet und bildet zottige Strähnen aus. Der Hund haart nicht, sollte aber aus hygienischen Gründen ein- bis zweimal im Jahr körpernah auf 3–5 cm Haarlänge geschoren werden.

Lagotto Romagnolo

Wasserhunde schätzte man schon im Mittelalter an den Lagunen von Ravenna zur Wasservogeljagd. Nach Trockenlegung der Sümpfe im 19. Jh. überlebte er als Bauernhund und suchte in der Romagna die teuren Trüffelpilze. Er eignete sich durch sein Wasser abweisendes, Luft einschließendes Lockenfell hervorragend für die Arbeit in nasskalter Jahreszeit und wurde wegen seines Gehorsams den Trüffelschweinen vorgezogen. Mit seiner hervorragenden Nase findet er die Pheromone ausstrahlenden Trüffeln tief unter der Erde. Bei der Trüffelsuche lässt er sich von Wildfährten nicht ablenken. Bei gutem Erziehungsstand und ausgelastet macht er sich nicht selbstständig. Er ist lebhaft, gelehrig und arbeitsfreudig. Der fröhliche, liebenswerte und sehr anhängliche, leicht erziehbare Hund ist ein hervorragender Begleithund und erfreut sich mittlerweile als Familien-hund in ganz Europa wachsender Beliebtheit, obwohl er erst seit 1995 international anerkannt ist. Er braucht Familienanschluss und Beschäftigung, er eignet sich sehr gut für alle möglichen hundesportlichen Aktivitäten und ist ein unermüdlicher Begleiter für sportliche Menschen und robuster Gefährte in Familien mit Kindern. Er ist wachsam, aber nicht aggressiv und kein Schutzhund. Verträglich mit Artgenossen. Das krause Fell wird regelmäßig körpernah geschnitten, bedarf dann kaum der Pflege und haart nicht.

▶ **Lagotto Romagnolo**
Schulterhöhe
Rüden 43–48 cm,
Hündinnen 41–46 cm
Gewicht Rüden 13–16 kg,
Hündinnen 11–14 kg
Farbe schmutzig weiß,
braun, orange, einfarbig
oder gefleckt und geschimmelt
Land Italien
FCI-Nr. 298, Gruppe 8.3

Lagotto bei der Trüffelsuche

American Water Spaniel

American Water Spaniel, Boykin Spaniel

- **American Water Spaniel**
  Schulterhöhe 38–46 cm
  Gewicht
  Rüden 13,5–20,5 kg,
  Hündinnen 11,5–18 kg
  Farbe leberbraun, braun,
  dunkles Schokoladen-
  braun, kleine weiße Abzei-
  chen an Zehen und Brust
  erlaubt
  Land USA
  FCI-Nr. 301, Gruppe 8.3

- **Boykin Spaniel**
  Schulterhöhe
  Rüden 39–45 cm,
  Hündinnen 35–41 cm
  Farbe einfarbig leberfarben
  oder dunkel schokoladen-
  braun; kleiner weißer
  Brustfleck erlaubt
  Land USA (AKC, FSS)
  FCI nicht anerkannt

American Water Spaniel

Vermutlich aus Retrievern, → *Irish* und → *English Water Spaniel* in den USA gezüchteter, vielseitig einsetzbarer Jagdgebrauchshund, der schnell und zuverlässig findet und Vögel unversehrt apportiert. Hervorragender Schwimmer, den niedrigste Temperaturen nicht abschrecken. Für die Arbeit im eiskalten Wasser brauchen die Hunde ein schützendes Fell. In den Locken bildet die Luft eine isolierende Schicht. Kein Vorstehhund, besitzt aber eine hervorragende Nase und arbeitet ausdauernd in unzugänglichem Gelände. Umgänglicher Hausgenosse, zuverlässiger Wächter, jedoch nicht aggressiv.

Boykin Spaniel

Anfang des 20. Jh. züchtete W. Boykin aus South Carolina mit einem Streu-

ner – Chesapeake Bay Retriever, Springer-, Cocker und American Water Spaniel einen Spezialisten für die Truthahn- und Entenjagd. Leichtführiger, intelligenter, liebenswürdiger, angenehmer Begleit- und passionierter Jagdhund.

Boykin Spaniel

Foto: Crites

Österreichischer Pinscher

▶ Österreichischer Pinscher
Schulterhöhe
Rüden 44–50 cm,
Hündinnen 42–48 cm
Farbe Semmel- oder braun-
gelb, hirschrot, schwarz
mit Loh, mit oder ohne
weiße Abzeichen
Land Österreich
FCI-Nr. 64, Gruppe 2.1

Der alte Hofhund Österreichs wird schon auf Gemälden des Barock und später im Biedermeier in dörflichen Alltagsszenen dargestellt. Als man später Rassehunde zu züchten begann, dachte niemand an den unscheinbaren Dorfköter. Für den Landwirt hingegen blieb der robuste Hofhund, der energisch sein Anwesen bewachte, Ratten und Mäuse kurzhielt und beim Viehtreiben half, anspruchsloser Kamerad. Genügsamkeit im Futter, robuste Gesundheit und problemlose Fortpflanzung waren selbstverständlich. 1912 stieß der Kynologe Prof. Hauck bei Forschungsarbeiten auf die uralte Hofhundrasse, die vor der Verbastardierung mit modischen Rassehunden bewahrt werden musste. 1928 wurde die Rasse offiziell anerkannt. Er machte keine Karriere, aber er überlebte selbst schwere Kriegszei-

ten. Er gedieh im Verborgenen und war außerhalb seiner Heimat weitgehend unbekannt. Erst in den letzten Jahren blühte die Zucht auf, denn die Menschen suchen mehr denn je einen urigen, unverzüchteten Hausgenossen. Der Österreichische Pinscher streunt und wildert nicht und ist nach wie vor ein guter Wachhund und Rattenfänger. Freundlicher Familienhund, der Fremden gegenüber reserviert, wachsam und verteidigungsbereit ist und der sich leicht erziehen lässt. Der Pinscher braucht Bewegung und Beschäftigung und ist für sportliche Menschen ein unermüdlicher Begleiter.

Welpe

Mudi

Mudi, Kroatischer Schäferhund

► **Mudi**
Schulterhöhe
Rüden 41–47 cm,
Hündinnen 38–44 cm
Gewicht Rüden 11–13 kg,
Hündinnen 8–11 kg
Farbe falb, schwarz, blue
merle, aschfarben, braun,
weiß
Land Ungarn
FCI-Nr. 238, Gruppe 1.1

► **Kroatischer Schäferhund**
Schulterhöhe 40–50 cm
Farbe schwarz
Land Kroatien
FCI-Nr. 277, Gruppe 1.1

Mudi

Der Arbeitshund Ungarns schwang sich nie zur Schauschönheit auf und ist in seiner Heimat weit verbreitet. Er hütet und treibt die schwierigen Steppenrinder, Zackelschafe und Pferde und hält auf dem Hof Ratten und Mäuse kurz. Der Mudi eignet sich sogar für die Treibjagd auf Wildschweine. Robuster, noch uriger, anpassungsfähiger Haus- und Familienhund, der auch ein Luxusleben in der Stadt durchaus zu schätzen weiß. Er ist weniger laut als → *Pumi* und → *Puli*, anspruchslos in Haltung, Fütterung und Pflege. Er ist intelligent, leicht zu erziehen und sehr wachsam, ja sogar verteidigungsbereit. Der agile, arbeitsfreudige Hund braucht viel Bewegung und Beschäftigung. Er ist kein Hund für bequeme Menschen.

Kroatischer Schäferhund

Ab 1935 züchtete Prof. Romic systematisch den in seiner Heimat sehr seltenen, im Ausland gänzlich unbekannten kroatischen Schäferhund **(Hrvatski Ovcar)**. Heute noch unersetzlicher Allroundhütehund, der mit unermüdlichem Eifer, Mut, Schnelligkeit, Lauffreudigkeit und rascher Auffassungsgabe Schafe, Schweine, Rinder, Pferde und Enten hütet. In seiner Heimat beliebter Wachhund. Der anspruchslose, robuste, leicht erziehbare und intelligente Hund mit wenig Jagdleidenschaft dürfte eine gute Zukunft als Begleiter sportlicher Menschen haben. Angeboren verkürzte Rute kommt vor.

Foto: Kocbek

Kroatischer Schäferhund

Polski Owczarek Nizinny

Der **PON** oder auch **Polnische Niederungshütehund** hütete in der polnischen Tiefebene jahrhundertelang große Schafherden, ohne dass ihm züchterische Beachtung geschenkt worden wäre. Er war da und tat seine Arbeit – wie er aussah, war unwichtig. Nur nützlich musste er sein. Das setzte eine gewisse Größe, Intelligenz, Genügsamkeit und Widerstandskraft, Hütetrieb, Wachtrieb und ein den Bodenverhältnissen und dem Klima angepasstes Fell voraus. Nach dem II. Weltkrieg begann in Polen die Reinzucht. 1963 wurde die Rasse anerkannt und fasste ab den 1970 Jahren auch in Deutschland Fuß. Der untersetzte, muskulöse Hund besticht durch ein erstaunlich mühelos fließendes Gangwerk und eine reizvolle Farbenvielfalt. Der noch unverfälschte Arbeitshund braucht viel Beschäftigung und Bewegung, er hält sich gern bei jedem Wetter im Freien auf und ist ein zuverlässiger, energischer Beschützer von Haus und Hof. Er besitzt wenig Neigung zum Streunen und Wildern. Fremden gegenüber allgemein misstrauisch, darf er jedoch nie ängstlich oder bissig sein. Der selbstbewusste, bis ins hohe Alter temperamentvolle Hund braucht eine konsequente Erziehung, denn der selbstständige Hund ordnet sich nur dem von ihm anerkannten Rudelführer unter. Er ist ein guter Futterverwerter, und man muss auf seine Linie achten! Das standardgerechte, harsche Ziegenhaar muss regelmäßig gebürstet werden. Angeborene Stummelrute kommt vor.

▸ **Polski Owczarek Nizinny**
Schulterhöhe
Rüden 45–50 cm,
Hündinnen 42–47 cm
Farbe alle Farben
Land Polen
FCI-Nr. 251, Gruppe 1.1

Welpen

Schapendoes

▶ **Schapendoes**
Schulterhöhe
Rüden 43–50 cm,
Hündinnen 40–47 cm
Farbe alle Farben zulässig
Land Niederlande
FCI-Nr. 313, Gruppe 1.1

Als 1940 der holländische Kynologe Toepoel die bodenständigen Hunderassen Hollands katalogisierte, stieß er auf Restbestände des Schapendoes, dem Hütehund der Heideregionen.

Im ganzen Land wurden typische Exemplare zusammengesucht, überprüft und in die Zucht einbezogen. Erfahrene Züchter und Wissenschaftler der Genetik bauten die Rasse auf einem gesunden Stamm neu auf. 1968 wurde der Schapendoes offiziell anerkannt. Bisher werden die Schapendoes nur von wenigen Züchtern in kleinem Rahmen gezüchtet, die eine Vermarktung ablehnen. Jedoch gewinnt der fröhliche Naturbursche immer mehr Freunde, wo immer er auftaucht.

Der Schapendoes ist ein freundlicher, verspielter, lebhafter Familienhund. Er ist wachsam ohne Schärfe und unermüdlicher Spielkamerad der Kinder. Im Hause ist er ruhig und nie nervös, vorausgesetzt, er wird beschäftigt und bekommt genügend Auslauf! Der temperamentvolle und arbeitswillige Hund eignet sich sehr gut für Turnierhundsport und Agility. Der arbeits-freudige, gelehrige Bursche will mit Verständnis erzogen werden. Für seinen Herrn tut er alles, aber er will verstehen, wofür und warum. Selbstständiges Arbeiten liegt ihm noch im Blut – gehorchen ja, aber nicht angewiesen sein auf Kommandos. Der Schapendoes ist verträglich mit Artgenossen. Die Pflege ist beim jungen Hund aufwendig, bei korrektem hartem Haar wird der erwachsene Hund nur alle zwei Wochen gründlich gebürstet.

Epagneul Breton

Epagneul Breton

Der **Bretonische Vorstehhund (Bretonischer Spaniel)** geht auf mittelalterliche Vogelhunde zurück, die man Ende des 19. Jahrhunderts mit Laverack Settern kreuzte. Über seine jagdlichen Leistungen sagt man: weite, raumgreifende Suche mit hoher Nase, feinste Nasenleistung, firmes Vor- und Durchstehen. Für leichte Nachsuchen brauchbar. Zuverlässiger Verlorenbringer, sehr wasserfreudig, auch unter schwierigen Bedingungen. Raubwildschärfe meist geringer entwickelt, kein Stöberhund, sondern klassischer Vorstehhund, der in der Feld-, Wald- und Wasserjagd den großen Rassen ebenbürtig ist. Er ist ausgesprochen leichtführig, intelligent, sanft und zuweilen sensibel. Der kleine Vorstehhund passt sich leicht an das Familienleben an, ist ausgesprochen kinderlieb und kein Kläffer. Durch seine handliche Größe ideal für all diejenigen Jäger, die den Hund in der Wohnung halten und ihn mit auf Reisen nehmen wollen.

Epagneul du Larzac
Dem trockenen Klima Südfrankreichs angepasster, dem Bretonen ähnlicher Vorstehhund. Im Zuchtaufbau begriffen (ohne Foto).

Epagneul de St. Usuge
Kleinster französischer Vorstehhund aus dem französischen Jura. Im Zuchtaufbau begriffen. Ausgezeichnet in Feld, Wald und Sumpf, sehr wasserfreudig. Leichtführig. Sanft und kinderlieb (Foto unten).

▸ **Epagneul Breton**
Schulterhöhe ideal
Rüden 48–51 cm,
Hündinnen 47–50 cm
Farbe weiß-orange, weiß-schwarz, weiß-braun; dreifarbig
Land Frankreich
FCI-Nr. 95, Gruppe 7.1

▸ **Epagneul du Larzac**
Schulterhöhe ca. 54 cm
Farbe weiß-braun
Land Frankreich
FCI nicht anerkannt

▸ **Epagneul de St. Usuge**
Schulterhöhe
Rüden 47–54 cm,
Hündinnen 41–49 cm
Farbe Braunschimmel oder einfarbig braun
Land Frankreich
FCI nicht anerkannt

Finnenspitz

Foto: Dr. Kovacova-Pecarova

▸ **Finnenspitz**
Schulterhöhe
Rüden 44–50 cm,
Hündinnen 39–45 cm
Farbe rot- oder goldbraun
Land Finnland
FCI-Nr. 49, Gruppe 5.2

▸ **Russisch-Finnischer Laika**
Schulterhöhe 43–45 cm
Land Russland
FCI nicht anerkannt

Russisch-Finnischer Laika

Vermutlich stammt der Nationalhund Finnlands **(Suomenpystykorva)** von aus dem Osten eingewanderten russischen Laiki ab. Sein russisches, in Aussehen und Jagdverhalten nahezu identisches Gegenstück ist der **Russisch-(Karelisch-) Finnische Laika**; kleines Bild. In den Wäldern seiner Heimat jagt er hauptsächlich auf Birk- und Auerwild. Er stöbert die großen Vögel auf und verfolgt sie, bis sie sich in den Baumkronen niederlassen. Der Hund bellt und springt, um die Aufmerksamkeit des Vogels auf sich zu lenken, der sich in den Wipfeln sicher fühlt und sitzen bleibt, bis der Jäger herbeikommt und schießen kann. Sehr viel Mut erfordert das Stellen und Verbellen eines Elches oder Bären. Die durchdringende

Stimme des Finnenspitzes ist ein wichtiges Merkmal. Der Finnenspitz ist kein Schmeichler und sehr selbstständig, wie es seine Jagdarbeit erfordert. Er marschiert gerne auf eigene Faust los und frönt seiner Jagdleidenschaft. Der kluge Finnenspitz ist gelehrig, aber niemals unterwürfig und gehorcht keineswegs immer aufs Wort. Die Erziehung, die konsequent, aber ohne Zwang schon beim Welpen beginnen muss, erfordert Hundeverständnis. Der Finnenspitz braucht viel Bewegung und Beschäftigung. Er ist wachsam ohne Aggressivität und geduldig mit Kindern. Er benötigt kaum Pflege, ist ein genügsamer Fresser, stets fröhlich und abenteuerlustig, dabei nie nervös und hysterisch (sofern er ausreichend beschäftigt wird). Witterungsunempfindlich liebt er den Aufenthalt im Freien, trotzdem ist enger Familienanschluss unerlässlich.

Cur   Feist

Fotos: Osborn

Treeing Cur, Treeing Feist

Cur und Feist sind Begriffe für Mischlinge – „Köter". Für die ersten Siedler
in Amerika waren diese Alleskönner
lebenswichtig, denn sie trugen
wesentlich zum Lebensunterhalt bei.
Sie schützten Hab und Gut, sorgten
für eine Fleischmalzeit und Felle für
Kleidung oder zum Verkauf. Mit der
Schaffung von Arbeitsplätzen in
Industrieanlagen verlor der Hund an
Bedeutung. Aus der Jagd wurde Sport.
Es gibt eine Vielzahl von Curs (die
sog. Feists sind kleinere, Jack Russell
Terriern ähnliche Hunde), mal pin-
scher-, mal jagdhundähnlicher, geprägt vom Geschmack und Bedarf ihrer Züchter. Alle zeichnen sich durch
hohen Jagdeifer aus und besitzen besondere Fähigkeiten, die Beute – Eich-
hörnchen, Oppussum, Puma – in die
Bäume zu jagen oder dort aufzuspüren und durch Bellen anzuzeigen, den
sog. „treeing instinct". Sie sind raub-
zeugscharf, flink, wachsam und intelligent, dabei aufmerksame und
liebenswerte, robuste und anspruchslose Begleiter. Der Eifer, Eichhörn-
chen hoch in den Bäumen zu jagen,
ist angeboren und züchterisch gefestigt. Wie ein Hund jagt, ob bellend
oder leise, oder wie er aussieht, ist
nicht so wichtig. Man kennt etwa
11 Cur- und 5 Feist-Rassen. Außerhalb
der Staaten unbekannt. Diese Hunde
werden nur zum jagdlichen Gebrauch
gezüchtet und sind in Jägerkreisen
sehr beliebt.
Weitere Cur-Rassen: Black Mouth,
Camus, Canadian, Catahoula Leopard
Dog (S. 277), Kemmer Stock Mountain Cur, Leopard Cur, Mountain View
Cur, Original Mountain Cur, Stephens
Cur, Treeing Tennessee Brindle.
Weitere Feist-Rassen: DenMark Feist,
Mullins Feist, Original Cajun Squirrel
Dog, Thornburg Feist.

▶ **Treeing Cur**
Schulterhöhe 45–70 cm
Gewicht über 14 kg
Farbe alle Variationen
Land USA
FCI nicht anerkannt

▶ **Treeing Feist**
Schulterhöhe 25–55 cm
Gewicht 5–16 kg
Farbe einfarbig oder in al-
len Farben gemischt
Land USA
FCI nicht anerkannt

Schnauzer

▸ **Schnauzer**
Schulterhöhe Rüden und
Hündinnen 45–50 cm
Gewicht 14–20 kg
Farbe schwarz, pfeffer-salz
Land Deutschland
FCI-Nr. 182, Gruppe 2.1

Der ehemalige „Rattler" lebte in Ställen und Scheunen, fing Ratten und Mäuse und bewachte den Hof. Der „urdeutsche" Bauernhund war hauptsächlich in Süddeutschland beheimatet. 1882 bezog der Hundezüchter Max Hartenstein aus Württemberg seinen Zuchtstamm und baute damit die Schnauzerzucht konsequent auf. Besonderes Augenmerk galt üppigem Bart und Augenbrauen sowie reingrauer Farbe, obwohl anfangs noch fahlrote Schnauzer erlaubt waren. Der Schnauzer hat sich seither nicht wesentlich verändert, Frisur, Haar und Farbe wurden perfekter, aber er ist ein uriger Hund geblieben. Der Allroundhund ist dem sportlichen Besitzer ein ausdauernder und witterungsun-

empfindlicher Begleiter, der stets zu Spiel und Spaß bereit, aufmerk-sam, lernfreudig, unerschrocken und temperamentvoll, aber niemals nervös ist. Gutmütig, mit gesundem Misstrauen in zweifelhaften Situationen, ist der Schnauzer kein bissiger Hund, aber stets wachsam und verteidigungsbereit. Frühe Prägung auf fremde Hunde angebracht, da sonst gelegentlich gegen fremde Hunde unduldsam. Der Schnauzer braucht engen Familienkontakt und eignet sich für vielfältige Ausbildungsmöglichkeiten, z.B. Turnierhundsport. Sein reger Geist und seine selbstbewusste Persönlichkeit verlangen einen Partner, der auf den Schnauzercharakter eingeht. Unnötige Härte, aber auch allzu viel Nachgiebigkeit verträgt er nicht. Das derbe Fell wird regelmäßig getrimmt und ist pflegeleicht.

Pinscher

Der heute seltene Pinscher ist ursprünglich die glatthaarige Variante des → *Schnauzers* und stand stets im Schatten seines rauhaarigen Bruders. Vor der Rassetrennung fielen beide Haararten in einem Wurf. Dass dieser praktische, charakterlich gute Hund so wenig Anklang findet, mag an seiner recht unscheinbaren Erscheinung und am Namen liegen. Wer will schon einen „Pinscher" spazieren führen? Das Wort geht vermutlich auf das englische to pinch = kneifen zurück und weist auf seine Vergangenheit als Rattenfänger in Stallungen und auf seine Wachsamkeit hin. Fuhrleute schätzten ihn besonders, denn solange der Pinscher auf dem Fuhrwerk saß, wagte niemand, Pferd und Wagen anzurühren. Mit Beginn der Schnauzerzucht im ausgehenden 19. Jh. verlor der glatthaarige Pinscher immer mehr an Bedeutung. Hätte sich nicht 1956 der Pinscher und Schnauzer Klub intensiv um die Züchtung bemüht, wäre die Rasse vermutlich ausgestorben. Seine kraftvolle und doch elegante Erscheinung verleiht dem Pinscher die Schönheit eines formvollendeten Hundes. Der Pinscher ist lebhaft, temperamentvoll, selbstsicher und ausgeglichen. Der robuste, ausdauernde Hund liebt Bewegung und Beschäftigung. Pinscher sind unbestechliche Wächter, ohne Kläffer zu sein. Der selbstbewusste Hund braucht von klein an eine konsequente Führung und lässt sich nicht gängeln. Deshalb nur bedingt für Familien mit Kindern zu empfehlen. Ausgeprägter Jagdtrieb kommt vor. Das kurze Fell ist pflegeleicht.

▶ **Pinscher**
Schulterhöhe Rüden und Hündinnen 45–50 cm
Gewicht 14–20 kg
Farbe einfarbig hirschrot, rot-braun und schwarzrot
Land Deutschland
FCI-Nr. 184, Gruppe 2.1

English Springer Spaniel

English Springer Spaniel
Schulterhöhe ca. 51 cm
Farbe Leberbraun/weiß, schwarz/weiß mit oder ohne Loh
Land Großbritannien
FCI-Nr. 125, Gruppe 8.2

Heute in England einer der beliebtesten Jagdhunde, hat sich der Springer Spaniel in zwei Typen gespalten: Arbeitshund und Schauhund. Selten besteht ein Schauhund Jagdprüfungen, doch so gut wie nie gewinnt ein Arbeitsspaniel einen Schönheitspreis.

Der Englische Springer verkörpert den ursprünglichsten Spanieltyp, dessen Existenz 600 Jahre zurückverfolgt werden kann. Damals stöberte er das Wild in offenem Gelände für die Jagd mit dem Falken und dem Greyhound auf und trieb Vögel in Netze. Heute ist der Springer Spaniel ein hervorragender Jagdgebrauchshund, der sucht, weitläufig stöbert, das Wild herausdrückt und zuverlässig nach dem Schuss apportiert. Er ist ausgesprochen wasserfreudig.

Kein Vorsteher. Der English Springer ist freundlich, anhänglich, zuverlässig und braucht viel Bewegung und Beschäftigung. Ideal für den Jäger, der gleichzeitig einen angenehmen, freundlichen und unbekümmerten Familienhund sucht. Der ruhige, ausgeglichene Hund, der im Freien sein Temperament entfaltet, ist sehr menschenbezogen und geht ungern eigene Wege. Spielfreudig kann er mit Spiel vom Wild abgelenkt und bei gutem Erziehungsstand abgerufen werden. Er ist unterordnungsbereit mit „will to please" – dem Bestreben zu gefallen – und braucht eine liebevoll konsequente Erziehung ohne Strenge. Er eignet sich für vielerlei hundesportliche Aktivitäten, besonders wenn Nasenarbeit gefragt ist. Das schlichte Langhaar bedarf regelmäßiger Pflege, ebenso die langen Ohren.

Welsh Springer Spaniel

Eine sehr alte Stöberhund-Rasse, die nie als Modehund ins Blickfeld der breiten Öffentlichkeit rückte. Er stammt von den mittelalterlichen Vogelhunden ab, die das Wild bei der Jagd mit dem Falken und Windhund aufstöberten. Dieser hübsche Jagdspaniel ist bei der Arbeit ein ausgesprochen harter, ausdauernder Hund, der besonders den Anforderungen seiner bergigen walisischen Heimat angepasst ist. Er arbeitet gerne im Wasser und zeigt auch die Veranlagung zum Anzeigen von Wild. In den letzten Jahren erfreut sich der hübsche Hund wachsender Beliebtheit als Familienhund. Er zeichnet sich durch sanftes, freundliches Wesen aus. Er braucht unbedingt Familienanschluss, denn er ist sehr anhänglich und will immer dabei sein. Er hat keine Neigung, auf eigene Faust loszuziehen, aber er braucht viel Beschäftigung und Bewegung und eine sehr einfühlsame, konsequente Erziehung. Er lernt schnell und arbeitet freudig mit, aber er versteht es auch mit viel Charme, seine Menschen um den Finger zu wickeln und seinen Willen mit viel Clownerie durchzusetzen. Hat man diese Taktik durchschaut und bleibt konsequent ohne Härte und Grobheit, lässt er sich leicht erziehen und gehorcht gut. Die Welsh Springer sind wachsam, aber nicht aggressiv. Ein Hund für sportliche Menschen, die gerne in der Natur aktiv mit dem Hund unterwegs sind und ihn mit Such- und Apportierspielen beschäftigen. Das schlichte Langhaar ist pflegeleicht.

▶ **Welsh Springer Spaniel**
Schulterhöhe
Rüden 48 cm,
Hündinnen 46 cm
Farbe sattes Rot mit Weiß
Land Großbritannien
FCI-Nr. 126, Gruppe 8.2

Shar Pei

Shar Pei
Schulterhöhe 44–51 cm
Farbe einfarbig, alle außer
Weiß
Land China
FCI-Nr. 309, Gruppe 2.2

Mini-Shar Pei
In den USA wird der nicht
offiziell anerkannte Mini-
Shar Pei gezüchtet.

Als seltenster Hund der Welt wurde das „Faltenwunder" aus den USA kommend weltweit vermarktet. Die uralte chinesische Hunderasse soll zur Jagd auf Wildschweine, als Hirten-, Haus- und Hofhund gezüchtet worden sein. In den 1950er Jahren wurden in China Hunde fast ausgerottet, einige wenige Shar Peis konnten in Taiwan, Macao und Hongkong überleben. 1971 bat Matgo Law, ein Züchter aus Hongkong, in einer amerikanischen Zeitschrift um Hilfe bei der Erhaltung des vom Aussterben bedrohten Shar Pei. Die Nachfrage war enorm. Welpenpreise stiegen in schwindelerregende Höhen, und der Shar Pei wurde in den USA zum Statussymbol. Es wurden meist nur Bilder von Welpen veröffentlicht, die eine starke Faltenbildung zeigten, während der erwachsene Hund deutlich weniger Falten aufweist. Extreme Faltenbildung beim erwachsenen Hund beruht auf Hormonstörungen und verursacht Hautprobleme, bei Hündinnen Zyklusstörungen und ist unerwünscht. Zu tief liegende, kleine Augen und zu starke Kopffalten führen zu eingerollten Augenlidern, die schmerzhafte Entzündungen hervorrufen. Leider sind diese Auswüchse für manche Leute immer noch Rassemerkmale. Dies zu verhindern, ist Bestreben der Rassehundezuchtvereine, denn der Shar Pei ist ein origineller, temperamentvoller, fröhlicher, zärtlicher, aber auch ruhiger Hausgenosse. Fremden gegenüber ist er zurückhaltend, stets aufmerksam, wachsam und verteidigungsbereit, ohne aggressiv zu sein.
Der Shar Pei ist ein ausgesprochen sauberer Wohnungshund.

Welpe

Australian Cattle Dog

Britische Siedler brachten ihre Collies mit nach Australien. Im trocken-heißen Innenland sowie im Umgang mit den halbwilden Rindern genügten sie den extremen Anforderungen nicht mehr, und man kreuzte sie mit dem einheimischen Dingo, um einen wiederstandsfähigeren Hund zu bekommen. So entstand aus kurzhaarigen Collies, Dingo und später vermutlich Bull Terrier, Dalmatiner und Kelpie-Kreuzungen der heutige Australian Cattle Dog **(Australischer Treibhund)** mit seinem einmaligen, gesprenkelten Fell, das nicht auf dem Merlefaktor beruht. Die Welpen werden weiß geboren und bekommen später ihre charakteristische Zeichnung. Idealer Viehzüchterhund, der trotz seines gedrungenen Körperbaus ein ausgesprochen wendiger Viehtreiber ist. Der kraftvolle Hund ist stets aufmerksam, außerordentlich intelligent, wachsam, mutig und besitzt ein zuverlässiges Pflichtbewusstsein. Misstrauisch gegen Fremde, ist er ein unbestechlicher Beschützer der Familie. Er braucht nicht nur Beschäftigung, sondern eine Aufgabe. Der selbstbewusste Hund lernt schnell, braucht aber eine konsequente, klare Führung, dann lässt er sich vielseitig im Hundesport einsetzen. Der in seiner Heimat beliebte Familienhund wird in Europa bislang nur selten gezüchtet. Kein Hund für Anfänger. Das kurze Fell ist pflegeleicht.

▶ **Australian Cattle Dog**
Schulterhöhe
Rüden 46–51 cm,
Hündinnen 43–48 cm
Farbe blau- oder rotgesprenkelt
Land Australien
FCI-Nr. 287, Gruppe 1.2

Noch heller Welpe

Australian Stumpy Tail Cattle Dog

**Australian Stumpy
Tail Cattle Dog**
Schulterhöhe
Rüden 46–51 cm,
Hündinnen 43–48 cm
Farbe einfarbig blau oder
blau getüpfelt, rotgespren-
kelt
Land Australien
FCI-Nr. 351, Gruppe 1.2

Die Entwicklung des stummelschwän-
zigen australischen Treibhundes ver-
lief parallel mit der des Cattle Dogs.
Beide gehen zurück auf Importe aus
England, der Stumpy auf den häufig
stummelrutigen Smithfield Drover,
einem klassischen Viehtreibhund. Zur
Anpassung an die harten, trockenen,
heißen Bedingungen Australiens wurde Dingo eingekreuzt. Um 1830 kannte man die Hunde als „Hall's Heeler"
oder „Timmins Biters". Diese ausgesprochen harten, kaum führigen Hunde kreuzte man mit Kurzhaarcollie,
um die Unterordnungsbereitschaft zu
fördern. Der stummelrutige Hund war
auf den Farmen sehr beliebt und ent-
ging der Rassehundezucht. Erst 2001
wurde er anerkannt und zuchtbuchmäßig erfasst. Passionierter Treib- und
Hütehund, freundlich und umgänglich mit seinen Menschen. Fremden
gegenüber zurückhaltend und wachsam. Sehr pflichtbewusster, aufmerksamer Arbeitshund, der unbedingt
eine klare Führung, Aufgaben und Bewegung fordert. Er ist sensibel, sehr
intelligent, immer aktiv und neugierig,
reagiert blitzschnell und ist deshalb
für hundesportlich engagierte Hunde-
freunde ein interessanter Partner. Kein
Hund für Anfänger oder bequeme
Menschen. Das dichte Fell ist pflegeleicht.

German Coolie
Nachkomme der aus Europa mitgebrachten Hütehunde, insbesondere
der Arbeits-Collies. Heute ist der German Coolie in Australien ein bei den
Farmern beliebter, arbeitsfreudiger
Alleskönner.

German Coolie

Australian Kelpie

Die Vorfahren dieses hervorragenden Hütehundes waren kurzhaarige schottische Collies, aus denen australische Schaffarmer gezielt Hunde für ihre Zwecke züchteten. Das erste in Australien abgehaltene Sheep Dog Trial gewann 1872 die Hündin Kelpie. Ihre Nachkommen nannte man einfach Kelpie. In Europa noch selten anzutreffen, ist der Kelpie in den USA bei Schaf- und Rinderzüchtern begehrt. Der flinke, kluge, leise arbeitende Hund besitzt angeborenen Treib- und Hütetrieb. Seine Stärke liegt im Heranbringen von verstreutem Vieh in unübersichtlichem Gelände, insbesondere in Zusammenarbeit mit berittenen Viehhirten. Der schier unermüdliche Arbeitshund eignet sich ebenso für den Umgang mit kleineren Herden bei Koppelhaltung und zeigt widerspenstigen Schafen gegenüber hartes Durchsetzungsvermögen. Der Kelpie ist ein eifriger, dennoch gelassener Hund von großer Intelligenz und Selbstständigkeit. Er ist wachsam, aber kein ausgesprochener Schutzhund und ein vielseitig einsetzbarer, sportlicher Begleiter für Menschen, die ihm eine konsequente Erziehung, viel Bewegung und sinnvolle Aufgaben bieten können. Kein Hund für bequeme Menschen. Das kurze Fell ist pflegeleicht.

▶ **Australian Kelpie**
Schulterhöhe
Rüden 46–51 cm,
Hündinnen 43–48 cm
Farbe schwarz, rot, schokoladenbraun, rauchblau, falbfarben mit oder ohne Loh
Land Australien
FCI-Nr. 293, Gruppe 1.1

Shikoku

Japanische Spitze

► **Shikoku**
Schulterhöhe Rüden 52 cm,
Hündinnen 46 cm ± 3 cm
Farbe sesam, schwarz-
sesam, rot-sesam
Land Japan
FCI-Nr. 319, Gruppe 5.5

Die Vorfahren der japanischen Spitz-
rassen kamen vor rund 4.000 Jahren
vom asiatischen Festland auf die Inselgruppe. Sie passten sich den Klima-
bedingungen von den kalten nördlichen Inseln bis zum warmen Süden
hin an, ohne ihr Aussehen wesentlich
zu verändern. Als selbstständige Jäger
ordnen sie sich nicht unter, sie koope-
rieren höchstens mit ihrem Rudelführer. Der Besitzer eines solch reizvollen
Hundes, der noch viel ursprüngliches
Hundeverhalten aufweist, muss auf
die Mentalität seines Hundes einge-
hen, ihn konsequent, aber ohne
Zwang erziehen und seine Überlegen-
heit als Führer beweisen. Alle sind
pflegeleicht, robust und widerstandsfähig. Wachsame, verteidigungsbereite, in friedlicher Situation freundliche Hunde, die raubwildscharf sind
und z.T. auch hier jagdlich geführt

werden können. Bewegungsfreudig,
doch kaum ohne Leine auszuführen.

Hokkaido
Der von der Insel Hokkaido stammende ehemalige Bärenjäger, auch
Ainu genannt, ist vereinzelt in Europa
anzutreffen.

Kai
Jagdhund auf Vögel, Hase, Dachs und
Wildschwein im gebirgigen Mittelja-
pan; auch **Kohshu-Tora** genannt. Der
Kai wird außerhalb Japans nur in den
USA gezüchtet. Seit 1934 in Japan
„Naturdenkmal".

Shikoku
Temperamentvoller, zäher Jagdhund
vornehmlich auf Wildschwein aus
dem südwestlichen Raum. In Japan
auch hoch verehrter, seltener Famili-

Kishu

Hokkaido

enhund. Die Rasse, auch
Kochi Ken genannt, wurde
1937 zum japanischen Na-
tionaldenkmal erklärt. Erste
Exemplare gelangten aus-
nahmsweise nach Europa.

Kishu
Aus dem mittleren Süd-
westen stammender Jagd-
hund auf Wildschwein und
Rehe. Der gute Wachhund
ist vereinzelt in Europa anzutreffen. Seit 1934 in Japan
„Naturdenkmal".

Foto: Blatanora

Kai

Foto: Campbell

▸ **Kishu**
Schulterhöhe Rüden 52 cm,
Hündinnen 46 cm, jeweils
± 3 cm
Farbe weiß, rot, sesam
Land Japan
FCI-Nr. 318, Gruppe 5.5

▸ **Hokkaido**
Schulterhöhe
Rüden 48,5–51,5 cm,
Hündinnen 45,5–48,5 cm
Farbe sesam, gestromt, rot,
schwarz, schwarz-loh, weiß
Land Japan
FCI-Nr. 261, Gruppe 5.5

▸ **Kai**
Schulterhöhe
Rüden 53 cm, Hündinnen
48 cm ±3 cm
Farbe schwarz- und rot-
gestromt
Land Japan
FCI-Nr. 317, Gruppe 5.5

Whippet

▶ **Whippet**
Schulterhöhe
Rüden 47–51 cm,
Hündinnen 44–47 cm
Farbe alle
Land Großbritannien
FCI-Nr. 162, Gruppe 10.3

Der Whippet war das „Rennpferd des kleinen Mannes" und verdankt seine Entstehung Bergleuten und Fabrikarbeitern der nordenglischen Grafschaften. Während die vornehmen reichen Leute mit Greyhounds ihrem Jagdvergnügen nachgingen, war der gelegentlich erwilderte Kaninchenbraten für die Armen lebensnotwendig. Eine billiger zu haltende Alternative schufen sich diese Menschen durch die Kreuzung kleiner Greyhounds mit Terriern; letztere vererbten dem Whippet die Schärfe auf Ratten und Mäuse. Der Whippet verhalf seinen Herren zum Freizeitvergnügen mit Wettgewinnen bei der Kaninchenhetze in geschlossenen Arenen, später, als dies verboten war, beim Rennen. Hetzobjekt war ein Tuch, das der Besitzer schwenkte. Zur „Starthilfe" warf ein Helfer den Hund schwung-

voll auf die Rennbahn. Der Whippet ist ein pflegeleichter, ruhiger, angenehmer Hausgenosse, zärtlich seiner Familie zugetan, lebhaft, fröhlich und verspielt im Freien, stets zu gemeinsamen Unternehmungen bereit. Der hochintelligente Hund lässt sich leicht erziehen, man darf jedoch seine Persönlichkeit nicht unterschätzen. Der Whippet ist sehr anhänglich und liebt engsten Körperkontakt mit seinen Menschen, ist aber nie aufdringlich. Fremden gegenüber eher zurückhaltend. Sehr sozialverträglich mit anderen Hunden. Der Kurzstreckensprinter tobt sich so richtig beim Ballspiel oder mit Artgenossen aus, auch Agility macht ihm Spaß. Wer seinen Hund frei laufen lassen möchte und keinen Wert auf den Rennsport legt, kaufe nicht aus Zuchten, wo der Hetztrieb gefördert wird. Herkömmliche Rennstrecken sind für den kleinen Hund ungesund, Kurzstrecken-Coursing ist vorzuziehen.

Welpe

Foto: Cruz

Barbado da Terceira

Barbado da Terceira, Sapsaree

Barbado da Terceira

Eine neu entdeckte, alte Rasse, der Viehtreiberhund von Terceira. Er erinnert an die in ganz Europa bekannten lang-rauhaarigen Hütehunde. Er hütete die halbwilden Rinder der Azoreninsel. Der ausgezeichnete Wächter ist stets aufmerksam und misstrauisch gegen Fremde. Er ist anhänglich, intelligent, lernt gerne und ordnet sich dem unter, den er als Rudelführer akzeptiert. Diese urige Rasse befindet sich im Wiederaufbau und erfreut sich wachsender Beliebtheit.

Sapsaree

Seine Historie geht in Volksliedern, Literatur und Darstellungen bis 935 v. Chr. zurück. „Sap" bedeutet graben, „sar" Geist, im übertragenen Sinn „der die bösen Geister mit der Wurzel ausreißt" – Ghostbuster auf neudeutsch. Er war stets ein geschätzter Wächter und Begleiter, der böse Geister vertreiben sollte. Der Genetiker

Prof. Ha, der die Hunde aus seiner Kindheit kannte, konnte bei seiner 1969 begonnenen Studie bei etwa 30 Exemplaren mit DNA-Analysen die Reinrassigkeit nachweisen. Die Regierung unterstützt das moderne Zuchtprogramm zur Erhaltung des 1992 zum Naturdenkmal Nr. 368 ernannten Hundes, der sich wachsender Beliebtheit erfreut und heute im Bestand gesichert scheint.

Foto: Korean Sapsaree Association

Sapsaree

Barbado da Terceira
Schulterhöhe
Rüden 56–58 cm,
Hündinnen 48–54 cm
Gewicht Rüden 25–30 kg,
Hündinnen 21–26 kg
Farbe gelb, grau, schwarz, falb, wolfsgrau; mit oder ohne weiße Abzeichen
Land Portugal, national anerkannt
FCI nicht anerkannt

Sapsaree
Schulterhöhe 50 cm
Farbe blau: Grautöne, gelb. Brauntöne
Land Korea, national anerkannt
FCI nicht anerkannt

Brandlbracke

Österreichische Bracken

▶ **Brandlbracke**
Schulterhöhe
Rüden 50– 56 cm,
Hündinnen 48–54 cm
Farbe schwarz loh
FCI-Nr. 63, Gruppe 6.1

▶ **Steirische Rauhaarbracke**
Schulterhöhe
Rüden 47–53 cm,
Hündinnen 45–51 cm
Farbe rot und fahlgelb
FCI-Nr. 62, Gruppe 6.1

▶ **Tiroler Bracke**
Schulterhöhe
Rüden 44–50 cm,
Hündinnen 42–48 cm
Farbe rot oder schwarzrot,
dreifarbig mit oder ohne
weiße Abzeichen
FCI-Nr. 68, Gruppe 6.1

Brandlbracke

Auch **Österreichische Glatthaarige Bracke.** Brandlbracken, auch Vieräugl genannt, begleiteten schon Kaiser Maximilian I. (1493–1519) bei der Hochwildjagd. Nach den Bildern in seinem Jagdbuch hat sich die Rasse wenig verändert. Als zusätzliches Augenpaar galten die gelben Flecken an den Augenbrauen. Daher der Name **Vieräugl**. In der Antike wurden solche Hunde als Schutz vor bösen Geistern geschätzt.
Hervorragender Schweißhund im Gebirge. Leichtführig. Guter Stöberhund zu Lande und zu Wasser, lernt auch zu apportieren. Zuchtziel ist ein feinnasiger, spurlauter und fährtensicherer Hund mit Wild- und Raubwildschärfe. Die Brandlbracke erfreut sich wachsender Beliebtheit auch in deutschen Revieren.

Steirische Rauhaarbracke

Aus → *Hannoverschem Schweißhund*, → *Istrischer Rauhaariger Bracke* und → *Brandlbracke* schuf Karl Peintinger um 1880 die Rasse **(Peintinger Bracke).** Der passionierte, harte Jagdhund mit lockerem Spurlaut zeichnet sich in der Nachsuche in schwierigem Gelände aus.

Tiroler Bracke

Ursprüngliche Form der alten Wildbodenhunde, die bis ins Jahr 1500 nachzuweisen ist. Sie gilt als Meister der Schweißarbeit im rauen Hochgebirge. Passionierter, feinnasiger Jagdhund, der selbstständig sucht und ausdauernd mit ausgeprägtem Spurlaut, Spurwillen und Orientierungssinn jagt. All diese Bracken sind angenehme, pflegeleichte Begleiter und gehören nur in Jägerhand.

Steirische Rauhaarbracke

Tiroler Bracke

Slovensky Kopov

Slovensky Kopov, Bulgarische Bracke

▶ **Slovensky Kopov**
Schulterhöhe Rüden 45–50
cm, Hündinnen 40–45 cm
Gewicht 15–20 kg
Farbe schwarz und loh
Land Slowakei
FCI-Nr. 244, Gruppe 6.1

▶ **Bulgarische Bracke**
Schulterhöhe Rüden 54–58
cm, Hündinnen 50–54 cm
Gewicht 18–25 kg
Farbe schwarz mit Brand
Land Bulgarien, national
anerkannt
FCI nicht anerkannt

Slovensky Kopov
Der **Slowakische Laufhund (Slowakische Schwarzwildbracke)** war einst
von der Tatra bis in den Karpatenbo-
gen verbreitet. Der Jagdhund der Bauern schützte zuverlässig Haus und
Hof. Die Rasse wurde erst 1963 anerkannt. Der Kopov zeichnet sich durch
ausdauerndes, lautgebendes, stunden-
langes Verfolgen einer warmen Fährte
oder Spur in schwierigstem Gelände
aus. Couragierter, sehr harter, schneller und wendiger, intelligenter Jagd-

hund für die Wildschwein- und Raub-
wildjagd. Er stöbert, apportiert und
geht hervorragend auf Schweiß.
Bemerkenswert ist sein Orientierungssinn. Anhänglich und führerbezogen sind Kopovs angenehme
Familienhunde, die sich zunehmender Beliebtheit erfreuen. Pflegeleicht
und robust.

Bulgarische Bracke
Alter bodenständiger Brackenschlag,
der erst zwischen 1978 und 1985 mit
350 Hunden erfasst wurde.
Die **Gontsche** wird vornehmlich zur Saujagd verwendet
und zeichnet sich durch
sicheren Spurlaut, ausgeprägten Spurwillen, unerschöpfli-
che Ausdauer und Energie bei
jeder Witterung in jedem Terrain aus. Kehrt zuverlässig
zum Jäger zurück. Gejagt
wird einzeln oder paarweise.

Foto: Dr. Urosevic

Bulgarische Bracke

Gonczy Polski

Gonczy Polski, Ardennen-Bracke

Gonczy Polski

Hervorragender Saupacker und
Schweißhund, der stöbert und apportiert. Charakteristisch ist sein melodisches Geläut bei der Jagd. Heute wird
er in Polen hauptsächlich für die Jagd
auf Wildschwein und Hirsch, in den
Bergen Südpolens gelegentlich auf
Fuchs und Hase eingesetzt. Ausgeglichener, sanfter Hund, bei der Jagd
couragiert. Intelligent, nicht aggressiv,
aber Fremden gegenüber zurückhaltend und wachsam.

Leichtführig mit enger Bindung an
seine Menschen, ist er für sportlich
Engagierte ein guter Begleiter, z.B. als
Reitbegleithund, am Rad oder Skiern,
aber auch für Agility und Flyball.
Nicht geeignet für bequeme Menschen. Pflegeleicht und robust.

Ardennen-Bracke

Im Mittelalter berühmte Spürhunde
des Klosters St. Hubert, aus denen der
Bluthund hervorging. Die ursprünglichen Bracken wurden noch bis in die
1950er Jahre geführt. Aus wenigen
Restbeständen bemüht man sich heute, dieses alte, bis in die Keltenzeit zurückgehende Erbe zu bewahren und
die Ardennen-Bracke wieder aufleben
zu lassen. Hauptsächlich als Schweißhund in Hochwild-Revieren, aber
auch als Stöberhund bei der Jagd auf
Schalenwild eingesetzt; sehr führerbezogen, offenes freundliches Wesen,
sehr charakterstark und ruhig. Wendig und sehr schnell mit anhaltendem
Fährtenwille. Sehr angenehmer, familienfreundlicher Jagdhund.

Gonczy Polski
Schulterhöhe Rüden 55-59
cm, Hündinnen 50-55 cm
Farbe schwarz oder rot mit
Loh, rot
Land Polen
FCI-Nr. 354, Gruppe 6.1

Ardennen-Bracke
Schulterhöhe 45–60 cm
Gewicht Rüden 33 kg,
Hündinnen 20 kg
Farben einfarbig schwarz,
dunkel- bis hellhirschrot,
schwarz-rot, hirschrot gestromt
Land Belgien
FCI nicht anerkannt

Ardennenbracke

Bayerischer Gebirgsschweißhund

▸ **Bayerischer Gebirgs-schweißhund**

Schulterhöhe
Rüden 47–52 cm,
Hündinnen 44–48 cm
Farbe tief- oder hirschrot,
rotbraun, rot- oder fahlgelb
bis semmelfarben, rotgrau
Land Deutschland
FCI-Nr. 217, Gruppe 6.2

Ab Mitte des 19. Jh. änderten sich im bayerischen Alpenraum die Jagdbedingungen. Unentbehrlicher Jagdgehilfe war nun der Schweißhund, der im unwegsamen Hochgebirge frei und spurlaut bei der Nachsuche sichere Arbeit leistete. Darum züchtete man aus dem für die Nachsuchenarbeit im unwegsamen Felsengebiet zu schweren Hannoverschen Schweißhund und einer Tiroler Brackenhündin den Urtyp des Bayerischen Gebirgsschweißhundes. Ursprünglich bei bayerischen und österreichischen Berufsjägern eingesetzt, verbreitete er sich zunehmend auch in den Hochwildgebieten der deutschen und europäischen Mittelgebirge. Mannschärfe half in früherer Zeit manchem Berufsjäger bei seiner gefährlichen

Arbeit. Der ausschließlich auf die Nachsuche von krankem Schalenwild spezialisierte Jagdhund ist sehr wendig und ausdauernd, kann gut klettern und steigen. Der schneidige, mit Spurlaut suchende Schweißhund wird auch gern in Schwarzwildrevieren geführt, wobei seine Wendigkeit von Vorteil ist. Kann als Totverbeller oder -verweiser ausgebildet werden. Welpen werden ausschließlich an Jäger abgegeben. Die Zucht beruht auf strenger Auslese und harten Prüfungsbedingungen. Ruhiger, ausgeglichener, anhänglicher, sensibler und leichtführiger Hund, der keine harte Hand verträgt. Fremden gegenüber zurückhaltend, doch weder scheu noch aggressiv. Das kurze Fell ist pflegeleicht.

Nova Scotia Duck Tolling Retriever

Der kleinste Retriever kommt von der Halbinsel Neuschottland im Süden Kanadas. Dort rasten ziehende Enten und Gänse. Die Indianer ahmten mit ihren Hunden den kupferroten kanadischen Fuchs nach, der schwanzwedelnd am Ufer hin und her hüpft, bis die neugierigen Enten nahe genug heranschwimmen, um von im Versteck lauernden Füchsen gepackt zu werden. Die Siedler machten sich diese ungewöhnliche Jagdmethode zunutze und züchteten aus einheimischen rotbraunen Indianerhunden, Cocker Spaniel, Setter und Collie den Nova Scotia Duck Tolling Retriever (Neuschottland Enten heranlockender Apportierhund). Der Jäger veranlasst aus einem Versteck heraus den Hund, am Ufer zu spielen und zu toben.

Sind die Enten nahe genug, ruft er den Hund ins Versteck, tritt heraus, die Enten fliegen auf und werden geschossen. Der Hund bringt nun aus dem Wasser die Vögel an Land. Er gilt als robuster, vor eisigem Wasser nicht zurückschreckender, zuverlässiger Apporteur. Der „Toller" ist ein lebhafter, verspielter, leicht erziehbarer und arbeitsfreudiger Familienhund, der auch auf hiesigen Jagdprüfungen für Retriever geführt werden kann. Er neigt nicht zum Wildern oder Streunen und ist für Menschen, die sich nicht mit einem schwierigen Hund auseinandersetzen wollen, ein unkomplizierter Weggenosse, sofern er ausreichend Bewegung und Beschäftigung bekommt. Das schlichte, etwas längere Haar des Toller ist pflegeleicht.

Nova Scotia Duck Tolling Retriever

Schulterhöhe Rüden 48–51 cm, Hündinnen 45–48 cm, jeweils ± 3 cm
Gewicht Rüden 20–23 kg, Hündinnen 17–20 kg
Farbe verschiedene Schattierungen von rot oder orange mit weißen Abzeichen an Kopf, Brust, Pfoten und Rute
Land Kanada
FCI-Nr. 312, Gruppe 8.1

Border Collie

▶ Border Collie
Schulterhöhe Rüden 53 cm,
Hündinnen etwas weniger
Farbe vielfältig, niemals
vorherrschend weiß
Land Großbritannien
FCI-Nr. 297, Gruppe 1.1

Er stammt aus der Grenzregion zwischen England und Schottland, den „Borders". Seine Arbeitsweise in geduckter Haltung, die Schafe mit den Augen fixierend und dirigierend, ist einmalig und erinnert stark an das Jagdverhalten der Wölfe. Der Schritt vom Hütehund zum Schafkiller ist deshalb auch nicht weit, sodass die Hunde in den Schafzuchtgebieten streng unter Kontrolle gehalten werden. Der Border Collie arbeitet mit dem Kommando des Schäfers auf Pfiff oder Ruf über kilometerweite Entfernungen ebenso gut wie am Pferch oder in der Koppel. Schon Mitte des 19. Jh. als Trialspezialist gezüchtet, der bei Hütewettbewerben viel Geld einbringt. Hüteverhalten, Arbeitseifer und Unterordnungsbereitschaft sind dem Border Collie angeboren, doch er braucht eine konsequente Führung. Er hat viel Temperament, und seine Intelligenz ist sprichwörtlich. Er kennt keinen Müßiggang. Der Border Collie ist ein anspruchsvoller Hund, der sich nützlich machen will, sei es bei der Herde, auf dem Bauernhof, als Bergrettungshund, Katastrophenhund, Fährtenhund, beim Turnierhundsport oder Agility. Heute wird er als der Superhund für Agility und Obedience regelrecht zum Sportgerät degradiert. Doch selbst Hochleistungssport ist kein ausreichender geistiger Ausgleich. Wer den Arbeitseifer nicht befriedigen kann, findet keine Freude am Border Collie, insbesondere da er als Modehund vielfach ohne Sachverstand vermehrt wird und dann ernsthafte Verhaltensprobleme zeigt. Lang- und Kurzhaar sind beide gleichermaßen pflegeleicht.

Welsh Sheepdog

Welsh Sheepdog, Ovelheiro

Welsh Sheepdog
Nachkomme der Drover Dogs, die
einst das Vieh von Wales bis in die
englischen Großstädte trieben. Er hütet und treibt über große Distanzen
selbstständig, viel Eigeninitiative ent-
wickelnd, dem Schäfer zu. Er arbeitet
nie in geduckter Haltung und ist ein
schneller, wendiger, couragierter Treiber in schwierigstem Terrain und
arbeitet mit Schafen, Rindern und
Pferden, selbst mit Gänsen. Seinem
hervorragenden Durchsetzungsvermögen an großen Herden verleiht er,
wo nötig, durch Bellen Nachdruck.
Seit Mitte der 1990er Jahre eine eingetragene Rasse, deren Arbeitsstil und
Leistung überprüft wird. Welpen sollen nur an Farmer abgegeben werden.
Freundlicher, Fremden gegenüber
neutraler, wachsamer, aber nicht aggressiver Hund. Er lernt seine Arbeit

durch Zusehen und kooperiert mit
dem Schäfer, er eignet sich jedoch
nicht für die auf reinem Gehorsam
basierenden Hütewettbewerbe, die
den Border Collie berühmt machten.
Das schlichte Lang- oder dichte Stockhaar ist pflegeleicht.

Ovelheiro Gaucho (Bild unten)
In den weiten Schafzuchtgebieten
Brasiliens aus verschiedenen importierten Collietypen entstandener,
schneller, ausdauernder Hütehund,
der die Herden auch bewacht.

▸ **Welsh Sheepdog**
Schulterhöhe ca. 50–60 cm
Farbe alle Hütehundfarben
mit oder ohne weiße Abzei-
chen
Land Wales
FCI nicht anerkannt

▸ **Ovelheiro Gaucho**
Schulterhöhe 55–65 cm
Farbe alle
Land Brasilien, national
anerkannt
FCI nicht anerkannt

Foto: Fernando Torres, Da Maya Kennel

McNab

Foto: Oney

► **McNab**
Schulterhöhe 37,5–62,5 cm
Gewicht 13–25 kg
Farbe schwarz mit oder
ohne Tan, rot, mit oder
ohne weiße Abzeichen
Land USA, nicht anerkannt
FCI nicht anerkannt

► **English Shepherd**
Schulterhöhe 47,5–55 cm
Gewicht 17–32 kg
Farbe schwarz-loh,
schwarz, zobel, mit oder
ohne weiße Abzeichen
Land USA, nicht anerkannt
FCI nicht anerkannt

English Shepherd

McNab, English Shepherd

McNab

1866 baute der schottische Farmer
Alexander McNab in Nordkalifornien
eine große Schafzucht auf und kaufte
1885 in Schottland Hütehunde ein.
Die kreuzte er mit Hunden baskischen
Ursprungs und importierte immer
wieder Arbeitscollies aus seiner
Heimat. Er bevorzugte die kurzhaarige
Variante. Bis vor kurzem wurden die
nach ihm benannten McNabs nur auf
seiner Farm für den Eigenbedarf gezüchtet. Es sind erstklassige, harte und
ausdauernde Treib- und Hütehunde,
die frontal am Vieh ar-
beiten.
Der McNab ist ein Ar-
beitshund durch und
durch, der sich im Hun-
desport als intelligent
und führig erweist und
wachsender Beliebtheit
erfreut.

English Shepherd

Die Stammform aller Collierassen
gelangte mit Auswanderern aus England und Schottland in die USA, wo
sie sich als Farm Collies weiterhin
bewährten. Der English Shepherd
arbeitet aufrecht ohne mit den Augen
zu fixieren, treibt und hütet alle Haustiere, ist ein zuverlässiger Wächter
und vertilgt Ratten. Zäher, ausdauernder, schneller Arbeitshund in schwierigem Terrain, der abschalten kann,
wenn keine Arbeit ansteht. Inzwischen in den USA. Ruhig, ausgeglichen, sehr intelligent und führig,
auch sportlicher Begleithund;
er braucht jedoch Aufgaben und
Bewegung. Ohne konsequente Erziehung und klare Führung übernimmt
er das Kommando. Sehr ähnlich
dem → *Welsh Sheepdog*, der ebenfalls zu seinen Vorfahren zählen
dürfte.

Deutsche Bracke

Bracken sind ein uralter Jagdhundschlag aus der Zeit, in der es noch keine Spezialisten gab und das Land nicht völlig durchkultiviert war wie heute. Die Bracken schwärmen aus, stöbern das Wild auf und treiben es langsam in einem großen Bogen dem Jäger zu. Es gab zahllose regionale Schläge, die Aufgabe war jedoch die gleiche.

Von den früher zahlreichen Brackenrassen ist in Deutschland nur die Westfälische Bracke erhalten geblieben. Ihr wichtigster Lokalschlag war die Sauerländer Holzbracke. Durch Verschmelzung dieses Schlages mit örtlichen Steinbracken entstand ein Einheitstyp, der seit 1900 offiziell als „Deutsche Bracke" bezeichnet, manchmal auch **Olper Bracke** genannt wird. Der hübsche Hund ist anhänglich, feinfühlig und wesensfest: im Hause ruhig und kinderlieb; passionierter,

ausdauernder Spürhund für die Arbeit vor und nach dem Schuss (Waldgebrauchshund). Er zeichnet sich durch feinste Nase, eiserne Spurwillen, unbedingte Spursicherheit, lockeren Spurlaut und guten Orientierungssinn aus. Die jagdliche Verwendung liegt in folgenden Bereichen: „Laute Jagd" (spurlautes Stöbern) auf Hase, Fuchs und Kaninchen in niederwildarmen Waldrevieren, feinnasiger Saufinder bei Drück- und Treibjagden, Nachsuche auf Schalenwild (Schweißarbeit), Verlorenbringen von Hasen, Kaninchen und kleinerem Haarwild.

Die Deutsche Bracke eignet sich mit ihrem ruhigen, angenehmen Wesen besser als andere Laufhunde auch als Begleithund; Zuchtziel ist jedoch der Jagdgebrauchshund.

In den Niederlanden ist die Deutsche Bracke als **Steenbracke** bekannt.

▶ **Deutsche Bracke**
Schulterhöhe 40–53 cm
Farbe rot bis gelb mit schwarzem Sattel und weißen Abzeichen
Land Deutschland
FCI-Nr. 299, Gruppe 6.1

Stabyhoun

▶ **Stabyhoun**
Schulterhöhe
Rüden 53 cm,
Hündinnen 50 cm
Farbe schwarz, braun oder
orange mit weißen Abzei-
chen
Land Niederlande
FCI-Nr. 222, Gruppe 7.1

Vermutlich geht der friesische Vorstehhund auf von den Spaniern mitgebrachte spanielartige Stöberhunde
zurück. Von alters her jagte man zu
Fuß mit Stabys, die oft vorstanden
und sehr gut apportierten. Ende des
19. Jahrhunderts wurden sie von aus-
ländischen Rassen verdrängt. Zum
Glück konnte sich der Staby auf andere Weise nützlich machen und
überleben. Er diente auf den Bauernhöfen als Rattenfänger und fing auf
den Feldern Maulwürfe. In schlechten
Zeiten fuhren Arbeitssuchende mit
einem kleinen Staby auf dem Rad
über die Dörfer und verdienten sich
mit Maulwurffangen einen kargen
Lebensunterhalt. Das führte zur Erhaltung des kleineren Typs. 1942 endlich besannen sich niederländische

Kynologen des friesischen Staby und
bauten mit den letzten reinrassig erscheinenden Hunden die Zucht systematisch auf. Bei konsequenter, frühzeitig beginnender Ausbildung treten
seine guten Jagdhundeigenschaften
wieder zutage. Er apportiert ausgezeichnet, ist sehr wasserfreudig, bekannt für sein „weiches Maul" und
steht vor. Der auch in seiner Heimat
seltene Stabyhoun ist ein gelehriger,
leichtführiger, folgsamer Haus- und
Familienhund. Der Staby ist ein
anhänglicher Hund, der ausgezeichnet Ratten, Mäuse und Maulwürfe
fängt und sportliche Beschäftigung
liebt. Er ist liebenswürdig, friedlich,
dabei wachsam, aber nie aggressiv.
Das schlichte, nicht zu üppige Langhaar ist pflegeleicht.

Deutscher Wachtelhund

Zu den ältesten Jagdhundschlägen gehört der dem heutigen Wachtelhund ähnliche Stöberhund, der ursprünglich bei der Jagd mit Greifvögeln das Flugwild aufstöbern musste. Der Deutsche Wachtelhund ist vergleichbar mit den englischen Jagdspaniels und wird in angelsächsischen Ländern als **German Spaniel** bezeichnet. Der Wachtelhund ist besonders geeignet für Wald- und Wasserreviere. Er besitzt eine feine Nase, ausgeprägten Spurwillen, sicheren Spurlaut, Wild- und Raubzeugschärfe, große Wasserfreude, Bringfreude und Finderwillen. In der Praxis zeichnet sich der Deutsche Wachtelhund beim Aufstöbern von Haarwild sowie Finden, spurlauten Jagen und Nachsuchen an Schalenwild aus. Hervorragendes leistet der Wachtel bei der Wasserarbeit, wo er weit und ausdauernd stöbert, sucht und bringt. Der ruhige, leichtführige, in der Familie angenehme Jagdgefährte gehört nur in Jägerhand, wo sein Arbeitseifer genutzt wird. Für Gelegenheitsjäger, die nur am Wochenende mit dem Hund arbeiten können, eignet sich der passionierte Hund sicher nicht.
Das schlichte Langhaar bedarf regelmäßiger Pflege.

▶ **Deutscher Wachtelhund**
Schulterhöhe
Rüden 48–54 cm,
Hündinnen 45–52 cm
Gewicht 18–25 kg
Farbe einfarbig braun oder rot mit oder ohne weiße Abzeichen; braun- oder rotschimmel, auch gescheckt, alle mit oder ohne Brand
Land Deutschland
FCI-Nr. 104, Gruppe 8.2

Schwedischer Lapphund

▸ **Schwedischer Lapphund**
Schulterhöhe ideal Rüden
48 cm, Hündinnen 43 cm,
jeweils ± 3 cm
Farbe schwarz, braun
FCI-Nr. 135, Gruppe 5.3

▸ **Suomenlapinkoira**
Schulterhöhe Rüden
49 cm, Hündinnen 44 cm,
± 3 cm
Farbe alle erlaubt
Land Finnland
FCI-Nr. 189, Gruppe 5.3

▸ **Lapinporokoira**
Schulterhöhe Rüden 51 cm,
Hündinnen 46 cm, ± 3 cm
Farbe schwarz mit hellen
Abzeichen
Land Finnland
FCI-Nr. 284, Gruppe 5.3

Lapphunde

Mit den Lappen (Samen) besiedelten auch deren Hunde vor Urzeiten das Tundragebiet nördlich des Polarkreises in Skandinavien. In den letzten Jahren retteten Rasseanerkennung und Reinzucht die Lapphunde vor dem Aussterben. Sie sind ausdauernde, robuste, witterungsunempfindliche, genügsame Tiere, die Schwerstarbeit beim Treiben und Hüten der riesigen, wildlebenden Rentierherden leisten. Als Begleit- und Familienhunde immer beliebter, brauchen die urigen Arbeitshunde eine Aufgabe und Beschäftigung. Sie sind freundlich, liebenswürdig im Umgang mit Kindern, ausdauernd, klug, lerneifrig, arbeitsfreudig und wachsam, jedoch nicht aggressiv. Das lange harsche Haar des schwedischen und finnischen Lapphundes ist relativ pflegeleicht.

Schwedischer Lapphund
Ursprünglich zum Treiben und Bewachen der Rentiere eingesetzt, eignet sich der temperamentvolle, bellfreudige, einsatzfreudige und leichtführige Hund auch gut als sportlicher Begleithund.

Suomenlapinkoira
Der **Finnische Lapphund** ist intelligent, gelassen, mutig und lernt gern. Der angenehme, freundliche Hund ist in seiner Heimat ein beliebter Familienbegleithund.

Lapinporokoira
Finnischer bzw. **Lappländischer Rentierhütehund**, hauptsächlich in schneereichen Gebieten. Unermüdlicher, arbeitseifriger, bellfreudiger Hund. Das dichte, schützende kurze Stockhaar ist pflegeleicht.

Finnischer Lapphund (Suomenlapinkoira)

Lapinporokoira

Sabueso Español

Sabueso Español, Hellenikos Ichnilatis

▶ **Sabueso Español**
Schulterhöhe
Rüden 52–57 cm,
Hündinnen 48–53 cm
Farbe weiß orange
Land Spanien
FCI-Nr. 204, Gruppe 6.1

▶ **Hellenikos Ichnilatis**
Schulterhöhe
Rüden 47–55 cm,
Hündinnen 45–53 cm,
jeweils ± 2 cm
Gewicht 17–20 kg
Farbe schwarz-loh
Land Griechenland
FCI-Nr. 214, Gruppe 6.1

▶ **Erbi Txakur**
Der baskische Hasen-
hund, Sabueso Navarro
o Pirinaico, ähnelt sehr
dem Sabueso Espanol.

Sabueso Español
Uralte, heute noch wegen ihres Mutes geschätzte Bracke aus Nordspanien, die ursprünglich zur Hasen-, heute mehr zur Fuchs- und Wildschwein-jagd verwendet wird. Bestens ange-passt an Klima und Bodenverhältnisse. Der Hund besitzt eine hervorragende Nase, Kraft und Ausdauer. Kein Haus- und Familienhund, da die Beziehung zum Menschen züchterisch nie geför-dert wurde.

Hellenikos Ichnilatis
Die Herkunft der **Griechischen Bracke** reicht bis in die Antike zurück. Sie ist dem trockenen Klima und der rauen, felsigen Landschaft bestens angepasst. Kräftiger, lebhafter, robuster, ausdauern-der Hund mit her-vorragender Nase, der einzeln und in der Meute jagt. Selbstbewusste Per-sönlichkeit, unge-eignet als Familien-hund. In Griechen-land häufig, aber wegen Kreuzungen mit fremden Bracken in ihrer Reinform selten.

Hellenikos Ichnilatis

Segugio Italiano

Segugio Italiano

Uralte, bis in die Antike zurückgehende Laufhundrasse, die als Vorfahr der meisten europäischen Bracken gilt. Auch in schwierigstem Terrain schneller, ausdauernd auf Hase und Wildschwein, einzeln oder in der Meute jagender Hund mit wohlklingender Stimme. Im Wesen sanft und unaufdringlich, der Rauhaar etwas zurückhaltender. Beide sind passionierte Jagdhunde und nicht als Familienbegleithunde ohne Jagdmöglichkeit geeignet.

Segugio Italiano Rauhaar

▸ **Segugio Italiano**
Schulterhöhe/Gewicht
Rauhaar: Rüden 52–60 cm, 20–28 kg; Hündinnen 50–58 cm, 18–26 kg; Kurzhaar: Rüden 52–58 cm, Hündinnen 48–56 cm ± 2 cm, 18–28 kg
Farbe falbfarben oder schwarz mit Loh
Land Italien
FCI-Nr. Rauhaar 198, Kurzhaar 337, Gruppe 6.1

▸ **Piccolo lepraiolo dell'Appenino molisano**
Kleinere, dem Segugio ähnliche Bracke für die Hasenjagd aus dem Appeningebirge Italiens. Die Reinzucht befindet sich im Aufbau. Glatt- und rauhaarig.

Anglo-français de petite vénerie

Westeuropäische Bracken

▶ **Anglo-français de petite vénerie**
Schulterhöhe 48–56 cm ± 2 cm
Farbe schwarz-weiß, orange-weiß oder dreifarbig
Land Frankreich
FCI-Nr. 325, Gruppe 6.1

Hetzjagden
In Großbritannien sind die Meutehunde durch das Verbot der Hetzjagd in ihrer Existenz bedroht.

Anglo-français de petite vénerie
Er wurde um 1930 aus dem Poitevin und dem Harrier sowie einigen anderen französischen Laufhunden wie Porcelaine und Bleu de Gascogne herausgezüchtet. Ausdauernder, schneller, couragierter, intelligenter Hund mit vorzüglicher Nase und wohlklingender Stimme. Jagt einzeln oder in der Meute in jedem Terrain Hase, Wildschwein, Reh und Fuchs. Außerhalb Frankreichs praktisch unbekannt.

Beagle Harrier
Kreuzung zwischen Beagle und Harrier, mit etwas Poitevin-Blut veredelt. Harmonischer, substanzvoller, gut gebauter Laufhund, kraftvoll und schnell. Ausdauernder Jagdhund mit melodischer Stimme bei der Verfolgung von Reh, Wildschwein und Fuchs. Die Hasenjagd geht gewöhnlich mit zehn Hunden über eine Stunde.

Harrier
Die erste Harriermeute datiert 1260. Früher taten sich die weniger wohlhabenden Menschen mit ihren schweren Southern Harriern zusammen und gingen zu Fuß auf Hasenjagd. Später jagte man bis zum Verbot 2005 zu Pferd Hase und Fuchs. In Großbritannien gab es Meuten mit 40 bis 60 Hunden. Der Studbook Harrier (Zuchtbuch-Harrier) ist fast immer dreifarbig. Schneller, passionierter, kraftvoller, ausdauernder Laufhund.

West Country Harrier
Im Süden Englands sehr beliebt. Er ist dem modernen Harrier ähnlich, aber viel älter und erinnert an die großen französischen weißen Hunde des Königs. Leider sind sie kaum noch ohne Foxhoundblut anzutreffen. Freundliche, sehr aktive Jagdhunde, einst für die Fuchsjagd zu Pferde. Auch **Somerset Harrier** genannt.

Beagle Harrier

Kerry Beagle

In Irland beliebt als reiner Sportjagd-
hund auf Hasen. Der Jäger folgt den
Hunden zu Fuß und ruft sie ab, sobald ein Hase gestellt wird, damit diesem nichts passiert. Es werden auch
Schleppjagden abgehalten. Neben
dem Wolfshund die älteste irische
Rasse, die in alten irischen Texten als
Gadhar bezeichnet wird und deren
Abstammung bis in die Keltenzeit
zurückreicht. Ab dem Mittelalter wurden Jagdhunde vom Kontinent eingekreuzt, die diesen außerordentlich
leistungsfähigen Jagdhund hervor-
brachten. In der Hungersnot von 1847
kamen viele Hunde um. Der Name
Beagle kommt von „beag" = klein, jedoch wurde der größere Kerry Beagle
zur Hirschjagd eingesetzt. Kerry-Meu-
ten haben eine eigene Art zu jagen.
Die Hunde sind erstaunlich schnell,
der Jäger muss schon gut zu Fuß sein.
Ihr Geläut ist meilenweit zu hören.

Harrier

West Country Harrier

Kerry Beagle

▶ **Beagle Harrier**
Schulterhöhe 45–50 cm
Farbe dreifarbig
Land Frankreich
FCI-Nr. 290, Gruppe 6.1

▶ **Harrier**
Schulterhöhe 48–55 cm
Farbe alle Houndfarben
Land Großbritannien
FCI-Nr. 295, Gruppe 6.1

▶ **West Country Harrier**
Schulterhöhe 48–55 cm
Farbe weiß-zitronengelb
Land Großbritannien
FCI nicht anerkannt

▶ **Kerry Beagle**
Schulterhöhe 61 cm
Farbe schwarz-loh, blau-
marmoriert-loh, schwarz,
dreifarbig, rot-weiß
Land Irland, national
anerkannt
FCI nicht anerkannt

Foto: Popelier

Briquet Griffon Vendeen

Mittelgroße Französische Laufhunde

▸ **Briquet Griffon Vendeen**
Schulterhöhe Rüden 50–55
cm, Hündinnen 48–53 cm
± 1 cm
Farbe schwarz-weiß,
schwarz-loh, schwarz-sand-
farben, weiß-orange, dreifarbig aus genannten Farb-
nuancen
FCI-Nr. 19, Gruppe 6.1

▸ **Petit Gascon-Saintongeois**
Schulterhöhe
Rüden 56-62 cm, Hündin-
nen 54–59 cm ± 1 cm
FCI-Nr. 21, Gruppe 6.1
Die Rasse ist eine kleinere
Variante des → Grand
Gascon-Saintongeois,
speziell für die Hasenjagd
(ohne Foto).

Briquet Griffon Vendeen

Bei den Griffon Vendeen sind als einziger Laufhundrasse alle vier Größen
erhalten geblieben. Er stammt aus der
südlich der Bretagne gelegenen Landschaft Vendee und geht auf die weißen Königshunde zurück. Schneller,
ausdauernder Laufhund mit ausgezeichneter Nase. Robust und hartnäckig in undurchdringlichem Dickicht
bei der Verfolgung von Fuchs, Reh
und Wildschwein. Fröhlich, temperamentvoll, gutmütig, sehr eigenwillig
und ergreift gerne eigene Initiative.

Griffon Bleu de Gascogne

Sehr seltene, rauhaarige Form des Petit Bleu de Gascogne, die zur Hasen-
und Saujagd gebraucht wird.

Petit Bleu de Gascogne

Kleinere Form des → *Grand Bleu de
Gascogne*, die noch nicht ganz auf Größe durchgezüchtet ist. In den 1960er
Jahren schien die Rasse ausgestorben,
wurde dann aber rekonstruiert. Der
Hund besitzt eine feine Nase und einen herrlich lockeren Kehllaut, der
wie ein lang gezogenes Bellen geheult
wird. Liebenswürdiger Charakter,
mäßiges Temperament. Vorzüglicher
Hasenjäger, der aber auch auf Reh
eingesetzt wird.
Diese passionierten, außerhalb Frankreichs nahezu unbekannten jagenden
Hunde werden ausschließlich für den
Jagdgebrauch gezüchtet und sind daher nicht als Familienhunde zu empfehlen.

Griffon Bleu de Gascogne

Petit Bleu de Gascogne

▸ **Griffon Bleu de Gascogne**
Schulterhöhe
Rüden 50–57 cm,
Hündinnen 48–55 cm
Farbe schwarz-weiß getüp-
felt mit schwarzen Platten
und lohfarbenen Abzeichen
FCI-Nr. 32, Gruppe 6.1

▸ **Petit Bleu de Gascogne**
Schulterhöhe
Rüden 52–58 cm,
Hündinnen 50–56 cm
Farbe schwarz-weiß getüp-
felt mit schwarzen Platten
und lohfarbenen Abzeichen
FCI-Nr. 31, Gruppe 6.1

Ariégeois

Mittelgroße Französische Laufhunde

▶ **Ariégeois**
Schulterhöhe
Rüden 52–58 cm,
Hündinnen 50–56 cm
Farbe weiß mit klaren
schwarzen Flecken und
blass-lohfarbenen Abzei-
chen
Land Frankreich
FCI-Nr. 20, Gruppe 6.1

Ariégeois

Entstanden aus bodenständigen Bri-
quets mit Gascon Saintongeois und
Bleu de Gascogne, ist er den schwierigen Bedingungen der heißen, trockenen Landschaft Ariège in der östlichen Pyrenäenregion Frankreichs
bestens angepasst und jagt einzeln
unter der Flinte oder mit Reitern in
Meuten auf Hase, Reh oder Wildschwein.

Porcelaine

Nachkomme der mittelalterlichen weißen Königshunde. Der Name bezieht
sich auf das feine, porzellanweiße
Fell. Meist stöbern vier bis sechs Hunde das Wild auf, verfolgen es spurlaut
und treiben dem schussbereiten Jäger

Hasen oder Rehe zu bzw. stellen das
Wildschwein. Leichtführiger Jagdhund, der sich auf der Schweißfährte
auszeichnet und im Ausnahmefall apportiert. Eleganter, anschmiegsamer
Hund mit großem Bewegungsdrang.

Chien d'Artois

Er stammt aus der nordfranzösischen
Region Artois. Überwiegend zur Hasenjagd unter der Flinte genutzt,
arbeitet er nicht zu schnell, aber ausdauernd mit viel Geschick und erstklassiger Nase. Treibt ebenfalls Reh
und Wildschwein in kleinen Meuten
mit dem Reiter. Teamfähiger, ausgeglichener, anhänglicher Hund.
Diese passionierten Jagdhunde eignen
sich nicht als Familienhund.

Porcelaine

Chien d'Artois

Foto: Hiemstra

▶ **Porcelaine**
Schulterhöhe
Rüden 55–58 cm,
Hündinnen 53–56 cm
Farbe weiß mit orange-
farbenen Flecken
Land Frankreich
FCI-Nr. 30, Gruppe 6.1

▶ **Chien d'Artois**
Schulterhöhe 53–58 cm
±1 cm
Gewicht 28–30 kg
Farbe dreifarbig dunkel-
fauve bis hin zu hasen-
oder dachsfarben
Land Frankreich
FCI-Nr. 28, Gruppe 6.1

Dunker

Norwegische Bracken

Dunker
Schulterhöhe
Rüden 50–55 cm,
Hündinnen 47–53 cm
Farbe blue merle oder
schwarz mit Brand und
weißen Abzeichen
Land Norwegen
FCI-Nr. 203, Gruppe 6.1

Im Gegensatz zu den uralten Spitztypen gewannen die Laufhunde erst
im 19. Jahrhundert in Skandinavien
an Bedeutung, als der Adel die Brackenjagd pflegte. Sie gehen alle auf
Kreuzungen russischer, französischer
und deutscher Bracken mit dem englischen Foxhound zurück. Heute werden die Bracken zur Schneehasen-
oder Fuchsjagd verwendet, wo sie mit
herrlichem Geläut die Hasen oder den
Fuchs auf die Jäger zutreiben. Der
Körperbau ist dem Jagdgebiet – Gebirge oder Walddickicht – angepasst. Sie
sind alle ausdauernde, kräftige Hunde
mit hervorragender Nase, die oft im
tiefen Schnee jagen. Man jagt zu Fuß
mit ein oder zwei Hunden. Die Hunde leben ausschließlich in Jägerhand
und werden wegen des ausgeprägten
Jagdtriebs nicht als Haus- und Familienhunde empfohlen, obwohl sie
einen freundlichen, liebenswerten

Charakter besitzen. Die Norwegischen
Bracken sind alle robust und pflegeleicht.

Dunker
Benannt nach dem Züchter Dunker.
Charakteristisch ist der Merlefaktor,
der eine Grauscheckung des Fells und
blaue Augen verursacht. Der Dunker
ist ein ruhiger, ausgeglichener,
bedächtiger, zuverlässiger Jagdhund.

Hygenhund
Züchter Hygen kreuzte Bracken mit
Beagles und schuf den kompakten
Spürhund mit wohlklingender Stimme.

Haldenstövare
Eleganter, lebhafter Laufhund mit
starkem Foxhoundanteil, erst in den
1950er Jahren anerkannt. Tritt in den
letzten Jahren dank mühevollem
Zuchtaufbau wieder in Erscheinung.

Hygenhund

Haldenstövare

▶ **Hygenhund**
Schulterhöhe
Rüden 50–58 cm,
Hündinnen 47–55 cm
Farbe rotbraun oder gelb-
rot, schwarz-loh, weiß mit
rotbraun oder gelbrot, drei-
farbig mit weißen Abzei-
chen
Land Norwegen
FCI-Nr. 266, Gruppe 6.1

▶ **Haldenstövare**
Schulterhöhe
Rüden 52–60 cm,
Hündinnen 50–58 cm
Farbe weiß mit schwarzen
Platten und lohfarbenen
Abzeichen
Land Norwegen
FCI-Nr. 267, Gruppe 6.1

Hamiltonstövare

Schwedische Bracken

▸ **Hamiltonstövare**
Schulterhöhe
Rüden 53–61 cm,
Hündinnen 49–57 cm
Farbe dreifarbig mit kleinen
weißen Abzeichen
Land Schweden
FCI-Nr. 132, Gruppe 6.1

▸ **Gotlandstövare**
Schulterhöhe
Rüden 48–56 cm,
Hündinnen 44–52 cm,
Farbe goldbraun mit wei-
ßen Abzeichen
Land Schweden
FCI nicht anerkannt

Hamiltonstövare
Schwedens beliebtester Laufhund, benannt nach seinem Schöpfer Graf Hamilton. Dank seines freundlichen, anhänglichen und lebhaften Wesens ist er auch außerhalb Skandinaviens als Begleithund anzutreffen.

Gotlandstövare
Diese Bracke stammt ursprünglich aus der Mischung aus Deutschland importierter Bracken mit schwedischen Laufhunden und war der Jagdhund der Bauern auf Fuchs, Hase und Kaninchen. Schon 1920 wurde ein Standard erarbeitet. Jedoch ging die Rasse später in der Smaland- und Hamiltonbracke auf. Doch immer wieder traten goldbraune Hunde auf, die als Fehlfarben galten. 1990 begann ein Rückzüchtungsprogramm der ursprünglichen goldbraunen Hunde.

Gotlandstövare

Schillerstövare

Schillerstövare
Per Schiller züchtete im Südwesten
Schwedens den hervorragenden Ha-
sen- und Fuchsjäger, der sich durch
Vitalität und Schnelligkeit auszeichnet.

Smalandsstövare
Auf deutsche, polnische und baltische

Laufhunde mit einheimischen Bauernhunden vom Spitztyp zurückgehend, häufig mit Stummelrute
geborener, robuster, freundlicher,
gelassener Spürhund auf Hase und
Fuchs aus der Region Smaland in
Südschweden **(Samaland-Bracke)**.
Kein Meutehund.

▸ **Schillerstövare**
Schulterhöhe
Rüden 53–61 cm,
Hündinnen 49–57 cm
Farbe lohfarben mit
schwarzem Mantel
Land Schweden
FCI-Nr. 131, Gruppe 6,1

▸ **Smalandsstövare**
Schulterhöhe
Rüden 46–54 cm,
Hündinnen 42–52 cm
Farbe schwarz-loh, mit
oder ohne kleine weiße
Abzeichen
Land Schweden
FCI-Nr. 129, Gruppe 6.1

Smalandstövare

Jura (Bruno)

Schweizer Laufhunde

Schweizer Laufhunde
Schulterhöhe
Rüden 49–59 cm,
Hündinnen 47–57 cm
Farbe Schwyzer weiß mit
orange, Berner weiß-
schwarz mit loh, Luzerner
grau-weiß gesprenkelt
(blau) mit schwarzen Platten und Brand, Jura lohfarben mit schwarzem Sattel
oder schwarz mit loh
Land Schweiz
FCI-Nr. 59, Gruppe 6.1

Bruno St. Hubert Francais
Schulterhöhe
Rüden 50–58 cm,
Hündinnen 48–56 cm ± 1
cm.
Farbe loh mit schwarzem
Mantel
Land Frankreich
FCI nicht anerkannt

In der Schweiz gab es seit Jahrhunderten eine Vielzahl schöner Bracken, die
zum Teil auf französische Meutehunde zurückgingen. Mit dem Untergang
der Feudalherrschaft wurde die Jagd
zu einem allgemeinen Volksrecht. Die
einst überhöhten Wildbestände wurden rigoros dezimiert. Dabei leistete
der **Chien Courant Suisse**, der damals
in der Schweiz die dominierende
Jagdhunderasse war, beste Dienste.
Irrtümlicherweise geriet er in den Verruf, für den Niedergang des Rehwildes
mitverantwortlich zu sein. Die Einfüh-
rung des Reviersystems mit den stark
verkleinerten Jagdflächen verminderte
ebenfalls den Einsatz der weit jagenden Hunde, deshalb sind sie selten
geworden. Sie sind selbstständige
Jäger auf Hase, Reh, Fuchs und Wildschwein. Laufhunde sind sehr fein-
nasige Wildfinder, halten mit großer
Sicherheit die Fährte und suchen ausdauernd spurlaut, selbst in unzugänglichem, felsigem Gelände. Sie
sind lebhaft, empfindsam, leicht zu
führen und anhänglich und gehören
nur in Jägerhand. Das kurze Fell ist
pflegeleicht.

Bruno St. Hubert Francais
Der sehr alte Schlag „St. Hubert" des
Juralaufhundes wurde im Schweizer
Standard gestrichen, in Frankreich je-
doch weiter gezüchtet. Robuster Jagd-
hund in jedem Terrain und Wetter auf
Hase, Fuchs, Reh und Wildschwein.
Besonders guter Schweißhund.

Bruno St. Hubert Francais

Luzerner

Berner

Schwyzer

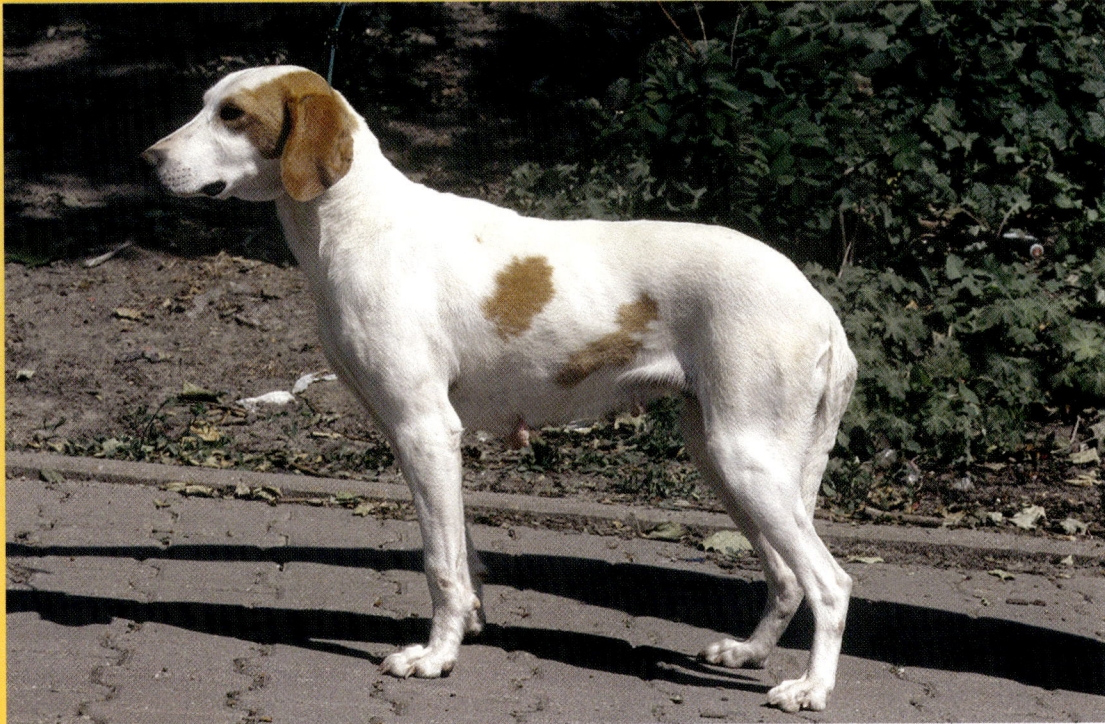

Istrische Kurzhaarige Bracke

Balkan-Bracken

- **Istrische Kurzhaarige Bracke**
  Schulterhöhe 44–56 cm
  Gewicht ca. 18 kg für ausgewachsene Rüden
  Farbe weiß mit orange
  Land Kroatien
  FCI-Nr. 151, Gruppe 6.1

- **Istrische Rauhaarige Bracke**
  Schulterhöhe 46–58 cm,
  Gewicht 16–24 kg für ausgewachsene Rüden
  Farbe weiß mit orange
  Land Kroatien
  FCI-Nr. 152, Gruppe 6.1

Die Balkan-Bracken kommen nur in ihrer Heimat vor, und selbst dort meist regional. Schon die Römer nutzten die Hunde, um das Wild in Netzen oder Gruben zu fangen. Die Nachfahren der alten Keltenbracken sind dem unzugänglichen, schwierigen, meist trockenen felsigen Gelände und dem Klima bestens angepasst und konnten sich in der Abgeschiedenheit ihrer Heimat weitgehend in ihrer ursprünglichen Form erhalten, jedoch drohte manchen die Gefahr auszusterben, weil züchterisches Interesse an der Reinzucht fehlte. Heute noch hat der Gebrauchswert Vorrang, Zucht nach Standard und Schönheit wird kaum betrieben. Die Bracken werden ausschließlich zur Hasen- und Fuchsjagd gezüchtet und einzeln oder in kleinen Meuten eingesetzt. Die Bracken besitzen hervorragenden Geruchssinn, mit dem sie das Wild aufspüren und dem Jäger zutreiben.

Istrische Kurzhaarige Bracke
Istarski Kratkodlaki Gonic. Im Grab Tutmosis III. 1500 v. Chr. fand man das Bild eines ähnlichen, weißen Hundes. Erste schriftliche Überlieferungen stammen aus dem Jahre 1337. 1719 malte Tizian einen solchen Hund. Populärste Balkan-Bracke, da hervorragender Jäger auf Hase und Fuchs, sehr gut auf Schweiß. Sie ist bestens geeignet für das schwierige, steinige, offene, dornige Karstgebiet ihrer Heimat. Sehr hohe, wohlklingende Stimme. Die Istrische Kurzhaarige Bracke ist sanft, gehorsam, ruhig und ihren Menschen sehr zugetan. Der lebhafte, leidenschaftliche Jagdhund gehört allerdings nur in Jägerhand.

Istrische Rauhaarige Bracke

Istrische Rauhaarige Bracke
Istarski Ostrodlaki Gonic. Älteste schriftliche Überlieferungen zu dieser Rasse stammen von 1719. Weniger „edel" als die kurzhaarige Bracke, starb sie beinahe aus und wurde ab 1924 wieder gezielt gezüchtet. Sie ist ein recht beliebter Jagdhund im Raum des ehemaligen Jugoslawien. Sie jagt mit voller, mittelhoher bis tiefer Stimme, ist vorzüglich für Hasen- und Fuchsjagd geeignet und geht ausgezeichnet auf Schweiß. Ideal an das karge felsige Gelände ihrer Heimat angepasst. Der mit seinem rauen Fell robustere Hund wird im härteren Klima Nordkroatiens bevorzugt. Sanfter, gehorsamer, ruhiger Hund von mittlerem Temperament. Seinem Menschen eng verbunden. Auch die Istrische Rauhaarige Bracke gehört nur in Jägerhand.

Srpski Trobojni Gonic
Dreifarbiger serbischer Laufhund. Kräftiger, ausdauernder, guter Jagdhund. Impulsives und lebhaftes Wesen. Friedlich und ergeben. Kurzes pflegeleichtes Fell.

Srpski Trobojni Gonic
Schulterhöhe Rüden 45–55 cm, Hündinnen 44–54 cm
Farbe rot mit schwarzem Mantel und weißen Abzeichen
Land Serbien und Montenegro
FCI Nr. 229, Gruppe 6.1

Srpski Trobojni Gonic

Foto: Dr. Urosevic

Posavki Gonic

Balkan-Bracken

Posavki Gonic
Schulterhöhe 46–58 cm
Farbe rötlich-weizenfarbig
mit weißen Abzeichen
Land Kroatien
FCI-Nr. 154, Gruppe 6.1

**Montenegrinischer
Gebirgslaufhund**
Schulterhöhe 44–54 cm
Farbe schwarz mit roten
Abzeichen
Land Serbien und Monte-
negro
FCI-Nr. 279, Gruppe 6.1

Posavki Gonic
Auch **Posavatz Laufhund** genannt.
Erste schriftliche Hinweise auf die
Rasse 1719. Der Name geht auf den
Sava-Fluss zurück. Die **Save-Bracke**
kam auch häufig in Pannonien vor.
Passionierter Jagdhund mit hoher, kla-
rer Stimme. Angenehmes Wesen bei
mäßigem Temperament, leichtführig
und anhänglich.

Montenegrinischer Gebirgslaufhund
In Serbien und Montenegro **Crnogorski Planinski Gonic** genannt.Von der
Arbeitsweise typische Balkanbracke,
ausgeglichen, führig und sehr anhänglich.

Serbischer Laufhund
Srpski Gonic. Typische, in Serbien
weitverbreitete Bracke und sehr
beliebter Jagdhund. Sehr guter Jagd-
und Spürhund mit variabler Stimme.
Lebhaft und bemerkenswert beharrlich und ausdauernd bei der Jagd.
Freundlich und zuverlässig.
Pflegeleichtes Kurzhaar.

Stichelhaariger Bosnischer Laufhund
Auch **Bosanski Ostrodlaki Gonic-Ba-
rak**, ehemals Illyrischer Laufhund genannt. Eine der ältesten Rassen des
Balkans, über die schon Xenophon
berichtete (393–385 v. Chr.), früher

Foto: Kennel Club of Montenegro

Montenegrinischer
Gebirgslaufhund

Foto: Kocbek

Serbischer Laufhund

Keltenbracke genannt. Guter, ausdauernder, widerstandsfähiger Jagdhund mit volltönender, teils tiefer Stimme. Er ist impulsiv und mutig mit lebhaftem Temperament.

Stichelhaariger Bosnischer Laufhund

▶ **Serbischer Laufhund**
Schulterhöhe
Rüden 46–56 cm,
Hündinnen 44–54 cm
Farbe fuchsrot mit schwarzem Mantel oder Sattel
Land Serbien, Montenegro
FCI-Nr. 150, Gruppe 6.1

▶ **Stichelhaariger Bosnischer
Laufhund**
Schulterhöhe
Rüden 46–56 cm,
Hündinnen etwas weniger
Gewicht 16–24 kg
Farbe gelb, gelbrot,
schwärzlich, erdgrau mit
oder ohne weiße Abzeichen
und Brand
Land Bosnien
FCI-Nr. 155, Gruppe 6.1

Foto: Kocbek

Finnenbracke

► **Finnenbracke**
Schulterhöhe
Rüden 55–61 cm,
Hündinnen 52–58 cm
Farbe dreifarbig mit kleinen
weißen Abzeichen
Land Finnland
FCI-Nr. 51, Gruppe 6.1

Bracken gehören nicht zu den bodenständigen skandinavischen Rassen, sondern wurden vom Adel und von Soldaten eingeführt. Im Finnland des 19. Jh. wurde mit den verschiedensten, aus ganz Europa zusammengekommenen Brackentypen gejagt, vom Schweizer Laufhund über englischen Foxhound, Kerry Beagles bis zu russischen, schwedischen und deutschen Bracken. Mit Gründung des Finnischen Kennel Club 1889 erwachte der Wunsch nach einer einheimischen Brackenrasse, denn die großen russischen Bracken waren für die unwirtliche Landschaft zu schwer, die polnischen waren nicht beliebt, weil sie Schafe hetzten, und die schwedisch-deutschen-englischen Kreuzungen überstanden die kalten Winter nicht. 1891 begann man aus den vielen Bracken den Stamm der Neuzucht auszuwählen. Im ersten Jahr fand man drei geeignete Hunde, im zweiten acht, die den Vorstellungen entsprachen und 1893 Vorbild für den Standard wurden. Die Finnenbracke ist Finnlands beliebtester Hund und hat inzwischen weltweit Freunde gefunden. Dabei wird sie im Wesentlichen zum Jagdgebrauch gehalten. In der Familie ist der **Suomenajokoira** ein ruhiger, ausgeglichener, liebenswerter, netter, nie aggressiver Hund, aber seine Jagdpassion und Selbstständigkeit machen ihn für den normalen Hundehalter schwierig. Die Finnenbracke ist ein ausdauernder Jäger in schwierigstem Gelände, der mit hoher Nase oder am Boden sucht und sich durch wohlklingendes Geläut auszeichnet. Er wird vor allem auf Hasen, aber auch auf Fuchs eingesetzt. Das kurze Fell ist pflegeleicht.

Hannoverscher Schweißhund

Er geht zurück auf die alten Keltenbracken, die schon um 500 v. Chr.
zum Aufspüren des Wildes benutzt
wurden. Der Hannoversche Schweißhund ging aus den späteren Leithun-
den hervor, die bereits große Ähnlichkeit mit ihm hatten. Leithunde suchten Hirsche und Keiler in ihrem Ein-
stand, um sie zu Pferd mit der Hundemeute zu hetzen. Mit dem Aufkom-
men treffsicherer Gewehre brauchte
man einen Hund zur Nachsuche auf
angeschweißtes (angeschossenes)
Wild. Aus diesem Grund kreuzte man
um 1800 am Hannoverschen Jägerhof
den schweren, stumm jagenden Spürhund mit leichteren, laut jagenden
Heidbracken. Seine heutige Aufgabe
ist vorwiegend die Nachsuche auf
krank geschossenes oder im Straßen-
verkehr angefahrenes Hochwild. Er
kann jedoch vor dem Schuss bei der

Vorsuche am Riemen eingesetzt werden. Um gute Leistungen vollbringen
zu können, muss der Hund möglichst
viele Nachsuchen absolvieren und
kann nicht nur gelegentlich eingesetzt
werden. Deshalb wurden Schweiß-
hundstationen eingerichtet, die größere Gebiete betreuen. Die Zucht des
Hannoverschen Schweißhundes unterliegt strengster Auslese, da höchste
Anforderungen an seine Leistungsfähigkeit gestellt werden. Er wird nur
nach Bedarf gezüchtet und ausschließlich in Jägerhand abgegeben.
Er ist ein ruhiger, sicherer Hund, sehr
empfindsam mit enger Bindung an
seinen Menschen und zurückhaltend
gegenüber Fremden.

Schweiß
Schweiß = Blut, Schweißfährte =Blut-
spur von verletztem Wild.

▸ **Hannoverscher
Schweißhund**
Schulterhöhe
Rüden 50–55 cm,
Hündinnen 48–53 cm
Gewicht Rüden 30–40 kg,
Hündinnen 25–35 kg
Farbe hell- bis
dunkelhirschrot, gestromt
Land Deutschland
FCI-Nr. 213, Gruppe 6.2

Norwegischer Elchhund grau

Elchhunde

▶ **Norwegischer Elchhund grau**
Schulterhöhe Rüden 52 cm, Hündinnen 49 cm
Farbe verschiedene Grautöne
Land Norwegen
FCI-Nr. 242, Gruppe 5.2

▶ **Norwegischer Elchhund schwarz**
Schulterhöhe
Rüden 46–49 cm, Hündinnen 43–46 cm
Farbe schwarz
Land Norwegen
FCI-Nr. 268, Gruppe 5.2

In den undurchdringlichen Wäldern Skandinaviens verfolgen die Elchhunde den Elch lautlos und stellen ihn. Erst dann „rufen" sie durch anhaltendes Gebell den Jäger herbei. Die Hunde besitzen alle eine große Jagdpassion, sind robust und unerschrocken. Sie sind menschenfreundlich, lieb zu Kindern, fröhlich und wachsam. Als selbstständige, selbstbewusste Hunde lassen sie sich zwar erziehen, werden aber nie absolut gehorsam. Sie brauchen viel Beschäftigung und Bewegung. Besonders bei nicht ausgelasteten Hunden bereitet der Jagdtrieb

Probleme. Als Familienhund nur bedingt zu empfehlen. Das dichte, wetterbeständige Fell ist pflegeleicht.

Norwegischer Elchhund grau
Der **Norsk Elghund grä** ist Norwegens Nationalhund und der als Familienhund am weitesten verbreitete Elchhund.

Norwegischer Elchhund schwarz
Der **Norsk Elghund sort** ist leichter, beweglicher und lebhafter als der Graue. Besonders geeignet für die Jagd auf Bären und Elche. Jagt ruhig und leise und führt den Jäger an das Wild heran, ohne es aufzutreiben. Dem Bären gegenüber schneidig. Weniger selbstständig als der Graue, da er enger mit dem Jäger zusammenarbeitet. Deshalb auch für Nichtjäger ein angenehmer Hausgenosse, wachsam, aber ausgesprochen menschenfreundlich.

Norwegischer Elchhund schwarz

Jämthund

Jämthund
Der **Schwedische Elchhund** ist der größte nordische Jagdhund. Ein furchtloser, energischer, aber auch ruhiger und überlegter, selbstständiger Jäger.

Hälleforshund
In den 1930er Jahren züchtete Jägermeister Radberg im Ort Hällefors in Mittelschweden rotbraune Jagdhunde, die berühmt für ihre Leistungen bei der Elchjagd waren. Später wurden Finnenspitz und Russischer Laika eingekreuzt. Diese kräftigen, ausdauernden Jagdspitze sind der Region ideal angepasst und werden seit 2000 nach Standard gezüchtet. Physisch und psychisch sehr starke, harte Hunde.

Weißer Schwedischer Elchhund
Svensk Vit Älghund. Die weiße Variante des Jämthundes geht auf einen 1942 geborenen Wurf zurück und wurde 1998 national anerkannt. Hervorragend bei der Jagd auf Elch, aber auch Bär und Luchs.

Hälleforshund

Weißer Schwedischer Elchhund

Foto: Backström

▸ **Jämthund**
Schulterhöhe
Rüden 57–65 cm,
Hündinnen 52–60 cm
Farbe dunkel- oder hellgrau
Land Schweden
FCI-Nr. 42, Gruppe 5.2

▸ **Hälleforshund**
Schulterhöhe
Rüden 55–63 cm,
Hündinnen 52–60 cm
Farbe goldrot
Land Schweden, national anerkannt
FCI nicht anerkannt

▸ **Weißer Schwedischer Elchhund**
Schulterhöhe
Rüden 56 cm,
Hündinnen 53 cm
Farbe weiß
Land Schweden, national anerkannt
FCI nicht anerkannt

Katalanischer Schäferhund

▶ **Katalanischer Schäferhund**
Schulterhöhe
Rüden 47–55 cm,
Hündinnen 45–53 cm
Farbe lohfarben,
graubraun, grau, schwarz
Land Spanien
FCI-Nr. 87, Gruppe 1.1

Der Katalanische Schäferhund (**Gos d'Atura Catalá** oder **Perro de Pastor Catalán**) ist ein naher Verwandter des französischen → *Pyrenäenschäferhundes.* Er stammt aus der nordspanischen Provinz Katalonien, die von der Küste um Barcelona bis zu den Pyrenäen reicht. Der Gos d'Atura ist der alte Hütehund der Bergbauern, für die nicht Schönheit, sondern der robuste, ausdauernde, genügsame Arbeitshund zählt. Deshalb gibt es regional noch recht unterschiedliche Typen. Um die reine Rasse zu fördern, findet jährlich in den Bergen ein Schäferhundetreffen mit Geldpreisen für die besten Hunde statt. Damit weckt man das

Interesse der Bauern am traditionellen Hütehund und verhindert eine Bastardisierung, die durch die zunehmende Erschließung der Pyrenäen für Touristen und deren Hunde droht. Gos d'Atura sind lebhafte, lauffreudige Hunde, die beschäftigt werden wollen. Sportlichen Menschen sind sie unermüdliche Begleiter beim Joggen, Radfahren oder Wandern. Wie alle Hütehunde sind sie gelehrig und umgänglich, aber auch sehr selbstständig und entscheidungsfreudig. Einem Gos d'Atura wird es nie langweilig. Er ist immer auf Achse und sehr wachsam. Fremden gegenüber ist er misstrauisch. Er liebt den Aufenthalt im Freien und erträgt Hitze ebenso gut wie Kälte. Er braucht aber auch engen Familienanschluss. Das Haarkleid ist harsch, es genügt einmal im Monat gründliches Bürsten bzw. wenn er sich schmutzig gemacht hat.

Welpe

Cao da Serra de Aires

Der Cao da Serra de Aires **(Portugiesischer Schäferhund)** ist der typische Hütehund Portugals. Er stammt aus der Region südlich des Tejo bis hin zur Algarve, wo er Ziegen und Schafe, ja sogar Schweine und Stiere hütet, treibt und bewacht. Über seine Herkunft weiß man nichts, vermutlich wanderte er mit den Schafherden auf die Iberische Halbinsel ein und ist verwandt mit den anderen zotthaarigen Hütehunden Europas. Als Rasse wird er stammbuchmäßig noch nicht allzu lange gezüchtet, doch in Portugal zeichnet sich eine wachsende Beliebtheit dieser aparten Hunde ab, die allmählich auch in Mitteleuropa Fuß fassen. Der Cao da Serra de Aires ist ein ursprünglicher, unverfälschter Hütehund, voller Arbeitseifer, Temperament und Ausdauer. Er ist sehr wachsam und Fremden gegenüber eher unnahbar, in seiner Familie aber lustig und liebevoll. Er ist sehr intelligent und gelehrig, braucht aber eine konsequente Führung und einen Menschen, den er als Rudelführer anerkennen kann. Er braucht eine Aufgabe und will beschäftigt werden. Er eignet sich bestens für Turnierhundsport, Agility und Gehorsamsprüfungen. Ein robuster, anspruchsloser, anpassungsfähiger Familienhund. Das ziegenhaarartige Fell braucht regelmäßige Pflege, um nicht zu verfilzen.

▶ **Cao da Serra de Aires**
Schulterhöhe
Rüden 45–55 cm,
Hündinnen 42–52 cm
Gewicht 12–18 kg
Farbe gelb, braun, grau, lohfarbe, wolfsgrau, schwarzmarkenfarbig
Land Portugal
FCI-Nr. 93, Gruppe 1.1

Bull Terrier

▶ **Bull Terrier**
Schulterhöhe im Standard nicht festgelegt
Farbe alle außer blau und leberfarben
Land Großbritannien
FCI-Nr. 11, Gruppe 3.3

Der Bull Terrier entstammt der Kreuzung alter Terrierschläge mit dem ausgestorbenen weißen Terrier und der Bulldogge, um einen starken, wendigen Hund für Tierkämpfe, bei denen um sehr viel Geld gewettet wurde, zu züchten. Nach dem Verbot der Tierkämpfe Mitte des 19. Jh. machte ein Mr. Hinks die Rasse mit seinen schneeweißen Bull Terriern mit längerem Kopf und eleganterem Äußeren salonfähig und zum Schauhund. Züchterische Übertreibungen blieben nicht aus, z.B. der eiförmige Kopf mit den kleinen Schlitzaugen. Der Bull Terrier ist von Hause aus ausgesprochen menschenfreundlich, seinen Menschen innig zugetan und verschmust. Der selbstbewusste, unempfindliche, dennoch empfindsame Hund braucht eine konsequente Erziehung

und klare Führung, denn er stellt durch sein ausgeprägtes Dominanzverhalten selbst manchen erfahrenen Halter vor gewisse Probleme. Der von Natur aus furchtlose, harte Hund, der selten angreift, verteidigt ihm Anvertrautes mit aller Kraft. Gleichgeschlechtlichen Artgenossen gegenüber ist der Bull Terrier in der Regel unduldsam. Bei schneeweißen Bull Terriern kommt Taubheit vor, beim Kauf Hörvermögen prüfen. Außerdem sollte man Welpen nur bei einem Züchter kaufen, der Wert auf Hunde mit intaktem Sozialverhalten legt und die Welpen sorgfältig prägt, da es vorkommt, dass Hündinnen ihre Welpen nicht dulden und Welpen untereinander ernsthaft streiten. Der kraftvolle Hund liebt seine Spaziergänge, ist aber kein ausgesprochen bewegungsfreudiger Hund und genießt ein Luxusleben auf der Couch. Das kurze glatte Fell ist pflegeleicht.

Chow Chow

Vor Jahrhunderten brachten die Mongolen Jagd-, Schutz- und Kriegshunde nach China. Uralte Terrakottafiguren und Bilder aus der Zeit der Han-Dynastie (206–220 n. Chr.) belegen den schweren Spitztyp. Ende des 19. Jh. kamen die ersten Exemplare der Kanton-Hunde nach England und später auf den Kontinent. Namensdeutungen sind „Lecker lecker", wie die Seefahrer alle Kuriositäten und Raritäten aus dem Osten nannten, sowie „Chao-Chao", gleichbedeutend mit „alles sehen, sehr wachsam, sehr klug, sehr geschickt", was die geschätzten Eigenschaften des Jagdhundes beschreibt. Der „Tschau Tschau" besitzt ein ausgeprägtes Selbstbewusstsein, ist eigenwillig und freiheitsliebend, Dritten gegenüber reserviert bis ablehnend, wachsam, aber kein Kläffer. Seinen Menschen ist er zugetan, aber nie unterwürfig. Dieser dominante Hund folgt nur dem, der es versteht, ihm ein liebevoller, umsichtiger und eindeutiger Rudelführer zu sein. Daher die Bezeichnung „Einmannhund". Der Chow Chow gehört nicht zu den ausgesprochen lauffreudigen Rassen, liebt jedoch Spaziergänge, kann aber wegen seines ausgeprägten Jagdtriebes nur in wildfreiem Gebiet abgeleint werden. Wegen der steilen Hinterhand, die den erwünschten Stelzengang ergibt, nicht für hundesportliche Aktivitäten geeignet. Das dichte Haarkleid wird wöchentlich gründlich gebürstet. Beim Kauf unbedingt auf vernünftige, gesunde Zucht achten, insbesondere zu tief liegende, kleine Augen mit eingerolltem Augenlid (tränende Augen) meiden.

Blauer Kurzhaar-Chow

▶ **Chow Chow**
Schulterhöhe
Rüden 48–56 cm,
Hündinnen 46–51 cm
Farbe einfarbig schwarz,
rot, blau, rehfarben, creme
Land China (Großbritannien)
FCI-Nr. 205, Gruppe 5.5

Der kurzhaarige Chow Chow kommt den ursprünglich aus China importierten Hunden näher.

Chodsky Pes

▶ **Chodsky Pes**
Schulterhöhe
Rüden 51–56 cm,
Hündinnen 48–53 cm
Gewicht 16–25 kg
Farbe schwarz-braun
Land Tschechische
Republik, national
anerkannt
FCI nicht anerkannt

Die Choden waren im Mittelalter die Grenzhüter zwischen Bayern und Böhmen. Bis 1620 kontrollierten sie die Handelswege und trieben Zölle ein. Ein zuverlässiger, scharfer Hund war für diese Aufgabe unerlässlich. Er führte bis in unsere Tage ein unerkanntes Dasein als Hofhund. In der Zeit des Kalten Krieges konnte sich die Rasse in der Abgeschiedenheit der für Fremde gesperrten Grenzgebiete erhalten. Ein bestimmter Hundetyp war auf zahlreichen Gemälden des 19. und zu Beginn des 20. Jh. und Statuen zu sehen, auch lebten sie in der Erinnerung der Großväter, so dass Kynologen 1984 begannen, sich mit diesen Hunden zu beschäftigen. Es wurde ein Foto in einer Fachzeitschrift veröffentlicht mit dem Aufruf an Besitzer solcher Hunde, sich zu melden. Tatsächlich kamen etliche Hunde zur Begutachtung, und 1985 konnte der erste Wurf eingetragen werden. Die ohne Abstammungsnachweis für die Zucht eingesetzten Hunde vererbten ihren Typ, sodass die Rasse schon nach recht kurzer Zeit als gefestigt galt. Der Chodsky Pes ist ein lebhafter, sehr intelligenter und führiger Hausgenosse, der für vielerlei hundesportliche Aufgaben eingesetzt werden kann. Er liebt Beschäftigung und braucht Bewegung. Er zeichnet sich als Wachhund aus, ohne überaggressiv zu sein. Ein Hund für aktive Menschen, der alles mitmacht und sich bei jedem Wetter im Freien wohlfühlt. In seiner Heimat ist er inzwischen ein beliebter Familienbegleithund. Das dichte Fell ist pflegeleicht, haart jedoch stark.

Bearded Collie

Der Bearded Collie (sprich „bierdid")
gehört zu den uralten zotthaarigen
Schäferhunden. Noch heute findet
man den „bärtigen Collie" auf den
Farmen der bergigen Regionen. Der
durchsetzungsfähige, zu selbstständigem Handeln fähige Hund zeichnet
sich bei der weiten Arbeit in rauem
Gelände beim Eintreiben großer
Schafherden aus. 1944 entdeckte Mrs.
Willison durch Zufall die Rasse, suchte mühsam Exemplare zur Weiterzucht und führte den Bearded Collie
der Rassehundezucht zu. Aus dem
rustikalen, derb-zottigen Hütehund
wurde eine frisierte Schönheit. Der
besondere Charme des Beardie liegt
in seinem entzückenden Wesen. Er ist
fröhlich, temperamentvoll, freundlich,
ein idealer Familienhund und Kamerad in allen Lebenslagen. Als Wach-
und Schutzhund bewährt er sich nur
selten. Sein lebhaftes, manchmal etwas lautes Temperament bedarf liebevoller, aber sehr konsequenter Erziehung. Dabei ist Fingerspitzengefühl
angesagt, denn der Beardie ist ausgesprochen feinfühlig und geht auf jede
Gemütsregung seiner Menschen ein.
Der Bearded Collie kostet Zeit, denn
die Fellpflege ist sehr aufwendig, und
er braucht viel Auslauf und Beschäftigung und macht fast alle hundesportlichen Aktivitäten begeistert
mit. Kein Hund für bequeme Menschen oder penible Hausfrauen.
Im kleinen Bild Welpen in den vier
Geburtsfarben: von links fawn,
schwarz, braun, blau, die in verschiedenen Nuancen aufhellen können.

▶ **Bearded Collie**
Schulterhöhe
Rüden 53–56 cm,
Hündinnen 51–53 cm
Farbe schiefergrau, fawn,
schwarz, blau, alle Töne
von grau, braun oder sand-
farbe mit oder ohne weiße
Abzeichen
Land Großbritannien
FCI-Nr. 271, Gruppe 1.1

Welpen

Old English Sheepdog

Old English Sheepdog
Schulterhöhe
Rüden mind. 61 cm,
Hündinnen mind. 56 cm
Farbe alle Schattierungen
von grau, „grizzle" oder
blau mit oder ohne weiße
Abzeichen
Land Großbritannien
FCI-Nr. 16, Gruppe 1.1

Der **Altenglische Schäferhund**, wegen seiner einst gekürzten Rute **Bobtail** (Stummelschwanz) genannt, stammt von zotthaarigen Hirtenhunden ab. Mit Ausrottung des Wolfs wurde der mächtige, schützende Hirtenhund zum Viehtreiber umfunktioniert. Als der Eisenbahnbetrieb die langen, anstrengenden Viehtriebe aus den abgelegenen Viehzuchtgebieten bis zu den Londoner Märkten übernahm, hatte die Zeit der Rassehundezucht begonnen, sodass der Old English Sheepdog vor dem Aussterben bewahrt wurde. Schauzüchter schufen aus dem struppigen, zotteligen Hirtenhund eine frisierte Hundeschönheit, die in aller Welt zum Werbeobjekt und Modehund avancierte. Leider passt die Frisiererei so gar nicht zum nach wie vor kraftvollen, robusten, selbstbewussten Hund. Er braucht eine konsequente Erziehung ebenso wie Liebe, Ver-

ständnis und unbedingt engen Familienanschluss. Er ist ein fröhlicher Clown, liebevoller Beschützer der Kinder, wachsam, ohne überaggressiv zu sein, lebhaft und sehr intelligent, dabei gelegentlich recht eigensinnig. Er darf aufgrund seiner starken Persönlichkeit und des enormen Pflegeaufwands keinesfalls unbedacht angeschafft werden. Haushunde brauchen etwa vier Stunden Pflegezeit in der Woche, bei schlechtem Wetter und Ausstellungshunde deutlich mehr! Der agile Hund liebt hundesportliche Arbeit und viel Auslauf bei jedem Wetter. Kein Hund für bequeme Menschen und Sauberkeitsfanatiker. Welpen mit angeboren verkürzter Rute kommen kaum vor.

Bobtailwolle eignet sich sehr gut zum Verspinnen und ergibt herrlich warme, mohairähnliche Stricksachen.

Appenzeller Sennenhund

Leider trifft man ihn heute kaum noch bei der Arbeit im Appenzeller Land an. Der hervorragende Viehtreiber kneift ungehorsame Rinder in die Fesseln und weicht blitzschnell ausschlagenden Hufen aus. Er holt die Kühe zum Melken ein und unterscheidet genau zwischen „seinen" und fremden, die er stehen lässt oder vertreibt. Der temperamentvolle Hund wurde Mitte des 19. Jh. erstmals beschrieben. Als Arbeitshund stellt der unverwüstliche Blässi Ansprüche. Seine handliche Größe, das kurze Haar, Beweglichkeit und aufmerksames Wesen mit ausgeprägtem Selbstbewusstsein erlauben eine vielseitige Ausbildung. Jedoch braucht der durchsetzungsfähige Hund eine sehr konsequente Erziehung. Er ist wachsam, Fremden gegenüber misstrauisch und besitzt angeborenen Schutztrieb. Der pflegeleichte Hund bellt allerdings sehr viel.

Berger des Alpes
Berger de Savoie, alter Viehhüterhund der Alpenregion, der 1947 entdeckt, heute als Rasse kultiviert wird. Typischer, robuster, sehr selbstbewusster Bauernhund, der eine klare Führung braucht. In der Familie liebenswürdig. Wachsam mit gutem Beschützerinstinkt. Pflegeleicht.

Berger des Alpes

▸ **Appenzeller Sennenhund**
Schulterhöhe Rüden
52–56 cm ± 2cm, Hündinnen 50–54 cm ± 2 cm
Farbe schwarz oder havannabraun mit symmetrischen rostbraunen und weißen Abzeichen
Land Schweiz
FCI-Nr. 46, Gruppe 2.3

▸ **Berger des Alpes**
Schulterhöhe 47–55 cm
Gewicht 20–30 kg
Farbe schwarz-loh und Harlekin mit Loh; weiße Abzeichen erlaubt
Land Frankreich
FCI nicht anerkannt

Kleiner Münsterländer

▸ **Kleiner Münsterländer**
Schulterhöhe
Rüden 54 cm,
Hündinnen 52 cm,
jeweils ± 2 cm
Farbe braun-weiß, braun-
schimmel mit braunen
Platten oder Mantel, mit
oder ohne Brand
Land Deutschland
FCI-Nr. 102, Gruppe 7.1

Der Kleine Münsterländer ist der kleinste deutsche Vorstehhund und kommt seinen Vorfahren, den mittelalterlichen Vogelhunden, sehr nahe. 1870 war der Wachtelhund im Münsterland noch bekannt. 1907 suchte und förderte Edmund Löns, Bruder des Heidedichters Hermann Löns, die letzten Reste der verschollen geglaubte Rasse und nannte sie „Heidewachtel". Gemeinsam mit dem ähnlichen „Dorstener Schlag" wurde daraus der Kleine Münsterländer. Er war nicht nur Jagdgefährte, sondern ebenso Haus-, Hof- und Familienhund der Münsterländer Bauern, die seine Wachsamkeit, sein fröhliches, lebhaftes, anhängliches Wesen und die Zuverlässigkeit im Umgang mit Kindern und Haustieren schätzten. Der schnell lernende Hund lässt sich gut

ausbilden und orientiert sich gerne am Führer. Er muss allerdings konsequent und liebevoll abgerichtet werden. Hübsches Aussehen, handliche Größe und gute Eigenschaften als Familienhund machen ihn bei Freizeitjägern besonders beliebt. Doch er ist und bleibt ein Jagdhund mit großer Jagdpassion, mit ausgeprägter Bringfreude, angeborener Vorstehanlage und Wildschärfe. Auch die Schweißarbeit lernt der Hund rasch. Seiner Herkunft entsprechend liebt er die Wasserarbeit. Dieser passionierte Jagdhund darf keinesfalls als reiner Begleithund verkümmern. Nur wer bereit ist, die Veranlagungen des Hundes zu fördern und zu nutzen, sollte an die Anschaffung dieses hübschen Hundes denken. Das schlichte Langhaar bedarf regelmäßiger Pflege.

Langhaar Whippet

Seit Jahrhunderten wird in England ein kleiner Windhund für die Kaninchenjagd geschätzt. Es war stets üblich, durch Kreuzungen Eigenschaften anzupassen. Diese heute als → *Lurcher* bezeichneten Hunde führten Terrier- und Hütehundblut, waren kurz-, rau- oder langhaarig. Bei der Rasseanerkennung des Whippet wurde nur Kurzhaar im Standard aufgenommen, es wurden jedoch später noch rau- oder langhaarige Welpen geboren. Durch einen Langhaarwelpen, der eingeschläfert werden sollte, neugierig geworden, begann Walter Wheeler, ein bekannter Whippetzüchter in den USA, mit der Zucht von **Langhaar Whippets**. Langhaar ist rezessiv, zwei Langhaar verpaart ergeben immer Langhaar, daher ist die Festigung des Langhaars einfach. Wheeler züchtete auch Shelties, was die Vermutung nährte, zum langen Haar beigetragen zu haben. Deshalb werden die Langhaars in Whippetkreisen nicht als Whippet akzeptiert. Abgesehen vom Fell unterscheiden sie sich kaum vom Whippet. Nur auf der Rennbahn sind sie nicht ganz so schnell. Es sind ruhige, angenehme, nie aufdringliche Begleiter, die ganz in ihren Menschen aufgehen, sich unterordnen und gehorchen. Sie fordern keine Aktion ein, brauchen aber gut zwei Stunden täglich freie Bewegung, lieben Coursing, Rennen und Agility. Sie sind sehr sozialverträglich, auch mit fremden Kindern und Hunden, sehr anhänglich und genießen körperliche Nähe. Wachsam, aber nicht aggressiv. Das schlichte Langhaar ohne Unterwolle ist pflegeleicht.

▶ **Langhaar Whippet**
Schulterhöhe
Rüden 48–56 cm,
Hündinnen 45–53 cm
Gewicht 9–14 kg
Farbe alle
Land USA
FCI nicht anerkannt
Sie werden in Deutschland auch „Silken Windsprite" genannt, nach dem Zwingernamen des Züchters Wheeler.

▶ **Appalachian Greyhound**
ist die in den USA rückgezüchtete rauhaarige Variante.

Cao de Agua Portugues

Cao de Agua Portugues
Schulterhöhe
Rüden 50–57 cm,
Hündinnen 43–52 cm,
Gewicht Rüden 19–25 kg,
Hündinnen 16–22 kg
Farbe schwarz, weiß oder
braun, mit oder ohne weiße
Abzeichen
Land Portugal
FCI-Nr. 37, Gruppe 8.3

An der Küste Portugals, südlich von Lissabon und an der Algarve, war der Hund als Helfer der Fischer so hoch geschätzt, dass er beim Teilen des Fangs als volle Person mit einbezogen wurde. Der kluge, robuste, kräftige Wasserhund und hervorragende Schwimmer half Netze und Boote einholen, tauchte nach entkommenen Fischen und apportierte alles aus dem Wasser, was hineingefallen war und nicht hinein gehörte, einschließlich Schiffbrüchiger. Auf hoher See diente er als Bote zwischen den Schiffen. Kurz: Er war bis vor wenigen Jahrze-hnten der unentbehrliche Helfer der seefahrenden Portugiesen. Mit ihnen bereiste er die ganze Welt, einschließlich Nordamerika. Deshalb ist die Annahme, dass von ihm alle gelockten Wasserhunde, Pudel und einige Retriever abstammen, nicht unbedingt abwegig. Inzwischen löste die Technik den treuen Vierbeiner ab, doch man ließ ihn nicht aussterben. Der **Portugiesische Wasserhund** ist dank seiner hohen Intelligenz und seines umgänglichen Wesens ein beliebter Haus- und Familienhund, der sich leicht erziehen lässt, einen fröhlichen, kinderfreundlichen Charakter besitzt und durchaus wachsam ist, ohne aggressiv zu sein. Der Cao de Agua wurde schon von den Fischern so geschoren: für bessere Bewegungsfreiheit kurz behaarte Hinterläufe, zum Schutz gegen das kalte Wasser das lange Brusthaar. Es gibt zwei Haarformen: das seltenere gelockte Fell und das gewellte. Zunehmend beliebter Familienhund.

Australian Shepherd

Australian Shepherd
Schafzüchter aus Europa nahmen ihre Hütehunde mit in die USA. Mit australischen Schafen kamen Hunde mit starkem Collie- und Dingoeinschlag hinzu. Auf den Viehmärkten, Treffpunkte der Schafzüchter, wurden gute Hunde ausgetauscht. So entwickelte sich ein kräftiger, ausdauernder Schäfer- und Viehtreibhund, geeignet, mit riesigen Schaf- und Rinderherden umzugehen. Westernreiter brachten den Aussie nach Europa. In den letzten Jahren ist der hübsche Vierbeiner zum Modehund mit allen Nachteilen einer profitorientierten Zucht avanciert. Der temperamentvolle, bellfreudige Aussie ist kein einfacher Hund, sondern besitzt starkes Durchsetzungsvermögen, Selbstständigkeit, hohe Intelligenz und Arbeitseifer mit ausgeprägtem Wach- und Schutzin-

stinkt. Er braucht unbedingt eine konsequente Erziehung und klare Führung, dann ist er ein vielseitig einsetzbarer Hund, der viel Beschäftigung und Bewegung liebt. Das schlichte Langhaar ist pflegeleicht.

Miniatur Australian Shepherd
Kleinere, lebhafte, sehr intelligente und sportliche Variante des Australian Shepherd. Aufgrund der handlichen Größe und etwas einfacheren Handhabung erfreut er sich wachsender Beliebtheit (Bild unten).

Mini-Aussie blue und red merle

▶ **Australian Shepherd**
Schulterhöhe
Rüden 51–58 cm,
Hündinnen 46–53 cm
Farbe blue und red merle,
schwarz oder rot mit oder
ohne weiße und kupferfarbene Abzeichen
Land USA
FCI-Nr. 342, Gruppe 1.1

▶ **Miniatur Australian Shepherd**
Schulterhöhe 30–45 cm,
Toy unter 30 cm
Land USA nicht anerkannt
FCI nicht anerkannt

Podengo Portugues medio Kurzhaar

Podengo Portugues medio

▶ **Podengo Portugues medio**
Schulterhöhe 40–55 cm
Gewicht 16–20 kg
Farbe gelb, falb, schwarz, einfarbig mit oder ohne weiße Abzeichen, weiß mit Abzeichen in den genannten Farben
Land Portugal
FCI-Nr. 94, Gruppe 5.7

Die zu den Laufhunden zählenden windhundartigen Jagdhunde wurden schon auf altägyptischen, später zahlreichen griechischen und römischen Darstellungen festgehalten. Sie verbreiteten sich vermutlich aus dem ägyptisch-phönizischen Raum über die Inseln und Küstenregionen des Mittelmeers. Diese Bracken vom Urtyp jagen einzeln oder in kleinen Gruppen spurlaut und gebrauchen dabei Augen, Ohren und Nase. Sie sind genügsame, ausdauernde, widerstandsfähige Kaninchenjäger, die dem Klima und dem rauen Gelände optimal angepasst sind.

Der Podengo Portugues medio stammt aus dem Norden Portugals, ist aber überall in seiner Heimat sehr beliebt und häufig vorkommend. Jagt einzeln oder in Meuten Kaninchen. Außerdem als Wachhund geschätzt. Der sehr lebhafte, intelligente, genügsame und robuste Hund von handlicher Größe ist in den letzten Jahren auch außerhalb Portugals als Familienhund anzutreffen. Es gibt zwei Haararten: kurz- und rauhaarig.

Podengo Portugues medio Rauhaar

Pharaonenhund

Pharaonenhund

Der **Kelb tal Fenek** „Kaninchenhund", der Nationalhund Maltas, kam vermutlich vor 2.000 Jahren mit den Phöniziern auf die Inseln. Wegen der Ähnlichkeit mit den Hunden der alten Ägypter nannten ihn die Briten „Pharao Hound". Er wurde nicht nur als Kaninchenjäger eingesetzt, sondern begleitete die Bauern mit ihren Schafen und Ziegen und wachte von den flachen Dächern aus. Bei der Jagd im rauen, felsigen Gelände, das den Kaninchen viele Verstecke bietet, setzt er Nase und Ohren ein. Große, kräftige Pfoten geben ihm Trittsicherheit, auffallend sind seine Sprungkraft und Wendigkeit. Er genoss in der Familie große Wertschätzung. Deshalb fand er seinen Weg als Familien- und Begleithund in alle Welt. Ein faszinierender Hund mit eigenwilligem Temperament. Der Pharao Hound drückt seine Gefühlsregungen gerne lauthals aus und ist sehr wachsam. Er ist sehr lebhaft und verspielt. Er liebt hundesportliche Aktivitäten wie Agility, vor allem aber das Coursing, die Jagd nach dem falschen Hasen. Der gelehrige, intelligente Hund hängt sehr an seinen Menschen und braucht Kontakt. Kann er sein Temperament und seinen Jagdeifer in Spiel und Sport im Freien ausleben, ist er in der Wohnung angenehm, sehr reinlich und pflegeleicht. Leider kann man den passionierten, reaktionsschnellen Jäger, der alle Sinne einsetzt, nur in wildsicherem Gebiet frei laufen lassen. Ein Hund für aktive Menschen.

▶ **Pharaonenhund**
Schulterhöhe
Rüden 56–63,5 cm,
Hündinnen 53–62 cm
Farbe rostbraun mit oder ohne kleine weiße Abzeichen
Land Malta (Großbritannien)
FCI-Nr. 248, Gruppe 5.6

Cirneco dell'Etna

Cirneco dell'Etna
Schulterhöhe
Rüden 46–52 cm,
Hündinnen 43–50 cm
Gewicht Rüden 10–12 kg,
Hündinnen 8–10 kg
Farbe einfarbig falb mit
oder ohne kleine weiße Ab-
zeichen; einfarbig weiß
oder weiß-orange gefleckt
Land Italien
FCI-Nr. 199, Gruppe 5.7

Jahrtausendealte, bodenständige Rasse Siziliens, deren Name möglicherweise auf die griechische Kolonie Cyrenaica in Libyen zurückgeht. Er ist der typische Kaninchenjäger des Mittelmeerraumes, der sich den Gegebenheiten Siziliens, insbesondere den Abhängen des Ätna, optimal angepasst hat. Der passionierte Jagdhund kann in Italien nur dann einen Schönheitschampiontitel erlangen, wenn er auch eine Jagdprüfung abgelegt hat. Er jagt ebenfalls mit allen Sinnen, verfolgt hartnäckig eine Spur und hetzt wie ein Windhund. Er ist sehr intelligent, außerordentlich wendig und selbstständig jagend. Er ist zwar seinen Menschen sehr zugetan, anhänglich und freundlich, aber im Freien kennt er keine Rücksicht, sobald sich die Chance einer Jagd ergibt. Das macht den Cirneco als Familienbegleithund in unseren Breiten schwierig, da er nur in ausgewähltem, sicherem Gebiet frei laufen kann. Er braucht jedoch viel Bewe-gungsfreiheit und Beschäftigung. Obwohl er sehr gelehrig ist, bewahrt er sich seine Eigenständigkeit und wird nie in jeder Situation aufs Wort gehorchen. Er ist nicht aggressiv, aber Fremden gegenüber zurückhaltend. Im Haus ist er reinlich und aus-gesprochen pflegeleicht. Kein Hund für bequeme Menschen und solche, die mit seiner Jagdpassion nicht umgehen können. Selbst in schwierigstem Gelände und Dornengebüsch extrem harter, aus-

Podenco Andaluz

Podenco Andaluz

dauernder Kaninchenjäger, beherzt bei der Wildschwein-jagd und zur Wasserarbeit an Enten geeignet. Sehr intelligent, immer aufmerksam. Seinem Herrn gegenüber sehr freundlich, ergeben. Passionierter, schneller Jagdhund mit vorzüglicher Nase. Die Podencos kommen häufig über den Tierschutz nach Deutschland. In der Familie liebenswürdige, aber sehr unabhängige Hunde, die viel Bewegung brauchen und Beschäftigung lieben, die mit Jagd zu tun hat, aber man kann sie wegen ihrer großen Jagdleidenschaft kaum frei laufen lassen. Saubere, pflegeleichte Hunde, auch das Rauhaar.

Podengo Galego
Passionierter, sehr anpassungsfähiger Jagdhund im nordspanischen Galizien auf Kaninchen, Hase und Fuchs, auch Federwild. Schneller, wendiger, harter, ausdauernder Hund in kargen, felsigen Bergregionen, Unterholz und Dornengestrüpp, der Augen, Ohren und Nase einsctzt und apportiert. Die **Coalleiro Galego** jagen einzeln oder paarweise.

Podengo Galego

▶ **Podenco Andaluz**
Schulterhöhe mittelgroß Rüden 43–53 cm, Hündinnen 42–52 cm, klein 35–42 cm bzw. 32–41 cm
Gewicht mittelgroß 16 kg ± 6 kg, klein 8 kg ± 3 kg
Haarart Rau-, lang- und kurzhaarig
Farbe zimtfarben mit weiß oder weiß mit zimtfarbenen Abzeichen
Land Spanien, national anerkannt
FCI nicht anerkannt

▶ **Podengo Galego**
Schulterhöhe Rüden 46–52 cm, Hündinnen 42–46 cm
Gewicht 10–15 kg
Farbe zimtfarben oder leber/schokoladenbraun mit weißen Abzeichen oder weiß mit farbigen Abzeichen
Land Spanien, in Galizien anerkannt
FCI nicht anerkannt

Kritikos Lagonikos

Kritikos Lagonikos, Veadeiro Pampeano

▶ **Kritikos Lagonikos**
Schulterhöhe
Rüden 52–60 cm,
Hündinnen 50–58 cm
Gewicht 15–20 kg
Farbe einfarbig weiß, falb,
rot; gestromt, braun und
loh mit oder ohne weiße
Abzeichen, schwarz,
schwarz-weiß, weiß-falb
oder schwarz-loh mit Weiß
Land Griechenland, natio-
nal anerkannt
FCI nicht anerkannt

▶ **Veadeiro Pampeano**
Schulterhöhe 47–57 cm
Farbe weiß, löwengelb,
einfarbig oder mit weißen
Abzeichen
Land Brasilien, national
anerkannt
FCI nicht anerkannt

Kritikos Lagonikos

Schon vor 4.000 Jahren passionierter Jagdhund der Minoer auf Kreta. Hart, ausdauernd, genügsam mit Nase, Augen und Ohren, einzeln oder paarweise laut jagender Hund auf Kaninchen und Hase. Schnell und geschickt in schwierigem Gelände mit blitzschnellem Reaktionsvermögen, großer Sprungkraft und Trittsicherheit, dabei immer Blickkontakt zum Jäger haltend, der den Hund auch auf Distanz führen kann. Außerdem macht er sich bei den Herden und auf dem Hof als Wachhund nützlich. Aufmerksam und neugierig, dennoch allem Fremden gegenüber zunächst vorsichtig. Er ist leichtführig und sanft in der Familie, braucht jedoch viel Bewegung und Beschäftigung. Sehr ursprüngliches Hundeverhalten mit feiner Kommunikation und rascher Auffassungsgabe machen ihn zu einem interessanten Begleiter für alle, die gerne mit ihrem Hund aktiv sein wollen. Der **Kretahund** ist robust und pflegeleicht.

Veadeiro Pampeano

Seit Beginn des 20. Jh. im Süden und Südwesten Brasiliens gezüchtete, pelengoähnliche, mit Whippet und Pointer gekreuzte Jagdhunde auf Hirsch (veado), Hase usw. Sie jagen zu zweit oder dritt oder in der Meute. Gehorsam, doch selbstständig jagend.

Veadeiro Pampeano

Foto: Sergio Ordobas Infinitu's Kennel

Barbet

Im 17. Jh. hießen alle zotthaarigen, bärtigen Hunde Barbet. Erst viel später trennte man den Pudel und den Griffon als eigene Rassen heraus. Da solche Hunde schon sehr früh dokumentiert wurden, gilt der französische Wasserhund als Vorfahre aller europäischer Wasserhunde, einschließlich des Pudels. Er zählt zu den Vorstehhunden und eignet sich hervorragend für die Wasserarbeit. Er stöbert, sucht ruhig und bedächtig unter der Flinte und apportiert mit Leidenschaft insbesondere aus dem Wasser. Vitaler, freundlicher, sensibler, leichtführiger Naturbursche für den Jagdgebrauch und angenehmer Haus- und Familienhund. Das

dichte, wollige, strähnige Fell bietet Schutz vor Kälte und Verletzungen, verfilzt aber leicht und sollte gelegentlich geschoren werden. Zur Wiederbelebung der beinahe ausgestorbenen Rasse wurden Pudel eingekreuzt, sodass es unterschiedliche Typen gibt. Zu starker Pudeleinschlag gilt als untypisch.

▶ **Barbet**
Schulterhöhe
Rüden 58–65 cm,
Hündinnen 53–61 cm ± 1 cm
Farbe schwarz, grau, braun, falb, sand, einfarbig oder gescheckt
Land Frankreich
FCI-Nr. 105, Gruppe 8.3

Irish Water Spaniel

Irish Water Spaniel
Schulterhöhe
Rüden 53–59 cm,
Hündinnen 51–56 cm
Farbe sattes leberbraun
Land Irland
FCI-Nr. 124, Gruppe 8.3

Der Irish Water Spaniel ist ein typischer Vertreter der alten Wasserhunde, wie sie in den Küstenregionen Europas zu finden sind. Seit 1850 wird der Irish Water Spaniel, auf verschiedene Lokalschläge irischer Wasserhunde zurückgehend, systematisch gezüchtet. Wegweisend war der Rüde „Boatswain" eines Mr. McCarthy, der jedoch nie preisgab, woher der Hund stammte. Der ausdauernde, harte, witterungsunempfindliche Jagdhund mit dem Wasser abweisenden Fell eignet sich besonders für sumpfiges, morastiges Gelände. Er steht oft vor, stöbert, drückt das Federwild aus der Deckung und apportiert nach dem Schuss, selbst aus eisigem Meerwasser. Sein Metier ist zweifellos die Jagd auf Wasservögel. Er besitzt zudem eine hervorragende Nase. Man sagt, er vereine die Intelligenz des Pudels und die gute Nase des Setters mit der Jagdpassion des Spaniels. Sehr eigenständiger, selbstsicherer Hund, der sich nur unterordnet, wenn es ihm sinnvoll erscheint. Er braucht eine konsequente Erziehung und klare Führung. Ein wunderbarer Hund für den, der damit umgehen kann. Kein Hund für jedermann. Der kluge, temperamentvolle Irish Water Spaniel braucht Beschäftigung und Bewegung, er schwimmt gerne. Das fettige, offen gelockte Haar wird auf eine knappe Locke geschnitten und nur am Kopf lang belassen. Der Hund wird nie gebadet, die beste Fellpflege ist regelmäßiges Schwimmen in sauberem Wasser. Der Hund verliert keine Haare. Einmalig sind die kurz behaarte bis kahle Kehlhaut und Rute.

Epagneul du Pont-Audemer

Als Clown unter den französischen Vorstehhunden bezeichnen ihn seine Freunde. Der aus der Region um die nordfranzösische Stadt Pont Audemer stammende Jagdhund ist neben dem Barbet der zweite Wasserspezialist Frankreichs, der seine Wasserpassion vom Irish Water Spaniel ebenso geerbt hat wie das krause Haar und den Lockenschopf auf dem Kopf. Der leichtführige Hund ist den Bedürfnissen seiner Heimat bestens angepasst. Die wasserreiche, küstennahe Region ist ein idealer Rastplatz für ziehende Vögel. Es gibt zahlreiche Seen und Teiche, Hecken und Sümpfe. Der Epagneul du Pont-Audemer stöbert in Dornengestrüpp, sucht die Sümpfe selbstständig nach Enten, Gänsen und Schnepfen ab. In buschigem Gelände jagt man mit ihm Fasan, Rebhuhn, Hase und Kaninchen. Härte, Ausdauer, Unempfindlichkeit gegen Nässe und Kälte, festes Vorstehen sowie sicheres Apportieren der z.T. schweren Vögel aus dem Wasser sind die Vorzüge des Pont-Audemer. Er ist ein begeisterter und hervorragender Schwimmer. Der Wasserspezialist eignet sich daher auch weniger zur reinen Feldarbeit, da er im Vergleich mit dem Französischen Kurzhaar keine weite Suche und wenig Durchsteheigenschaft zeigt. In Frankreich wird er hauptsächlich von Berufsjägern geführt, die einen schneidigen, harten, unermüdlichen Vorstehhund mit großer Wasserpassion schätzen. Freundlicher, anpassungsfähiger, fröhlicher Hausgenosse mit besonderer Liebe zu Kindern. Er ist ein guter Familien- und Jagdhund.

▶ **Epagneul du Pont-Audemer**
Schulterhöhe 52–58 cm
Farbe kastanienbraun mit grau
Land Frankreich
FCI-Nr. 114, Gruppe 7.1

Siberian Husky

► **Siberian Husky**
Schulterhöhe
Rüden 53,5–60 cm,
Hündinnen 50,5–56 cm
Gewicht Rüden 20,5–28 kg,
Hündinnen 15,5–23 kg
Farbe alle von schwarz bis
rein weiß
Land USA
FCI-Nr. 270, Gruppe 5.1

Seit Jahrhunderten unentbehrlicher Helfer nomadisierender Rentierzüchter, aber auch sesshafter Fischer und Jäger der Region zwischen Lena, Beringmeer und Ochotskischem Meer in der Sowjetunion. 1909 brachte ein russischer Pelzhändler diese Hunde erstmalig nach Alaska, wo es schon Schlittenhundrennen gab. Zunächst verspottet, erwiesen sich die kleinen Huskys als außerordentlich schnell und fanden rasch Liebhaber. Eine Huskystafette rettete die Stadt Nome vor einer Diphtherie-Epidemie durch den waghalsigen Transport von Serum über 674 Meilen. Das längste Schlittenhundrennen der Welt, „Ididarod", ist heute sportlicher Höhepunkt für Musher (Hundeschlittenfahrer) aus aller Welt. Der Hund mit den faszinierenden blauen Augen (sie dürfen auch braun sein) ist allerdings kein idealer Haus- und Familienhund. Ein Husky gehorcht selten zuverlässig, obwohl er sehr schnell lernt. Zu seiner Familie ist er zärtlich und unaufdringlich freundlich zu Fremden. Sein Territorialbewusstsein ist gering, deshalb ist er kein guter Wächter. Sein starker Jagdtrieb und seine Unabhängigkeit erlauben kaum Freilauf. Das Grundstück, auf dem der Husky frei laufen darf, muss absolut ausbruchsicher sein, jedoch sind die Fähigkeiten, Zäune zu überwinden, grandios! Er braucht viel Bewegung, Radfahren, Joggen, Wagen- und Schlittenrennen, Breitensport. Er ist sozial verträglich, robust und anspruchslos. Das dicke Fell ist pflegeleicht, haart aber stark.

Alaskan Husky
Keine Rasse, sondern Zweckmischung von Huskys, schnellen Jagd-, Wind- und Hütehunden für den Schlittenrennsport.

Eurasier

Jüngste, offiziell anerkannte deutsche Hunderasse. Julius Wipfel aus Weinheim/Bergstraße züchtete als Nachfolger für seinen Mischlingshund 1960 den ersten Wurf „Wolf Chows", eine Kreuzung zwischen Wolfsspitz und Chow Chow, um einen umgänglichen, gesunden und natürlichen Haushund zu schaffen. Später wurde der Samojede eingekreuzt, der Eleganz, freundliches Wesen und Robustheit einbringen sollte. 1973 wurde die Rasse in Eurasier umbenannt und offiziell anerkannt. Der Eurasier ist ein angenehmer, ruhiger Haushund mit ausgeprägtem Sozialverhalten und einer guten Portion Eigensinn und Eigenständigkeit. Bei konsequenter Erziehung auch ein Hund für Anfänger. Jeder Eurasier lernt gerne sein Leben lang. Erwachsen ist er ein selbstbewusster Begleiter, der eine sinnvolle Aufgabe und regelmäßige Bewegung schätzt. Sehr feinfühlig, spürt er die Stimmungen seines Menschen. Er ist wachsam und verteidigungsbereit ohne übertriebene Schärfe. Gelegentlich bricht der Jagdeifer des Samojeden in ihm durch und erfordert entsprechende erzieherische Maßnahmen. Eurasierhündinnen gelten als besonders liebevolle Babysitter. Das dichte Haar ist relativ pflegeleicht und benötigt nur während des Fellwechsels intensive Pflege. Ausgefallene Haare sind leicht mit einem feuchten Tuch oder einem Striegel bzw. einer Bürste zu entfernen. Seitens der Zuchtvereine erfolgt strenge Zuchtkontrolle, um gesunde Hunde zu gewährleisten und eine Vermarktung zu vermeiden.

► **Eurasier**
Schulterhöhe
Rüden 52–60 cm,
Hündinnen 48–56 cm
Gewicht Rüden 23–32 kg,
Hündinnen 18–26 kg
Farbe alle außer weiß, weiß gescheckt oder leberfarbig
Land Deutschland
FCI-Nr. 291, Gruppe 5.5

Welpe

Wolfspitz

▶ **Wolfspitz**
Schulterhöhe 49 ± 6 cm
Farbe graugewolkt
Land Deutschland
FCI-Nr. 97, Gruppe 5.4

Der **Holländische Schifferspitz** oder **Keeshond** und der Wolfspitz sind identisch. Im 18. Jh. erkor ein Anführer niederländischer Patrioten namens Kees den Wolfspitz zum Maskottchen im Kampf für das Volk gegen das Haus Oranje. Der Spitz war der Hund des Volkes, den adligen Herrn begleiteten Wind- und Jagdhunde. Der Keeshond bewachte Bauernhöfe und in Holland die Kähne der Binnenschiffer. Heute ist der Wolfspitz weltweit als Keeshond bekannt. Den Namen Wolfspitz trägt er nach der wolfsgrauen Färbung. Er hat nicht mehr mit dem Wolf zu tun als jeder andere Haushund. Die stolze Persönlichkeit des Wolfspitzes erregt Aufmerksamkeit und Achtung. Seine Grenzen überschreitet niemand unbeschadet. Er ist ein unbestechlicher Wächter mit angeborenem Schutztrieb. Allerdings ist er wenig unterordnungsbereit und erfordert bei hundesportlichen Aktivitäten sehr viel Geduld, Einfühlungsvermögen und Konsequenz von seinem Menschen. Dabei ist er intelligent und lernt schnell, er tut aber alle Dinge lieber nach eigenem Ermessen als auf sinnlosen Befehl hin. Der robuste Spitz liebt den Aufenthalt im Freien, viel Bewegung und Beschäftigung. Wegen geringer Neigung zum Wildern – Ausnahmen bestätigen die Regel! – als Wach-, Haus- und Familienhund geschätzt und von der Jägerschaft insbesondere für die Haltung in wildreichen Gebieten empfohlen. Als ausgesprochen revierbewusster Hund nicht unbedingt freundlich im Umgang mit Artgenossen! Die Fellpflege ist beim Junghund aufwendig, der erwachsene Hund wird regelmäßig gebürstet.

Samojede

Schon in Reiseberichten des 18. Jahrhunderts wird von dickfelligen Hunden in Nordrussland berichtet. Benannt wurden sie später nach dem Volksstamm der Samojeden, die langhaarige weiße, aber auch andersfarbige Spitze zum Hüten der Rentiere, als Jagd- und Schlittenhunde hielten. Scott brachte die ersten Samojeden nach England, wo man sich auf die Zucht des lächelnden weißen Spitzes spezialisierte. Der **Samoiedskaia Sabaka** ist intelligent, aufmerksam, lebhaft, voller Tatendrang und dem Menschen herzlich zugetan. Er ist auch zu fremden Menschen freundlich und deshalb kein Wach- oder Schutzhund. Der ehemalige Arbeitshund will beschäftigt werden und braucht viel Bewegung. Er ist robust, witterungsunempfindlich und liebt den Aufenthalt im Freien. Der selbstbewusste,

eigensinnige Hund braucht von klein an eine konsequente Erziehung, die ihm deutlich einen untergeordneten Platz in der Familie zuweist. Er wird aber trotzdem nie unterwürfigen Gehorsam zeigen. Unausgelastet neigt er zum Kläffen, und seine ausgeprägte Jagdpassion – auch wenn sie im Standard als gering bezeichnet wird – sowie seine selbstständige Natur lassen ihn gerne eigene Wege gehen! Das weiße Haarkleid braucht besonders beim Junghund intensive Pflege, das erwachsene Haar hingegen wird einmal wöchentlich gebürstet. Nasse Hunde müssen sofort trocken gerieben werden, dann bleibt das Fell in guter Verfassung. Samojeden können auch bei Schlittenhundrennen eingesetzt werden, sind ausdauernd, aber nicht so schnell wie Huskys oder so stark wie Malamuten.

▸ **Samojede**
Schulterhöhe Rüden 57 cm, Hündinnen 53 cm ± 3 cm
Farbe reinweiß, weiß und bisquit, sahnegelb
Land Russland
FCI-Nr. 212, Gruppe 5.1

Russisch-Europäischer Laika

Russische Laiki

▶ **Russisch-Europäischer
Laika**
Schulterhöhe
Rüden 52–58 cm,
Hündinnen 50–56 cm
Farbe schwarz, grau, weiß,
pfeffer-salz
Land Russland
FCI-Nr. 304, Gruppe 5.2

Der Name Laika kommt vom russischen lajatj = bellen. Laiki haben nichts mit Schlittenhunden gemeinsam, sondern sind reine Jagdhunde mit typischer Jagdweise, wie wir sie auch beim Karelischen Bärenhund oder Finnenspitz finden. Die Laikarassen arbeiten lautlos, sie stöbern das Wild selbstständig auf und verfolgen die Spur. Erst wenn sie Bär, Elch, Rot- oder Schwarzwild gestellt haben, bellen sie laut und anhaltend, um den Jäger herbeizurufen. Diese Arbeit erfordert ausdauernde, robuste, mutige Hunde, die sich stundenlang auch im hohen Schnee fortbewegen können, ohne zu ermüden. Angeblich sollen Wölfe eingekreuzt worden sein, worüber sich aber die Gelehrten streiten. Tatsächlich sind Laiki in Verhalten und Aussehen sehr ursprüngliche Hunde, die ihr Jagdrevier mit dem Wolf teilen. Von den verschiedenen russischen Laikarassen sind drei von der FCI anerkannt. Man trifft sie hin und wieder in Westeuropa an, obwohl sie sicherlich nie als Haus- und Familienhund infrage kommen werden. Laiki sind ausgesprochen robust, anspruchslos und pflegeleicht.

Russisch-Europäischer Laika
Noch junger, aus verschiedenen Laikarassen im Raum Moskau und Leningrad mit Spezialisierung auf die schwarz-weiße Fellfarbe gezüchteter Jagdhund. **Russko-Evropeiskaia Laika**.

Westsibirischer Laika
Häufigste Laikarasse, die auch im Ausland Freunde fand. Sie wurde aus uralten Laikaschlägen aus dem Nordural und Westsibirien herausgezüchtet. Vielseitig einsetzbarer Jagdhund, der gelegentlich nur auf eine Wildart anspricht. **Zapadno-Sibirskaia Laika**.

Westsibirischer Laika

Ostsibirischer Laika
Am wenigsten bekannte Laikarasse, die aus Hunden der ostsibirischen

Waldzone und der Amur-Region herausgezüchtet wurde. **Vostotchno Sibirskaia Laika**.

Ostsibirischer Laika

▸ **Westsibirischer Laika**
Schulterhöhe
Rüden 54–60 cm,
Hündinnen 52–58 cm
Farbe weiß, pfeffer-salz,
rot, grau, schwarz, einfarbig oder gescheckt
Land Russland
FCI-Nr. 306, Gruppe 5.2

▸ **Ostsibirischer Laika**
Schulterhöhe
Rüden 55–63 cm,
Hündinnen 53–61 cm
Farbe pfeffer-salz, weiß,
grau, schwarz, rot, braun,
gefleckt oder gesprenkelt
Land Russland
FCI-Nr. 305, Gruppe 5.2

Foto: Pcholkin/Axelrod

Xoloitzcuintle

▸ **Xoloitzcuintle**
Schulterhöhe
Standard 46–60 cm,
mittel 36–45 cm;
Miniatur 25–35 cm
Farben schwarz, anthrazit,
schiefer, rötlich-grau, leber-
farben, bronze, mit oder
ohne weiße Abzeichen,
dreifarbig
Land Mexiko
FCI-Nr. 234, Gruppe 5.6

Mini-Xolo

Der „Scholo-ietz-kwintli" oder **Mexika-
nische Nackthund** ist ein nahezu haarloser Hund, den schon die alten Tolteken und Azteken in Mexiko schätzten
und als Repräsentanten des Gottes Xo-
lotl betrachteten. Sie züchteten ihn als
Opfergabe, Kranke wärmten sich an
ihm, und er wurde als köstliche Deli-
katesse verzehrt. Es ist ein eleganter
Hund, von dem auch eine behaarte
Variante existiert. Haarlose Hunde haben eine erhöhte Körpertemperatur
und ihr Gebiss ist nicht vollständig.
Fellpflege entfällt gänzlich, gelegentlich lieben sie eine warme Dusche.
Die feine, handschuhlederartige, angenehm anzufühlende Haut ist allerdings leicht verletzlich, Risse und
Wunden heilen rasch ab. Im Winter
ist die Haut hellgrau oder roséfarben,
mit den ersten Sonnenstrahlen, die
die Hunde genießen, färbt sie sich
dunkelbraun bis schwarz. Sie sind
ideale Wohnungshunde und unserer
zentralbeheizten Zeit recht gut angepasst. Xolos lieben ausgedehnte Spaziergänge, und solange sie in Bewegung sind, stören sie sich nicht an
Wind, Regen oder einigen Minusgra-
den. Sie sind ausgeglichen, fröhlich
und intelligent, liebevoll zu ihren
Menschen und lassen sich leicht erziehen. Xolos sind wachsam und
durchaus verteidigungsbereit, zu
Fremden gleichgültig bis misstrauisch, nicht aggressiv oder scheu. Diese
interessante Hunderasse fasst nur
ganz allmählich in Europa Fuß.
Für Tierhaarallergiker, die Hunde
lieben, ist der praktisch unbehaarte
Xoloitzcuintle sicher eine mögliche
Alternative.

Kanaan Hund

Seit biblischen Zeiten lebt dieser Pariahund am Rande menschlicher Siedlungen. Brauchen die Beduinen einen Hund, beobachten sie eine säugende Hündin. Sobald die Welpen selbstständig fressen, holen sie sich einen aus der Wurfhöhle und ziehen ihn auf. Die Hunde beschützen die Herden vor den kleinen Wüstenwolfen, aber auch Schakalen und Hyänen. In den 1930er Jahren wanderte das Ehepaar Drs. Menzel nach Palästina aus und baute dort eine Diensthundestaffel auf. Die importierten Hunde wurden jedoch mit den Lebensbedingungen nicht fertig. Menzels entgingen die halb wild lebenden Hunde nicht, und da sie offenbar gut unter schlechtesten Bedingungen gediehen, fingen sie sie ein und bildeten sie aus. Erstaunlicherweise passten sie sich sofort dem Leben mit den Menschen an, wurden als Wachhunde militärischer Anlagen geschätzt und zu Spürhunden ausgebildet. Sie nannten die neue Rasse **Canaan Dog – Kelef Kanani**.

Der Nationalhund Israels ist unempfindlich gegen Hitze, Kälte, Ungeziefer und Infektionskrankheiten, überaus wachsam und mit scharfen Sinnen ausgestattet. Er ist ausgesprochen territorial und unduldsam gegen alle Fremden – Menschen und Hunde – im eigenen Revier, aber seiner Familie innig zugetan. Außerhalb ist er zurückhaltend bis scheu. Sorgfältige Zuchtauswahl, frühe Prägung, konsequente Erziehung und klare Führung sind unerlässlich, er bewahrt sich jedoch stets seine Unabhängigkeit. Kein Hund für Anfänger. Er braucht Bewegung und Beschäftigung, ist pflegeleicht, haart aber stark.

▶ Kanaan Hund
Schulterhöhe 50–60 cm
Gewicht 18–25 kg
Farbe alle außer grau, gestromt, black and tan und dreifarbig
Land Israel
FCI-Nr. 273, Gruppe 5.6

Korea Jindo Dog

Hunde aus dem fernen Osten

▶ **Korea Jindo Dog**
Schulterhöhe
Rüden 50–55 cm,
Hündinnen 45–50 cm
Gewicht Rüden 18–23 kg,
Hündinnen 15–19 kg
Farbe rot, falb, weiß,
schwarz, schwarzloh,
gestromt, wolfsgrau
Land Korea
FCI-Nr. 334, Gruppe 5.5

Korea Jindo Dog

Ehemaliger Jagd-, heute beliebter
Wach- und Familienhund in Korea. Er
stammt von der Insel Jin im Südosten
Koreas und wird dort Jin-Do-Gae genannt, Hund von der Jin-Insel. Angenehmer, ruhiger, aber eigenwilliger
Hausgenosse, sehr revierbewusst, daher exzellenter Wachhund, unverträglich mit gleichgeschlechtlichen Hunden. Sehr selbstständiger Hund mit
enormem Sprungvermögen. Pflegeleicht.

Taiwan Hund

Ursprünglicher Jagdhund vom Pariatyp in den Bergen Taiwans. Sie jagen
in kleinen Gruppen, suchen, stöbern
und stellen vielerlei Wild, auch Wildschweine und Hirsche, bis der Jäger

nahe genug zum Töten ist. Sie apportieren kleines geschossenes Wild. An
das schwierige Gelände angepasst,
sind sie ausgezeichnete Kletterer mit
hohem Sprungvermögen. Treibhunde
der Bauern an Schafen, Rindern,
Hühnern. Sehr territoriale Hunde, ihren Menschen zugetan, Fremde im
eigenen Revier nicht duldend. Sehr
intelligent und gelehrig, aber auch eigenständig. Der **Taiwan-Dog** ist
robust und pflegeleicht.

Anjing Kintamani

Pariahund aus der Bergregion Balis,
der als Abfallvertilger eine wichtige
Rolle spielt. Er lebt eng in menschlicher Gemeinschaft, ohne von ihr
versorgt zu werden. Allem Fremden
gegenüber ausgesprochen misstrau-

Taiwan Hund

Foto: Chen Ming-Nan

ischer, in seiner Familie freundlicher, kinderlieber Hausgenosse. Intelligent, sehr selbstständig, wachsam ohne Schutztrieb, niemals bissig. Sehr terri-

torialer Einzelhund, der sich nicht mit Artgenossen verträgt. Der **Bali-Berghund** braucht konsequente, geduldige Erziehung.

▸ **Taiwan Hund**
Schulterhöhe
Rüden 48–52 cm,
Hündinnen 43–47 cm
Gewicht Rüden 14–18 kg,
Hündinnen 12–16 kg
Farbe schwarz, gestromt,
falb, weiß, einfarbig oder
gescheckt
Land Taiwan
FCI-Nr. 348, Gruppe 5.7

▸ **Anjing Kintamani**
Schulterhöhe ca. 50 cm
Land Indonesien, national
anerkannt
FCI nicht anerkannt

Anjing Kintamani

Thailand Ridgeback

Thailand Ridgeback
Schulterhöhe
Rüden 56–61 cm,
Hündinnen 51–56 cm
± 2,5 cm
Farbe einfarbig rot,
schwarz, blau, isabelle
Land Thailand (Japan)
FCI–Nr. 338, Gruppe 5.7

Seit Jahrhunderten dokumentierte Rasse, auch **Phu Quoc Hund** genannt, die sich in vom Verkehr abgeschnittenen Regionen im Osten und Nordosten Thailands rein erhalten konnte. Selbstständig, meist auf Sicht lautlos jagende, schnelle, wendige Stöberhunde auf alles Wild im Dschungel, die auch zum Bewachen der Fuhrwerke dienten. Typische Pariahunde mit sehr loser Beziehung zum Menschen. Inzwischen werden sie als „Nationalhund" Thailands auch von Schauzüchtern gepflegt und in alle Welt exportiert. Eine Besonderheit ist der Ridge auf dem Rücken (ein Streifen Haare, die in entgegengesetzte Richtung wachsen). Lebhafte, graziöse Tiere mit enormem Sprungvermögen. Die eigenständigen Hunde müssen mit viel Sachverstand,

Fingerspitzengefühl und Konsequenz erzogen werden, sie ordnen sich aber nie gänzlich unter. Welpen brauchen unbedingt eine frühe, sehr sorgfältige Prägung auf Menschen und Umwelt, um sich unserer Lebensweise anzupassen. In der Familie liebenswert, freundlich. Allem Fremden gegenüber vorsichtig bis misstrauisch. Sie sind sehr intelligent, neugierig und hassen Langeweile. Im Hause ruhig, wenn sie ausreichend Bewegung und Beschäftigung bekommen, aber Freilauf ist wegen der Jagdpassion und der Unabhängigkeit schwierig. Sehr ursprüngliches Sozialverhalten mit klarer Rangordnung in der Familiengruppe. Versuche, sie für thailändische Behörden als Diensthunde auszubilden, sind fehlgeschlagen. Thai Ridgebacks sind wachsam, zeigen aber keinen Schutztrieb. Das kurze Fell ist pflegeleicht.

Dingo ▶

Dingo, Carolina Dog

Dingo

Diese echten Haushunde vom sog. Pariatyp kamen vor 5.000 Jahren mit den ersten Siedlern nach Australien und verwilderten. Die Aborigines fingen wild geborene Welpen ein und hielten sie im Lager. Intelligenter, dem Klima und Gelände bestens angepasster Hund, der – als Schafskiller verschrien – trotz massiver Verfolgung nicht ausgerottet werden konnte, aber sein Bestand ist durch die Vermischung mit eingeführten Hunderassen bedroht. Die Dingohaltung unterliegt in Australien strengen gesetzlichen Regeln. Der **New-Guinea-Singing Dog**, ehemals **Hallströmhund** genannt, ist ein aus den Bergen Neu-Guineas stammender, mit dem Dingo verwandter, wild lebender Haushund. Charakteristisch sein Heulen, „singing", und er kann in Bäume klettern. Vom Aussterben bedroht.

Carolina Dog

Von Forschern in einem ehemaligen Atommüllgebiet entdeckte, wild lebende Hunde, die wahrscheinlich nicht mit eingeführten Hunderassen verwandt sind. Sehr ursprünglicher Hund mit unverfälschtem Sozialverhalten, sehr territorial, allem Fremden gegenüber misstrauisch bis ablehnend. In der eigenen Gruppe liebevoller Hausgenosse, jedoch seine Selbstständigkeit wahrend. Sehr gelehrig und intelligent, braucht Bewegung und Beschäftigung. Gut geprägte, umweltvertraute Hunde eignen sich für hundesportliche Aktivitäten. Pflegeleicht.

Dingo
Schulterhöhe Rüden 52–56 cm, Hündinnen kleiner
Gewicht 13,5–19 kg
Farbe alle Creme- und Rottöne
Land Australien, national anerkannt
FCI nicht anerkannt

▶ **Carolina Dog**
Schulterhöhe 55,5–56,5 cm
Gewicht 13,5–18 kg
Farbe Beige bis rötlichbraun, schwarz-loh, einfarbig oder weiß gescheckt
Land USA
FCI nicht anerkannt

Carolina Dog

► **American Indian Dog ™**
Schulterhöhe
Rüden 47,5–52,5 cm
Hündinnen 45-50 cm
Gewicht
Rüden ca. 15–23 kg,
Hündinnen ca. 13–20 kg
Farbe schwarz, blau, weiß,
rotgold, grau, rot mit loh,
braun, schokoladenbraun,
creme, falb, silber mit oder
ohne kleine weiße Abzei-
chen
Land USA
FCI nicht anerkannt

American Indian Dog™

Von Kim La Flamme aus Resten alter Indianerhunde zurückgezüchtete Rasse. Es sind rund 500 Hunde eingetragen. Das Zuchtbuch ist geschlossen, wenn sich jedoch noch ein typisches Exemplar findet, wird es in die Zucht einbezogen. Ein Interesse als anerkannte Rasse, die für Showzwecke gezüchtet wird, besteht nicht. Es existiert ein einheitlicher Hundetyp, doch sollen erkennbare Blutlinien erhalten bleiben. In der Zucht werden die Methoden der Stammesältesten angewandt, ergänzt durch moderne Genetik. Die Indianerhunde sind auf vielen Darstellungen der ersten Reisenden in Amerika abgebildet. Die Indianer nutzten die Hunde zur Jagd, Fährtensuche, als Schutz- und Hütehunde. Auf den Wanderungen dienten sie als Lastenträger und zogen Schlitten.

Nachts wärmten sie die Menschen, ihre Haare wurden versponnen. Es sind sehr ursprüngliche Hunde im Verhalten. Sie binden sich eng an ihre Bezugspersonen und Familien. Stark territorial veranlagt, sind sie wachsam, allem Fremden gegenüber vorsichtig. Das macht sie zu erstklassigen Wächtern. Der American Indian Dog ist sehr anpassungsfähig und vielseitig. Ein Hund für sportlich aktive Menschen, die Freude am ursprünglichen Hundeverhalten haben und damit umgehen können. In den USA werden sie als Familienhunde gehalten, sie lieben Agility und Frisbee und werden als Rettungs- Behindertenbegleit- und Therapiehunde ausgebildet. Das mehr oder weniger lange Stockhaar trotzt jedem Wetter und ist pflegeleicht.

Foto: Gallant

AfriCanis

Der AfriCanis lebt seit Jahrtausenden frei in und um die Siedlungen, bindet sich eng an die Dorfbewohner, Menschen, Hunde, Haustiere. Körperkontakt der Menschen mit dem Hund ist jedoch unüblich. Er ist freundlich, dennoch wachsam und territorial. Unverfälschtes Sozialverhalten mit ausgeprägter Körpersprache zeichnet ihn aus. Er ist nervlich stabil, doch neuen Situationen gegenüber vorsichtig: er zeigt deutliche Überlebensinstinkte. An die harten Lebensumstände angepasst, ist er kein Energieverschwender, bei der Jagd aber flink und ausdauernd. Leider droht der Hund mit dem Schwinden der ursprünglichen Lebensumstände seiner Menschen auszusterben. Deshalb versucht die AfriCanis Society of Southern Africa die Hunde zu erhalten, aber nicht als

Rasse zu züchten. 1998 wurde sie von Johan Gallant ins Leben gerufen, um ein Register mit DNA-Test für diese Hunde einzurichten und die Zucht mit registrierten Hunden zu fördern. Die Genvielfalt dieser alten Landrasse soll bewahrt bleiben, die sich als Wach-, Hüte- und Jagdhund, der mit Auge und Nase jagt, nützlich macht. Aufgrund des ausgeprägten Sozialverhaltens ist der AfriCanis unterordnungsbereit und anhänglich und folgt aus eigenem Antrieb. Er passt sich daher sehr gut an den modernen, westlichen Lebensstil an, braucht aber seine Freiheit und Lebensraum.

▸ **AfriCanis**
Schulterhöhe mittelgroß
Farbe alle
Land südliches Afrika
FCI nicht anerkannt

Foto: Gallant

Karelischer Bärenhund

Karelischer Bärenhund
Schulterhöhe Rüden 57 cm,
Hündinnen 52 cm ± 3 cm
Farbe schwarz, auch glanz-
los oder braun schattiert
mit weißen Abzeichen
Land Finnland
FCI-Nr. 48, Gruppe 5.2

Der Karelische Bärenhund **(Karjalan-karhukoira)** trägt seinen Namen nach einem finnischen Volksstamm und seiner Tätigkeit. Er wurde vornehmlich zur Bärenjagd verwendet. Aber auch bei der Jagd auf Elch, Hirsch, Luchs, Wolf und Wildschwein bewährt sich der stumme Jäger. Er verfolgt seine Beute schweigend und selbstständig. Hat er das Wild gestellt, ruft er durch anhaltendes Gebell die Jäger heran. Der Karelische Bärenhund ist mit seinem schwarzen Fell, den leuchtend weißen Abzeichen und seinen sprechenden Augen ein sehr schöner Hund, aber man darf sich über die Schwierigkeiten, die seine Haltung mit sich bringt, nicht hinwegtäuschen lassen. Als selbstständiger Jäger liegt ihm Unterordnung überhaupt nicht. Er passt sich höchstens seinem Rudelführer an, was eine konsequente Erziehung schon beim Welpen voraussetzt. Trotzdem wird er immer ein freiheitsliebender Hausgenosse bleiben, der gerne auf eigene Faust loszieht und wildert. In seiner Familie freundlich und liebenswürdig, ist er Fremden gegenüber eher zurückhaltend. Kein Wach- und Schutzhund. Aggressiv und rauflustig gegenüber fremden Hunden. Alles in allem ist es schwierig, diesem Hund eine rassengerechte Haltung zu bieten und seinem Tatendrang gerecht zu werden, denn aufgrund seiner Wesensart kann man ihn nur mit viel Mühe den verschiedenen Ausbildungsmöglichkeiten zuführen, auch wenn er körperlich in der Lage ist, hervorragende Leistungen zu erbringen. Tatsächlich kann man den karelischen Bärenhund, vergleichbar etwa dem Wachtel- und Schweißhund, zum Stöbern und zur Nachsuche führen, da ihm diese Arbeit von Hause aus sehr liegt.

Grönlandhund

Traditioneller Transport- und Jagdhund der Eskimos. Die Zucht ist den
Hunden selbst überlassen, für die
Arbeit werden nur die gesündesten,
genügsamsten und stärksten Tiere
herangezogen. Wer dem nicht genügt,
stirbt. Als reine „Arbeitsmittel" zeigen
diese Hunde keine enge Bindung an
den Menschen, sie müssen für jeden
arbeiten, der sie braucht. Den harten
Kampf ums Dasein, den die Eskimos
in ihrer unwirtlichen Heimat führen,
teilen die Hunde. Sie ziehen Schlitten
und helfen bei der Eisbären- und
Robbenjagd. Die Fürsorge, die ihnen
der Mensch zuteil werden lässt, beschränkt sich auf das Notwendigste,
um die Arbeitskraft der Hunde zu
erhalten. Als Familienhunde in unserem Sinne ungeeignet. Allgemein sind
sie zum Menschen freundlich und besitzen keinen Wach- und Schutztrieb.
Dafür ist ihr Jagdtrieb umso ausgeprägter. Die Erziehung ist sehr
schwierig, man braucht viel Geduld
und Konsequenz, um dem Hund das
Notwendigste beizubringen. Geprägt
vom ständigen Kampf ums Überleben, haben sich diese Hunde viele
Wolfseigenschaften bewahrt. Sie besitzen ein starkes Rangordnungsempfinden und fechten ihren Rang immer
wieder heftig aus, auch mit ihrem Besitzer, der ständig seine Rolle als
Rudelführer behaupten muss. Nur
wenn ihn der Hund akzeptiert, ist er
zu führen. Daher nur ein Hund für
Kenner, die ihm auslastende Arbeit
im freien Gelände bieten, wo sich der
Hund zum Ziehen oder Tragen der
Ausrüstung anbietet. Bei Schlittenhundrennen gelegentlich anzutreffen.
In der Schweiz ziehen von einer Expe-
dition mitgebrachte Hunde Touristen
auf dem Jungfraujoch und Aletsch-
gletscher auf dem Schlitten.

▶ **Grönlandhund**
Schulterhöhe
Rüden mind. 60 cm,
Hündinnen mind. 55 cm
Farbe alle Farben außer
Albinos
Land Grönland
(Dänemark)
FCI-Nr. 274, Gruppe 5.1

Groß-Elo® Glatthaar

Elo®

▸ **Elo®**
Schulterhöhe 46–60 cm,
Klein-Elo 35–45 cm
Gewicht 22–35 kg,
Klein-Elo 10–15 kg
Farbe alle, bevorzugt weiß
gescheckt; Rau- und Glatt-
haar
Land Deutschland
FCI nicht anerkannt

1987 begann Bobtailzüchter Szobries mit der Verwirklichung eines Wunschziels „praktischer" Familienhund: Ruhiges bis mittleres Temperament, der stundenweise allein bleibt und mit zur Arbeit genommen werden kann; etwas längeres, dennoch pflegeleichtes Fell; mittlere Größe; wenig krankheitsanfällige Stehohren; Ringelrute, die keine Blumenvase vom Tisch fegt; geringe Bellfreudigkeit; geringe Neigung zum Wildern für erholsame Spaziergänge in freier Natur; Lern- und Spielfreudigkeit ohne zu nerven; wachsam, aber nicht aggressiv; verträglich mit Artgenossen und anderen Haustieren, vor allen Dingen zuverlässige Gutmütigkeit im Umgang mit Kindern. Ausgangsrassen waren Old English Sheepdog, Chow Chow und Eurasier. Der Name ist geschützt, und nur wer unter den Regularien der Elo-Zucht- und Forschungsgemeinschaft geboren wurde, darf sich Elo® nennen. Das hochgesteckte Zuchtziel wird durch Verhaltenstests, beginnend im Welpenalter, überprüft. Natürlich entspricht nicht jeder Elo® dem Ideal, vorrangig ist aber das Verhalten gegenüber Kindern. Bezüglich des Aussehens ist man eher kompromissbereit. Die später begonnene Zucht des **Klein-Elo®** baute auf Pekingese, Kleinspitz und Elo® auf. Er soll den Wunsch nach einem kleinen, leisen Wohnungshund erfüllen. Der Elo® ist ein recht selbstständiger, selbstbewusster Hund, der eine konsequente Erziehung und klare Führung braucht und stets seinen eigenen Kopf bewahrt.

Klein-Elo® Rauhaar

Cao de Castro Laboreiro

Cao de Castro Laboreiro

Sehr alter, bodenständiger Hirtenhund aus den Bergen Nordportugals, wo er heute noch die Herden vor Wölfen beschützt. Die Portugiesen sind stolz auf diese ihrer Meinung nach einmalige Rasse. Ein Pastor aus dem Gebirgsdorf Castro Laboreiro nahm sich der Erhaltung der Rasse an. Heute ist sie Wahrzeichen ihrer Heimat. Der Castro Laboreiro gilt als schwieriger Hund. Er ist ruhig und gelassen, gut auszubilden, aber seine angeborene Schärfe gilt als unberechenbar – nicht gegenüber seiner Familie, der er treu ergeben ist, sondern in gewissen, ihm bedrohlich erscheinenden Situationen. Der Cao de Castro Laboreiro gehört deshalb nur in die Hände hundeerfahrener Menschen. Erstklassiger, immer auf-

merksamer Beschützer, der sich nur bedingt als Familienhund eignet.

Majorero Canario

Dem Laboreiro ähnlicher, kleinerer und leichterer Hüte- und Wachhund der Inseln Fuerteventura und Gran Canaria. 1979 begann ein Reinzüchtungsprogramm.

Majorero Canario

▶ **Cao de Castro Laboreiro**
Schulterhöhe
Rüden 55–60 cm,
Hündinnen 52–57 cm
Gewicht 40 kg
Farbe wolfsfarben, schwarz
gestromt, „Bergfarbe"
Land Portugal
FCI-Nr. 170, Gruppe 2.2

▶ **Majorero Canario**
Schulterhöhe
Rüden 56 cm,
Hündinnen 54 cm
Gewicht
Rüden 30–45 kg,
Hündinnen 25–35 kg
Farbe heller oder dunkler
gestromt, schwarze Maske,
weiße Abzeichen erlaubt
Land Spanien, national
anerkannt
FCI nicht anerkannt

Pudel

► **Pudel**
Schulterhöhe
45–60 cm ± 2 cm
Farbe schwarz, weiß,
braun, grau, aprikot
und rot
Land Frankreich
FCI-Nr. 172, Gruppe 9.2

Pudelartige Hunde sind schon seit der Antike bekannt und bilden die Ausgangsrasse für viele Jagd- und Hütehunde. Pudel sind vielseitig einsetzbare Hunde und erfreuen sich nicht umsonst weltweit größter Beliebtheit. Als Familien- und Begleithund erlebte der Pudel in Deutschland um 1900 seinen Einzug in die Rassehundezucht. Beliebt war damals der heute seltene Schnürenpudel, dessen wolliges Haar mindestens 20 cm lange Schnüre bildet. Endlos ist die Liste prominenter Pudelliebhaber, angefangen von Karl dem Großen über Madame Pompadour, Beethoven, der eine Elegie auf den Tod seines Pudels schrieb, über Helmut Schön, Gracia Patricia, Maria Callas bis Anneliese Rothenberger und viele andere mehr. Pudel

gibt es in vier Größen (siehe Seite 89), verschiedenen Farben und Schuren. Der Große bewährte sich im Krieg beim Einsatz als Sanitäts- und Meldehund. Er ist ein leicht erziehbarer, gelehriger Begleithund, wachsam und beschützt seine Familie und deren Eigentum. Dabei sind Pudel nicht bissig oder aggressiv, sondern aufgeschlossen, umgänglich und unkompliziert mit Kindern. Jagdpassion kommt gelegentlich vor. Der Pudel eignet sich für viele hundesportliche Aktivitäten von Agility bis zur Rettungshundausbildung. Das lockige Fell wird etwa alle vier Wochen geschoren. Er verliert keine Haare und sollte täglich gekämmt werden.
Der Pudel muss keine aufwendige Frisur tragen. Die Schur ist nur für Ausstellungen wichtig. Kurz geschnitten ist der Pudel elegant anzuschauen und pflegeleicht.

Schnürenpudel

Foto: Hener

Foto: Kottulla

Perro Dogo Mallorquin

Iberische Doggen

Sie stammen von antiken Kampfhunden und mittelalterlichen Saupackern und Bärenbeißern ab, die wehrhaftes Wild verfolgten und stellten, bis die Jäger zum Töten kamen. Der Gebrauch von Gewehren löste diese Jagdweise ab, und der unerschrockene Hund wurde zum Schutz- und Viehtreiberhund. Die Spanier bekämpften mit solchen Hunden bei der Eroberung Südamerikas die Inkas. In jüngerer Zeit wurden manche auf den Inseln, in deren Abgeschiedenheit sie sich erhalten konnten, wiederentdeckt und als Rassen anerkannt. Alle sind sehr territorial, daher unbestechliche Wach- und Schutzhunde, die im Ernstfall bedingungslos verteidigen. Frühzeitige Gewöhnung an den Umgang mit Menschen und Umwelt unerlässlich. Die drahtigen, wendigen, robusten, ausdauernden, intelligenten, gelehrigen, aber nicht leichtführigen Hunde sind allem Fremden gegenüber argwöhnisch und fremden Hunden gegenüber unduldsam. Sie brauchen eine konsequente Erziehung und Führung, keine Hunde für Anfänger. In ihrer Heimat meist kupiert.

Perro Dogo Mallorquin

Die **Mallorca Dogge** diente als Wachhund der Küstensiedlungen und Häfen gegen Piraten. Als die Rasse 1964 anerkannt wurde, gab es keine reinrassigen Exemplare mehr. Der heutige Hund ist eine Rückzüchtung mit Hilfe von Ca de Bestiar, Bulldogge und Staffordshire Terrier. Der **Ca de Bou** ist lebhaft und voller Energie.

Dogo Canario

Als Wach- und Schutzhund bei der Eroberung der Inseln durch die Spanier auf die Kanaren gekommen. In jüngerer Vergangenheit mit American Staffordshire und Bull Terrier gekreuzt,

▸ **Perro Dogo Mallorquin**
Schulterhöhe
Rüden 55–58 cm,
Hündinnen 52–55 cm
Gewicht Rüden 35–38 kg,
Hündinnen 30–34 kg
Farbe gestromt, falbfarben,
schwarz mit bis zu 30%
weiß
Land Spanien/Balearen
FCI-Nr. 249, Gruppe 2.2

▸ **Perro de Toro**
Schulterhöhe 50–60 cm
Gewicht 42–55 kg
Farben wie beim Alano
Land Spanien
FCI nicht anerkannt

Dogo Canario

▶ **Dogo Canario**
Schulterhöhe Rüden 60–65
cm, Hündinnen 56–61 cm
± 1 cm
Gewicht Rüden mind. 50
kg, Hündinnen mind. 40 kg
Farbe blond, grau, einfarbig
oder gestromt, mit oder
ohne weiße Abzeichen
Land Spanien
FCI-Nr. 346, Gruppe 2.1

▶ **Alano**
Schulterhöhe
Rüden 60–65 cm,
Hündinnen 56–61 cm
Gewicht Rüden 38–45 kg,
Hündinnen 33–38 kg
Farbe rot, falb, schwarz,
grau, gestromt, mit oder
ohne weiße Abzeichen
Land Spanien, national
anerkannt
FCI nicht anerkannt

jedoch seit einigen Jahren Bestrebungen, den ursprünglichen Typ zu erhalten. Früher **Perro de Presa Canario**.

Alano
Der legendäre **Alaunt (Spanische Dogge)** ist in zahlreichen alten kynologischen Werken zu finden und gilt als Stammvater aller südeuropäischen und südamerikanischen Doggenartigen. 1963 wurde das letzte Paar auf ei-

Alano

ner Ausstellung gesehen. Die Rasse galt als ausgestorben. 1980 begann die Rückzüchtung. Man strebt einen lebhaften, beweglichen, gesunden Hund an, der nicht unnötig aggressiv ist.

Perro de Toro (ohne Foto)
Bordeaux-Doggen-ähnlicher Hund, der häufig auf alten Darstellungen zu sehen ist. Die **Spanische Bulldogge** oder **Presda de Toro** gilt als selbstbewusst, unabhängig und eigensinnig; sie befindet sich in Rückzüchtung.

Foto: Chacartegui

Cao Fila de Sao Miguel

Cao Fila de Sao Miguel

Spanische Seefahrer machten auf den Azoren letzten Halt vor der Überquerung des Atlantiks und hatten Doggen zum Schutz und zur Jagd an Bord, die sich mit Inselhunden kreuzten. Auf den Inseln war Schutz vor wilden Tieren unnötig, Jagdwild gab es nicht. So funktionierte man sie zu Wach- und Viehtreibhunden um. Heute noch bewachen sie Melkanlagen und treiben das Vieh. In Portugal beliebter Wachhund, der auch zur Wildschweinjagd eingesetzt wird. Der zuverlässige Beschützer ist Fremden gegenüber in friedlicher Situation neutral, bei Bedrohung jedoch blitzschnell verteidigungsbereit. Man bemüht sich, den selbstbewussten Hund in Richtung Begleithund zu selektieren, um modernen Ansprüchen der Hundehaltung entgegenzukommen.

Cao de Fila da Terceira

Nach Scheitern des staatlich finanzierten Reinzuchtprogramms auf der Azoreninsel Terceira wurde die alte Rasse 1970 für ausgestorben erklärt. Doch es gab noch einige Hunde, um deren Rückzüchtung man sich bemüht. Die **Terceira-Dogge (Rabo torto)** ist dem Hund von Sao Miguel ähnlich, rassetypisch ist eine oft angeboren verkürzte und verknotete Rute.

▸ **Cao Fila de Sao Miguel**
Schulterhöhe
Rüden 50–60 cm,
Hündinnen 48–58 cm
Gewicht Rüden 25–35 kg,
Hündinnen 20–30 kg
Farbe falb, grau, gelb, stets
gestromt mit oder ohne
weiße Abzeichen
Land Portugal
FCI–Nr. 340, Gruppe 2.2

▸ **Cao de Fila da Terceira**
Schulterhöhe ca. 55 cm
Farben falb und gelb mit
heller Maske
Land Portugal
FCI nicht anerkannt

▸ **Villano de las Encartaciones**
Baskischer Viehtreibhund
vom Typ des Sao Miguel

Cao de Fila da Terceira

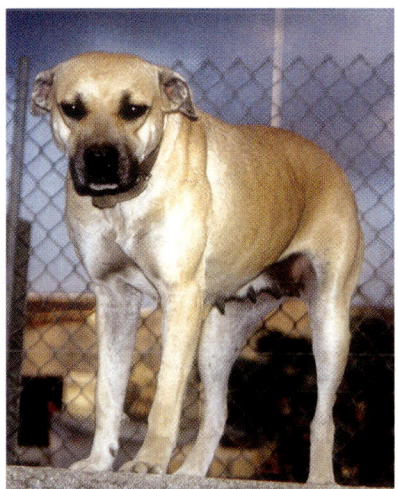

Foto: Cruz

Cursinu

▶ **Cursinu**
Schulterhöhe
Rüden 46–58 cm,
Hündinnen 46–55 cm
Farbe gelb und gestromt
Land Frankreich, national
anerkannt
FCI nicht anerkannt

Seit dem 16. Jh. auf Korsika bekannter Hund, der an den Cao Fila de Sao Miguel erinnert und auf mittelalterliche Doggen zurückgeht, die die Seefahrer mitbrachten. Bis in die 1950er Jahre war er der übliche, vielfältig genutzte Bauernhund, der Schafe hütete, frei lebende Rinder und Schweine trieb, Haus und Hof bewachte und mit auf die Jagd ging. Über andere importierte Rassen geriet er beinahe in Vergessenheit.

1989 begannen Bestrebungen, die Rasse zu erhalten, 1992 wurden über 300 Hunde erfasst. 2003 wurde die Rasse dann in Frankreich national anerkannt.

Typischer Treiber, der die weit verstreut weidenden Tiere seinem Herrn zutreibt und für ihn festhält. Heute wird der Cursinu mehr als Jagdhund zum Stöbern auf Hase, Fuchs und Wildschwein eingesetzt.

Der Hund ist sehr schnell, findet das Wild, hetzt es mit hoher Stimme und stellt couragiert, aber nicht halsbrecherisch, die Sauen. Am Ende der Jagd kehrt er unverzüglich zum Ausgangspunkt zurück.

Der Cursinu **(Hund von Korsika)** ist ein ausgesprochen territorialer Hund, sehr misstrauisch gegenüber Fremden und ein sehr aggressiv verteidigender Schutzhund. Er duldet keine fremden Hunde in seinem Revier. In fremder Umgebung unsicher wirkend, Fremden gegenüber sehr misstrauisch. Er braucht eine konsequente Erziehung und Führung, ist dann ein gehorsamer, seinem Herrn ergebener Hund.

Im Haus ist der Cursinu angenehm ruhig, er braucht allerdings viel Bewegung und Aufgaben. Kein Hund für Anfänger und bequeme Menschen. Pflegeleicht.

Perdigueiro Portugues

Perdigueiro Portugues

Der Portugiesische Pointer gilt als der Vorvater des englischen Pointers und daher vieler europäischer Vorstehhunderassen. Ursprünglich zur Beizjagd genutzt, stöberte er Rebhühner auf, die von den Falken im Fluge geschlagen wurden (Rebhuhn = perdigueiro). Aus den Vogelhunden entwickelten sich die Vorstehhunde. Der Perdigueiro ist in Portugal ein außerordentlich beliebter Jagdhund, denn er ist dem Jäger treu ergeben, sehr unterwürfig, ruhig, Fremden gegenüber freundlich und sehr sozialverträglich gegenüber anderen Hunden. Der intelligente und besonders leichtführige Hund ist ein passionierter Alleskönner. Er sucht lautlos mit hoher Nase, steht beharrlich vor und apportiert Federwild ebenso wie Kaninchen. Der robuste Hund ist dem Klima und den rauen Bodenverhältnissen optimal angepasst und deshalb in Portugal den

anderen Vorstehhundrassen weit überlegen.
Die Perdigueiros werden in ihrer Heimat fast ausschließlich in Jägerhand gehalten und mit Ahnentafel gezüchtet. Der sehr aktive Zuchtverein veranstaltet Feldprüfungen und Clubwettbewerbe. Gelegentlich sieht man den edlen, kraftvollen Hund auch auf Ausstellungen.

Perdigueiro Galego

Dem portugiesischen Pointer in Charakter und Arbeitsweise sehr ähnlich, ist der einheimische Vorstehhund Galiziens ein Spezialist für die Jagd auf Federwild, auch Hase und Kaninchen, und apportiert zu Land und Wasser. Er ist dem bergigen, rauen Gelände bestens angepasst und ein harter, ausdauernder, sorgfältig suchender, leichtführiger, sanfter Jagdhund (ohne Foto).

▸ **Perdigueiro Portugues**
Schulterhöhe Rüden 56 cm, Hündinnen 52 cm ± 4 cm
Gewicht Rüden ca. 23,5 kg, Hündinnen ca. 19 kg
Farbe gelb, braun, mit oder ohne kleine weiße Abzeichen
Land Portugal
FCI-Nr. 189, 7.1

▸ **Perdigueiro Galego**
Schulterhöhe
Rüden 55–60 cm, Hündinnen 50–55 cm
Farbe einfarbig kastanienbraun, gelb oder schwarz; weiß mit kastanienbraun, orange, zimtfarben oder schwarz gescheckt, auch mit Brand
Land Spanien, national in Galizien anerkannt
FCI nicht anerkannt

Dalmatiner

Dalmatiner
Schulterhöhe
Rüden 56–61 cm,
Hündinnen 54–59 cm
Gewicht
Rüden ca. 27–32 kg,
Hündinnen ca. 24–29 kg
Farbe weiß mit schwarzen
oder braunen Tupfen
Land Kroatien
FCI-Nr. 153, Gruppe 6.3

Über seine Herkunft ist wenig bekannt. Schon die Ägypter kannten getupfte Hunde diesen Typs. Auch im Mittelalter wurden weiße Hunde mit dunklen Tupfen dargestellt. Später bezeichnete man ihn als Bracke, aber woher er kam, wie und was er jagte, ist unbekannt. Selbst in seiner Heimat weiß man nur von Hunden, die 1930 aus England importiert wurden. Vielmehr wird er in der Literatur immer wieder als Kutschenhund erwähnt und erreichte seine Blüte in Viktorianischer Zeit. Er lebte in den Ställen und begleitete die Kutschen, wobei er meist unter der Hinterachse lief. Als das Auto die Kutsche ablöste, hatte der dekorative Hund längst seine Zukunft als Familienhund gefunden. Der **Dalmatinac** ist sehr lebhaft, tempera-

mentvoll, fröhlich und gelehrig. Er ist der ganzen Familie freundlich zugetan und besonders den Kindern ein unermüdlicher Spielgefährte. Er ist nicht aggressiv, aber im Notfall durchaus verteidigungsbereit. Der schlanke, bewegliche Hund braucht viel Bewegung und ist ein herrlicher Begleiter für sportliche Menschen. Der intelligente Hund braucht eine konsequente Erziehung, denn er verleugnet sein Jagdhunderbe nicht. Kein Hund für bequeme Menschen. Ansonsten unkomplizierter Familienhund, der engen Familienanschluss braucht und pflegeleicht ist. Dalmatinerwelpen werden weiß geboren, die Tüpfelung kommt erst nach einigen Tagen allmählich durch. Da gelegentlich Taubheit vorkommt, beim Kauf eines Dalmatinerwelpen die Bescheinigung über eine audiometrische Untersuchung vorlegen lassen.

Silken Windhound

Barsoi-Züchterin Francie Stull wollte eine kleinere Windhundrasse hinzunehmen und suchte einen kleinen bis mittelgroßen, langhaarigen, pflegeleichten Hund mit gutem Wesen, robuster Gesundheit und den sportlichen Ambitionen der Windhunde. Da es ihn nicht gab, beschloss sie, ihre eigenen Hunde zu züchten, und begann 1984 mit einem langhaarigen Whippet aus dem Silken Windsprite-Zwinger. Sie ließ eine ihrer besten Barsoi-Champion-Nachzucht von einem Windsprite decken und kreuzte später eine erstklassige Whippethündin ein. Die Zucht wurde mit großem Sachverstand aufgebaut. Nun hatte sie endlich ihren kleinen, eleganten Windhund, der damit eine Lücke im Spektrum der Windhundrassen füllte. 1999 wurde die International Silken Windhound Society gegründet. Inzwischen gibt es Silken Windhounds auf der ganzen Welt. Der Silken wird gerne als Zweithund gehalten, er ist menschbezogener als der Barsoi, sehr clever, sehr gelehrig mit rascher Auffassungsgabe. Er lernt durch Beobachten und setzt sofort alles um. Die Silken hängen sehr an ihren Menschen, sind freundlich zu Fremden, aber nicht aufdringlich. Sie sind unterordnungsbereit und führig, sensibel und sehr sozialverträglich. Sie mögen Kinder, werden in den USA viel als Therapiehunde eingesetzt, lieben Agility, Windhundrennen und Coursing. Sie sind insgesamt aktiver und aktionsbereiter als Barsois. Freilauf des einzelnen, gut erzogenen Silken Windhound ist möglich, denn sie suchen nicht nach Wild, aber wenn ihnen etwas über den Weg läuft, laufen sie – typisch Windhund – hinterher. Das seidige Haarkleid des Silken Windhound ist pflegeleicht.

▶ **Silken Windhound**
Schulterhöhe 47–60 cm
Farbe alle
Land USA
FCI nicht anerkannt

Labrador Retriever

▶ **Labrador Retriever**
Schulterhöhe
Rüden 56–57 cm,
Hündinnen 54–56 cm
Farben schwarz, gelb und
schokoladenbraun
Land Großbritannien
FCI-Nr. 122, Gruppe 8.1

Der ehemalige St. Johns Hund stammt aus dem Süden Neufundlands, ist aber kleiner als der bärenhafte Neufundländer und hat ein Wasser abweisendes, dichtes, kurzes Stockhaar. Mit ihm teilte er die große Wasserliebe und angeborene Apportierfreude, was ihn zum wichtigen Helfer der Fischer machte. Er holte Netze ein und fing entschlüpfte Fische. Englische Kabeljaufischer brachten die Hunde Anfang des 19. Jh. in die Hafenstadt Poole. Der Earl of Malmesbury kaufte sie und nannte sie nach ihrer Heimat an der kanadischen Küste Labradors. Sie waren bald in ganz Großbritannien als hervorragende Apporteure zu Wasser und zu Land berühmt. Ihre Vielseitigkeit ist bemerkenswert: erstklassiger Jagdhund für die Arbeit nach dem Schuss, Spürhund für Drogen, Sprengstoff usw., Rettungs-, Lawinen-, Blindenführ- und Familienhund. Er ist anhänglich, verschmust und fröhlich, wachsam, aber kein Schutzhund. Labradore sind liebenswürdig und nie übelnehmerisch. Der Hund besitzt gute Nerven, ein ausgeglichenes Wesen, ist jedoch mit gebotener Konsequenz zu erziehen. Er braucht Familienanschluss, viel Bewegung und Beschäftigung. Hunde vom Arbeitstyp entsprechen eher dem erwünschten Wesensbild, sind aber sehr arbeitsfreudig und nur für sportliche Menschen geeignet. Als Moderasse vermehrt, lässt er jedoch oft den berühmten „will to please" – das Bestreben zu gefallen – vermissen, ist aufdringlich, grob und wenig unterordnungsbereit. Das pflegeleichte Fell verliert viele Haare. Nach wie vor begeisterter Schwimmer.

Golden Retriever

Im ausgehenden 19. Jh. züchtete Lord Tweedmouth in Schottland aus einem gelben Labrador Retriever, Irish Setter und dem heute ausgestorbenen Tweed Water Spaniel einen blonden langhaarigen Retriever, der später als Golden Retriever bekannt wurde. Der zuverlässige Apportierhund mit weichem Maul und „will to please" – Bestreben zu gefallen – ist heute ein geschätzter Familienhund, der auch jagdlich geführt werden kann. Der ruhige, gelassene, trotzdem aufmerksame und nie langweilige Hund ist intelligent und lernfreudig. Außer zur jagdlichen Ausbildung eignet er sich als Blindenführhund, für Gehorsamsausbildungen, Turnierhundsport usw. Der Golden Retriever ist ein ausgesprochener Kinderfreund und sozialverträglich mit Artgenossen. Er ist kein Schutzhund. Der leicht und mit Liebe zu er-

ziehende arbeitsfreudige Hund braucht sportliche Menschen, die sich viel mit ihm beschäftigen. Dann bereitet er auch unerfahrenen Hundehaltern Freude. Da er nicht zu den jagenden Hunden gehört, sondern auf Befehl geschossenes Federwild oder Hase apportiert, neigt der ausgelastete Hund nicht zum Wildern oder Streunen. Ein schöner Sport, speziell für Retriever entwickelt, ist die sog. „Dummyarbeit", das Apportieren von künstlichen „Hasen". Leider hat der Golden sich zum Modehund – mit allen negativen Folgen wie unkontrollierter Massenzucht – entwickelt. Deshalb beim Welpenkauf unbedingt große Sorgfalt walten lassen, um Enttäuschungen bezüglich des erwünschten und rassetypischen Charakters und der Gesundheit zu vermeiden. Das mittellange, schlichte Haar ist pflegeleicht.

▶ **Golden Retriever**
Schulterhöhe
Rüden 56–61 cm,
Hündinnen 51–56 cm
Farbe gold oder cremefarben, nie rot
Land Großbritannien
FCI-Nr. 111, Gruppe 8.1

Flat Coated Retriever

▶ **Flat Coated Retriever**
Schulterhöhe
Rüden 59–61,5 cm,
Hündinnen 56,5–59 cm
Gewicht Rüden 27–36 kg,
Hündinnen 25–32 kg
Farbe schwarz oder leber-
braun
Land Großbritannien
FCI-Nr. 121, Gruppe 8.1

Der Flat Coated Retriever (Glatthaariger Retriever) hat sich am wenigsten
verändert, seit Mr. Shirley ausgangs
des 19. Jh. diesen eleganten Apportierhund zu züchten begann. Vermutlich
waren Neufundländer, Labrador Retriever, Setter und Collie, letzterer für
Intelligenz, Führigkeit und glattes
Haar, an der Zucht beteiligt. Er war
damals der beliebteste Retriever, geriet
fast in Vergessenheit und erfreut sich
heute wieder wachsender Beliebtheit.
Der Flat Coated Retriever ist zu Wasser und zu Lande ein hervorragender
Apportierer und besitzt eine ausgezeichnete Nase. Man sagt, er eigne
sich wegen seines feinen Haarkleides
für die Arbeit in offenem Gelände
oder Rübenfeld besser als im dorni-
gen Gestrüpp. Er ist leichtführig, etwas sensibel und braucht ständigen
Kontakt zu seiner Familie. Er ist

glücklich, wenn er seinem Menschen
eine Freude machen kann. Von Natur
aus freundlich, ist er kein ausgesprochener Schutzhund, aber wachsam.
Besonders im Umgang mit Kindern
ist der große Schwarze zärtlich und
geduldig. Der temperamentvolle
Hund braucht eine klare Führung, viel
sinnvolle Beschäftigung und Bewegung und ist dann ein angenehmer,
ruhiger Hausgenosse. Der lernfreudi-
ge Retriever eignet sich bestens für
sportliche Menschen und für alle hier
angebotenen Möglichkeiten der Hun-
deausbildung, ausgenommen Schutzhund.
Man kennt ihn als Blindenführhund,
Katastrophenhund, Begleithund, aber
auch in Jägerhand. Ein Hund, der
Anfängern in der Hundehaltung Freude macht. Das glatte Fell ist pflegeleicht.

Labradoodle

Rassebegründer war Blindenführhundeausbilder Wally Conron in Australien. Er erhielt eine Anfrage von einer sehbehinderten Frau nach einem Hund, mit dem ihr unter Hundehaarallergie leidender Ehemann leben könnte. Der erste Gedanke war der Großpudel, weil er nicht haarte. Es war aber keiner zu bekommen. So ließ er seine beste Labradorhündin von einem geeigneten Pudel belegen. Tatsächlich erwiesen sich einige der Welpen als nicht Allergie auslösend. Allergieauslöser sind Fell, Speichel und Hautschuppen, deshalb muss jeder Welpe individuell auf die allergische Person ausgetestet werden. Da sich die Patenfamilien weigerten, einen Mix für die spätere Aufgabe aufzuziehen, nannte er die Hunde der Not gehorchend Labradoodle, und da waren sie auf einmal salonfähig. Die

Hunde erwiesen sich nicht nur als originell mit ihrem strubbeligen Aussehen, sondern als nette, leichtführige, fröhliche, gelehrige Familienhunde, sodass ein wahrer Boom über Australien hinaus begann. Als moderne Designerdogs erzielen sie hohe Preise, schon macht man sich in den USA daran, unterschiedliche Größen zu liefern. Leider wird für Profit viel Schindluder getrieben, denn die Zucht guter und gesunder Hunde stellt hohe Ansprüche an die Züchter; irgendeinen Pudel und Labrador zu kreuzen, ergibt noch lange keine guten, gesunden Labradoodle, schon gar keine für Allergiker.
Guter Familienhund für sportliche Menschen, die mit ihrem Hund etwas unternehmen wollen, kein Wach- und Schutzhund. Je nach Haarkleid pflegeintensiv.

▶ **Labradoodle**
Schulterhöhe 53–63 cm
Gewicht 23–30 kg
Farbe gelb, braun, schwarz, gescheckt
Land Australien
FCI nicht anerkannt

Designerdogs
sind Kreuzungen wie Golden Retriever/Pudel = Goldendoodle, Cocker Spaniel/Pudel = Cockapoo. Solche Mischungen sind besonders in den USA große Mode, werden in Massen produziert und bringen viel Geld ein.

Langhaar Collie

Langhaar Collie
Schulterhöhe
Rüden 56–61 cm,
Hündinnen 51–56 cm
Gewicht ohne Angabe
Farbe zobel-weiß, tricolour,
blue merle (weiß mit farbi-
gem Kopf nur nach ameri-
kanischem Standard
erlaubt)
Land Großbritannien
FCI-Nr. 156 , Gruppe 1.1

Der Langhaar Collie **(Rough Collie)**
kam mit den Schafen nach Schottland. Queen Victorias Liebe zum
Schottischen Schäferhund und neu
aufgekommene Schönheitswettbewerbe spornten die Züchter an, immer
elegantere, farbenprächtigere Collies
zu schaffen. Der geborene Arbeitshund musste sich in feinen Salons
langweilen. Kein Wunder, dass er zuweilen als hysterisch galt. Im Kriegs-
dienst allerdings bewährte sich der
Collie als Sanitäts- und Meldehund. In
den 1920er Jahren und später aufgrund der Lassie-Filme bis in die
1970er Jahren war er zeitweise Modehund mit allen negativen Konsequenzen. Der Collie ist ein anpassungsfähiger, anhänglicher, ganz auf seine
Familie bezogener, unterordnungsbereiter Hund von großer Intelligenz.
Leider wird er häufig als Dekorationsstück betrachtet, und seine Fähigkeiten verkümmern. Er liebt gemeinsame Aktivitäten mit seinem Menschen,
ob als Rettungshund, beim Turnierhundsport, Agility, Fährtenarbeit, und
Bewegung, ohne sie einzufordern.
Der bis ins hohe Alter verspielte Collie
ist wachsam und im Ernstfall verteidigungsbereit. Das korrekte Haarkleid
ist Schmutz abweisend und relativ
pflegeleicht. Der einfühlsame Hund
bereitet auch dem Anfänger Freude
und besitzt ein intaktes Sozialverhalten im Umgang mit Artgenossen.
Sogenannte „amerikanische" Collies
gibt es nicht. Der US-Standardwort-
laut unterscheidet sich nicht wesentlich vom britischen. Manche Züchter
nutzen US-Importe zur Blutauf-
frischung. Sie sind laut FCI-Regle-
ment nach englischem Standard zu
beurteilen.

v.l.n.r. zobel-weiß, blue merle, tricolour

Kurzhaar Collie

Der **Kurzhaarige Schottische Schäferhund** oder **Smooth Collie** ist ein alter britischer Arbeitshund, den schon Bewick 1790 als Cur-Dog zeigt. Generell bevorzugen Farmer Hüte-, Hof- und Treibhunde mit kurzem, wetterfestem, stockhaarigen Fell, weil sie weniger hitzeempfindlich und pflegeleichter sind. Gelegentlich kreuzte man Greyhound ein, um sie schneller zu machen. Zwar kamen zu Beginn der Rassehundezucht auch Kurzhaar Collies in den Showring, aber im Gegensatz zum Langhaar blieb er in erster Linie Arbeitshund. Er hat sich deshalb nur wenig verändert. Die drahtige Gestalt, Selbstbewusstsein und eine gute Portion Mut, um es auch mit einem Stier aufzunehmen, unterscheiden ihn vom modernen Koppelhütehund und sind heute noch vorhanden. Im Schatten des langhaarigen Vetters drohte er in Vergessenheit zu geraten. Heute erfreut sich der elegante Hund mit viel Temperament, großer Intelligenz und Arbeitsfreude wachsender Beliebtheit. Er stellt höhere Ansprüche an seinen Halter als der normale Langhaar, denn er braucht sinnvolle Beschäftigung und viel Bewegung. Der Hund ist mit liebevoller Konsequenz gut zu erziehen und seiner Familie ein treuer Kamerad, unbestechlicher Wächter und Beschützer. Der Kurzhaar Collie ist ein ausdauernder, strapazierfähiger Hund für sportliche Menschen und hervorragend für alle Ausbildungsmöglichkeiten geeignet, von Obedience über Hüten bis zum Rettungshund. Kein Hund für bequeme Menschen. Das kurze Fell ist zwar pflegeleicht, haart aber stark. Gelegentlich fallen noch langhaarige Welpen in Kurzhaarwürfen.

▶ **Kurzhaar Collie**
Schulterhöhe
Rüden 56–61 cm,
Hündinnen 51–56 cm
Gewicht
Rüden 20,5–29,5 kg,
Hündinnen 18–25 kg
Farben zobel, tricolour,
blue merle mit weißen
Abzeichen
Land Großbritannien
FCI-Nr. 296, Gruppe 1.1

Airedale Terrier

▶ **Airedale Terrier**
Schulterhöhe
Rüden 58–61 cm,
Hündinnen 56–59 cm
Farbe lohfarben mit
schwarzem oder
gräulichem Sattel
Land Großbritannien
FCI-Nr. 7, Gruppe 3.1

Der „König der Terrier" stammt aus dem Tal der Aire in Mittelengland. Vermutlich entstand er aus der Kreuzung von Otterhounds mit scharfen Terriern, um einen wasserfreudigen, raubzeugscharfen Jagdhund auf Otter, Wasserratte, Marder, Iltis, aber auch auf Wasservögel zu erzielen. Die neu entstandene Rasse nannte sich zeitweise auch Bingley Terrier. Dank der vielen Kreuzungen – auch der Collie soll wegen seines umgänglichen Wesens mitgewirkt haben – und konsequenter Auslese entwickelte sich der Airedale Terrier zu einem überaus intelligenten, robusten, vielseitig einsetzbaren Hund. Er erlangte weltweite Berühmtheit als Sanitäts- und Meldehund in beiden Weltkriegen, was ihm den Namen „Kriegshund" einbrachte. Es gibt eigentlich nichts, wozu man den Airedale Terrier nicht verwenden könnte: Blindenführhund, Schutzhund, Rettungshund, Lawinenhund, Jagdhund und Familienhund. Er ist temperamentvoll, aber nicht nervös, lernfreudig und gut erziehbar, gutmütig mit Kindern, wachsam am Haus und zeigt Schutztrieb, wenn gefordert. Der Airedale ist ein Clown, der mit seinem Menschen durch dick und dünn geht. Er braucht Bewegung und Beschäftigung. Ein Vorteil für viele: Er verliert keine Haare, dafür muss er täglich gebürstet und gekämmt sowie in regelmäßigen Abständen getrimmt werden.

Der Airedale Terrier gehört in Deutschland zu den anerkannten Diensthunderassen, sodass die Schutzhundarbeit im Zuchtverein für Terrier angeboten wird.

Bergamasker Hirtenhund

Der Bergamasker **(Cane da Pastore Bergamasco)** stammt aus Norditalien, wo ihn die Bauern schon seit Jahrhunderten züchten. Die „Alpenhunde" wurden in Cane da Pastore Bergamasco umbenannt, da ein Züchter aus Bergamo als einziger seine Hunde eintragen ließ. Der Schäferhund von Bergamo ist ein robuster, widerstandsfähiger, wetterharter und genügsamer Hund. Tagsüber hütet und treibt er die Herden, nachts bewacht er sie. Sein Zottelfell schützt ihn vor der Witterung und im Kampf. In der Einsamkeit der Berge entwickelte der Bergamasker eine enge Verbundenheit mit dem Hirten. Als Familienhund braucht der Bergamasker eine konsequente Erziehung, denn er ist auf der einen Seite eine eigensinnige, temperamentvolle Persönlichkeit, stolz und alles andere als unterwürfig, auf der anderen Seite aber sehr sensibel und braucht engen Kontakt mit seinen Menschen. Der intelligente Hund ist uberaus wachsam und besitzt angeborenen Schutztrieb. Besonders in der Jugend ist er allem Fremden gegenüber misstrauisch, als erwachsener Hund strahlt er Ruhe und Sicherheit aus. Von der Schnauze bis zur Schulter wird das Haar gekämmt, am übrigen Körper verfilzt das Fell und wird in ca. 2 cm dicke breite Zotteln gezupft, aber nie gekämmt. Der Hund wird nicht gebadet, sondern nur abgeduscht. Er bringt naturgemäß viel Schmutz ins Haus. Deshalb gewinnt er nur einen kleinen Liebhaberkreis. Wer nicht ausstellen will, kann den Bergamasker ausbürsten und die aparte Rasse ohne großen Pflegeaufwand genießen.

Bergamasker Hirtenhund
Schulterhöhe
Rüden 60 cm,
Hündinnen 56 cm ± 2 cm
Gewicht Rüden 32–38 kg,
Hündinnen 26–32 kg
Farbe grau, grauschwarz gefleckt, schwarz, hellgrau mit Anflug von rötlichbraun oder isabell
Land Italien
FCI-Nr. 194, Gruppe 1.1

Kurzhaar

Holländischer Schäferhund

Schulterhöhe
Rüden 57–62 cm,
Hündinnen 55–60 cm
Gewicht Rüden ca. 28 kg,
Hündinnen ca. 23 kg
Farbe Kurzhaar/Langhaar:
grau und braun gestromt,
Rauhaar: blaugrau, pfeffer-
salz gestromt
Land Niederlande
FCI-Nr. 223, Gruppe 1.1

Die **Hollandse Herdershonde** sind eng mit dem Belgischen und dem Deutschen Schäferhund verwandt, erlangten jedoch selbst in ihrer Heimat nie deren große Popularität und wurden stets in kleinem Rahmen gezüchtet. Dafür konnte sich im Hollandse Herder ein Hund erhalten, der noch sehr viel mehr den ursprünglichen Hütehundtyp verkörpert. Er ist in Charakter und Gebäude weniger extrem als der Deutsche Schäferhund, was viele Menschen schätzen, die sich einem noch nicht vermarkteten Hund zuwenden wollen. Am häufigsten ist der Kurzhaar zu finden, ihm folgt der Rauhaar, seltener wird der Langhaar gezüchtet, der mir im Wesen sensibler erscheint als Kurz- und Rauhaar. Das Augenmerk der Züchter gilt in erster Linie dem zuverlässigen Familienbegleithund. Jedoch findet er auch als Blindenführhund, Zoll- und Polizeihund und in vielen hundesportlichen Disziplinen Verwendung. Der Holländische Schäferhund braucht unbedingt Familienanschluss und engen Führerkontakt. Er ist unbestechlich, Fremden gegenüber gleichgültig und seiner Familie treu ergeben. Sehr territorial veranlagt, macht ihn sein natürlicher Schutztrieb zum geschätzten Wächter von Haus und Hof. Intelligent und von rascher Auffassungsgabe, arbeitet er freudig, voller Temperament und braucht eine konsequente, einfühlsame Erziehung bei einem sportlichen Besitzer, der sich intensiv mit seinem Hund beschäftigen kann. Der Holländische Schäferhund ist bewegungsfreudig und pflegeleicht.

Rauhaar

Langhaar

Groenendael

Belgische Schäferhunde

Belgischer Schäferhund
Schulterhöhe
Rüden 62 cm –2/+4 cm;
Hündinnen 58 cm –2/+4 cm
Gewicht Rüden 25–30 kg,
Hündinnen 20–25 kg
Land Belgien
FCI-Nr. 15, Gruppe 1.1

In Belgien entwickelte sich Ende des 19. Jh. ein mittelgroßer, wendiger, ausdauernder, genügsamer, wachsamer Schäferhund **(Chien de Berger Belge)** mit Schutztrieb, der stark führerbezogen war und dennoch selbstständig arbeiten konnte, wenn es die Situation erforderte. 1891 nahm sich Prof. Reul der einheimischen Schäferhunde an und förderte die Reinzucht. Es dauerte eine Weile, bis man sich auf die Farben und Haararten einigte, die heute gezüchtet werden:
Groenendael: schwarz, langhaarig, entwickelte sich um das Dörfchen Groenendael. **Tervueren:** langhaarig, rot-braun mit schwarzen Haarspitzen und schwarzer Maske. **Malinois** (Mechelaer): Kurzhaar, falbfarben mit schwarzer Wolkung und schwarzer

Maske; er stammt aus der Gegend um Malines. **Lakenois** (Laeken): rauhaarig, Farbe wie Malinois, benannt nach einer Rauhaarschäferhundzucht im Park von Schloss Laeken.
Belgische Schäferhunde sind sehr gute Familienhunde und unermüdliche Freizeitgefährten. Sie sind intelligent, arbeitsfreudig, leichtführig, wachsam und für vielerlei Ausbildung geeignet. Sie brauchen viel Bewegung und Beschäftigung und zeigen hervorra-

Malinois

Tervueren

Malinois

gende Leistungen vom Agilitysport bis
hin zu Rettungshunden. Der Malinois
ist der bevorzugte Sporthund für
Schutzhundfreunde und wird immer
häufiger bei Polizei und Zoll
eingesetzt. Hunde aus gezielter
Schutzhundzucht sind jedoch als reine Familienhunde nicht zu empfehlen. Die sehr sensiblen Belgier müssen einfühlsam, mit liebevoller
Konsequenz und ohne Härte erzogen
werden, sie sind daher für den unerfahrenen Hundehalter nur bedingt
empfehlenswert. Der Laeken ist ausgeglichener und ruhiger als seine sehr
temperamentvollen, immer agilen
Vettern. Dabei ist er sicher nicht weniger begabt, aber leider nur sehr selten
anzutreffen. Die Langhaarigen bedürfen regelmäßiger Pflege.

Lakenois

Deutscher Schäferhund
Schulterhöhe
Rüden 60–65 cm,
Hündinnen 55–60 cm
Gewicht Rüden 30–40 kg,
Hündinnen 22–32 kg
Farbe schwarz mit rotbrau-
nen, braunen, gelben bis
hellgrauen Abzeichen; ein-
farbig schwarz oder grau
gewolkt
Land Deutschland
FCI-Nr. 166, Gruppe 1.1

Deutscher Schäferhund

Ende des 19. Jh. wurde nur der stockhaarige, wolfsähnliche Typ aus den
deutschen Schäferhundschlägen rein
gezüchtet, weil er dem Zeitgeschmack
entsprach und der stockhaarige Hund
mit funktionellem Gebäude am leis-
tungsfähigsten erschien. Die zielstre-
bige Zucht mit thüringischen und
württembergischen Schäferhunden
schuf den Deutschen Schäferhund.
Von Anbeginn an stand der Diensthund für Polizei und Militär im Vordergrund der Zuchtbemühungen. In
beiden Weltkriegen erwarben sich
Deutsche Schäferhunde an der Front
hohe Achtung bei den Soldaten aller
Nationen. Der Deutsche Schäferhund,
im Ausland auch Alsatian genannt,
stürmte in aller Welt die Ranglisten
der beliebtesten Hunderassen. Wie
jede andere „Moderasse" hat auch er

unter der Vermarktung zu leiden.
Doch Hunde aus verantwortungsbe-
wussten Zuchten sind nach wie vor
hervorragende Diensthunde, zuverlässige Sport- und Familienhunde. Der
Deutsche Schäferhund braucht engen
Kontakt zu seiner Bezugsperson, viel
Bewegung und Beschäftigung. Jeder
Schäferhundbesitzer findet für sich
und den vielseitig einsetzbaren,
arbeitsfreudigen und leichtführigen
Hund die passende Beschäftigung:
Turnierhundsport, Agility, Katastrophenhund, Lawinenhund, Schutzhund, Herdengebrauchshund usw.
Keinesfalls darf der Schäferhund sich
selbst überlassen als „Alarmanlage"
missbraucht werden, denn Haltungs-
und Erziehungsfehler wirken sich bei
dem geborenen Arbeitshund immer
negativ aus.

Langhaar

Weißer Schweizer Schäferhund

Der einst **Amerikanisch-Canadischer Weißer Schäferhund** genannte Hund ist eine Farbvariante des Deutschen Schäferhundes, auf deren Zucht sich in den USA und Kanada Züchter spezialisierten. Weiße Exemplare waren schon zu Beginn der Reinzüchtung des Deutschen Schäferhundes Ende des 19. Jahrhunderts bekannt, bei den Schäfern aber nie beliebt. Tatsächlich ist die Erbanlage für weißes Fell (keine Albinos!) noch immer vorhanden, sodass gelegentlich aus normalfarbenen Eltern weißen Welpen fallen können. In den USA bekommen diese Hunde Ahnentafeln, dürfen aber nicht auf Ausstellungen bewertet werden, weil der Rassestandard sie nicht vorsieht. Weiße Schäferhunde aus reiner Farbzucht werden demnach meist von Familienhund-Liebhaberzüchtern

ohne Ehrgeiz im Ausstellungsring oder in der Ausbildung gezüchtet, was sicherlich Typ und Charakter beeinflusste. Der weiße Schäferhund gelangte über die Schweiz durch Zufall nach Deutschland, wo er sich rasch recht großer Beliebtheit erfreute. Da der Verein für Deutsche Schäferhunde nicht bereit war, diese Hunde anzuerkennen, und die ersten Exemplare offiziell aus den Staaten in die Schweiz kamen, beantragte die Schweiz die Rasseanerkennung. Im Wesen ist er etwas sensibler als der farbige Deutsche, temperamentvoll, aufmerksam und wachsam. Fremden gegenüber gelegentlich zurückhaltend, aber nicht scheu oder aggressiv. Umgänglich mit Artgenossen. Das stockhaarige oder langstockhaarige Fell ist pflegeleicht.

Weißer Schweizer Schäferhund

Schulterhöhe
Rüden 60–66 cm,
Hündinnen 55–61 cm
Gewicht Rüden 30–40 kg,
Hündinnen 25–35 kg
Farbe weiß
Land Schweiz
FCI–Nr. 347, Gruppe 1.1

Karstschäferhund

Karstschäferhund
Schulterhöhe
Rüden 57–63 cm,
Hündinnen 54–60 cm
Gewicht Rüden 30–42 kg,
Hündinnen 25–37 kg
Farbe eisengrau
Land Slowenien
FCI-Nr. 278, Gruppe 2.2

Schon im Jahre 1689 wird der Karstschäferhund **(Kraski Ovcar)** beschrieben: „… vor allem auf dem Karst und
am Fluss Pivka züchtet man große
und starke Hunde, die imstande sind,
dem Wolf gehörig den Pelz zu gerben.
Deshalb sind sie stets in Begleitung
der Hirten zu finden." Der früher
Istrianer Schäferhund genannte, ei-
sengraue Hirtenhund wurde ursprünglich als Illyrischer Schäferhund
mit dem Sarplaninac in einen Topf
geworfen. Auch wenn das Militär den
Kraski Ovcar als Diensthund verwen-
dete, ist er alles andere als ein dienst-
eifriger, gehorsamer, auf Befehl han-
delnder Hund. Die Bauern des
Karstgebirges brauchten einen mutigen, unbestechlichen, in gewissen
Situationen selbstständig handelnden
Wach- und Schutzhund der Herden
und Anwesen. Ein absolut zuverlässiger, robuster, witterungsunempfind-
licher, genügsamer, schmerzun-
empfindlicher Hund war gefragt. Er
verbrachte sein Leben in enger Gemeinschaft mit dem Hirten, aber
nicht als dessen Sklave, sondern als
Helfer. Der Kraski ist in der Familie
anhänglich und zuverlässig, Fremden
gegenüber jedoch unberechenbar und
scharf. Seine Reviertreue duldet keine
Eindringlinge. Der gelassen und ruhig
wirkende Hund greift nach seinem
Ermessen, das für den Hundehalter
oft schwer erklärbar ist, unvermittelt
und kompromisslos an, sowohl Menschen als auch Hunde. Der Karstschäferhund ist daher höchstens als Wach-
und Schutzhund sicher eingezäunter,
großräumiger Anwesen zu empfehlen. Eine frühe Gewöhnung der Welpen an alles Fremde ist besonders bei
dieser Rasse unerlässlich.

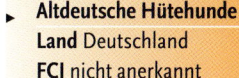

Tiger

Altdeutsche Hütehunde

▶ **Altdeutsche Hütehunde**
Land Deutschland
FCI nicht anerkannt

Mit Beginn der Rassehundezucht widmete man sich leider nur einer gezielten Vermischung verschiedener einheimischer Hütehundschläge und schuf den Deutschen Schäferhund. Dabei gerieten die alten Schläge vollkommen in Vergessenheit. Nicht so in der ehemaligen DDR, wo neben der Schafzucht auch die Hundezucht in staatlicher Hand lag. Mit Aufgabe der staatlichen Subventionierung der Schafzucht schwanden mit den Herden auch die Hunde, und es ist einigen engagierten Schäfern zu verdanken, dass die alten Schläge nicht ganz verschwunden sind. 1989 wurde die Arbeitsgemeinschaft zur Zucht Altdeutscher Hütehunde (AAH) gegründet, die es sich zur Aufgabe gemacht hat, Zucht und Haltung der zum Teil vom Aussterben bedrohten Hütehundschläge zu fördern und deren

Wesen, Gesundheit und Leistungsfähigkeit zu bewahren. Es wird ein Zuchtbuch auf wissenschaftlicher Basis geführt. Für die Zucht waren und sind die Gebrauchseigenschaften und nicht Schönheit oder Rassestandard von Bedeutung. Bei der Zuchttauglichkeitsprüfung werden Wesen,

Schwarzer Altdeutscher

Stumper

Schafpudel

Strobel

Hütetrieb und Griff geprüft. Es haben sich im Laufe der Zeit dem Klima und dem Umfeld, aber auch dem persönlichen Geschmack der Schäfer entsprechende Typen entwickelt, die in Größe, Körperbau, Fellstruktur und Temperament stark variieren. So gibt es den kompakt gebauten, kleinen wendigen Hund mit lebhaftem Temperament und den eher ruhigen großen Vertreter. Einige Typen eignen sich auch als Familienhunde, wenn sie ihrem Arbeitseifer und ihrer Intelligenz entsprechend beschäftigt werden. Die AAH vermittelt geeignete Welpen an geeignete Menschen, sodass wir Altdeutsche Hütehunde (nicht zu verwechseln mit dem oft als „altdeutsch" bezeichneten langhaarigen Deutschen Schäferhund) heute als Rettungshund, Behindertenbegleithund und Sporthund bei Agility und Turnierhundsport finden. Man unterscheidet folgende Schläge: **Schafpudel:** zotthaarig. **Fuchs:** mittelgroß, langstockhaarig, fuchsrot, lokale

Fuchs

Bezeichnung Harzer und Siegerländer Fuchs, Westerwälder Fuchs oder Kuhhund. **Gelbbacke:** mittelgroß, langstockhaarig, schwarz-markenfarbig. **Schwarzer Altdeutscher:** einfarbig schwarz, meist langstockhaarig, unterschiedliches Aussehen. **Tiger:** alle Schläge mit Merlefaktor (einen Schlag nur nach einer Fellfarbe, die bei allen Hunden vorkommen kann, zu bezeichnen, erscheint allerdings wenig sinnvoll). **Strobel:** meist schwarz mit

Westerwälder

dichtem Rauhaar. **Stumper:** alle Schläge mit angeborener Stummelrute oder rutenlos geboren (auch dieses Merkmal kommt bei allen Hunden vor und scheint als separater Schlag nicht sinnvoll). Wichtig ist jedenfalls, dieses alte Kulturgut zu erhalten.

Gelbbacke

Garafiano

- **Garafiano**
  Schulterhöhe
  Rüden 57–64 cm,
  Hündinnen 55–62 cm
  Gewicht Rüden 28–35 cm,
  Hündinnen 24–30 kg
  Farbe löwengelb, grau
  Land Spanien, national
  anerkannt
  FCI nicht anerkannt

- **Euskal Artzain Txakurra**
  Varietät Gorbeiakoa o del
  Gorbea
  Schulterhöhe
  Rüden 47–61 cm,
  Hündinnen 46–59 cm
  Gewicht Rüden 18–36 kg,
  Hündinnen 17–29 kg
  Farbe feuerrot, rot oder
  löwengelb
  Land Spanien, national
  anerkannt
  FCI nicht anerkannt

- **Can de Palleiro**
  Schulterhöhe
  Rüden 59–65 cm,
  Hündinnen 57–63 cm
  Gewicht Rüden 30–38 kg,
  Hündinnen bis 33 kg
  Farbe zimt, kastanienbraun,
  wolfsgrau, schwarz, gelb
  Land Spanien, national
  anerkannt in Galizien
  FCI nicht anerkannt

- **Perro Lobo Herreno**
  Schulterhöhe
  Rüden 55 cm,
  Hündinnen 50 cm
  Gewicht Rüden 25 kg,
  Hündinnen 15 kg
  Farben schwarz bis weiß,
  auch wolfsfarben
  Land Spanien
  FCI nicht anerkannt

Spanische Schäferhunde

In Spanien konnten sich lokal einige Hütehundschläge erhalten, die erst kürzlich in die Rassehundezucht eingingen. Der **Garafiano** ist der Hüte- und Wachhund der Kanareninsel La Palma und wird seit 1982 auch als Begleithund gezüchtet. Er ist ein arbeitsfreudiger, wachsamer, aber nicht aggressiver, sondern sozialverträglicher und leichtführiger Hausgenosse. Der **Euskal Artzain Txakurra**, der baskische Schäferhund (Iletsua, rauhaarig; Gorbeiakoa siehe Foto) arbeitet auch mit Rindern, Pferden und Ziegen. Der **Can de Palleiro** aus Galizien ist ein Hüte-, Treib- und Wachhund. Der ihm sehr ähnliche **Perro Lobo Herreno** hütet auf der Kanareninsel Hierro Schafe. Diese Hunde sind noch aktive Arbeitshunde, bestens angepasst an Klima und Landschaft ihrer Heimat.

Can de Palleiro

Txakurra

Perro Lobo Herreno

Drentse Patrijshond

Der Rebhuhnhund aus der Provinz Drenthe **(Drent'scher Hühnerhund)** stammt vermutlich von spanischen und französischen Stöberhunden ab. Jagdhunde vom Typ des Drentse Patrijs sind schon auf Gemalden des 17. Jh. zu sehen. Die Reinzucht begann aber erst 1943. Höchstwahrscheinlich waren Drentser Patrijshonden an der Schaffung des modernen Kleinen Münsterländers und umgekehrt beteiligt, mit dem er große Ähnlichkeit hat. Drentse Patrijshunde waren eigentlich mehr die Hofhunde der Heidebauern, die natürlich auch mit diesen Hunden jagten, aber sie waren keine reinen Jagdgebrauchshunde.

Gelegentlich wurde ein Hund vor den Karren gespannt. Das Hofhundleben zeigt sich heute noch im Charakter des Drentse Patrijs, der alle guten Eigenschaften eines Haus- und Familienhundes besitzt und zudem ein guter Vorstehhund ist. Er ist an-

hänglich und liebenswert, kinderlieb, bewacht den Hof zuverlässig und streunt nicht. Er steht vor und apportiert Federwild ebenso zuverlässig wie Kaninchen und Hase. Auch bei der Verlorensuche bewährt sich dieser vielseitige Hund und kann noch den Fuchs apportieren. Überdies ist er außerordentlich wasserfreudig. Er ist langsamer als die deutschen Vorstehhunde, arbeitet aber sehr gründlich und genau, auch in dicht bewachsenem Gelände. Bei der Suche nach Wild hält er stets Führerkontakt. In offenem Feld muss er lernen, sich weiter vom Führer zu entfernen. Diese Eigenschaft kommt ihm als Begleithund zugute, da er sich trotz Jagdpassion ungern selbstständig macht. Seine jagdlichen Fähigkeiten sind ihm angeboren. Deshalb ist der sanfte, unterordnungsbereite Drentse Patrijshond leicht und ohne Zwang und Härte auszubilden.

▶ **Drentse Patrijshond**
Schulterhöhe
Rüden 58–63 cm,
Hündinnen 55–60 cm
Farbe weiß mit braunen
Flecken
Land Niederlande
FCI-Nr. 224, Gruppe 7.1

Epagneul Français

Langhaarige französische Vorstehhunde

▶ **Epagneul Français**
Schulterhöhe
Rüden 56–61 cm,
Hündinnen 56–59 cm
+ 2 cm
Farbe weiß und braun
gescheckt
Land Frankreich
FCI-Nr. 175, Gruppe 7.1

▶ **Epagneul Picard**
Schulterhöhe
Rüden bis 62 cm,
Hündinnen 55–60 cm
Farbe grau getüpfelt mit
braunen Platten und loh-
farbenen Abzeichen
Land Frankreich
FCI-Nr. 108, Gruppe 7.1

Langhaarige „Vogelhunde" waren schon im Mittelalter bekannt. Von ihnen stammen die Setter, Spaniels, langhaarigen deutschen und französischen Vorstehhunde ab. Sie sind reine Jagdgebrauchshunde und finden allmählich auch außerhalb Frankreichs einen größeren Freundeskreis. Ihr liebenswürdiges Wesen macht sie zu angenehmen Begleitern. Das schlichte Langhaar ist pflegeleicht.

Epagneul Français
Ältester und ursprünglichster Französisch Langhaar. Er ist der berühmte „sich legende Hund" des Mittelalters, der für die Netzjagd verwendet wurde. Nach der Revolution 1790 verschwanden viele Rassen, die in der Gunst des Adels gestanden hatten. Erst gegen 1850 lebte das Interesse an einheimischen Rassen auf, und die letzten

Exemplare wurden der Reinzucht zugeführt. Ruhiger, ausgeglichener Allround-Jagdgebrauchshund, der sich besonders in schwierigem Gelände, Dickicht ebenso wie Sumpf, hervorragend bewährt. Er besitzt ausgezeichnete Wasserjagdqualitäten, hervorragende Nase, ausdauernde Jagdpassion, ausgeprägte Apportierfreude und sucht ruhig und sicher. Der sehr führerbezogene, intelligente und leichtführige Hund hält immer Kontakt zum Führer.

Epagneul Picard
Ebenfalls sehr alte Rasse aus der Landschaft Picardie. Ruhiger, kraftvoller Hund mit großer Jagdpassion, der sich in jedem Gelände bewährt. Seine Zuverlässigkeit auf Schweiß beim Nachsuchen, seine enorme Wasserpassion, die wirklich ruhige kurze

Epagneul Picard

▶ **Epagneul Bleu de Picardie**
Schulterhöhe
Rüden bis 57–60 cm,
Hündinnen etwas weniger
Farbe grau-schwarz getüp-
felt
Land Frankreich
FCI-Nr. 106, Gruppe 7.1

Epagneul Bleu de Picardie

Suche unter der Flinte, seine sprichwörtliche Führigkeit und die sehr feine Nase haben ihn schnell zu einem
gefragten Allrounder gemacht. Der
Picardie Spaniel ist ein sehr führerbezogener Hund, der sich bestens in die
Familie einfügt.

Epagneul Bleu de Picardie
Er entspricht weitgehend dem Picard.
Leichtführiger, gelehriger, angeneh-
mer Vorstehhund mit hervorragen-
der Nase, festem Vorstehen und dem
Jagdgebrauch entsprechender
Schärfe.

Griffon Nivernais

Französische Griffons

Griffon Nivernais
Schulterhöhe
Rüden 55–60 cm,
Hündinnen 53–58 cm
Farbe wolfsgrau, blaugrau,
saufarben, rehbraun mit
Stichelung
Land Frankreich
FCI-Nr. 17, Gruppe 6.1

Griffon Nivernais

Der in Frankreich auf Fuchs- und
Wildschweinjagd beliebte Hund geht
auf alte, inzwischen ausgestorbene
Meutehunde zurück, die Chien Gris
de Saint Louis. Der Wildschweinjäger
par excellence zeichnet sich durch
Ausdauer, Mut, Härte, Widerstands-
fähigkeit und hervorragende Nase aus.
Wegen seines guten Charakters und
unkomplizierten Wesens ein Hund
für noch unerfahrene Jäger. Der Nivernais (benannt nach der Stadt Ne-
vers) wurde während der Revolution
fast ausgerottet.

Grand Griffon Vendeen

Die seltene Rasse geht auf die weißen
Königshunde des Mittelalters und die
Grauen St. Louis-Hunde sowie den
ausgestorbenen Griffon de Bresse,

Nachfahre der alten Keltenbracken
(Segusier), zurück. Ursprünglich zur
Wolfsjagd gezüchtet, eignet er sich
heute noch hervorragend zur Jagd auf
Großwild. Intelligenter, robuster,
eigenwilliger Hund, lebhaft und fröhlich, bei der Jagd außerordentlich
schnell.

Griffon Fauve de Bretagne

Ebenfalls ins Mittelalter zurückgehende Laufhundrasse. Ursprünglich
ein Wolfsjäger. Robuster, passionierter, hartnäckiger, zuverlässiger Jagdhund, besonders geeignet für schwieriges Terrain, der mit jedem Beutetier
fertig wird. Gutartig mit Menschen.

Diese selbstständig jagenden, hoch
passionierten Jagdhunde eignen sich
nicht als Familienbegleithunde.

Grand Griffon Vendeen

Griffon Fauve de Bretagne

▸ **Grand Griffon Vendeen**
Schulterhöhe
Rüden 62–68 cm, Hündin-
nen 60-65 cm ± 1 cm
Farbe weiß-schwarz,
schwarz-rot, weiß-orange,
dreifarbig, falb/sandfarben
schwarz gewolkt
Land Frankreich
FCI-Nr. 282, Gruppe 6.1

▸ **Griffon Fauve de Bretagne**
Schulterhöhe 48–56 cm
± 2 cm
Farbe falbfarben
Land Frankreich
FCI-Nr. 66, Gruppe 6.1

Braque d'Auvergne

Kurzhaarige französische Vorstehhunde

Braque d'Auvergne
Schulterhöhe
Rüden 57–63 cm,
Hündinnen 53–59 cm
Farbe schwarz mit weißer
Scheckung
FCI-Nr. 180, Gruppe 7.1

Die Geschichte der französischen Vorstehhunde reicht bis ins 15. Jahrhundert zurück. Jeder Fürstenhof züchtete neben den Meutehunden Vorstehhunde für die Jagd mit der Flinte oder dem Beizvogel. In der Französischen Revolution wurden die Jagdhunde mit ihren adeligen Herren vernichtet. Es blieben nur noch wenige Schläge erhalten. Sie zeichnen sich aus durch feine Nasenleistung, firmes Vor- und Durchstehen, zuverlässiges Verlorenbringen, Ruhe auf der Schweißfährte. Sie sind passionierte Stöberer. Alle französischen Vorstehhunde sind für jagdlich aktive Besitzer sehr angenehme Haus- und Familienhunde, gutartig, ausgesprochen leichtführig, intelligent und oft sensibel.

Braque d'Auvergne
Im französischen Zentralmassiv, der Auvergne, entstand vor 300 Jahren dieser kräftige, schnelle und ausdauernde, der rauen Landschaft des Cantal angepasste Vorstehhund. Seine Herkunft liegt im Dunkeln, eine Einkreuzung fremder Rassen ist nicht nachzuweisen. Der intelligente Hund mit ausgezeichneter Nase ist anhänglich, leicht zu führen, sanft und verschmust.

Braque Saint Germain
Einst Braque Compiègne genannt, wurde sie zunächst von Förstern im Wald von Compiègne aus Pointer und einheimischen kurzhaarigen Vorstehhunden gezüchtet, die sie mit nach

Braque Saint Germain

St. Germain nahmen, wo sie bei den Jägern in Paris Aufsehen erregte und Braque St. Germain genannt wurde. Feldspezialist auf kurzer Distanz auf Fasan und Rebhuhn, etwas langsamer als der Pointer, mit guter Nase und angeborener Bringfreude. Leichtführig und anhänglich in der Familie.

Braque du Bourbonnais
Klassischer französischer Vorstehhund, der schon 1590 urkundlich erwähnt wird. Durch die Französische Revolution ging die Rasse verloren und wurde erst im vergangenen Jahrhundert wieder aufgebaut. Die Braque du Bourbonnais verfügt über einen hervorragenden Geruchssinn und gilt als ausgezeichneter Vorstehhund in jedem Gelände. Sie ist sanft und leichtführig. Stummelrute angeboren oder kupiert.

Braque de l'Ariège
Alte, nahezu ausgestorbene Rasse vom Typ der „weißen Hunde des Königs". Neuzucht seit 1990. Für jede Art der Jagd geeignet, widerstandsfähig und leichtführig.

Braque Français
Aus den schwereren, langsamen Vorstehhunden der Gascogne und Oysel hat man in den letzten 100 Jahren zwei Schläge herausgezüchtet. Dank seiner Größe und Jagdpassion wird

Braque de l'Ariège

Foto: Ulrike Spieker

▶ **Braque Saint Germain**
Schulterhöhe
Rüden 56–62 cm,
Hündinnen 54–59 cm
+ 2 cm
Farbe weiß-orange
FCI-Nr. 115, Gruppe 7.1

▶ **Braque de l'Ariège**
Schulterhöhe
Rüden 60–67 cm,
Hündinnen 56–65 cm
Farbe blass orangefalb oder braun weiß gescheckt, auch getüpfelt
FCI–Nr. 177, Gruppe 7.1

Braque Français type Gascogne

- **Braque Français**
  Schulterhöhe
  Type Gascogne (grand
  taille): Rüden 58–69 cm,
  Hündinnen 56–68 cm,
  Type Pyrenée (petite taille):
  Rüden 47–58 cm,
  Hündinnen 47–56 cm
  Farbe kastanienbraun, ein-
  farbig oder mit Weiß oder
  lohfarbenen Abzeichen
  FCI-Nr. Type Gascogne 133,
  Type Pyrenées 134,
  Gruppe 7.1

- **Braque du Bourbonnais**
  Schulterhöhe
  Rüden 51–57 cm,
  Hündinnen 48–55 cm
  ± 1 cm
  Farbe weiß mit feinen brau-
  nen oder falbfarbenen Tüp-
  feln
  FCI-Nr. 179, Gruppe 7.1

der Français in allen
Landstrichen Frank-
reichs geschätzt. Er
hat einen sehr guten
Charakter, ausgezeich-
neten Spürsinn, festes
Vorstehen, Bring-
freude und große Pas-
sion. Er wird sowohl
vor als auch nach dem
Schuss verwendet. Da-
bei ist er leichtführig
und bereitet bei der
Abrichtung keine
Schwierigkeiten. Der
Hund ist sehr führer-
bezogen und anpas-
sungsfähig. Die Bra-
que Français ist
ausdauernd und wit-
terungsunempfindlich
und wird bei der Jagd
in Feld, Wald, Wasser
oder Sumpf ein-
gesetzt.

Braque Français type Pyrenées

Braque du Bourbonnais

Ungarisch Kurzhaar

Magyar Vizsla

Schon mit der Völkerwanderung kamen Spürhunde ins Karpatenbecken, das heutige Ungarn, wie Knochenfunde beweisen. Später beeinflussten semmelgelbe türkische Jagdhunde die Rasse, und im 18. Jh. begann die den neuen Jagdmethoden angepasste Zucht. Pointer und Deutsch Kurzhaar wurden eingekreuzt. Der **Ungarisch Drahthaar** entstand durch die Einkreuzung des Deutsch Drahthaar und ist im Jagdgebrauch etwas robuster, während der **Ungarisch Kurzhaar** auch als Schauhund geführt wird. Der Vizsla ist ein sehr führerbezogener, gelehriger, leichtführiger Hund, der viel Liebe sucht und bei der Führung braucht. Bei der Niederwildjagd schneller, wendiger Sucher; fester, sicherer Apporteur; auf Schweiß ruhig und genau, neigt zum Totverbeller, Bringselverweis lernt er schnell. Er ist wasserfreudig und ein rücksichtsloser Raubwildwürger. Hervorzuheben ist seine Ausdauer bei heißem und trockenem Wetter. Diese Vielseitigkeit, große Intelligenz und Anhänglichkeit machen ihn zum idealen Begleiter des Berufsjägers, mehr als die meisten anderen Vorstehhunderassen aber für den Freizeitjäger, der gleichzeitig einen angenehmen, gehorsamen Haus- und Familienhund schätzt. Der Vizsla eignet sich ebensogut für den Hundesport außerhalb des Jagdgebrauchs wie z. B. als Katastrophenhund. Zwei Haararten: Drahthaar **(Drotszörü)** und Kurzhaar **(Rövidszörü)**.

▶ **Magyar Vizsla**
Schulterhöhe
Rüden 58–64 cm,
Hündinnen 54–60 cm
Farbe semmelgelb
Land Ungarn
FCI-Nr. Drahthaar 239,
Kurzhaar 57, Gruppe 7.1

Ungarisch Drahthaar

Black and Tan Coonhound

Amerikanische Laufhunde

- **Black and Tan Coonhound**
  Schulterhöhe
  Rüden 63,5–68,5 cm,
  Hündinnen 58–63,5 cm
  Farbe schwarz mit loh-
  farbenen Abzeichen
  Land USA
  FCI-Nr. 300, Gruppe 6.1

- **American Foxhound**
  Schulterhöhe
  Rüden 56–63,5 cm,
  Hündinnen 53–61 cm
  Farbe alle
  Land USA
  FCI-Nr. 303, Gruppe 6.1

Die großen Laufhundrassen Amerikas gehen, außer dem Plott, auf im 18. Jh. importierte Foxhounds und Französische Laufhunde zurück und wurden ihrer neuen Heimat angepasst an Klima, unwegsames Terrain und Wildarten wie Waschbär, Opossum, Puma und Bär, die oft in Bäume flüchten. Sie werden nur für den Jagdgebrauch gezüchtet und erinnern im Aussehen an die großen französischen Laufhunde.

American Foxhound
Der dem English Foxhound sehr ähnliche und von ihm und französischen Bracken abstammende amerikanische Foxhound wird auch als Ausstellungshund gezüchtet. Schwieriger Familienhund, da unabhängiger, wenig fügsamer Charakter.

Black and Tan Coonhound
Er stammt aus der Kreuzung von Bluthunden mit American und Virginia Foxhounds und wurde zur nächtlichen „racoon" = Waschbären-Jagd gezüchtet (Schwarzlohfarbener Waschbärenhund). Er verfolgt die

American Foxhound

Foto: Polk

Plott Hound

Fährte mit gesenkter Nase gründlich und bedächtig und verbellt den sich auf Bäume flüchtenden Waschbär. Genauso gut arbeitet er Hirsch-, Puma-, Bären- und andere Großwildfährten aus. Der sehr freundliche, manchmal zurückhaltende, sozialverträgliche Hund ist witterungsunempfindlich und robust. Die sich im wesentlichen in der Farbe unterscheidenden Ameri-

English Coonhound

Foto: Haugh

can English Coonhound, Bluetick Coonhound, Redbone Coonhound, Treeing Tennessee Brindle und Treeing Walker Coonhound sind national anerkannt und werden von der FSS® im AKC betreut. Der American Leopard Hound stammt von spanischen und mexikanischen Hunden ab und wurde zur Bärenjagd verwendet.

Plott Hound

1750 brachten die Gebrüder Plott aus Deutschland Hannoversche Schweißhunde mit in die USA, wo sie zur Bärenjagd eingesetzt wurden, ab 1930 auch zur Wildschweinjagd, und Berühmtheit erlangten. Waschbärjäger wurden auf diese Hunde aufmerksam, die Tiere in den Bäumen aufspürten, und nannten sie Plott Coonhound. Der Plott ist kraftvoll, athletisch, mutig und sucht mit großer Passion spurlaut. Intelligenter, aufmerksamer und selbstbewusster Hund. Bekannt für Ausdauer, Beweglichkeit, Durchsetzungsvermögen und Schärfe bei der Jagd.

▶ **Plott Hound**
Schulterhöhe
Rüden 50–62,5 cm,
Hündinnen 50–57,5 cm
Gewicht in Jagdkondition
Rüden ca. 25–30 kg, Hündinnen ca. 20–27,5 kg
Farbe gestromt in allen Tönen
Land USA, national anerkannt
FCI nicht anerkannt

English Foxhound

▶ **English Foxhound**
Schulterhöhe 58–64 cm
Farbe alle Laufhund-Farben
Land Großbritannien
FCI-Nr. 159, Gruppe 6.1

English Foxhound, Fell Hound, Rastreado

English Foxhound

Der Foxhound ist seit Jahrhunderten der klassische Hund für die Fuchsjagd zu Pferde. Seit 1800 wird das Zuchtbuch geführt, und die wohlhabenden Briten scheuten keine Kosten an Unterhalt und Personal für die aufwendige Haltung großer Meuten. Heute darf nicht mehr zum Vergnügen, sondern zur Dezimierung des Fuchses nur noch zu Fuß mit der Flinte und wenigen Hunden gejagt werden. In Deutschland sind Schleppjagden nach einer künstlichen Fährte ein farbenfrohes Vergnügen für Hunde- und Pferdefreunde. Auch wenn in Deutschland jagduntaugliche Hunde in Familien abgegeben werden, die dem freundlichen, anschmiegsamen Hund eine gute Erziehung angedeihen lassen, ihm viel Auslauf bieten

können und das Risiko der Haltung eines solchen Vollblutjagdhundes kennen, sind sie nicht als Familienbegleithunde geeignet. Foxhounds sind robuste, widerstandsfähige, pflegeleichte Hunde.

Fell Hound

Er ist schneller und leichter als der English Foxhound und jagt in Meuten oder paarweise völlig selbstständig in den Bergen des Lake District und der Pennines in Yorkshire, um den Fuchs in den Schafzuchtgebieten kurzzuhalten. Der Fell Hound ist ein reiner Jagdgebrauchshund.

Rastreador Brasileiro

Ein in den 1950er Jahren mit dem einheimischen Veadeiro und englischen, französischen und amerikanischen

Fell Hound

Laufhunden gezüchteter Spürhund, der Klima, Landschaft und Wild in Brasilien angepasst war. 1968 wurde die Rasse FCI-anerkannt, aber nach einer Piroplasmose-Epidemie 1973 für ausgestorben erklärt. Es konnten sich jedoch einige Exemplare erhalten und die Zucht weitergeführt werden, sodass man auf Wiederanerkennung hofft.

▸ **Fell Hound**
Land Großbritannien
FCI nicht anerkannt

▸ **Rastreador Brasileiro**
Schulterhöhe ca. 65 cm
Farbe blau-weiß, schwarz-loh, dreifarbig schwarz-weiß-braun
Land Brasilien
FCI nicht anerkannt

Foto: Mitsue Kobayashi, Bes. Wagner Peres Martins

Rastreador Brasileiro

Foto: Dr. Kovacova-Pecarova

Russische Bracke

Bracken des Ostens

▸ **Russische Bracke**
Schulterhöhe 68 cm
Farbe rot mit schwarzem
oder grauem Sattel
Land Russland, national
anerkannt
FCI nicht anerkannt

▸ **Russische gescheckte
Bracke**
Schulterhöhe
Rüden 57–65 cm,
Hündinnen 54–62 cm
Farbe weiß mit schwarzen
oder grauen Flecken und
lohfarbenen Abzeichen
Land Russland, national
anerkannt
FCI nicht anerkannt

Das riesige Gebiet der ehemaligen
Sowjetunion ist bis heute für Hetzjagden mit Hunden geeignet. Während
in den asiatischen Republiken die verschiedenen Windhundrassen beliebt
sind, ist die Heimat der Bracken der
europäische Teil der UdSSR. Die Blütezeit der Brackenjagd war im 18. und
19. Jh. Jeder Großgrundbesitzer und
Jagdherr züchtete seine eigenen Meuten. An den fürstlichen Jagdfesten
nahmen Hunderte von Bracken teil,
die den Wolf aufstöberten und ins offene Gelände trieben, wo Barsois die
Hatz aufnahmen. Zu den bodenständigen Rassen wurden verschiedene
westeuropäische Laufhunde eingeführt und in die Zucht einbezogen.
Die Reinzüchtung der heute anerkannten Bracken begann erst gegen
Ende des 19. Jh. Alle russischen und
baltischen Bracken sind außerhalb
ihrer Heimat praktisch unbekannt.

Russische Bracke
Der **Russkaja Goncaja** soll von einer
chinesischen Bracke, dem Buansu,
abstammen, worauf schräge Augen,
kurze dreieckige Ohren und das Geläut hindeuten. Erste Darstellungen
dieser Hunde stammen aus dem 12.
Jh. Die Bracken des Mittelalters stellten keine ausgewogene Hunderasse
dar, sondern wurden jeweils nach
dem Geschmack ihrer Züchter – Aris-
tokraten und Großgrundbesitzer – gezüchtet. Kräftiger, selbstständiger und
scharfer Hund mit hochentwickeltem
Orientierungssinn und erstaunlicher
Ausdauer. Die russische Bracke wird
paarweise oder bei der Wolfsjagd in
kleinen Meuten eingesetzt.

Russische gescheckte Bracke
Durch die Einkreuzung von Foxhounds erreichte man einen schnelleren Hund mit hellerer Fellfarbe, worin

Foto: Dr. Kovacova-Pecarova

Russische gescheckte Bracke

Foto: Dr. Kovacova-Pecarova

▶ **Estländische Bracke**
Schulterhöhe 45–52 cm
Farben weiß-schwarz mit
loh, weiß-braun, weiß-
schwarz
Land Estland, national
anerkannt
FCI nicht anerkannt

Estländische Bracke

sich die gescheckte Bracke heute im wesentlichen von der Russischen Bracke unterscheidet. Die ursprüngliche Anglo-Russische Bracke wurde 1947 in Russische gescheckte Bracke umbenannt **(Russkaja Pegaja Goncaja)**.

Estländische Bracke

Aus den ursprünglich hochläufigen Bracken züchtete man durch Einkreuzung von Beagle und Luzerner Laufhund eine kleinere Bracke. Der Beagle brachte kräftige Läufe für das raue Ge-

Foto: Dr. Kovacova-Pecarova

Lettische Bracke

▶ **Lettische Bracke**
Schulterhöhe 48 cm
Farbe tiefschwarz mit loh-
farbenen Abzeichen
Land Lettland, national
anerkannt
FCI nicht anerkannt

▶ **Litauische Bracke**
Schulterhöhe
Rüden 52–60 cm,
Hündinnen 48–55 cm
Farbe schwarz mit Loh
Land Litauen, national
anerkannt
FCI nicht anerkannt

lände, der Luzerner Laufhund frühe
Arbeitsfähigkeit und melodisches Geläut. Der **Estonskaja Goncaja** ist
beliebt wegen seiner guten Jagdei-
genschaften und Leichtführigkeit.
1954 wurde die Rasse national anerkannt.

Foto: Dr. Kovacova-Pecarova

Litauische Bracke

Lettische Bracke
Die kleinste Baltische Bracke (**Latvijskaja Goncaja**) erinnert stark an die
Smalandstövare, mit der sie wahrscheinlich verwandt ist. Sie stellt die
Rückzüchtung der alten Kurlandbracke dar und wurde 1971 anerkannt.
Kleiner, wendiger, leichtführiger Hund,
der sich dicht am Jäger hält und hervorragend auf Schweiß geht. Sie wird
auch gerne in der Stadt gehalten, da
anspruchslos an Raum und Futter.

Litauische Bracke
1977 anerkannte Bracke (**Litovskaja
Goncaja**), die aussieht wie eine mächtigere, größere Lettische Bracke. Beide
Rassen stammen von den alten Laufhunden des Baltikums ab. Aus den
letzten vorhandenen 78 Exemplaren
wurde sie durch Einkreuzung von Beagle, Ogar Polski, russischer Bracke und
Bluthund gezüchtet. Die passionierten
Jagdhunde gehören trotz ihres liebenswerten Wesens nur in Jägerhand.

Siebenbürger Bracke

▸ Siebenbürger Bracke
Schulterhöhe 55–65 cm
(niederläufig 45–50 cm)
Gewicht 30–35 kg
Farben schwarz mit braunen und weißen Abzeichen;
Land Ungarn
FCI-Nr. 241, Gruppe 6.1

Der **Transsylvanische Spürhund** ist ein reiner Jagdgebrauchshund und außerhalb seiner Heimat weitgehend unbekannt. Seine Vorfahren gehen auf alte Brackenschläge zurück, die schon im Mittelalter wegen ihrer guten Nasen hoch geschätzt wurden. Der heutige **Pannonische Spürhund** entstand durch die Einkreuzung der einheimischen mit österreichischen und polnischen Bracken. Er erlebte im 19. Jh. seine Blütezeit. Damals war die Jagd mit Spürhunden am weitesten verbreitet. Jeder Adelshof rühmte sich seiner Spürhundkoppeln. Mit dem Untergang des Adels verlor auch die Jagd an Bedeutung und die Jagdhunde gerieten in Vergessenheit. Zu Beginn des 20. Jh. gab es nur noch wenige reinrassige Exemplare, mit denen die Zucht wieder aufgebaut werden konnte. Die niederläufige Form, die auf Fuchs und Hase jagte, scheint ganz ausgestorben zu sein. Die Siebenbürger Bracke (**Erdély Kopo**) ist anspruchslos und leicht erziehbar. Sie wird gern auf Wildschwein angesetzt, ist ein leidenschaftlicher Spürhund, treibt und stellt, ist zur Nachsuche und zum Apportieren gut brauchbar. Sie ist kein ausgesprochen schneller, aber ausdauernder und gründlicher Spürhund. Ihr Spurlaut ist charakteristisch. Der Kopo ist stark führergebunden und deshalb ein angenehmer Begleiter für den Jäger, der seinen Hund in der Familie halten möchte. Der Hund ist robust und pflegeleicht.

Welpe

Polnische Bracke

► **Polnische Bracke**
Schulterhöhe
Rüden 56–65 cm,
Hündinnen 55–60 cm
Gewicht Rüden 25–32 kg,
Hündinnen 20–26 kg
Farben rotbraun mit
schwarzem Mantel
Land Polen
FCI-Nr. 52, Gruppe 6.1

Aufgrund der engen politischen Beziehungen zwischen Polen und Frankreich gelangten die St. Hubertushunde nach Polen, wo sie mit einheimischen Nachkommen der Tatarenbracke und windhundartigen Jagdhunden gekreuzt wurden und sicher Fuchs, Wolf und Hase jagten. Die Jagd mit großen Meuten konnte jedoch nicht im französischen Stil betrieben werden. Die Polnische Bracke **(Ogar Polski)** jagt meist einzeln oder in Zweierkoppeln. Der schwere Hund verfolgt das Wild ruhig, bedächtig, aber ausdauernd, auch unter schwierigsten Bedingungen. Heute eignet er sich hervorragend für die Jagd auf Schalenwild. Er ist ein sehr guter Stöberer, vor allem im Sumpf- und dichten Waldgebiet. Der Ogar wäre ebenfalls als Schweißhund gut einsetzbar, da er beweglicher als der Hannoversche Schweißhund und stärker als der Bayerische Gebirgsschweißhund ist, dabei sicher im Hochgebirge und bei Schnee. Der sehr führergebundene, sensible Hund liebt Familienanschluss. Er ist nicht scharf, sondern lieb und freundlich. Obwohl er ungern auf eigene Faust loszieht, bewahrt er eine gewisse Selbstständigkeit und Freiheit bei Spaziergängen, ohne aber je den Kontakt zu seinen Menschen zu verlieren. Der leichtführige Hund lernt rasch, gern und ohne Zwang. Härte verträgt er nicht. Er ist im Hause ruhig, fast schon als faul zu bezeichnen, kein Kläffer und zeigt keinen übertriebenen Bewegungsdrang, wenn er entsprechend seiner Passion beschäftigt wird. Die Polnische Bracke ist pflegeleicht.

Aidi

Der **Atlas Berghund** oder **Chien de Montagne de l'Atlas** stammt vermutlich von großen asiatischen Hirtenhunden ab. Es handelt sich nicht um einen Hütehund, sondern um einen reinen Wach- und Schutzhund. Reinrassige Hunde sind nur selten anzutreffen. Besucht man jedoch die abgelegenen Dörfer oder Zeltlager der Beduinen im Atlasgebirge, treten noch immer grimmige, gefährlich anmutende Hunde dem Fremden entgegen. Man tut gut daran, die Hunde zu respektieren, denn es ist ihre Aufgabe, kompromisslos zu verteidigen. Sie sind deshalb alles andere als freundlich und umgänglich. Der Aidi ist kräftig, muskulös, intelligent und aufmerksam. Das dichte Haar schützt den Hund wie ein Panzer vor extremer Hitze, Kälte und Sonnenbestrahlung ebenso wie im Kampf. Der Aidi ist ein zuverlässiger Beschützer von Haus und Hof vor Dieben und der Herden vor Schakalen und Raubkatzen. Dieser noch rein für seine Aufgabe und nicht als Schau- oder Begleithund gezüchtete Berghund ist kein bequemer Hausgenosse, sondern bedarf einer verständnisvollen, konsequenten Erziehung vom Welpenalter an, ebenso wie einer frühzeitigen Gewöhnung an die moderne Umwelt. Aus der Tradition heraus sicherlich eine erhaltenswerte Rasse, aber kaum geeignet als Haus- und Familienhund. In seiner Heimat häufig kupierte Ohren.

▶ **Aidi**
Schulterhöhe 52–62 cm
Farbe falb, gestromt oder berußt, alle Brauntöne, schwarz, einfarbig oder gescheckt
Land Marokko
FCI-Nr. 247, Gruppe 2.2

Foto: Dr. Krakauer

Deutscher Boxer

Deutscher Boxer
Schulterhöhe
Rüden 57–63 cm,
Hündinnen 53–59 cm
Gewicht Rüden über 30 kg,
Hündinnen ca. 25 kg
Farbe gelb oder gestromt,
mit oder ohne weiße Abzeichen
Land Deutschland
FCI-Nr. 144, Gruppe 2.2

Vor dem Gebrauch von Feuerwaffen hielten bei der Sau- und Bärenjagd starke Hunde das gestellte Wild fest. Breitmäulige Hunde mit vorstehendem Unterkiefer konnten sich fest verbeißen und trotzdem Luft holen. Diese Sau- oder Bärenpacker wurden dann von Metzgern und Viehhändlern zum Viehtreiben und Festhalten der Bullen eingesetzt. Der Brabanter Bullenbeißer gilt als Vorfahre des Boxers, dessen Name 1860 erstmals auftauchte. In München begann um diese Zeit die Reinzucht. Der Boxer ist heute eine der beliebtesten Hunderassen überhaupt. Der in seiner Familie freundliche, liebenswerte, charmante Hund ist misstrauisch gegenüber Fremden und bei Bedarf ein unbe-

stechlicher Beschützer, der nie unnötig kläfft. Der selbstbewusste, furchtlose Hund braucht eine konsequente Führung, da er gerne versucht, seinen Dickkopf mit viel Clownerie durchzusetzen. Mit Bestimmtheit, ohne unnötige Härte kann man ihn gut erziehen, doch die ausdrucksvolle Boxermiene besiegt oft die besten Vorsätze! Besonders der selbstsichere Boxerrüde ist kein leichtführiger Hund, aber wer den Boxer zu motivieren weiß, erreicht mit ihm Höchstleistungen im Hundesport. Der temperamentvolle Hund braucht Bewegung und Beschäftigung, das kurze Haar ist pflegeleicht. Er ist hitze- und kälte-empfindlich. Der Boxer gehört zu den anerkannten Diensthunderassen. Weiße Boxer kommen vor, werden aber nicht anerkannt.

Welpe

Alaskan Malamute

Als größter und kraftvollster Schlittenhund ist er der Lastenzieher und kein Rennhund. Er ist nach einem Eskimostamm im westlichen Alaska benannt, der diese Hunde seit Jahrhunderten züchtete. Weltweit bekannt wurden sie bei Polarexpeditionen. Der Malamute ist allen Fremden gegenüber zutraulich und freundlich und nicht auf eine Person bezogen. Trotz seines gelassenen, ruhigen Wesens braucht der intelligente Hund Beschäftigung und Bewegung. Er ist sehr selbstbewusst und muss von klein an konsequent mit viel Hundeverstand erzogen werden. Dennoch wird er sich nie gänzlich unterordnen. Kein Hund für Anfänger oder Menschen, die keine Zeit und Neigung haben, sich intensiv mit dem Hund auseinander- und durchzusetzen. Man sollte sich sportlich mit ihm betätigen, z. B. beim Langlauf oder Schlittenziehen. Der Alaskan Malamute ist kein Haus- oder Wohnungshund und braucht Lebensraum im Freien, wobei der persönliche Kontakt natürlich nicht zu kurz kommen darf. Sein dichtes, jedem Wetter trotzendes Fell ist pflegeleicht, verliert beim Haarwechsel jedoch Unmengen an Unterwolle.

Canadian Eskimo Dog (ohne Foto)
Seit Jahrtausenden Lastenzieher, im Sommer als Träger und Jagdhund der Inuit Kanadas. Er suchte die Atemlöcher der Seehunde, stellte Moschusochse und Eisbär. Harte Arbeitshundrasse, kein Haus- und Familienhund. Sehr ursprüngliches Sozialverhalten, Rangordnungen werden erkämpft. Gelassen, freundlich zu Menschen.

▶ **Alaskan Malamute**
Schulterhöhe Rüden 63,5 cm, Hündinnen 58,5 cm
Gewicht Rüden 38 kg, Hündinnen 34 kg
Farbe hellgrau bis schwarz, sable mit hellen Schattierungen, einfarbig weiß.
Land USA
FCI-Nr. 243, Gruppe 5.1

▶ **Canadian Eskimo Dog**
Schulterhöhe Rüden 58–70 cm, Hündinnen 50–60 cm
Gewicht Rüden 30–40 kg, Hündinnen 18–30 kg
Farbe rot, zimt, falb, grau, schwarz, mehr oder weniger weiß
Land Kanada, national anerkannt
FCI nicht anerkannt

- **Großer Münsterländer**
Schulterhöhe
Rüden 60–65 cm,
Hündinnen 58–63 cm
Gewicht ca. 30 kg
Farbe weiß mit schwarzen
Platten oder Tupfen oder
schwarz geschimmelt
Land Deutschland
FCI-Nr. 118, Gruppe 7.1

Großer Münsterländer

Der Große Münsterländer **(GM)** war ursprünglich eine Farbvariante des Deutsch Langhaar und ist demnach wie dieser aus den mittelalterlichen langhaarigen Vogelhunden hervorgegangen. Der Verein Deutsch Langhaar schloss die schwarzweiße Variante 1908 aus der Zucht aus, da sie angeblich auf die Einkreuzung von Neufundländer, Irish und Gordon Setter schließen ließ. Doch gerade die Münsterländer Bauern, die mit diesen Hunden jagten, lehnten Verbastardierungen mit englischen Rassen ab. Der schwarzweiße Münsterländer Vorstehhund war viel mehr ein vielseitigerer Jagdhund, als es die englischen Hunde jemals waren. Die Bauern brauchten einen Hund, der sich in ihren Revieren mit viel Dornengestrüpp, Heide und Moor bewährte, das heißt einen

kurz unter der Flinte jagenden Hund, der vorstehen sollte und nach dem Schuss das Wild zuverlässig suchte. Ab 1919 begannen systematische Zuchtbestrebungen, um den alten Vogelhund nicht doch noch aussterben zu lassen. Eine seiner hervorragendsten Eigenschaften ist die Spur- und Fährtensicherheit, verbunden mit Spur- und Sichtlaut. Das Vorstehen wurde in den letzten Jahrzehnten durch systematische Zucht fest verankert. Hervorzuheben ist seine ausgezeichnete Leistung bei der Wasserarbeit. Der Große Münsterländer lebt bei den Jägern mit in der Familie und ist deshalb besonders anhänglich, führig, intelligent und wachsam. Durch strenge Leistungszucht werden unerwünschte Sensibilität und Nervosität bekämpft. Der schöne Hund ist pflegeleicht.

Wäller

1994 wurde der erste Wurf dieser neuen Rasse geboren, die nach den Bewohnern ihrer Heimat im Westerwald in Mundart Wäller genannt wurde. Die Idee hatte Karin Wimmer-Kieckbusch, die jahrelange Erfahrung mit Briards hatte. Ziel ist es, die guten Eigenschaften des Briards mit denen des Australian Shepherds zu verbinden und einen angenehmen, leicht lenkbaren und erziehbaren, unkomplizierten und robusten Familienhund zu züchten. Die Hunde sollen sich für alle möglichen hundesportlichen Betätigungen eignen, vital und langlebig sein. Dazu gehört ein glänzendes, elastisches, 7 cm langes, pflegeleichtes Fell mit leichter Unterwolle. Die Zuchtauslese erfolgt vorrangig nach Gesundheit und Leistungsfähigkeit. Der Zuchthund soll zwar dem Standard entsprechen und darf keine anatomischen, seine Funktion behindernden schweren Mängel haben, aber eine gewisse Vielfalt im Aussehen ist erwünscht. Ebenso vielfältig ist der Charakter, deshalb beim Welpenkauf darauf achten, dass die Persönlichkeiten von Hund und Mensch harmonieren. Er wird auf HD und erbliche Augenerkrankungen überprüft. Ebenso muss ein Wesens- und Gehorsamstest bestanden werden. Hierbei wird u. a. das Verhalten gegenüber seinem Besitzer, anderen Hunden und Kindern praxisnah geprüft: der Wäller soll gutartig, gelassen und verträglich sein. Der Wäller hat inzwischen seinen festen Freundeskreis gefunden, und die neue Rasse blickt sicher einer guten Zukunft entgegen, solange sie sich in verantwortungsvoller Hand befindet.

▶ **Wäller**
Schulterhöhe
Rüden 55–65 cm,
Hündinnen 50–60 cm
Gewicht Rüden ca. 30 kg,
Hündinnen ca. 26 kg
Farbe alle Farben, sie sollten intensiv und klar sein
Land Deutschland
FCI nicht anerkannt

Berger de Picardie

▶ **Berger de Picardie**
Schulterhöhe
Rüden 60–65 cm,
Hündinnen 55–60 cm
Farbe grau, grauschwarz,
graublau, rötlich-grau, hel-
les oder dunkles Falb
Land Frankreich
FCI-Nr. 176, Gruppe 1.1

Die rauhaarige Variante der französischen Schäferhunde (Berger Picard)
besitzt etwa die gleiche Geschichte
wie der Beauceron und der Briard, ist
aber immer ein seltener Hund geblieben. Dabei ist der Picard ein außerge-
wöhnlich charmanter Gefährte von
originellem Aussehen. Er ist feinfühlig, seiner Familie treu ergeben. Im
Hause ruhig und nie störend, entfaltet
er im Freien sein sprühendes Temperament. Der lauffreudige und ausdauernde Hund ist ein guter Begleiter
für Jogger, Wanderer und Radfahrer,
jedoch geneigt, Wildfährten zu folgen
– daher immer im Auge behalten und
rechtzeitig zurückrufen! Bemerkenswert ist seine Kinderfreundlichkeit
und Geduld gegenüber den Kindern
seiner Familie. Zu Fremden ist er zurückhaltend freundlich. Wachsam,
aber nicht bissig, ist er in wirklich
bedrohlichen Situationen ein zuverlässiger Beschützer. Der Picard will
freundlich, aber konsequent erzogen
werden. Eine gewisse Dickschädelig-
keit ist nicht mit Aufsässigkeit zu
verwechseln, sondern eher seiner Intelligenz und selbstständigen Hand-
lungsweise zuzuschreiben. Der Hund
braucht engen Familienanschluss, will
beschäftigt werden und eignet sich
gut für hundesportliche Aktivitäten.
Das raue Fell des robusten Allwetter-
hundes ist pflegeleicht.
Der Berger de Picardie ist ein echter
Outdoor-Hund und nicht geeignet für
bequeme Menschen.

Catahoula Leopard Dog

1539 brachten die Spanier Doggen und Windhunde ins heutige Louisiana. Die Indianer nahmen sich der von den Spaniern zurückgelassenen Tiere an. Vermutlich mischten sie sich mit den um die Lager lungernden Rotwölfen. 1700 fanden die Franzosen eigentümlich gefleckte Hunde mit hellen Augen vor. Sie selbst brachten → *Beaucerons* für die Wildschweinjagd und zum Schutz ins Land. Sie vermischten sich mit den einheimischen Hunden und brachten den Merlefaktor mit blauen und gefleckten Augen ein. Die Franzosen nannten einen Indianerstamm „Catahoula", ein Wort, das gleichbedeutend mit Hund als Schimpfwort angewendet wurde. Der Catahoula war stets ein beliebter Farmhund, da er sowohl ein hervorragender Jagdhund als auch Hüte-, Treib- und Schutzhund war. Als Rasse erfasst wurde er erst ab 1977. Der Catahoula ist misstrauisch gegen Fremde, sehr territorial, daher guter Schutzhund. Bei der Arbeit am Vieh setzt er sich durch und weiß auch sonst Initiative zu ergreifen. Innerhalb der Familie ein anhänglicher, intelligenter Gefährte. Er braucht eine konsequente Erziehung und klare Führung sowie eine Aufgabe, viel Bewegung und Beschäftigung. Kein Hund für bequeme Menschen. Der ausgesprochen vielseitig einsetzbare Hund kann jagen, treiben, hüten, bewachen und eignet sich für hundesportliche Aktivitäten. Pflegeleicht.

▸ **Catahoula Leopard Dog**
Schulterhöhe
Rüden 55–65 cm,
Hündinnen 50–60 cm
Farbe schwarz, blau, gestromt, schokoladenbraun, rot, gelb; blau, rot, gelb oder weiß merle; mit oder ohne lohfarbene und weiße Abzeichen
Land USA, AKC FSS® anerkannt
FCI nicht anerkannt

Chesapeake Bay Retriever

Chesapeake Bay Retriever
Schulterhöhe
Rüden 58–66 cm,
Hündinnen 53–61 cm
Gewicht
Rüden 29,5–36,5 kg,
Hündinnen 25–32 kg
Farbe alle Brauntöne und
„wie totes Gras"
Land USA
FCI-Nr. 263, Gruppe 8.1

1807 strandete ein englisches Schiff an der amerikanischen Küste von Maryland. Unter den Schiffbrüchigen befanden sich ein brauner und ein schwarzer Neufundländerwelpe. Als Dank für die Rettung blieben sie als Geschenk in Amerika. Sie erwiesen sich als hervorragende, wasserliebende Apportierhunde und wurden mit den einheimischen Jagdhunden, wahrscheinlich auch Water Spaniel und → *Curly Coated Retriever* gekreuzt. Der Chesapeake Bay Retriever besitzt einen ausgeprägten Hang zum Stöbern und Apportieren. Besonders bei der Entenjagd in eiskaltem Wasser arbeitet er unermüdlich, denn das charakteristische, etwas fettige Fell schützt ihn vor Nässe und Kälte. Er ist ein lebhafter, mutiger, nervenfester Hund, der eine konsequente Erziehung benötigt. Der sehr wachsame Retriever braucht Familienanschluss, Beschäftigung und Bewegung. Kein Hund für bequeme Menschen! Er zeichnet sich bei allen Aufgaben aus, für die eine hervorragende Nase gebraucht wird. Die Pflege des robusten Hundes ist anspruchslos.

Curly Coated Retriever

Der größte Retriever gehört zu den ältesten Wasserhunden. Verwandtschaftliche Beziehungen bestehen wahrscheinlich zu → **Pudel**, → **Irish Water Spaniel** und → **Labrador Retriever**. Charakteristisch ist sein dichtes, fest gelocktes Haar (Krausgelockter Apportierhund). Es isoliert im Wasser vor Kälte und schützt den Hund beim Durchdringen von Dornengestrüpp. Er besitzt ausgeprägten Schutztrieb, denn er wurde vorzugsweise von Jagdaufsehern zum Schutz gegen Wilddiebe gehalten. Insgesamt ist der Curly unabhängiger und eigenwilliger als die anderen Retriever. Er stellt höhere Anforderungen an die Erziehung, die schon konsequent beim Welpen beginnen muss. Unterwürfigkeit ist dem Curly fremd. Er braucht unbedingt Familienanschluss. Vielleicht hat der attraktive Hund deshalb nie die

Beliebtheit der anderen Retriever erreicht und gehört heute zu den seltenen Hunderassen. Der temperamentvolle Junghund und Spätentwickler benötigt einen geduldigen, liebevollen Menschen mit ruhigem Durchsetzungsvermögen, der ihm Platz, viel Bewegung und Beschäftigung bieten kann. Turnierhundsport, Agility, Rettungshund oder Jagdausbildung – der Curly ist vielseitig einsetzbar, wenn er die Führung akzeptiert. Er ist dann ein ausgeglichener und zuverlässiger Begleiter. Dieser eindrucksvolle Hund ist Fremden gegenüber unzugänglich, ein zuverlässiger Wächter, erstklassiger Jagdhund und hervorragender Schwimmer.
Das Fell, das kaum Haare verliert, wird nur mit lauwarmem Wasser angefeuchtet und mit den Fingerspitzen massiert.

▶ **Curly Coated Retriever**
Schulterhöhe
Rüden 67,5 cm,
Hündinnen 62,5 cm
Farbe schwarz, braun
Land Großbritannien
FCI-Nr. 110, Gruppe 8.1

Boerboel

Boerboel
Schulterhöhe
Rüden mind. 60 cm,
Hündinnen mind. 55 cm
Farbe einfarbig rot, gelb,
gestromt
Land Südafrika, national
anerkannt
FCI nicht anerkannt

Bandog
Schulterhöhe
Rüden ab 57,5 cm,
Hündinnen ab 50 cm
Farbe alle
Land USA, Australien und
andere
FCI nicht anerkannt

Mit den Buren kamen große starke „Bullenbeißer" nach Südafrika; nach 1820 brachten britische Siedler Hunde vom Mastiff- und Bulldogtyp mit. Sie vermischten sich mit den Hunden, die die Ureinwohner, die Hottentotten, hinterlassen hatten. Diese Hunde bildeten den Grundstock für die Boerboelzucht. Der → *Bullmastiff* kam 1928 zur Bewachung der Diamantenminen von de Beers ins Land. Gelegentlich auftauchende Merkmale lassen eine Einkreuzung von → *Bernhardiner* und → *Deutscher Dogge* vermuten. Entstanden ist ein großer, kräftiger, unbestechlicher Wach- und Schutzhund, der den Gegebenheiten des Landes bestens angepasst ist **(Burenbulldogge)**. 1960 begann Johan de Jager, die Hunde für ein Zuchtprogramm zu erfassen. Der Standard beschreibt ihren Charakter als intelli-gent, umgänglich, gelehrig, mit starkem Schutzinstinkt, zuverlässig in der Familie einschließlich der Kinder, gelassen und ruhig, selbstbewusst, furchtlos und voller Mut, verteidigungsbereit. Er braucht von klein an sorgfältige Sozialisierung, eine konsequente Erziehung und klare Führung. Der Boerboel ist Fremden gegenüber misstrauisch und unduldsam mit fremden Hunden. Der Boerboel ist kein Hund für Anfänger oder Menschen ohne natürliche Autorität. Pflegeleicht.

Bandog

Kreuzung verschiedener Mastifftypen mit American Pit Bull mit dem Zuchtziel eines furchtlosen Schutzhundes, der seiner Familie treu ergeben sein soll. Bandog ist eher eine Typ- als eine Rassebezeichnung. (ohne Foto)

Deutsch Kurzhaar

Der Kurzhaarige Deutsche Vorstehhund ist eine der am weitesten verbreiteten Jagdhundrassen Deutschlands und auch im Ausland sehr beliebt. Ursprünglich gehen die Vorstehhunde auf den → *Bracco Italiano* zurück. Doch um den schweren Hund zu veredeln, kreuzte man den englischen → *Pointer* ein, von dem der Deutsch Kurzhaar die temperamentvolle Suche mit hoher Nase und das elegante Aussehen erbte. Der Deutsch Kurzhaar ist ein pflegeleichter, robuster Alleskönner. Er sucht ausdauernd und flott im freien Feld und lichten Wald, steht fest vor, apportiert freudig zu Land und zu Wasser, geht sehr gut auf Schweiß, kann waidwundes Wild abtun und ist raubwildscharf. Der oft nervige, übertemperamentvolle Jagdgebrauchshund gehört in Jägerhand, wo er eine angemessene Ausbildung erhält und seine Veranlagungen ausleben kann. Das dichte kurze Fell schützt den Hund ausreichend vor Kälte und verhindert das Festsetzen von Kletten, Schmutz und Eisklumpen. Für Hundeliebhaber, die nicht die Möglichkeit haben, mit dem Hund im Revier zu arbeiten, ist der Deutsch Kurzhaar ungeeignet. Der jagdlich geführte Hund kann gut in der Familie leben.

Ihn sieht man in den angelsächsischen Ländern immer häufiger als Schauhund in der Schönheitszucht.

▶ Deutsch Kurzhaar
Schulterhöhe
Rüden 62–66 cm,
Hündinnen 58–63 cm
Farbe braun, schwarz,
braun- und schwarzschimmel, weiß mit braun oder
schwarz, Brand zugelassen
Land Deutschland
FCI-Nr. 119, Gruppe 7.1

Deutsch Langhaar

Deutsch Langhaar
Schulterhöhe
Rüden 60–70 cm,
Hündinnen 58–66 cm
Gewicht ca. 30 kg
Farbe einfarbig braun,
braunschimmel oder weiß
braun gescheckt, mit oder
ohne Brand
Land Deutschland
FCI-Nr. 117, Gruppe 7.1

Der Deutsch Langhaar gehört zu den
ältesten deutschen Vorstehhundrassen. Jagdgemälde des Mittelalters
zeigen schon dem Deutsch Langhaar
sehr ähnliche Jagdhunde. Nach der
Überlieferung wurden sie u.a. auch
bei der Jagd auf Wasserwild und beim
Fang von Niederwild in Netzen eingesetzt. Der Deutsch Langhaar entwickelte sich aus den alten Vogelhunden
über Stöberhunde hin
zum heutigen Vorstehhund. Er wird seit 1879
rasserein gezüchtet, als
seinerzeit der Standard
festgelegt wurde. Seither
hat sich das Erscheinungsbild des Deutsch
Langhaar kaum verändert. Der **Deutsch Langhaar** ist ein vielseitiger
Jagdgebrauchshund.

Er wird nach strengen Maßstäben auf
hohe jagdliche Leistung gezüchtet.
Besonderer Wert wird auf die Arbeit
im Wasser und auf der Schweißfährte,
das Verlorenbringen von Niederwild
und auf bogenreines Stöbern gelegt.
Nahezu alle Hunde dieser Rasse jagen
im Feld spur- oder sichtlaut und im
Wald spur- und fährtenlaut. Wild- und
Raubwildschärfe sind im Erbgut fest
verankert. Der Deutsch Langhaar ist
ein führiger, nervenfester Hund mit
ruhigem, ausgeglichenem Wesen.
Er ist anhänglich und friedlich gegenüber Menschen und deshalb problemlos in die Familie seines Führers einzubinden. Auch dieser schöne Hund
gehört nur in Jägerhand, wo er seine
Jagdinstinkte ausleben kann, und
wird deshalb nur an Jäger abgegeben.
Das schlichte Langhaar ist pflegeleicht.

Bluthund

Der **Chien de St. Hubert** stammt von den berühmten Ardennen-Bracken der Mönche von St. Hubert ab. Im 11. Jh. kam er mit Wilhelm dem Eroberer nach England, wo er, mit französischen Laufhunden gekreuzt, zum **Bloodhound** = Hund von reinem Blut, wurde. In den USA wurde er speziell zum Aufspüren entflohener Sklaven eingesetzt. Heute wird er weniger zur Jagd, sondern als Show- und Begleithund gezüchtet. Rassemerkmale wie lose Kopfhaut mit extremer Faltenbildung, hängende Augenlider (Standard „etwas sichtbare Bindehaut erlaubt") und lange Ohren wurden züchterisch grotesk übertrieben, was zu häufigen Augenentzündungen führte. Mit seiner hervorragenden Nase sucht er ausdauernd unter schwierigsten Bedingungen. Deshalb wird er heute als Mantrailer, zur Spurensuche von vermissten Personen, sehr geschätzt. Der schwere, langsame Hund mit majestätischem Gangwerk ist sanftmütig, zu Fremden freundlich, zurückhaltend und umgänglich mit Artgenossen und anderen Tieren. Er ist kein einfacher Hund, da er sich ungern unterordnet und sein Ding macht. Der eigensinnige Hund setzt sich jedoch nicht aggressiv durch, sondern durch Sturheit. Solch ein Hund mit dem Gewicht und der Kraft ist nicht leicht zu handhaben. Er ist sehr gemächlich und ruhig, schlägt an, aber kläfft nicht. Er liebt Nasenarbeit, deshalb sollte er nur zu Menschen gehen, die seine Neigung zu suchen fördern und nutzen, sei es als Schweißhund oder Mantrailer.

Das kurze Fell ist pflegeleicht, Ohren, Augen und Falten müssen sauber gehalten werden.

▶ **Bluthund**
Schulterhöhe
Rüden 68 cm,
Hündinnen 62 cm ± 4 cm
Gewicht Rüden 46–54 kg,
Hündinnen 40–48 kg
Farbe schwarz-loh, leberfarben-loh, rot
Land Belgien
FCI-Nr. 84, Gruppe 6.1

Otterhound

Otterhound

Otterhound
Schulterhöhe
Rüden ca. 69 cm,
Hündinnen ca. 61 cm
Farbe alle Laufhundfarben
Land Großbritannien
FCI-Nr. 294, Gruppe 6.1

Die Jagd auf den listigen, im Kampf gefährlichen Schwimmkünstler Otter war in Großbritannien schon im Mittelalter beliebt. Im 19. Jh. kreuzte man französische Griffons, → **Bluthund** und → **Welsh Hound** ein. Otterhounds sind erstklassige Schwimmer, freundlich, ruhig, aber nicht unterordnungsbereit, sondern eigenständig und gehorchen nur, wenn ihnen danach ist. Zum Glück sind sie sozialverträglich und nicht aggressiv. Als Begleithund nur für Menschen, die keinen Wert auf einen folgsamen Hausgenossen legen, sein sanftes,

liebenswürdiges Wesen genießen und viel Platz und Zeit haben, dem Hund die nötige Bewegung in Verbindung mit Nasenarbeit zu verschaffen.

Welsh Hound
Rauhaarige Meutehunde sind seit dem 5. Jh. in Wales bekannt. Dazu kam eine Meute als Geschenk der Mönche von St. Hubert in den Ardennen und 1826 drei sog. English Staghound-Hündinnen. Welsh Hounds werden ausschließlich von den Farmern zur Fuchsjagd zum Schutz der Schafe gehalten. Sie sind genügsam, zäh, kraftvoll und jagen ausdauernd und selbstständig in Meuten oder paarweise. Nur nach Bedarf gezüchtet, werden sie nie als Begleithunde abgegeben. Eingetragen werden sie im Welsh Hound Stud Book.

Welsh Hound

Akita Inu

Angeblich kann die Existenz Akita-ähnlicher Hunde 5.000 Jahre zurückverfolgt werden. Nachweislich waren sie die Begleiter der Samurai und nehmen seither einen festen Platz in der japanischen Mythologie ein. Akita-Abbildungen werden als Glückssymbole verschenkt. Die Hunde wurden bei der Jagd auf Bären und Antilopen eingesetzt, aber auch als Wachhunde hoch geschätzt. Ende des 19. Jh. versuchte man sie durch Kreuzungen mit anderen Rassen größer zu züchten, was die Bewegung zur Reinzucht des Akitas auslöste. 1919 wurde ein Gesetz zur Reinerhaltung des Ur-Akitas erlassen und die Rasse 1931 zum Naturdenkmal ernannt. Seitdem heißt der alte Odate-Hund Akita nach der Präfektur im Norden Japans, aus der er stammt. Im II. Weltkrieg wurden alle Hunde außer den als Diensthunden geführten Deutschen Schäferhunden zur Fellgewinnung getötet, Akitas wurden mit Schäferhunden gekreuzt, um das Gesetz zu umgehen. Nach dem Krieg gab es einige wenige reinrassige Akitas und es begann eine sorgfältige Zucht zur Erhaltung des Ursprungstyps. Der Akita Inu ist ein intelligenter, ruhiger, robuster, starker Hund mit ausgeprägtem Jagd- und Schutztrieb. Wegen seines Jagdtriebs und Eigensinns kein leichtführiger Hund. Sehr revier- und rangordnungsbewusst, duldet er fremde Hunde nur ungern neben sich. Zuverlässig in seiner Familie, braucht er engen Familienanschluss und bei konsequenter Erziehung viel Verständnis für sein Wesen. Pflegeleicht, haart jedoch stark.

▸ **Akita Inu**
Schulterhöhe Rüden
67 cm, Hündinnen 61 cm
jeweils ± 3 cm
Farbe rotfalb, weiß,
gestromt, sesam
Land Japan
FCI-Nr. 255, Gruppe 5.5

Wetterhoun

Wetterhoun
Schulterhöhe Rüden 59 cm,
Hündinnen 55 cm
Farbe schwarz, braun, mit
oder ohne weiße Abzei-
chen, geschimmelt
Land Niederlande
FCI-Nr. 221, Gruppe 8.3

Der Friesische Wetterhoun (= **Wasserhund**) war der Jagdhund der wasserreichen Gebiete der nordniederländi-
schen Provinz Friesland. Angeblich
soll er mit Zigeunern und Seefahrern
aus dem Ostseeraum gekommen sein.
Möglicherweise haben spanische
Wasserhunde, mit einheimischen
Jagdhunden gekreuzt, diesen urwüch-
sigen, kräftigen Hund geschaffen. Der
Wetterhoun besitzt eine gute Nase
und kräftige Kiefer, die er zur Otter-
jagd auch brauchte. Heute zeichnet er
sich als Ratten- und Iltisfänger aus,
aber auch bei der Wasserjagd. Der
eigensinnige Hund geht gerne seine
eigenen Wege. Er ist wachsam, zu
Fremden abweisend, besitzt angeborenen Schutztrieb und ist seiner Familie
gegenüber absolut zuverlässig und liebenswürdig. Die Erziehung erfordert
von klein an Konsequenz, unange-
brachte Härte vergisst er jedoch nie.
Der Wetterhoun braucht engen Kontakt zu seiner Bezugsperson, nur ihr
allein ordnet er sich unter. Deshalb ist
seine Ausbildung zum Jagdhund
nicht jedermanns Sache, doch legten
Wetterhouns schon Jagdprüfungen
ab. Der Wetterhoun spürt Wild auf,
steht vor und apportiert nach dem
Schuss. Der robuste, witterungsunempfindliche Naturbursche hält
sich gerne im Freien auf und gilt als
idealer Hofhund. Aus dem Kraushaar
wird einmal im Jahr das tote Haar mit
einem groben Kamm ausgekämmt,
der Hund wird nie gewaschen. Der
aparte Hund ist außerhalb seiner
Heimat praktisch unbekannt.

Chinook

Autor und Forscher Arthur Walden gründete mit „Chinook", Sohn einer „Northern Husky"-Hündin und eines großen Mischlingsrüden, die Rasse. „Chinook" war ein herausragender Schlittenhund und vereinte die Kraft des Lastenziehers mit der Schnelligkeit des Huskys. Er begleitete 1927 Admiral-Byrds-Südpolexpedition. Er deckte viele Deutsche und Belgische Schäferhündinnen und vererbte Aussehen und Kraft an seine Nachkommen. Chinooks stellten Rekorde auf Langstrecken, beim Lastenziehen und Rennen auf. Walden verkaufte die Rasse 1939 an Perry Greene, der sie zu einiger Popularität brachte, doch nach seinem Tod 1963 schwand die Rasse dahin. 1981 gab es nur noch 11 Zuchttiere, die an Züchter verteilt

wurden. 1990 zählte die Rasse schon 140 Tiere, der heutige Bestand dürfte weit über 500 Hunden liegen. Der Chinook erfüllt die Aufgaben der nordischen Spitztypen, erinnert im Aussehen allerdings mehr an einen molossoiden Hund. Chinooks sind freundlich, ruhig, nicht aggressiv. Gezüchtet, um im Team zu arbeiten, sind sie verträglich mit Artgenossen. Der freundliche, ausgeglichene Hund ist Fremden und unbekannter Umgebung gegenüber reserviert, jedoch darf er nie ängstlich oder scheu sein. Sein Ausdruck zeigt Intelligenz, seine Erscheinung ist würdevoll. Geschätzter Familienhund, der sich für vielerlei Aufgaben eignet. Das Fell ist pflegeleicht. In Europa ist der Chinook noch weitgehend unbekannt.

▶ **Chinook**
Schulterhöhe
Rüden 57,5–67,5 cm,
Hündinnen 52,5–62,5 cm
Gewicht Rüden ca. 35 kg,
Hündinnen ca. 27 kg
Farbe einfarbig hell honigfarben bis rotgold
Land USA, national anerkannt im FSS® des AKC
FCI nicht anerkannt

Bordeauxdogge

▶ **Bordeauxdogge**
Schulterhöhe
Rüden 60–68 cm,
Hündinnen 58–66 cm
Gewicht Rüden mind. 50
kg, Hündinnen mind. 45 kg
Farbe rotbraun mit brauner
oder schwarzer Maske
Land Frankreich
FCI-Nr. 116, Gruppe 2.2

Schon die Kelten besaßen kampfstarke Doggen zum Schutz und zur Großwildjagd. Ob englische Doggen (Mastiff) auf den Kontinent kamen oder die Doggen Südfrankreichs nach England gelangten, lässt sich heute kaum mehr sagen. Jedenfalls waren in Frankreich Tierkämpfe ebenso beliebt wie in England, und eine Verkreuzung der Rassen fand sicherlich statt, vermutlich kamen noch spanische Doggen hinzu. Die Bordeauxdogge ist ein sehr guter Haus-, Hof- und Familienhund, ruhig, ausgeglichen, sehr familienbezogen und verschmust, Fremden gegenüber neutral. Der sensible Koloss reagiert auf liebevoll konsequente Erziehung; die Stimmlage genügt, um dem Hund Recht und Unrecht beizubringen. Härte verstört ihn, doch ist Konsequenz angebracht, wenn man vom Hund ernst genommen werden will, insbesondere bei Rüden, die laut Standard dominant sind. Die **Dogue de Bordeaux** ist kein ausgesprochen lauffreudiger Hund und neigt nicht zum Wildern, braucht aber Bewegungsfreiheit und Lebensraum. Sie besitzt ein intaktes Sozialverhalten und tritt Artgenossen gegenüber gelassen auf. Bei hoher Reizschwelle ist die Bordeauxdogge ein zuverlässiger Wach- und Schutzhund, der ein Gespür für ernsthafte Bedrohung hat und nicht grundlos angreift. Leider durch Auftritte in Film und Fernsehen in Mode gekommen, sodass beim Kauf große Sorgfalt geboten ist. Um Skelettschäden durch schnelles Wachstum zu vermeiden, bedürfen heranwachsende Junghunde sorgfältiger Ernährung und Bewegung. Pflegeleicht.

fauve-farben

Berger de Brie

Dieser attraktive Schäferhund gehört zu den ältesten französischen Hunderassen und wird erstmals 1809 erwähnt. Nach der Französischen Revolution und der folgenden Landaufteilung fand die Umstellung vom schützenden Hirtenhund zum wendigen, kleineren Schäferhund statt. Die langhaarige Variante wurde ab 1896 **Briard** genannt, obwohl dies kein Hinweis auf sein Vorkommen in der Landschaft Brie ist. Heute ist der herrliche Hund mehr als Begleithund zu finden. Abgesehen von der aufwendigen Haarpflege ist der Briard kein Dekorationsstück, sondern ein sehr anspruchsvoller Hund. Er ist intelligent, sehr temperamentvoll, ergreift Initiative und weiß sich durchzusetzen. Sehr territorial veranlagt, ist er ein zuverlässiger Wach- und Schutzhund und unduldsam im Umgang mit fremden Hunden. Seine Erziehung erfordert Einfühlungsvermögen, starken Willen und Konsequenz bei Kenntnissen in Hundeverhalten – eine Kombination, die nur wenige Hundebesitzer aufbringen können. Mit dem alten Arbeitshund soll gearbeitet werden: Begleithund, Turnierhundsport, Agility, Hütearbeit, Schlittenziehen, Radfahren; jede Art sportlicher Betätigung ist dem Briard recht. Robuster Outdoorhund, nichts für Stubenhocker!

▶ **Berger de Brie**
Schulterhöhe
Rüden 62–68 cm,
Hündinnen 56–64 cm
Farbe einfarbig schwarz, grau, fauve
Land Frankreich
FCI-Nr. 113, Gruppe 1.1

schwarz

Bouvier des Flandres

Bouvier des Flandres
Schulterhöhe
Rüden 62–68 cm,
Hündinnen 59–65 cm
± 1 cm
Gewicht Rüden 35–40 kg,
Hündinnen 27–35 kg
Farbe grau, schwarz
gewolkt, schwarz, gestromt
Land Frankreich/Belgien
FCI-Nr. 191, Gruppe 1.2

Roeselaarse Bouvier
Schulterhöhe bis 83 cm
Gewicht bis 60 kg
Farbe schwarz
Land Belgien
FCI nicht anerkannt

Dieser alte Viehtreiber- und Metzgershund stammt aus Flandern, das sich
an der Küste von Holland bis Nord-
frankreich erstreckt. Der **Flandrische
Treibhund** oder **Vlaamse Koehond** war
ein zottiger, derber Hund, der unter
härtesten Lebensbedingungen arbeiten
musste. Seit 1912 planmäßig gezüchtet, kamen im 1. Weltkrieg die meisten
Hunde um, sodass ein mühseliger Aufbau mit Einkreuzung des → *Berger Picard* erfolgte. Der robuste Hund ist intelligent und gelehrig, doch sein Temperament und Selbstbewusstsein fordern eine konsequente Erziehung. Der
ausgezeichnete Wach- und Schutzhund ist nicht unnötig aggressiv, doch
Fremden gegenüber misstrauisch.
Kein Hund für hundeunerfahrene
Menschen. Er braucht Bewegung und
Aufgaben. Das ruppige Fell wird getrimmt. Anerkannte Diensthunderasse.

Roeselaarse Bouvier
Der in Belgien als Wach-, Schutz- und
Diensthund geschätzte Roeselaarse
Bouvier oder **Bouvier Roulers** gilt als
Urform der Bouviers und Riesenschnauzer und wird offiziell als Bouvier des Flandres eingetragen. In der
Familie zuverlässig, anhänglich, abweisend gegen Fremde. Kein Hund
für Anfänger. (Foto unten in Belgien
mit kupierten Ohren.)

Bouvier des Ardennes

Der Ardenner Treibhund galt viele Jahre als ausgestorben. Er wurde durch Zufall wiederentdeckt. Engagierten Züchtern ist der Wiederaufbau dieser ursprünglichen Rasse zu verdanken. Es gab zwar keine Zucht mit Ahnentafel mehr, auf den Bauernhöfen in den Ardennen jedoch war er nach wie vor der traditionelle Helfer beim Vieh.

Der Ardenner ist ein derber, kräftiger Hund, der Haus und Hof zuverlässig schützt. Er treibt das Vieh selbstständig von der Weide zu den Melkstationen im Stall. Bemerkenswert ist sein Revierbewusstsein, denn es ist typisch für die Rasse, bei einbrechender Dunkelheit sein Revier abzuschreiten. Der **Ardennen Treibhund** wurde stets als Arbeits- und nicht als Familienbegleithund gehalten. Er braucht seine Aufgabe, ist aber kein leichtführiger

Hund, da er weitgehend selbstständig arbeitet. Auf Aussehen wurde nie Wert gelegt, sondern Zweckmäßigkeit mit einem wetterfesten, robusten, nicht pflegeintensiven Fell und die erwünschten Charaktereigenschaften hatten stets Vorrang. Als rassetypisch bezeichnet man die häufig angeborene Stummelrute.

▸ **Bouvier des Ardennes**
Schulterhöhe Rüden 56–62 cm, Hündinnen 52–56 cm ± 1 cm
Gewicht Rüden 28–35 kg, Hündinnen 22–28 kg
Farbe alle Farben außer Weiß erlaubt
Land Belgien
FCI-Nr. 171, Gruppe 1.2

► **Rottweiler**
Schulterhöhe
Rüden 61–68 cm,
Hündinnen 56–63 cm
Gewicht Rüden ca. 50 kg,
Hündinnen ca. 42 kg
Farbe schwarz mit rotbrau-
nen Abzeichen
Land Deutschland
FCI-Nr. 147, Gruppe 2.2

► **Malchower**
Schulterhöhe
Rüden 63–68,
Hündinnen 58–63 cm
Farbe schwarz mit braunen
Abzeichen
FCI nicht anerkannt

Rottweiler

Im schwäbischen Rottweil trafen sich schon zur Römerzeit die Viehhändler mit ihren Herden. Unerschrockene, ausdauernde, wendige, ausgesprochen genügsame und robuste Treibhunde waren ihr wichtigstes Handwerkszeug. Aus ihnen züchteten ortsansässige Metzger den „Rottweiler". Temperamentvoll, aufmerksam, draufgängerisch, hart, unerschrocken, mit angeborenem Schutzverhalten und großer Kraft ausgestattet, dabei nervenfest, wenig misstrauisch gegen Fremde, anhänglich und arbeitsfreudig bringt der Rottweiler alle Voraussetzungen für einen vielseitig einsetzbaren Gebrauchshund mit. Er gehört zu den anerkannten Diensthunderassen. Rottweiler brauchen eine konsequente, einfühlsame Erziehung, eine Aufgabe und engen Kontakt zur Fami-

lie. Kenntnis in Hundeverhalten ist notwendig, schon der Welpe muss lernen, sich unterzuordnen. Kein Hund für Anfänger. Das derbe Stockhaar ist wetterhart und pflegeleicht.

Malchower
Mischung von Rottweiler und Deutschem Schäferhund aus alten DDR-Linien. Zuchtziel: harmonisch gebauter, ausdauernder, absolut gutartiger, ausgeglichener, leichtführiger Familienhund mit geringer Bellneigung und gesundem Maß an Schärfe und Härte. (Bild unten)

Bullmastiff

Der Bullmastiff entstammt der Kreuzung zwischen → *Mastiff* und → *Bulldogge* und wird von Buffon schon 1791 erwähnt. 1871 wird von einem Kampf zwischen Bullmastiffs und Löwen berichtet. Ende des 19. Jahrhunderts finden wir den Bullmastiff hauptsächlich in Händen von Jagdaufsehern. Der Hund sollte den nächtlichen Wilddieb lautlos angreifen, zu Boden werfen und festhalten, aber sich nicht verbeißen. Außerdem bewachte der Bullmastiff große Landgüter, insbesondere vor Viehdieben. Seit der Rasseanerkennung 1924 kann man von einer typmäßigen Reinzucht sprechen. Der starke, lebhafte Hund mit kräftigem Körperbau darf nie elegant oder hochläufig wirken. Sein Gesichtsausdruck sollte grimmig, aber auch ehrlich und vertrauenerweckend sein.

Der Bullmastiff ist ein harter, doch sympathischer Hund ohne Falsch. Bei ausgeglichenem Wesen darf er nie aggressiv oder ängstlich sein, Fremden gegenüber verhält er sich neutral bis freundlich. Er wird bei Bedarf jedoch stets verteidigungsbereit sein. In der Familie freundlich, anhänglich, geduldig mit Kindern. Aktiver, kraftvoller und ausdauernder Hund, der seine Spaziergänge liebt und geringe Neigung zum Streunen oder gar Wildern zeigt. Er lernt bei liebevoll konsequenter Erziehung die nötigen Gehorsamsregeln, ist aber kein unterordnungsbereiter Hund. Pflegeleicht.

▶ **Bullmastiff**
Schulterhöhe
Rüden 63,5–68,5 cm,
Hündinnen 61–66 cm
Gewicht Rüden 50–59 kg,
Hündinnen 41–50 kg
Farbe gestromt, rot, rehbraun
Land Großbritannien
FCI-Nr. 157, Gruppe 2.2

Gordon Setter

Gordon Setter
Schulterhöhe
Rüden 66 cm,
Hündinnen 62 cm
Gewicht Rüden 29,5 kg,
Hündinnen 25,5 kg
Farbe tiefschwarz mit
sattem kastanienfarbenem
Brand
Land Großbritannien
FCI-Nr. 6, Gruppe 7.2

Schwarz-rote Setter waren schon im 17. Jh. bekannt. Ab Anfang des 19. Jh. soll der Duke of Gordon einen schwarz-roten Setterstamm gezüchtet haben, der sich durch besonders intelligente, kraftvolle Hunde auszeichnete. Für die Arbeit im schwierigen Gelände Schottlands war weniger der schnelle, elegante als der ausdauernde Hund gefragt. Den Berichten des Duke of Gordon nach wurde eine Arbeits-Colliehündin eingekreuzt, um Intelligenz und Führigkeit zuzuführen. Heute trägt der schottische Setter seinen Namen. Der Gordon Setter ist ein Einmannhund, der am liebsten alleine mit seinem Herrn jagt. Fremden gegenüber ist er eher zurückhaltend und verträgt Besitzerwechsel schlecht. Der Gordon Setter ist spät reif und braucht von klein an eine konsequente Erziehung. Setter sind selbstbewusste Hunde mit großer Jagdpassion, deren Abrichtung konsequent durchgeführt werden muss. Für den Jäger bietet er sich als Vorstehhund für die Feldarbeit an und zeigt besondere Begabung bei der Nachsuche auf Schalenwild. Außerdem ist er sehr wasserfreudig. Der Familienhund braucht viel Bewegung und eine ebenso konsequente Erziehung mit sinnvoller Ersatzbeschäftigung wie der Jagdgebrauchshund, um die Jagdpassion zügeln zu können. Tägliche Fellpflege ist nötig.

English Setter

Aus alten Spanielschlägen und unter Beteiligung von Pointerblut herausgezüchteter Vorstehhund. Sir Laverack hat die Rasse im 19. Jh. wesentlich geprägt, nach ihm werden die Setter auch heute noch häufig benannt. Der Setter ist spezialisiert auf die schnelle Suche im offenen Feld, insbesondere auf Rebhuhn. Seine hervorragenden jagdlichen Eigenschaften sind Suchen, Finden und Vorstehen, d.h. die gesamte Feldarbeit, wobei mehrere Hunde einander sekundieren. Er kann den deutschen Jagdverhältnissen entsprechend vielseitiger ausgebildet werden. Der English Setter macht auch als Haus- und Familienhund Freude, denn er ist liebenswert, sanft und ru-

hig im Haus. Draußen allerdings entfaltet er sein ganzes Temperament. Er braucht eine freundliche, konsequente Erziehung, am besten bei einem Jagdhundelehrgang. In dieser Beziehung ist der Setter anspruchsvoll und immer bereit, seiner Jagdpassion nachzugehen. Nur bei absolut sicherem Gehorsam kann man ihn beim Freilauf von einer Fährte oder gesichtetem Wild abrufen. Der English Setter liegt im Temperament zwischen dem Gordon und dem Iren und braucht sehr viel Bewegung mit sinnvoller Beschäftigung. Man braucht Zeit für den Hund und Kenntnis in Hundeverhalten. Kein Hund für bequeme Menschen. Tägliche Fellpflege nötig.

▶ **English Setter**
Schulterhöhe
Rüden 65–68 cm,
Hündinnen 61–65 cm
Farbe schwarz-weiß, orange-weiß, zitronenfarben-weiß, leberbraun und weiß, dreifarbig (schwarz- oder leberbraun mit Brand), Tüpfelung (belton) gegenüber Plattenfärbung wird bevorzugt
Land Großbritannien
FCI-Nr. 2, Gruppe 7.2

Irish Red Setter

Irish Red Setter
Schulterhöhe
Rüden 58–67 cm,
Hündinnen 55–62 cm
Farbe sattes Kastanien-
braun; kleine weiße
Abzeichen erlaubt
Land Irland
FCI-Nr. 120, Gruppe 7.2

Nachfahre der klassischen, mittelalterlichen Vogelhunde. Ehe es Flinten gab, wurden die Vögel von den Hunden in große Netze getrieben. Der Name Setter kommt von sitzen, weil sich der Hund unter dem fallenden Netz wegduckte. In Irland spezialisierte man sich spät auf die rein rote Farbe. Der Irish Red Setter ist ein weit ausholender, schneller und ausdauernder Vorstehhund, der auch vorliegt. Er eignet sich zur Wasserarbeit und lässt sich zur Nachsuche auf Schalenwild abrichten, er apportiert gerne und ist gelegentlich raubwildscharf. Der lebhafte, stets nach Wild Ausschau haltende Hund sollte niemals unbedacht nur der Schönheit wegen gekauft werden. Der Irish Red Setter muss seine ausgeprägte Jagdpassion gefahrlos ausleben können. Er läuft nicht davon, aber es liegt ihm im Blut, unermüdlich weite Kreise auf der Suche nach Wild zu laufen. Das setzt einen sportlichen Besitzer voraus, der viel Zeit und Freude an der Natur aufbringt und in der Lage ist, seinen Setter konsequent mit Einfühlungsvermögen zu zuverlässigem Gehorsam zu erziehen, was bei dem temperamentvollen, selbstbewussten Hund nicht leicht ist. Er braucht engen Kontakt zu seinem Menschen und will beschäftigt werden. Schafft man es, seinen Irish Red Setter auszulasten, ist er ein angenehmer, freundlicher, feinfühliger Hausgenosse. Er ist intelligent und gelehrig. Fremden gegenüber ist er neutral freundlich, doch wachsam.
Das schlichte Langhaar des Irish Red Setter ist pflegeleicht.

Irischer rot-weißer Setter

Auch er ein Nachkomme des mittelalterlichen Vogelhundes, der Federwild suchte, in Fangnetze trieb und sich unter den fallenden Netzen wegduckte. Älteste Form der irischen Setter. Als Mitte des 19. Jahrhunderts Hundeausstellungen aufkamen und Standards erstellt wurden, entschloss man sich, den einfarbig roten als Irischen Setter anzuerkennen. Die nun unerwünschten weiß-roten Exemplare hatten das Glück, der Karriere als Showhund zu entgehen, und blieben in Jägerhand. Doch als nicht anerkannte Rasse schien sie in den 1920er Jahren verschwunden zu sein. In letzter Minute erwärmten sich Züchter für diesen urigen Jagdhund, heute ist der **Irish Red and White Setter** noch immer eine seltene, aber doch fest etablierte Rasse. Niemals als elegante Schauschönheit gezüchtet, ist er derber und kräftiger als der rote Ire. Er wird in seiner Heimat zwar auch ausgestellt, aber häufig jagdlich und sportlich als Vorstehhund geführt. Der athletische Hund ist freundlich, intelligent, arbeitsfreudig und ein passionierter, leicht auszubildender Jagdhund nur für sportliche Menschen, die sich intensiv im Freien mit ihrem Hund beschäftigen. Obwohl ein Vorstehspezialist, lässt er sich auch für hiesige jagdliche Zwecke ausbilden. Als Begleithund ist der Setter nur geeignet, wenn er viel Bewegung und sinnvolle Beschäftigung, die seiner jagdlichen Passion gerecht wird, bekommt. Dann ist er ein sehr angenehmer Begleiter.

Das schlichte Langhaar ist pflegeleicht.

▶ **Irischer rot-weißer Setter**
Schulterhöhe
Rüden 62–66 cm,
Hündinnen 57–61 cm
Farbe weiß mit rotbraunen Flecken
Land Irland
FCI-Nr. 330, Gruppe 7.2

English Pointer

▸ **English Pointer**
Schulterhöhe
Rüden 63–69 cm,
Hündinnen 61–66 cm
Farbe weiß mit gelben,
orangen, leberfarbenen
oder schwarzen Flecken,
auch ein- oder dreifarbig
Land Großbritannien
FCI-Nr. 1, Gruppe 7.2

Englischer Vorstehhund, dessen Vorfahren von der Iberischen Halbinsel nach England gekommen sein sollen. Dieser edle, schnelle Vollblutjagdhund war an der Veredlung des deutschen Vorstehhundes maßgeblich beteiligt. Der Pointer weist, wie sein Name sagt (engl. to point = anzeigen), auf das sich versteckende Federwild in seiner typischen Pose hin, und die verängstigten Vögel verharren, bis der Jäger nahe genug zum Schuss herankommt und der Hund nun die Vögel „herausdrückt", zum Auffliegen bringt. Der Pointer ist für diese Arbeit der Spezialist schlechthin. Er sucht das Gelände in rasendem Lauf ab, je mehr Vögel ein Hund aufspürt, desto besser. Der Pointer ist demnach ein sehr schneller, ausdauernder, temperamentvoller, nerviger Hund, der sich wenig zum Haus- und Familienhund eignet, obwohl er einen umgänglichen, liebenswerten Charakter hat und ausgesprochen sauber ist. Doch sein angeborenes Laufbedürfnis und sein Jagdtrieb sind für den Nichtjäger kaum in Bahnen zu lenken. Der Pointer gehört daher in Deutschland zu den selten gesehenen Hunden. Der deutsche Jäger bevorzugt einen vielseitig einsetzbaren Jagdgefährten.

Hertha Pointer

Zierlicher, drahtiger und eleganter als der englische Pointer ist der dänische Hertha Pointer mit seiner typischen fahlroten Farbe. Zuchtbemühungen scheinen gescheitert.

Hertha Pointer

Dogo Argentino

Die Spanier brachten scharfe Doggen mit nach Südamerika. Erst im 20. Jh. begann die systematische Zucht eines Jagdhundes für die Jagd auf Wildschweine und Raubkatzen. Um einen schnellen, mutigen Hund zu bekommen, kreuzte man die sog. alten Kampfhunde von Cordoba mit → *Deutscher Dogge, Bull Terrier, Pointer* usw. Die Auslese auf feine Nase – der Dogo jagt mit hoher Nase, da sich Pumas auf Bäume flüchten –, drahtigen Körperbau zur ausdauernden Verfolgung des Wildes in unzugänglichem Gelände und weißes Fell, damit der Jäger den Hund gut sehen und vom Wild unterscheiden kann, schuf den heutigen Dogo Argentino. Sie erwiesen sich als anpassungsfähige, robuste, witterungsunempfindliche Hausgenossen. Bei genügend Auslauf und Beschäftigung kann der Dogo Argentino gut im Hause gehalten werden.

Der nervenfeste, selbstsichere, ausgeglichene, in seiner Familie verschmuste Hausgenosse braucht eine konsequente Erziehung vom Welpenalter an und klare Führung, da der selbstständig jagende Hund nicht zur Unterwürfigkeit neigt. Der Dogo bellt wenig, ist ein unbestechlicher Beschützer, der keine Furcht kennt und bis zur Selbstaufgabe verteidigt, wenn es die Situation erfordert. Er lässt sich jedoch schwer provozieren und greift nicht leichtfertig, dann aber blitzschnell, an; Dogos sind, Rüden mehr als Hündinnen, gleichgeschlechtlichen Artgenossen gegenüber unverträglich. Da Taubheit vorkommt, sollte man beim Kauf eines Dogos audiometrische Gehöruntersuchung der Welpen verlangen.
Der athletische Hund benötigt viel Bewegung. Sein kurzes weißes Fell ist pflegeleicht.

▶ Dogo Argentino
Schulterhöhe
Rüden 62–68 cm,
Hündinnen 60–65 cm
Farbe reinweiß, dunkler Fleck am Kopf gestattet
Land Argentinien
FCI-Nr. 292, Gruppe 2.2

Foto: Dr. Gonzales

▶ **Cimarron Uruguayo**
Schulterhöhe Rüden
58–61 cm, Hündinnen
55–58 cm ± 2 cm
Gewicht Rüden 38–45 kg,
Hündinnen 33–40 kg
Farbe gestromt oder gelb
Land Uruguay
FCI-Nr. 353, Gruppe 2.2

Cimarron Uruguayo

Die Hunde stammen höchstwahrscheinlich von den Doggen ab, die die spanischen und portugiesischen Eroberer mitgebracht hatten und bei ihrer Rückkehr sich selbst überlassen zurückließen. Viele aus Europa mitgebrachte Haustiere sind so dort verwildert. Cimarron nennt man alle verwilderten Pflanzen und Tiere, z. B. den Mustang. Auch die Hunde, und so bezeichnet man sie heute frei übersetzt als „die Wilden aus Uruguay". Die Hunde überlebten unter härtester natürlicher Auslese und behielten ihr doggenartiges Aussehen bei. Sie passten sich vorzüglich den Bedingungen an, fanden Futter und vermehrten sich ohne natürliche Feinde so stark, dass sie zur Bedrohung der Siedler und ihrer Viehbestände wurden. Ende des 18. Jh. wurden sie zu Tausenden umgebracht. Einige entkamen in die Berge von Olimar, Otazo und Cerros Largos. Die Farmer dort wussten diese Hunde jedoch zu schätzen, denn sie konnten gut mit dem Vieh umgehen und waren zuverlässige Schutzhunde. Sie züchteten sie rein weiter. Heute ist der Cimarron ein geschätzter Arbeitshund der Viehzüchter, aber auch Jäger bei der Jagd auf großes, wehrhaftes Wild, besonders das einheimische Wildschwein, herausragender Wach- und Schutzhund und Begleiter in allen Lebenslagen.

Ein selbstbewusster, starker, athletischer Hund, der eine konsequente Erziehung und klare Führung braucht. Er ist ausgeglichen im Wesen und freundlich in der Familie. Die Rasse wurde 2006 anerkannt. In Uruguay werden Ohren und Rute kupiert.

Foto: Pavel, Tasgard Kennel

Dogue Brasileiro

Brasilianische Doggen

Buldogue Campeiro

Nachkommen der im 16. Jh. aus Europa in den Süden Brasiliens mitgebrachten Bulldoggen, die sich im Laufe der Jahrhunderte an die harten Lebensbedingungen anpassten. Sie wurden zum Einfangen verwilderter Rinder eingesetzt, die sie zu mehreren Hunden auf langen Märschen zu den Schlachthöfen trieben. Es entwickelte sich ein hochläufigerer Bulldog, der weite Strecken mühelos zurücklegen konnte, schnell und wendig war. Sehr mutiger, durchsetzungsfähiger Hund. Fremden gegenüber ablehnend, seinem Herrn treu ergeben, darf er nicht unangemessen scharf sein. Hervorragender Wach- und Schutzhund. Ralf Bender begann mit noch vorhandenen Hunden Ende der 1970er Jahre eine planmäßige Zucht zum Erhalt der Rasse.

Dogue Brasileiro

Seit den 1980er Jahren gezüchtete Kreuzung zwischen Boxer und Bull Terrier. Zuchtziel ist ein athletischer, kraftvoller, mutiger, jedoch nicht unangemessen aggressiver Schutzhund, der im Ernstfall mit Nachdruck verteidigt. Gewünscht wird ein führiger, nicht gegen andere Hunde aggressiver Hund, der umgänglich mit seinen Menschen ist. Besonderer Wert wird auf ein ausgeglichenes Wesen gelegt. Ehe ein Hund einen Championtitel erlangt, muss er einen Charaktertest bestehen.

Foto: Edmilson Reis, Molosso di Jeriva Kennel

▶ **Dogue Brasileiro**
Schulterhöhe
Rüden 54–60 cm,
Hündinnen 50–58 cm
Gewicht Rüden 29–43 kg,
Hündinnen 23–39 kg
Farben alle
Land Brasilien, national anerkannt
FCI nicht anerkannt

▶ **Buldogue Campeiro**
Schulterhöhe 48–58 cm
Gewicht 35–45 kg
Farbe alle
Land Brasilien, national anerkannt
FCI nicht anerkannt

Buldogue Campeiro

Cane Corso Italiano

▶ **Cane Corso Italiano**
Schulterhöhe
Rüden
64–68 cm ± 2 cm, Hündinnen 60–64 cm ± 2 cm
Gewicht Rüden 45–50 kg, Hündinnen 40–45 kg
Farbe schwarz, grau, falb, rot, einfarbig oder gestromt
Land Italien
FCI-Nr. 343, Gruppe 2.2

▶ **Branchiero Siziliano**
Schulterhöhe
Rüden ca. 70 cm
Gewicht Rüden ca. 55 kg
Land Italien
FCI nicht anerkannt

Hunde dieses Typs sah ich in Stein gemeißelt auf etruskischen Sarkophagen dicht am Fuß ihrer Herren und auf griechischen Sarkophagen bei der Jagd. Auf mittelalterlichen Jagdszenen darf er nicht fehlen. Diese uralte Doggenform, der typische Saupacker und Bärenbeißer, hat sich seit der Antike kaum verändert und überlebte bis heute als Wach- und Schutzhund, Viehtreiber und Jagdgehilfe bei der Wildschweinjagd in Mittel- und Süditalien. Aus dem gleichen Stamm hervorgegangen, wurde der → *Mastino Napoletano* jedoch schon vor vielen Jahren für die Rassehundezucht entdeckt und zu einem bedauerlichen Beispiel für das, was Züchter mit der Zucht auf fragwürdige Schönheitsideale bei einer Rasse anrichten können. Der unscheinbare Cane Corso wurde erst vor wenigen Jahrzehnten wiederentdeckt, noch vorhandene Exemplare registriert und die Zucht mit Sorgfalt aufgebaut. Seit der offiziellen Anerkennung durch die FCI wurde er über die Grenzen seiner Heimat bekannt. Der **Corso-Hund** ist Fremden gegenüber abweisend, ein unbestechlicher Wächter und Beschützer, seinen Menschen zärtlich zugetan und bei konsequenter Erziehung gehorsam. Der nicht unterordnungsbereite, agile und sportliche Hund braucht eine klare Führung. Das kurze Fell ist pflegeleicht.

Branchiero Siziliano (ohne Foto)
Ihm ähnlich ist der Viehtreibhund oder „Metzgershund" von Sizilien. Die Rasse ist nicht anerkannt und nur noch vereinzelt anzutreffen.

Tosa

Dieser große, doggenartige Hund entstand im 19. Jh. durch die Kreuzung
des Shikoko mit europäischen Rassen,
z. B. → *Englischer Bulldogge, Bernhardiner, Deutsche Dogge, Mastiff* usw. Traditionelle Hundekämpfe mit den großen japanischen Spitzen gab es schon
im Mittelalter. Man vergleicht den Tosa mit Sumo-Ringern, jenen schwer-
gewichtigen Männern, die sich gegen-
seitig umzuwerfen versuchen. Tosas
gelten als die Sumo-Ringer unter den
Hunden. Hier wird Dominanzverhalten und Kraft zum Ritual stilisiert:
zeigt ein Gegner Unterordnungsbereitschaft, wird der „Kampf" sofort ab-
gebrochen. Dass dem so ist, zeigen
die zahlreichen Fotos in japanischen
Publikationen, in denen sich die Sie-
ger solcher Kämpfe mit Schärpen be-
hängt stolz mit ihren Besitzern der

Kamera stellen. Die Tiere sind makel-
los, ohne eine Spur von Wunden oder
Narben. Es gibt in Europa nur wenige
Tosas. Die ich kennenlernte, waren
ausgeglichene, temperamentvolle
Hunde mit ausgeprägtem Sozialverhalten. Fremden, insbesondere gleichgeschlechtlichen Hunden gegenüber
sind sie unduldsam. Sie sind
wachsam, besitzen Schutzinstinkt,
sind aber nicht unangebracht scharf.
Wie jeder große, selbstbewusste Hund
brauchen sie eine konsequente, einfühlsame Erziehung. Der Standard
beschreibt ihr Wesen als bestimmt
durch Geduld, Gelassenheit,
Unerschrockenheit und Mut. Sym-
pathisch ist, dass die Tosas keinerlei
rassische Übertreibungen aufweisen,
sondern beweglich, drahtig und
gesund wirken.

▶ **Tosa**
Schulterhöhe
Rüden mind. 60 cm,
Hündinnen mind. 55 cm
Farbe rot, falb, apricot,
schwarz, gestromt
Land Japan
FCI-Nr. 260, Gruppe 2.2

Deutsch Drahthaar

Drahthaarige Vorstehhunde

Deutsch Drahthaar
Schulterhöhe
Rüden 61–68 cm,
Hündinnen 57–64 cm
Farbe braun, braun- oder
schwarzschimmel
Land Deutschland
FCI-Nr. 98, Gruppe 7.1

Deutsch Drahthaar

Der **Drahthaarige Deutsche Vorstehhund** ist eher ein Kuriosum der Jagd-
hundezucht als eine alte ehrwürdige
Rasse. Als die Reinzucht Ende des
19. Jh. Mode wurde, teilte man die
verschiedenen, bisher miteinander
gekreuzten rauhaarigen Vorstehhund-
schläge in rein zu züchtende Rassen.
Das passte denjenigen nicht, die jagdliche Leistung über rassisches Detail
stellten und alle drahthaarigen Schläge zusammenfassen wollten. So
trennten sich die Züchter der Griffons, Deutsch Stichelhaar und Pudelpointer in den Verein Deutsch-Rau-
haar ab und distanzierten sich damit
von den drahthaarigen Kreuzungspro-
dukten. Sie konnten nicht ahnen, dass
sie damit eine Rasse namens Deutsch
Drahthaar förderten, die heute der beliebteste Vorstehhund ist. Der Deutsch
Drahthaar ist ein passionierter, temperamentvoller, nie nervöser Jagdgebrauchshund für alle Arbeiten in Feld,
Wald und Wasser vor und nach dem
Schuss. Er eignet sich besonders für
raues Gelände und ist ausgesprochen
wasserfreudig. Der eher kraftvolle als
schnelle Hund steht fest vor, apportiert zuverlässig, geht sicher auf
Schweiß, ist ein guter Totverbeller wie
Bringselverweiser und raubwildscharf. Der harte Jagdhund, der eine
gute Mannschärfe mitbringt, ist
sicherlich nicht als leichtführig zu
bezeichnen und braucht eine feste Erziehung. Er gehört nur in Jägerhand.
Das derbe Haar ist pflegeleicht.

Deutsch Stichelhaar

Nachkommen des uralten stichelhaa-
rigen Hühnerhundes, der schon im
16. Jh. von Ridinger dargestellt wird.
Vielseitig einsetzbarer Jagdgebrauchshund, der gleichermaßen gut in Feld,

Pudelpointer

Wald und Wasser arbeitet. Ausgeglichener, ruhiger, mutiger, aber beherrschter Hund.

Pudelpointer
Aus Pudel und Pointer gezüchtet, um die guten Eigenschaften beider Rassen zu verbinden. Anlass war „Juno" aus der Zufallsverpaarung eines braunen Großpudels mit einer braunen Pointerhündin, die hervorragende Leistungen zeigte, dabei klug und führig war. Der „PP" zeichnet sich durch große Wasserfreudigkeit, Lernfähigkeit, Apportierfreude, sichere Schweißarbeit und Härte aus.

▶ **Pudelpointer**
Schulterhöhe
Rüden 60–68 cm,
Hündinnen 55–63 cm
Farbe einfarbig braun,
dürrlaubfarben, schwarz
Land Deutschland
FCI-Nr. 216, Gruppe 7.1

Deutsch Stichelhaar

▶ **Deutsch Stichelhaar**
Schulterhöhe
Rüden 60–70 cm,
Hündinnen 58–68 cm
Farbe braun, braun-weiß
geschimmelt
Land Deutschland
FCI-Nr. 232, Gruppe 7.1

Slowakischer Raubart

Drahthaarige Vorstehhunde

- ▶ **Slowakischer Raubart**
  Schulterhöhe
  Rüden 62–68 cm,
  Hündinnen 57–64 cm
  Farbe silbergrau
  Land Slowakische Republik
  FCI-Nr. 320, Gruppe 7.1

- ▶ **Griffon à poil Laineux**
  Schulterhöhe
  Rüden 55–60 cm,
  Hündinnen 50–55 cm
  Farbe totes Laub mit oder
  ohne kleine weiße Abzei-
  chen
  Land Frankreich

Slowakischer Raubart
Gelegentlich fielen rauhaarige Weima-
ranerwelpen, die nicht anerkannt wurden. Wegen ihrer hervorragenden
Leistungen wollte man sie als Rasse
erhalten und kreuzte Deutsch Drahthaar und Cesky Fousek ein. Der **Slovensky Hrubosrsty Stavac (Ohar)** ist
für Feld-, Wald- und Wasserarbeit geeignet, besonders nach dem Schuss:
Schweißarbeit, Verlorenbringen und
Apportieren. Der Slowakische Raubart
ist ein sehr leichtführiger, attraktiver
Hund, der bei entsprechender Beschäftigung auch als Begleithund gehalten werden kann.

Böhmisch Raubart
Der **Cesky Fousek** ist eine alte, böhmi-
sche, in ihrer Heimat populäre Rasse.
Vielseitig einsetzbar für alle Arbeiten

in Feld, Wald und Wasser mit angeborener Raubwildschärfe. Der Hund ist
leichtführig und anhänglich.

**Französischer Rauhaariger Vorsteh-
hund Korthals**
Ab 1850 züchtete der Holländer Korthals in Deutschland aus dem französischen Griffon diesen feinnasigen Vorstehhund, der auch als Schweißhund
zur Nachsuche eingesetzt werden
kann. Der **Griffon d'arrêt à poil dur-
Korthals** ist trotz hoher Jagdpassion
sehr führergebunden, leichtführig
und wachsam. Sehr sanft gegenüber
Kindern.

Griffon à poil Laineux
Der wollhaarige französische Griffon
(Griffon Boulet) gilt als ausgestorben,
obwohl immer wieder Exemplare auf-

Französischer Rauhaariger Vorstehhund Korthals

tauchten und es Versuche gab, die Rasse wieder zu beleben, die einst M. Boulet Ende des 19. Jh. mit Barbet und Griffon Korthals schuf. Es soll vereinzelte Exemplare in Russland geben. (ohne Foto)

Böhmischer Raubart

▸ **Französischer Rauhaariger Vorstehhund Korthals**
Schulterhöhe
Rüden 55–60 cm,
Hündinnen 50–55 cm
Farbe stahlgrau-kastanienbraun, gestichelt, weiß-kastanienbraun oder orange
Land Frankreich
FCI-Nr. 107, Gruppe 7.1

▸ **Böhmisch Raubart**
Schulterhöhe
Rüden 60–66 cm,
Hündinnen 58–62 cm
Gewicht Rüden 28–34 kg,
Hündinnen 22–28 kg
Farbe einfarbig braun,
braun-meliert, braun-schimmel
Land Tschechische Republik
FCI-Nr. 245, Gruppe 7.1

► **Spinone**
Schulterhöhe
Rüden 60–70 cm
Hündinnen 58–65 cm
Gewicht Rüden 32–37 kg,
Hündinnen 28–30 kg
Farbe weiß, braun, weiß-
orange oder braun
gescheckt oder geschim-
melt
Land Italien
FCI-Nr. 165, Gruppe 7.1

Spinone

Sehr alte, schon im Mittelalter dokumentierte italienische Vorstehhundrasse, vornehmlich für die Jagd auf
Niederwild. Langsamer, bedächtig suchender, ganz besonders ausdauernd
und sorgfältig arbeitender Hund, der
weder Dornen noch eiskaltes Wasser
scheut. Hervorragender Vorsteher, der
zuverlässig zu Land und Wasser apportiert. Seine hervorragende Nase
und gründliche, unermüdliche
Arbeitsweise, bei der er immer Kontakt zum Hundeführer hält, prädesti-
nieren ihn zum Mantrailer, der Spurensuche nach vermissten Personen,
und zur Rettungshundarbeit, wobei er
auch unter schwierigsten Bedingungen nicht so schnell aufgibt. Der sensible Hund benötigt eine einfühlsame,
doch konsequente Führung, er ist
dann leichtführig, wenn auch gele-

gentlich etwas stur. Er braucht unbedingt engen Familienanschluss. Zu
fremden Menschen ist er freundlich,
manchmal vorsichtig, aber niemals
aggressiv. Er ist aufmerksam, schlägt
an und kann im Ernstfall verteidigungsbereit sein. Sehr sozialverträglich mit anderen Hunden. Der in der
Jugend lebhafte, später eher ruhige,
geduldige Hund braucht trotzdem viel
Beschäftigung und Zuwendung, vor
allem sollte er, wenn er nicht jagdlich
geführt wird, seine gute Nasenveran-
lagung ausleben können. Er ist ein
Hund für Menschen, die sich gerne
mit ihm in Feld, Wald und am Wasser
bewegen.
Die langen Ohren des Spinone bedürfen regelmäßiger Pflege, das robuste
Haarkleid ist pflegeleicht und wetterfest.

Rhodesian Ridgeback

Hunde mit „Ridge", einem Streifen gegen den Strich wachsenden Fells auf dem Rückgrat, wurden schon von den Hottentottenhäuptlingen Afrikas geschätzt. Weiße Siedler kreuzten die einheimischen Hunde mit mitgebrachten Hunden. Da der Hund früher zur Löwenjagd eingesetzt wurde, nennt man ihn heute noch „**Löwenhund**". Natürlich kann es kein Hund mit einem Löwen aufnehmen, Ridgebacks arbeiteten im Team, stöberten den Löwen auf, attackierten ihn und wichen den Prankenhieben blitzschnell aus. Sie lenkten den Löwen ab, bis der Jäger nahe genug heran war. Diese Arbeit erforderte unerschrockene, draufgängerische Hunde mit schnellem Reaktionsvermögen und enormer Wendigkeit. Der anpassungsfähige, robuste Hund fühlt sich auch bei uns wohl. Er wird gelegentlich zur Jagd ausgebildet und zeichnet sich bei der Schweißarbeit aus. Er ist sehr intelligent, lernfreudig, kräftig, temperamentvoll und braucht eine konsequente, verständnisvolle Erziehung mit Erfahrung und Kenntnis in Hundeverhalten. Unter dieser Voraussetzung ist der Rhodesian Ridgeback ein zuverlässiger, niemals langweiliger Begleiter. Auch ohne Ausbildung ist der Rhodesian Ridgeback ein unbestechlicher Wächter und Beschützer. Der bewegungsfreudige Hund ist ein passionierter Augen- und Nasenjäger und nur geeignet für sportliche Menschen, die ihn ausreichend bewegen und beschäftigen. Er liebt anspruchsvolles Wandern, Laufen am Rad oder Pferd. Kein Hund für bequeme Menschen! Das kurze Fell ist pflegeleicht.

▶ **Rhodesian Ridgeback**
Schulterhöhe
Rüden 63–69 cm
Hündinnen 61–66 cm
Gewicht Rüden 36,5 kg,
Hündinnen 32 kg
Farbe hell- bis rotweizenfarben
Land Südafrika
FCI-Nr. 146, Gruppe 6.3

Der Ridge ist eine dominant vererbte Mutation. Es werden auch Welpen ohne Ridge geboren.

Bracco Italiano

Vorstehhunde

▶ **Bracco Italiano**
Schulterhöhe
Rüden 58–67 cm,
Hündinnen 55–62 cm
Gewicht 25–40 kg
Farbe weiß, weiß-orange,
weiß-kastanienbraun, ge-
scheckt oder gesprenkelt
Land Italien
FCI-Nr. 202, Gruppe 7.1

▶ **Pachon Navarro**
Schulterhöhe 48–60 cm
Gewicht 20–30 kg
Farbe ein-, zwei-, dreifarbig
und gescheckt
Land Spanien national
anerkannt
FCI nicht anerkannt

Bracco Italiano
Älteste Vorstehhundrasse Europas,
die als Stammvater aller europäischen
Vorstehhunde gilt. Der **Italienische
Vorstehhund** jagt ausdauernd und
bedächtig sowohl im Feld als auch in
Wald und Wasser. Hervorragender
Schweißhund, der sicher apportiert;
er ist nicht raubwildscharf. Der
arbeitsfreudige, führige, intelligente
Hund bedarf einer gefühlvollen Ausbildung ohne Härte. Er ist freundlich,
temperamentvoll und wachsam.

Perdiguero de Burgos
Dem Klima und jedem Gelände Zen-
tral- und Nordspaniens angepasster,
kräftiger, ausdauernder Vorstehhund
mit hervorragender Nase, der auch
zuverlässig apportiert. Geeignet für
die Jagd auf Nieder- und Federwild,
auch auf Hochwild. Der Perdiguero ist
gelehrig und ruhig, intelligent, sanftmütig und führig.

Altdänischer Vorstehhund
Aus Jagdhunden der Zigeuner (möglicherweise Nachkommen spanischer
Jagdhunde), Bluthund und Bauernhunden im 18. Jh. gezüchteter
Vorstehhund. Der **Gammel Dansk
Honsehond** ist ruhig, selbstsicher und
arbeitet bedächtig und zuverlässig,
wobei er stets Kontakt zum Jäger hält.

Pachon Navarro
Er verkörpert den Alten Spanischen
Vorstehhund, Ahnherr der Pointer.
Führiger, stets Kontakt zum Jäger hal-
tender Vorstehhund auf Nieder- und
Federwild, aber „intelligent" jagend.
Ruhig, sozialverträglich. Auffällig die
manchmal gespaltene Nase (ohne
Foto).

Perdiguero de Burgos

Altdänischer Vorstehhund

▶ **Perdiguero de Burgos**
Schulterhöhe
Rüden 62–67 cm,
Hündinnen 59–64 cm
Farbe weiß-leberfarben
Land Spanien
FCI-Nr. 90, Gruppe 7.1

▶ **Altdänischer Vorstehhund**
Schulterhöhe
Rüden 54–60 cm,
Hündinnen 50–56 cm
Gewicht Rüden 30–35 kg,
Hündinnen 26–31 kg
Farbe weiß-braun
Land Dänemark
FCI-Nr. 281, Gruppe 7.1

Berger de Beauce

▶ **Berger de Beauce**
Schulterhöhe
Rüden 65–70 cm,
Hündinnen 61–68 cm
Farbe schwarzrot (bas-
rouge) und harlekin (grau
gescheckt, Merlefaktor mit
Loh)
Land Frankreich
FCI-Nr. 44, Gruppe 1.1

Alter französischer Schäferhund, der erst 1896 den Namen Berger de Beauce bekam, um ihn von der langhaarigen Variante, dem Briard, zu unterscheiden, aber nicht, weil er in der Landschaft Beauce besonders häufig wäre. Der **Beauceron** ist ein mächtiger, aktiver, harter, ausdauernder Schäferhund, der heute immer mehr im Polizei-, Zoll- und Militärdienst Verwendung findet und auch im Privatleben eine Aufgabe braucht. Seine Erziehung erfordert Konsequenz, Einfühlungsvermögen und Kenntnis in Hundeverhalten. Sehr territorial veranlagt, ist er ein ausgezeichneter Wach- und Schutzhund und fremden Hunden gegenüber unduldsam, jedoch nervenfest und souverän, kein Raufer und nicht unangebracht aggressiv. Er muss jedoch frühzeitig auf die Umwelt geprägt und sozialisiert werden. Dennoch kein Hund für Anfänger und Stubenhocker. Er braucht Bewegung und Beschäftigung, gut geeignet für vielerlei hundesportliche Aktivitäten. Erstklassiger Fährtenhund. Der robuste Hund ist pflegeleicht.

harlekin-farben

Hovawart

Im Mittelalter wird der „Hovewart" – der Hofwächter – erstmals schriftlich erwähnt. Leider ohne Abbildung, aber es dürfte ein großer, hirtenhundähnlicher Typ mit dickem, vor jeder Witterung schützendem Fell, Genügsamkeit, starkem Wach- und Schutztrieb und enger Bindung an den Menschen gewesen sein. Anfang des 20. Jh. begann Kurt F. König mit der Rückzüchtung des Hovawart-Hundes. Er kreuzte Bauernhunde aus dem Harz und dem hessischen Odenwald mit verschiedenen Hirten- und Sennenhunden, Neufundländern und zotthaarigen Schäferhunden. 1922 wurde der erste Wurf eingetragen, 1937 die Rasse anerkannt. Seit 1964 gehört der Hovawart zu den anerkannten Diensthundrassen. Hovawarte sind noch immer von recht unterschiedlichem

Temperament. Im Allgemeinen ist er ein temperamentvoller, lernfreudiger, intelligenter Hausgenosse, der zuverlässig wacht und schützt. Er braucht viel Bewegung und Beschäftigung und ist kein Hund für bequeme Menschen. Kenntnisse in Hundeverhalten sind nötig, um dem zur Dominanz neigenden, sehr territorialen Hund klare Führung zu vermitteln. Gelingt das, ist der Hovawart für viele Bereiche des Hundesports geeignet, ebenso für ernsthafte Aufgaben wie Polizeidienst, als Rettungs undLawinenhund. Egal was man mit ihm macht, er ist immer ein fröhlicher Familienhund, der engen Kontakt zu seinen Menschen braucht. Im Umgang mit fremden Hunden ist der Hovi souverän, duldet aber keinen Widerspruch. Das leicht gewellte Haar ist pflegeleicht.

▶ **Hovawart**
Schulterhöhe
Rüden 63–70 cm,
Hündinnen 58–65 cm
Farbe blond, schwarz und schwarzmarkenfarben
Land Deutschland
FCI-Nr. 190, Gruppe 2.2

Berner Sennenhund

▶ **Berner Sennenhund**
Schulterhöhe
Rüden 64–70 cm,
Hündinnen 58–66 cm
Farbe tiefschwarz mit
braunrotem Brand und wei-
ßen Abzeichen an Kopf,
Brust und Pfoten
Land Schweiz
FCI-Nr. 45, Gruppe 2.3

Er stammt von altherkömmlichen Bauernhunden des Voralpengebiets und Mittellandes aus der Umgebung von Bern ab, die dort Haus und Hof bewachten, das Vieh trieben und Milchkarren zogen. 1892 begann ein Schweizer Hundefreund, die „Dürr-bächler", „Ringgi" oder „Blässli" ge-nannten Vierbeiner zu sammeln und einem Zuchtprogramm zuzuführen. Damit war der später Berner Sennen-hund genannte, alte schweizer Bau-ernhund vor dem Aussterben bewahrt worden. Heute zählt der Berner Sen-nenhund zu den populären Hunde-rassen, nicht nur aufgrund seiner Schönheit, sondern wegen seiner Cha-raktereigenschaften, die typisch für Bauernhunde sind: keine Neigung zum Streunen, arbeitswillig, aber nie störend, selbstständig handelnd, wo

erforderlich, wachsam, aber nicht ag-gressiv. Der Berner ist menschen-freundlich, gelehrig, kein ausgespro-chen lauffreudiger Hund, obwohl er gerne spazieren geht. Der junge Hund ist voll ungestümen Temperaments und bedarf konsequenter, liebevoller Erziehung. Nur in Ausnahmefällen wurden wildernde Berner bekannt. Berner Sennenhunde eignen sich gut zur Ausbildung zum Begleithund, Fährtenhund und Katastrophenhund. Er braucht engen Familienanschluss, aber auch Lebensraum und ein Grund-stück zum Bewachen. Er liebt den Aufenthalt im Freien und fühlt sich bei Hitze nicht wohl. Kein Stadt- oder Wohnungshund! Leider gehört er zu den Rassen mit kurzer Lebenserwar-tung. Das dichte Fell bedarf der Pfle-ge, um nicht unangenehm zu riechen.

Riesenschnauzer

Der größte Spross der Schnauzerfamilie stammt von bayerischen Bauern- und Metzgershunden ab, die auf alte Viehtreiberhunde zurückgehen. Man nannte ihn „Russenschnauzer", „Bärenschnauzer" und schließlich „Münchner Schnauzer" oder bezeichnete die großen Bewacher der Brauereiwagen als „Bierschnauzer". Welche Rassen an der „Veredlung" des Riesen beteiligt waren, wird immer ein Geheimnis bleiben – man spricht von → **Dogge, Pudel** und **Schnauzer**. Schon 1925 wurde der Riesenschnauzer offiziell als Diensthund anerkannt und wird heute noch gelegentlich bei der Polizei als Diensthund und im Katastropheneinsatz geführt. Er ist ein temperamentvoller Draufgänger und trotzdem ruhig und besonnen, ein unerschrockener Hund mit gutartigem Charakter, der auch ohne Schutzhundausbildung Haus, Hof und Familie zuverlässig beschützt. Der wehrhafte, Respekt einflößende Riese hat ein weiches Herz und braucht viel Zuwendung, eine konsequente Führung und sorgfältige Erziehung ohne unnötige Härte, die Geduld und Hundeverständnis erfordert. Wer ihn zu nehmen weiß, findet einen erstklassigen, aber nicht leichtführigen Sporthund. Sehr territorial, daher fremden Hunden im eigenen Revier gegenüber unduldsam. Regelmäßig getrimmt, pflegeleichter Hund.

▶ **Riesenschnauzer**
Schulterhöhe Rüde und Hündin 60–70 cm
Gewicht Rüde und Hündin 35–47 kg
Farbe schwarz, pfeffersalz
Land Deutschland
FCI-Nr. 181, Gruppe 2.1

pfeffersalz

Weimaraner

▶ **Weimaraner**
Schulterhöhe
Rüden 59–70 cm,
Hündinnen 57–65 cm
Gewicht Rüden 30–40 kg,
Hündinnen 25–35 kg
Farbe silber-, reh- oder
mausgrau
Land Deutschland
FCI-Nr. 99, Gruppe 7.1

Langhaar

Großherzog Carl August von Sachsen-Weimar-Eisenach (1757–1828) brachte als leidenschaftlicher Jäger Hunde aus Frankreich und Böhmen mit, und die grauen Vorstehhunde kamen hauptsächlich im Gebiet Weimar/Halle vor. Der Weimaraner ist ein vielseitig einsetzbarer Jagdgebrauchshund mit ausdauernder, nicht allzu temperamentvoller Suche. Geschätzt werden seine hervorragende Nase, Wild- und Raubwildschärfe. Der Hund ist besonders geeignet für die Arbeit nach dem Schuss (Schweiß, Verlorenbringen usw.). Der Weimaraner schließt sich eng an seine Bezugsperson an und ist ein zuverlässiger Beschützer, ohne unangemessen aggressiv zu sein. Mannschärfe wurde bis vor einigen Jahren zur Zuchtzulassung überprüft. In der Familie sanftmütig, im Umgang sensibel, doch als souveräner, selbstbewusster Hund braucht er eine wirklich konsequente, sachkundige Führung, um seine Passion zu kontrollieren. Der Weimaraner gehört nur in Jägerhand mit Familienanschluss. Leider wird er zunehmend vermarktet und nicht jagdlich geführt, was den unbedarften Hundehalter vor große Probleme stellt. Der athletische Hund braucht körperliche und geistige Auslastung, d.h. viel Bewegung und Beschäftigung.

Der seltene langhaarige Weimaraner mit gleichen Eigenschaften ist ebenfalls pflegeleicht.

American Akita

Sein Ursprung geht zurück auf den Akita Inu Japans. Als Nationaldenkmal Japans durften Akitas nicht exportiert werden, doch bekam die Amerikanerin Helen Keller 1937 zwei Welpen geschenkt, die die Rasse in den USA publik machte. Amerikanische Soldaten nahmen nach Ende des II. Weltkriegs solche Hunde mit nach Hause. Darunter Mischlinge mit Deutschem Schäferhund und Mastiff. Dort wurde die Rasse nach amerikanischen Vorstellungen weitergezüchtet. Der Hund entfernte sich vom japanischen Typ, war wesentlich schwerer, kräftiger und entsprach in Farbe und Zeichnung oft nicht dem Original Akita. 1972 bis 1992 durften keine Japanimporte in die Zucht aufgenommen werden. Die Japaner verwahrten

sich dagegen, dass die in Amerika entwickelte Rasse den Namen ihres Nationalhundes tragen solle und trennten 1998 die Rasse in Akita und zunächst in „**Großer Japanischer Hund**", später offiziell „American Akita". Der American Akita ist ein starker, selbstständiger, selbstbewusster, nicht unterordnungsbereiter Hund, der eine konsequente Erziehung und klare Führung mit viel Kenntnis des Hundeverhaltens benötigt. Dann in seiner Familie freundlicher, zuverlässiger Hund, jedoch Fremden gegenüber reserviert und Artgenossen gegenüber unduldsam. Wegen seines Jagdtriebs ist ein eingezäuntes Grundstück notwendig. Das pflegeleichte Fell des American Akita verliert beim Haarwechsel sehr viel Unterwolle.

▸ **American Akita**
Schulterhöhe
Rüden 66–71 cm,
Hündinnen 61–66 cm
Farbe alle wie rot, falbfarben, weiß, auch gestromt oder gescheckt
Land Japan
FCI-Nr. 344 , Gruppe 5.5

► **American Bulldog**
Schulterhöhe
Rüden 55–67,5 cm,
Hündinnen 50–62,5 cm
Gewicht Rüden 37–62 kg,
Hündinnen 30–50 kg
Farbe alle außer einfarbig
schwarz, blau und dreifar-
big
Land USA
FCI nicht anerkannt

American Bulldog

Schon die ersten britischen Siedler brachten ihre Bulldoggen mit in die neue Heimat, die jedoch sehr viel hochbeiniger und athletischer gebaut waren als der heutige → *Bulldog*. Dieser reine Farmhund, der nie nach Standard für Ausstellungszwecke gezüchtet wurde, erweckte vor noch nicht allzu langer Zeit züchterisches Interesse. Durch Einkreuzung anderer Rassen, mangels offizieller Anerkennung und eines einheitlichen

Standards gibt es keinen einheitlichen Typ. Er wird auch heute noch auf den Farmen als zuverlässiger Schutzhund von Hof und Vieh gegen streunende Hundemeuten

und Raubtiere und bei der Arbeit mit dem Vieh eingesetzt.

Er erfreut sich auch bei uns eines kleinen Freundeskreises. Kräftiger, lebhafter, angenehmer, etwas eigensinniger, dennoch gut zu erziehender Begleithund. Wachsam, nicht überaggressiv. Allgemein wird der von J.D. Johnson gezüchtete Hund als *der* American Bulldog anerkannt.

In den USA gibt es weitere, im Typ ähnliche Bulldogkreationen wie den **Alapaha Blue Blood Bulldog** aus Georgia mit ca. 61 cm Schulterhöhe, den **Victoria Bulldog**, eine Rückzüchtung des alten, leichteren → *English Bulldogs,* mit max. 48 cm Schulterhöhe, den **Catahoula Bulldog**, eine Mischung zwischen → *Catahoula* und → *Bulldog*, von max. 66 cm Schulterhöhe, den **Arkansas Giant Bulldog**, Kreuzung zwischen English → *Bulldog* und → *Pit Bull*, mit max. 55 cm Schulterhöhe usw.

Galgo Español

Reste reinrassiger Galgos **(Spanischer Windhund)** hetzen heute noch in Andalusien und Kastilien Hasen und bewachen die Bauernhöfe. Für professionelle Windhundrennen kreuzte man spanische Galgos mit Greyhounds. Diese sogenannten „Galgos inglesespanol" erkennt die FCI allerdings nicht an. Der Galgo Español ist ein schneller, ausdauernder Jäger. Als Gefährte ist der Galgo Español ruhig, sehr personenbezogen und Fremden gegenüber misstrauisch bis aggressiv, wachsam.

▶ **Galgo Español**
Schulterhöhe
Rüden 62–70 cm,
Hündinnen 60–68 cm; jeweils ± 2 cm
Farbe alle; rauhaarig (Bild unten) oder kurzhaarig (Bild oben)
Land Spanien
FCI-Nr. 285, Gruppe 10.3

Über den Tierschutz kommen viele ausgediente, oft misshandelte Rennhunde nach Deutschland.

Magyar Agar

▶ Magyar Agar
Schulterhöhe
Rüden 65–70 cm,
Hündinnen 62–67 cm
Farbe alle außer blau, blau-
weiß, wolfsgrau, schwarz-
loh und dreifarbig
Land Ungarn
FCI-Nr. 240, Gruppe 10.3

Die im Laufe der Jahrhunderte einwandernden Volksstämme brachten
alle ihre Windhunde mit ins heutige
Ungarn. So entstand ein witterungs-
unempfindlicher, athletisch gebauter
Windhund mit derbem Kurzhaar, mit
dem der Adel bevorzugt jagte, den
aber auch die arme Landbevölkerung
zum Wildern benutzte. Man jagte mit
zwei oder drei Hunden, die rechts neben dem Pferd geführt wurden, in
übersichtlichem Gelände Hasen.
Sprang einer im Abstand von ca. 50 m
vor den Hunden auf, wurde die Koppel „gelöst" und die Hatz begann. Hatte der erste Hund den Hasen einge-
holt, schlug er mit den Pfoten auf ihn
ein, damit er die Richtung wechselte;
der Hund ließ sich zurückfallen, und
der nächste, den Weg des Hasen ab-
schneidend, übernahm die Jagd und
fing den Hasen. Ein Hund hatte dann
die Aufgabe, die anderen Hunde davon abzuhalten, den Hasen zu zerrei-
ßen. Als gut abgerichtet galt der
Windhund, der ruhig neben dem Reiter lief, absolut aufs Wort gehorchte,
dem Hasen folgte und ruhig neben
dem getöteten Hasen auf seinen
Herrn wartete, ohne ihn anzutasten.
Ließ sich ein Windhund durch einen
zweiten Hasen von der Hatz ablenken, war das ein schwerer Fehler. Mit
der Intensivierung der Landwirtschaft
verlor diese Jagd an Bedeutung.
Ende des 19. Jahrhunderderts erfolgte
Greyhoundeinkreuzung für schnellere
Hunde bei kommerziellen Bahnrennen. Inzwischen hat man sich vom
Greyhound-Mix auf den alten Agar-
Typ zurückbesonnen.
Der **Ungarische Windhund** ist ein ruhiger, treu ergebener Familienhund,
wachsam und verteidigungsbereit, bei
einfühlsamer Erziehung gehorsam.
Harter Hund, der sich gut für den
Rennsport, insbesondere Coursing
eignet.

Saluki

„Der Saluki ist kein Hund, er ist ein Geschenk Allahs, zu unserem Nutzen und zu unserer Freude gegeben", so sagt der Koran. Der Saluki, in seiner Heimat „**Tazi**" genannt, lebt in seiner heutigen Form seit Jahrtausenden im gesamten Orient, von China bis nach Arabien und in Ägypten. Je nach Region ist er derber oder eleganter, mehr oder weniger stark an Rute, Ohren und Läufen befranst. Der Saluki – vermutlich benannt nach der alten arabischen Stadt Saluq – ist ein Langstreckenläufer. Vor den Reitern sitzend, ritt er mit zur Jagd. Während der Falke das Wild erspähte und durch seine Attacken irritierte, hetzte der vom Pferd gelassene Saluki die Beute zum Stand. Gejagt wurde alles, vom Hasen über die Gazelle bis zum Vogel Strauß, ebenso Onager, Wolf, Fuchs und Schakal. Um 1700 gelangte er mit arabischen Pferden nach England. Der zurückhaltende, sensible Hund schließt sich eng seiner Bezugsperson an, die mit ihm „jagt" – sprich spazieren geht und ihm die Befriedigung seiner Jagdpassion ermöglicht, am besten auf der Rennbahn oder beim Jagd-Coursing. Der im Hause ruhige, im Freien lebhaft verspielte Hund kann mit viel Lob und Liebe zu einem gehorsamen Hausgenossen erzogen werden, allerdings vergisst er alles beim Anblick eines Hetzobjektes. Die Fellpflege beschränkt sich auf das Kämmen der Befransung. Ansonsten unempfindlicher Hund. Sehr selten kommen kurzhaarige Salukis vor.

Foto: Hintzenberg–Freisleben

> **Saluki**
> **Schulterhöhe** 58–71 cm
> **Farbe** alle außer gestromt
> **Land** Mittlerer Osten
> **FCI-Nr.** 269, Gruppe 10.1

Der Saluki Arabiens wird noch traditionell gezüchtet und zur Jagd eingesetzt.

Kurzhaariger Saluki

Sloughi

► **Sloughi**

Schulterhöhe
Rüden 66–72 cm,
Hündinnen 61–68 cm
Farbe hell- bis rot-sandfarben, mit oder ohne schwarzen, Mantel, gestromt oder schwarzgewolkt
Land Marokko
FCI-Nr. 188, Gruppe 10.3

Der nordafrikanische Windhund kam mit arabischen Einwanderern nach Afrika. Auf ägyptischen Reliefs ab 1500 v. Chr. wird der kurzhaarige, hängeohrige Windhund dargestellt. Der Sloughi gilt mit Pferd und Kamel als kostbarster Besitz der Beduinen Nordafrikas. Er lebt wie ein hoch verehrtes, verwöhntes Familienmitglied im Zelt und ist deshalb seiner Familie eng verbunden. Fremden gegenüber ist der Sloughi misstrauisch und durchaus verteidigungsbereit. In seiner Heimat bewachen die Sloughis von den Zeltdächern aus das Lager. Bei der Jagd sprang der Arabische Windhund vom galoppierenden Pferd, sobald er das flüchtende Wild erspähte, hetzte und stellte es. Heute ist diese Jagd verboten, trotzdem bewahren traditionsbewusste Beduinen-

stämme die Sloughizucht. Noch immer sind diese Windhunde ausdauernde Langstreckenläufer und schwierigstem Gelände gewachsen. Sie brauchen ihrer Herkunft entsprechend, die in Europa erst wenige Generationen zurückliegt, engen Familienanschluss und viel Bewegung. Ein großes, sicher eingezäuntes Grundstück, ausgedehnte Spaziergänge und regelmäßiges Training für Bahnrennen oder Jagd-Coursing ermöglichen dem Sloughi ein glückliches, artgerechtes Leben. Mit Verständnis und Liebe erzogen, ist der Sloughi ein gehorsamer, ruhiger Familienhund, der selten und nie grundlos bellt. Diese edlen Hunde haben sich in Europa einen festen Freundeskreis geschaffen. Das feine kurze Fell des Sloughi ist pflegeleicht.

Rauhaar

Podengo Portugues grande

Die portugiesische Variante des im ganzen Mittelmeerraum verbreiteten Jagdhundes. Der Grande wird hauptsächlich zur Jagd auf Wildschwein und Hirsch verwendet. Er stöbert, spürt das Wild auf und stellt es bellend mithilfe doggenartiger Hunde wie Fila Sao Miguel, bis der Jäger herankommt. Bestens dem rauen Gelände angepasster, robuster und ausdauernder Hund mit hervorragender Nase. Intelligent, gut erziehbar und wachsam, abgesehen von seiner Jagdpassion angenehmer Haushund. Da der Rauhaar im Dornengestrüpp weniger verletzlich ist, findet man den Kurzhaar kaum noch. Im Jagdgebrauch häufig, aber selten als eingetragene Rassehunde anzutreffen.

▸ **Podengo Portugues grande**
Schulterhöhe 55–70 cm
Farbe gelb, falb, schwarz, einfarbig oder mit weißen Abzeichen, weiß mit den genannten Farben
Land Portugal
FCI-Nr. 97, Gruppe 5.7

Kurzhaar

Podenco Ibicenco, Glatt- und Rauhaar

Podencos

- **Podenco Ibicenco**
  Schulterhöhe
  Rüden 66–72 cm,
  Hündinnen 60–67 cm
  Farbe weißrot, einfarbig
  weiß oder rot, falb
  Land Spanien
  FCI-Nr. 89, Gruppe 5.7

- **Podenco Canario**
  Schulterhöhe Rüden
  55–64 cm, Hündinnen
  53–60 cm; ± 2 cm
  Farbe orange bis mahagoni
  mit Weiß
  Land Spanien
  FCI-Nr. 329, Gruppe 5.7

- **Podenco Andaluz**
  Schulterhöhe
  Rüden 54–64 cm,
  Hündinnen 53–61 cm
  Gewicht 27 kg, ± 6 kg
  Farbe zimtfarben weiß
  Land Spanien, national an-
  erkannt
  FCI nicht anerkannt

Podenco Ibicenco

Der **Ca Eivissec** gehört zu den bis weit in die Antike zurückzuverfolgenden Jagdhunden, die sich auf den Balearen und an der nördlichen spanischen Mittelmeerküste bis nach Frankreich erhalten konnten. Man jagt mit einem einzelnen Hund oder mehreren Hündinnen und einem Rüden auf Kaninchen, Hühner und sogar Hochwild. Mehrere Rüden arbeiten nicht zusammen und raufen. Podencos jagen mit der Nase, Augen und Ohren, bei Tag und Nacht und apportieren die gefangene Beute. Sie sind robust und dem rauen Gelände ihrer Heimat bestens angepasst. Der selbstständige Jäger, bei dem nie auf eine enge Bindung zwischen Hund und Mensch Wert gelegt wurde, ist nach unseren Vorstellungen schwierig zu halten. Die Erziehung setzt Geduld, Verständnis und Konsequenz voraus, trotzdem ist seine Jagdpassion kaum zu zügeln.

Podenco Canario

Nach den dort lebenden Nachfahren antiker Laufhunde wurden wahrscheinlich die „Kanarischen" (= Hunds-) Inseln benannt. Gleicht im Wesentlichen dem Ibicenco. Dem heißen, rauen vulkanischen Gelände bestens angepasster Kaninchenjäger. Diese im Haus ruhigen, sauberen und angenehmen Hunde brauchen viel Bewegung und Freilauf. Sie sind wachsam, aber keine Schutzhunde. Das dünne, pflegeleichte Fell bietet wenig Witterungsschutz. Sie werden von Tierschützern häufig importiert, sollten aber nur bei entsprechender Sachkenntnis aufgenommen werden.

Podenco Andaluz

Er ist der Kaninchenjäger in Südspanien und den anderen Podencos in Aussehen und Jagdweise sehr ähnlich. Es gibt drei Haararten: kurz, lang und rauhaarig.

Podenco Canario

Podenco Andaluz

Grand Bleu de Gascogne

Große Französische Laufhunde

Französische Meutehunde haben eine jahrhundertealte Tradition. Jeder adlige Jagdherr züchtete seine eigene Meute für die Parforcejagd zu Pferde so, wie sie ihm gefiel und der Landschaft angepasst war. Meutehunde werden durchaus nicht immer rein gezüchtet, sondern den Bedürfnissen entsprechend gekreuzt, wobei jagdliche Leistung, Robustheit und Gesundheit im Vordergrund stehen. Die Jagden waren große Feste, zu denen das Volk keinen Zugang hatte. Deshalb wurden die meisten Hunde während der Französischen Revolution wie ihre verhassten Herren ausgerottet. Einige wenige konnten gerettet werden, und heute erfreut sich die traditionelle Reitjagd mit Hunden wieder einer recht großen Beliebtheit. Die großen Laufhunde werden meist auf Hirsch, Reh, Wildschwein und auch Fuchs eingesetzt. Gerühmt werden die her-

vorragende Nase, das wohlklingende Geläut, Schnelligkeit, Ausdauer und Jagdpassion dieser edlen, eleganten Laufhunde. Trotz ihres liebenswürdigen, klugen und wachsamen Wesens ohne Schärfe, sind sie nicht als Haus- und Familienhund zu empfehlen, da diese selbstständigen Meutejäger ihre ausgeprägte Jagdpassion nie ablegen und sie körperlich kaum ausgelastet werden könnten. Alle gehören der FCI-Gruppe 6.1, große Laufhunde, an.

Grand Bleu de Gascogne
Aus Süd- und Südwest-Frankreich stammend, im 14. Jh. zur Wolfs- und Bärenjagd eingesetzt. Er zeichnet sich durch feine Nase bei der Reh- und Wildschweinjagd aus. Schulterhöhe Rüden 65–72 cm, Hündinnen 62–68 cm. Farbe schwarz-weiß getüpfelt und lohfarbene Abzeichen. FCI-Nr. 22.

Grand Gascon Saintongeois

Billy

Poitevin

Grand anglo-français tricolore

Grand Gascon Saintongeois
Im Südwesten gezüchtete, beinahe ausgestorbene Rasse, die für die Jagd, meist in der Meute, ursprünglich nur auf Hase, heute Reh- und Wildschweinjagd eingesetzt wird. Schulterhöhe Rüden 65–72 cm, Hündinnen 62–68 cm. Farbe weiß mit schwarzer Tüpfelung und loh. FCI-Nr. 21.

Billy
Eng verwandt mit dem Poitevin und am ehesten auf die alten weißen Königshunde zurückgehend, benannt nach dem Landgut seines Schöpfers im Haute Poitou. Ausdauernder Jäger auf Reh, Hirsch oder Wildschwein. Schulterhöhe Rüden 60–70 cm, Hündinnen 58–62 cm. Farbe weiß oder milchkaffeeweiß mit hellorangen- oder zitronenfarbigen Flecken oder Mantel. FCI-Nr. 25.

Poitevin
Er stammt aus der Region um Poitiers. Der schnelle, elegante Hund wird meist zur Hirschjagd eingesetzt. Schulterhöhe Rüden 62–72 cm, Hündinnen 60–70 cm. Farbe dreifarbig: rot-weiß mit schwarzem Mantel; weiß-orange, wolfsfarben. FCI-Nr. 24.

Grand anglo-français tricolore
Robuster, am weitesten verbreiteter, vielseitig einsetzbarer Meutehund Frankreichs. Entstanden aus der Kreuzung von englischem Foxhound und Poitevin. Schulterhöhe 60–70 cm. Farbe dreifarbig. FCI-Nr. 322.

Grand anglo-français blanc et noir
Schwarzweißer Laufhund, abstammend vom Gascon Saintongeois. Schulterhöhe Rüden 65–72 cm, Hündinnen 62–68 cm. FCI-Nr. 323.

Français Tricolore

Grand anglo-français blanc et orange

Foto: Popelier

Français blanc et noir

Français blanc et orange

Grand anglo-français blanc et orange

Eine aus der Kreuzung von Foxhound mit Billy entstandene, sehr seltene Rasse. Schulterhöhe 60–70 cm. Farbe weiß-hellorange. FCI-Nr. 324.

Français tricolore

Entstanden aus dem Anglo-français tricolore, selektiert auf den Typ des schweren normannischen Hundes. Schulterhöhe Rüden 62–72 cm, Hündinnen 60–68 cm. Farbe dreifarbig oder wolfsfarbig. FCI-Nr. 219.

Français blanc et orange

Billy-Einfluss, sehr selten. Schulterhöhe 62–72 cm, Farbe weiß-hellorange. FCI-Nr. 316.

Français blanc et noir

Bevorzugt für die Jagd auf Reh wegen seiner guten Nase und seines ruhigen Wesens, direkt abstammend vom Gascon Saintongeois. Schulterhöhe Rüden 65–72 cm, Hündinnen 62–68 cm. Farbe weiß mit schwarz, mit und ohne Loh. FCI-Nr. 220.

Schwarzer Terrier

Diese Neuschöpfung wurde 1981 vom russischen Landwirtschaftsministerium anerkannt. Man suchte den idealen Diensthund für Zoll und Militär und glaubte ihn durch die gezielte Verpaarung von → *Airedale*, *Rottweiler* und → *Riesenschnauzer* mit alten, einheimischen schwarzen Terriertypen zu bekommen. Vom Airedale erhoffte man sich Ausdauer und Führigkeit, vom Riesenschnauzer Größe und Schärfe, vom Rottweiler kraftvollen Körperbau und ausgeglichenes Wesen. Heraus kam ein Hund, der kaum von einem ungetrimmten Riesenschnauzer oder Bouvier des Flandres zu unterscheiden ist. Der **Tchiorny Terrier** erwies sich als anpassungsfähig an die verschiedenen Klimata des großen Landes, robust, gelehrig und leicht auszubilden. Man schätzt sein festes Nervenkostüm, schnelles Reak-

tions- und Auffassungsvermögen sowie Verteidigungsbereitschaft ohne unerwünschte Schärfe. Da der Hund aber eine enge Bindung zu einer Bezugsperson eingeht, war er für die vorgesehenen Aufgaben als Diensthund mit wechselnden Führern nicht geeignet, sodass die Zucht seitens der Behörden aufgegeben und in Privathand fortgesetzt wurde. Fortan selektierte man auf einen ausgeglichenen, führigen Begleithund, was dem Schwarzen auch außerhalb seiner Heimat Freunde einbrachte. Fremden gegenüber ist der große Schwarze misstrauisch und seiner Bezugsperson treu ergeben. Dennoch ist er kein Hund für Anfänger oder bequeme Menschen.

Das leicht gewellte Haar ist nicht aufwendig in der Pflege und wird etwas in Form geschnitten.

▸ **Schwarzer Terrier**
Schulterhöhe
Rüden 66–72 cm,
Hündinnen 64–70 cm
Farbe schwarz oder
schwarz mit grauen Haaren
Land Russland
FCI-Nr. 327, Gruppe 2.4

Großer Schweizer Sennenhund

Großer Schweizer Sennenhund
Schulterhöhe
Rüden 65–72 cm,
Hündinnen 60–68 cm
Farbe schwarz mit braunrotem Brand und weißen Abzeichen
Land Schweiz
FCI-Nr. 58, Gruppe 2.3

Der ehemalige Karrenhund der Hausierer und Marktfahrer, Hofhund der Bauern und Viehtreiber der Metzger war in der ganzen Schweiz weitverbreitet und Ausgangsrasse für den → **St. Bernhardshund** und die großen Sennenhunde. Der Bauernhund musste den Anforderungen seiner Besitzer gerecht werden, sonst wurde er geschlachtet und gegessen! Respekt einflößende Größe, Wetterhärte, Gesundheit, Kraft, Ausdauer und Genügsamkeit waren Voraussetzung für sein Überleben. Kräftiger Körperbau galt sicherlich als Vorzug, möglicherweise auch eine hübsche, gleichmäßige Zeichnung und leuchtende Farben. Die Bauernhunde waren dreifarbig, rotweiß gescheckt oder schwarzmarkenfarbig. 1908 stieß Prof. Heim auf zwei „kurzhaarige" Berner Sennenhunde, sah darin eine eigene Rasse,

nannte sie Großer Schweizer Sennenhund und baute auf kleiner Basis die Zucht des dreifarbigen, symmetrisch gezeichneten, uns heute bekannten imposanten Hundes auf.

Der Große Schweizer Sennenhund liebt zwar seine Spaziergänge, ist aber kein ausgesprochen lauffreudiger Hund. Der Große Schweizer Sennenhund ist sehr territorial veranlagt, von ruhigem, ausgeglichenem Wesen und zuverlässigem Schutztrieb. Fremden gegenüber neutral bis reserviert, fremde Hunde in seinem Revier nicht duldend. Er braucht Platz und engen Familienanschluss. Er hält sich gerne in Hof und Garten auf, ohne zu streunen. Der nicht unterordnungswillige Hund braucht eine konsequente Erziehung und klare Führung. Wetterhart und pflegeleicht, ist er heute noch ein idealer Wächter für den Bauernhof.

Dobermann

Der 1834 in Apolda geborene Louis Dobermann war Steuereintreiber, Nachtpolizist, Hundefänger und Abdecker. Er züchtete scharfe Hunde, die als unbestechliche Wächter und raubwildscharfe Jagdhunde galten, mannscharf waren und sich nicht von Stockschlägen oder Schüssen beeindrucken ließen. Man weiß nicht, welche Rassen er benutzte, jedenfalls legte er den Grundstein zur Zucht eines schönen, eleganten Schutzhundes mit viel Schneid und Temperament. Der Dobermann ist sehr territorial veranlagt und versteht sich durchzusetzen. Er braucht eine konsequente Erziehung und klare Führung. Er schließt sich nur der Person eng an, die er akzeptieren kann. Deshalb bezeichnet man ihn auch als „Einmannhund". Besonders starke Rüden sind anderen Hunden gegenüber unverträglich und misstrauisch gegenüber fremden Menschen. Frühzeitige Gewöhnung an Artgenossen und Menschen sind daher unbedingt erforderlich. Da manche Dobermannhalter den umgänglichen, gut sozialisierten Hund gar nicht wollen, sondern seine Wesensart noch unterstützen, gerät der Dobermann leider oft in Verruf. Der sehr temperamentvolle Hausgenosse braucht viel Bewegung und Beschäftigung, er ist immer wachsam, immer in Habacht-Stellung. Bellfreudigkeit und Neigung zum Wildern müssen von klein an unterbunden werden. Der Dobermann sollte unbedingt eine solide Ausbildung genießen. Der anerkannte Diensthund eignet sich nur für sportliche Menschen mit natürlicher Autorität, keinesfalls für Stubenhocker und ein Leben in der Stadt. Pflegeleichtes Kurzhaar.

▶ **Dobermann**
Schulterhöhe
Rüden 68–72 cm,
Hündinnen 63–68 cm
Gewicht Rüden 40–45 kg,
Hündinnen 32–35 kg
Farbe schwarz und dunkelbraun mit leuchtend rotbraunen Abzeichen
Land Deutschland
FCI-Nr. 143, Gruppe 2.1

Ca de Bestiar

Ca de Bestiar
Schulterhöhe
Rüden 66–73 cm,
Hündinnen 62–68 cm
Gewicht ca. 40 kg
Farbe schwarz;
Kurzhaar bis 3 cm,
Langhaar bis 7 cm
Land Spanien
FCI-Nr. 321, Gruppe 1.1

Vermutlich entstand der Ca de Bestiar **(Perro de Pastor Mallorquin, Mallorca-Schäferhund)** aus der Vermischung eingeführter kastilischer Hunde mit einheimischen Bauernhunden. Jedenfalls handelt es sich um eine uralte Rasse, die früher die großen Herden hütete und beschützte. Inzwischen gibt es längst nicht mehr so große Herden, und die Aufgabe des Ca de Bestiar wandelte sich vom Hirten- zum Wach- und Schutzhund der Anwesen. Er wurde auch als Polizeihund eingesetzt. Noch 1930 war die Rasse auf allen Balearen-Inseln beliebt und häufig anzutreffen, doch ging sie in den Wirren des Bürgerkrieges unter. Später vermischte sie sich mit Touristenhunden. 1967 fanden sich in letzter Minute einige Liebhaber der Rasse, die sich für die Reinzucht einsetzten und 1975 den Standard festschrieben. 1980 erschien der erste Ca de Bestiar im Ausstellungsring. 1985 wurden schon 87 Exemplare ins Zuchtbuch eingetragen. Der Ca de Bestiar ist ein robuster, kräftiger Bauernhund mit ausgeprägtem Schutztrieb, der als treuer Einmannhund beschrieben wird, der ungern Fremde akzeptiert. Unduldsam im Umgang mit Artgenossen. Im Übrigen ein lernfreudiger, intelligenter Hund. Der auch heute noch selten anzutreffende Hofhund ist kein Hund für Anfänger. Er braucht Lebensraum zum Bewachen und eignet sich nicht für ein Leben in der Stadt.

Das derbe, dichte, tiefschwarz glänzende Haarkleid ist pflegeleicht.

Azawakh

Schnell wie der Wind, ausdauernd wie das Kamel und schön wie das Araberpferd – so könnte man den graziösen Windhund der Tuareg, jener geheimnisvollen Nomaden der Südsahara, nennen, deren Herkunft ebenso unbekannt ist wie die ihrer Hunde. Die Tuareg schätzen ihn als Jagdgehilfen und Wächter der Herden und Zelte. Der Wüstenwindhund tötet seine Beute nicht, sondern verletzt sie schwer, denn tote Tiere würden in der sengenden Sonne rasch verderben. Von ursprünglicher Wildheit, lebhaft und aufmerksam, bleibt er auch gegenüber ihm bekannten Menschen reserviert, ist aber liebenswürdig und sanft zu jenen, denen er seine Zuneigung schenkt. Der Azawakh braucht Familienanschluss und ist ein anpassungsfähiger Hausgenosse, sofern man ihm täglich die nötige Bewegung verschafft. Auf Ausritten, bei Windhundrennen und Coursings kann er sich ausleben. Der stolze, selbstständiges Jagen gewohnte Hund will mit viel Geduld, Liebe und ruhiger Konsequenz erzogen werden. Falsche Strenge und Härte machen ihn unsicher und verstört. Die Mentalität des freiheitsliebenden Hundes und seines Herrn müssen zusammenpassen, um beide glücklich zu machen. Das gelingt nur bei Kenntnis von Hundeverhalten und entsprechendem Umgang mit dem Hund, denn ein Versagen seines Rudelführers vergisst und vergibt er nicht so schnell.
Das feine Haar des Azawakh ist pflegeleicht.

▶ **Azawakh**
Schulterhöhe
Rüden 64–74 cm,
Hündinnen 60–70 cm
Gewicht Rüden 20–25 kg,
Hündinnen 15–20 kg
Farben hell sandfarben bis dunkel fauve, gestromt
Land Mali (Frankreich)
FCI-Nr. 307, Gruppe 10.3

▶ **Afghanischer Windhund**
Schulterhöhe
Rüden 68–74 cm,
Hündinnen 63–79 cm
Gewicht Rüden 20–25 kg,
Hündinnen 15–20 kg
Farbe alle Farben zulässig
Land Afghanistan (Großbritannien)
FCI-Nr. 228, Gruppe 10.1

Afghanischer Windhund

Mit den ursprünglichen Hetzhunden Afghanistans hat er nur noch wenig Ähnlichkeit. Der Gebirgsafghane ist kompakter und reicher behaart als der hochläufige schnelle Renner der südwestlichen Wüsten. Weitgehend selbstständig jagen die Hunde einzeln, zu zweit oder in der Meute alles, was das Land an jagdbarem Wild hergibt, vom Hasen über die Gazellen bis hin zum Leoparden. Diese Selbstständigkeit hat sich der Afghanische Windhund bis heute bewahrt. Ende des 19. Jh. gelangten die Hunde mit britischen Offizieren nach Großbritannien. Die Zucht erblühte aber erst nach dem 1. Weltkrieg. Zunächst züchtete man den Wüstentyp **(Bell-Murray)** und den Gebirgsafghanen **(Ghazni)**. Der Afghane wurde zu einer Schauschönheit mit reichem Haar-

kleid, und so ging der weniger attraktive Wüstenrenner bald im Ghazni auf. In den 1930er Jahren kamen die ersten Afghanen nach Deutschland. Der stolze, unabhängige, niemals um Zuneigung heischende Hund braucht einen verständnisvollen Besitzer, denn die üblichen Erziehungsmethoden haben beim Afghanen wenig Erfolg. Wegen seiner angeborenen Jagdpassion ist freies Laufen kaum möglich. Der Hund braucht aber außerordentlich viel Bewegung und Auslauf, sodass ein großes, sicher eingezäuntes Grundstück zum freien Toben vorhanden sein sollte. Coursing ist eine schöne Ersatzjagd für ihn. Er eignet sich auch für den Windhundrennsport. Das herrliche seidige Haar des Afghanischen Windhunds verlangt intensive Pflege.

Mastino Napoletano

Seine Vorfahren waren vermutlich einst die Kampfhunde der alten Römer. Im Mittelalter jagten sie gefährliches Wild wie Wildschwein und Bär. Diese Saupacker und Bärenbeißer konnten sich in Süditalien als Hirten-, Hof- und Bauernhunde erhalten. Erst 1947 begann die Reinzucht. Vor einigen Jahrzehnten wurden die „Panzer der Antike" in der Presse als sicherster Schutz und als lebendige Alarmanlagen hochgespielt, was sofort Menschen ansprach, die einen „gefährlichen" Hund zur Selbstbestätigung brauchten. Der Hund hat sich in dieser Rolle jedoch nicht bewährt. Der Mastino leidet unter züchterischen Übertreibungen durch die Auswahl immer schwererer, faltigerer, trägerer Exemplare. Der Mastino besitzt ein ausgeprägtes Territorialverhalten und

verteidigt Haus und Hof. Er ist Artgenossen gegenüber unduldsam. Welpen müssen frühzeitig den freundlichen Umgang mit Menschen und Hunden lernen. Der selbstsichere Hund bricht selten Streit vom Zaun, doch einmal provoziert, kämpft er kompromisslos. Selbst bei konsequenter, einfühlsamer Erziehung wird er nie ein ausgesprochen gehorsamer Hund sein. Der Mastino gehört nur in die Hände vernünftiger, verantwortungsbewusster Hundehalter, die mit Kenntnis in Hundeverhalten solch einen Hund führen können. Der Mastino ist ein ruhiger Begleiter und hat kein großes Laufbedürfnis, braucht aber Lebensraum. Die Aufzucht bedarf großer Sorgfalt. Er speichelt stark, die Falten bedürfen der Pflege. Das Fell ist pflegeleicht.

▶ **Mastino Napoletano**
Schulterhöhe
Rüden 65–75 cm,
Hündinnen 60–68 cm
Gewicht Rüden 60–70 kg,
Hündinnen 50–60 kg
Farbe grau, bleigrau,
schwarz, braun, falbfarben,
alle Farben auch gestromt
Land Italien
FCI-Nr. 197, Gruppe 2.1

Foto: Binder

Fila Brasileiro

▶ **Fila Brasileiro**
Schulterhöhe
Rüden 65– 75 cm,
Hündinnen 60–70 cm
Gewicht Rüden mindestens
50 kg, Hündinnen mindes-
tens 40 kg
Farbe alle außer weiß,
mausgrau, gefleckt, black
and tan, blau
Land Brasilien
FCI-Nr. 225, Gruppe 2.2

Der Nationalhund Brasiliens schützt die großen Anwesen und treibt das Vieh. Zur Jagd auf den seltenen Jaguar wird er kaum noch eingesetzt. Seine Vorfahren gehen auf die Doggen der spanischen und portugiesischen Eroberer zurück. Später wurden europäische Rassen wie der historische Typ des → *Bulldog, Mastiff* und → *Bloodhound* eingekreuzt. 1954 kamen die ersten Filas nach Deutschland. Sie besitzen ein natürliches Misstrauen gegen Fremde; Schutztrieb und Verteidigungsbereitschaft sind angeboren und dürfen nicht gefördert werden. Von entscheidender Bedeutung ist beim Fila die Prägung und Sozialisierung des Welpen als künftiger Familienbegleithund. Dann ist er seiner Familie ein stets loyaler, zuverlässiger, ja zärtlicher Hausgenosse, der schnell lernt. Der starke und überraschend wendige, in der Jugend sehr temperamentvolle Hund ist nur leichtführig und willig, wenn er seine Menschen aufgrund ihrer Führungsqualitäten anerkennt. Der Filabesitzer muss Erfahrung mit Hunden und fundierte Kenntnis in Hundeverhalten besitzen. Übliche Erziehungsmethoden mit häufigen Wiederholungen langweilen ihn. Die Erziehung, Aufzucht, Bewegung und Ernährung des Filas sind sehr aufwendig und bedürfen großer Sorgfalt. Der große Brasilianer braucht engen Familienanschluss, muss seinen Platz im Rudel akzeptieren und ist nicht für ein Leben im Zwinger geeignet. Kein Hund für bequeme Menschen. Beim Kauf unbedingt auf sorgfältig auf den Menschen geprägte Welpen achten. Das kurze Fell des Fila Brasileiro ist pflegeleicht.

Broholmer

Broholmer, Belgischer Mastiff

Broholmer

Nachfahre der germanischen Doggen, die als Wachhunde und zur Wildschwein- oder Bärenjagd dienten. 1850 gelang Hofjägermeister Sehested mit großem Erfolg die Zucht der antiken dänischen Dogge auf seinem Gut Broholm. Doch die Rasse geriet in Vergessenheit. 1974 begann die Rückzüchtung mit noch auffindbaren Hunden und anderen Rassen. Welpen werden nur mit der vertraglichen Verpflichtung zur Weiterzucht verkauft und die Zucht streng überwacht. Das Interesse an einer gesunden Rasse mit gutem Wesen hat Vorrang bei der Zucht. Der Broholmer ist ein ruhiger, angenehmer Hausgenosse. Er ist wachsam und verteidigungsbereit im Ernstfall. Er braucht eine liebevoll konsequente Erziehung und klare Führung. Das glatte Haar ist pflegeleicht.

Belgischer Mastiff

Der **Matin Belge** war einst weit verbreiteter Karrenhund Belgiens, das Zugpferd des kleinen Mannes, der im 1. Weltkrieg zum Ziehen der Kanonen eingesetzt wurde. Nach dem Verbot der Karrenhunde verschwand er. Vor einigen Jahrzehnten begann Alfons Bertels die Rückzüchtung. Der **Rekel** ist ein ruhiger, ganz auf seine Bezugsperson fixierter Hund, gehorsam und nicht rauflustig, zu Fremden zurückhaltend, wachsam und im Ernstfall verteidigungsbereit. Pflegeleicht.

Belgischer Mastiff

▸ **Broholmer**
Schulterhöhe
Rüden ca. 75 cm,
Hündinnen ca. 70 cm
Farbe gelb mit schwarzer Maske, goldrot, schwarz
Land Dänemark
FCI-Nr. 315, Gruppe 2.2

▸ **Belgischer Mastiff**
Schulterhöhe 67–80 cm
Gewicht bis 45–50 kg
Farbe falb, gestromt, schwarz-marken
Land Belgien
FCI nicht mehr anerkannt

Mastiff

▸ **Mastiff**
Farbe apricot-, silber-,
reh- oder dunkelbraun
gestromt, falb, dunkel-
braun gestromt
Land Großbritannien
FCI-Nr. 264, Gruppe 2.2

▸ **Antikdogge**
Schulterhöhe
Rüden 65–72 cm,
Hündinnen 60–67 cm
Gewicht Rüden 50–65 kg,
Hündinnen 40–50 kg
Land Deutschland
FCI nicht anerkannt

Als die Römer auf der britischen Insel landeten, bewunderten sie die riesigen Kampfhunde der Inselbewohner und brachten sie nach Rom in die Tierkampfarenen. Der Mastiff hat eine uralte Tradition als kraftvoller Jagd- und Schutzhund. Während der Weltkriege drohte die Rasse auszusterben. Sie wurde mit Hilfe der Rassen wieder aufgebaut, zu deren Schaffung sie einst beigetrug, wie → *Bullmastiff,* → *Deutsche Dogge, Bernhardiner;* auch → *Neufundländer.* Die Aufzucht des jungen Mastiff bis hin zum Erwachsenenalter ist aufwendig und teuer. Der Mastiff ist freundlich, gutmütig und ohne Falsch. Er sollte niemals ängstlich oder aggressiv sein. Der ruhige, intelligente Hund ist nicht gerade laufhungrig, braucht aber Platz und Lebensraum. Der sensible Riese lässt sich mit Liebe und Konsequenz leicht erziehen, wird sich in seiner ruhigen Dominanz aber nie vollkommen unterordnen und aufs Wort gehorchen. Er besitzt natürlichen Schutztrieb, ohne unnötig aggressiv zu sein. Seine eindrucksvolle Erscheinung und seine Drohgebärden reichen vollkommen aus, Eindringlinge abzuweisen. Das kurze Fell ist pflegeleicht.

Antikdogge

Versuch der Rückzüchtung einer gesunden, sportlichen, sehr ausgeglichenen Doggenrasse nach Vorbild antiker Darstellungen aus Cane Corso und Dogo Canario.

Antikdogge

Neufundländer

Europäische Fischer brachten große Hunde zum Schutz der Schiffe und Ladungen mit an die Küsten Neufundlands. Die Hunde halfen beim Einholen der Boote und Fangnetze, retteten Schiffbrüchige und dienten zum Lastenziehen. Englische Fischer entdeckten sie auf Neufundland und nahmen zunächst die großen weiß-schwarzen → *Landseer*, später die kleineren, schwarzen von der südlichen St. Johns Insel mit nach Hause. Der auf das Apportieren spezialisierte, wasserfreudige → *Labrador Retriever* ist eine Fortzüchtung der ersten schwarzen Neufundlandhunde. Wasserpassion und angeborene Bringfreude machen den Neufundländer auch heute noch zum geborenen Wasserrettungshund. Berühmtester Nutznießer war wohl Napoleon, den der legendäre Boatswain aus dem Wasser zog. An der französischen Atlantikküste bildet die Küstenwacht leichte, wendige Neufundländer zu Wasserrettungshunden aus. Der in der Jugend temperamentvolle Hund braucht eine konsequente Erziehung und Führung. Er ist ruhig und gelassen, weiß sich aber durchzusetzen. Der Neufundländer fordert keine langen Spaziergänge, lernt leicht die notwendigsten Umgangsregeln, bellt wenig, besitzt keine Schärfe, aber seine dunkle, mächtige Erscheinung wirkt abschreckend. Ein Neufundländer braucht Platz, hält sich gerne im Freien auf und ist nur als vollwertiges Familienmitglied glücklich. Er liebt alle Aktivitäten im Wasser.
Die Pflege des dichten, mit viel Unterwolle durchsetzten Haarkleides des Neufundländers ist aufwendig. Das fettige Fell neigt zu starkem Eigengeruch.

▶ **Neufundländer**
Schulterhöhe
Rüden 71 cm,
Hündinnen 66 cm
Gewicht Rüden 68 kg,
Hündinnen 54 kg
Farbe schwarz, braun,
weißschwarz
Land Kanada
FCI-Nr. 50, Gruppe 2.2

Landseer

► **Landseer**
Schulterhöhe
Rüden 72–80 cm,
Hündinnen 67–72 cm
Farbe weiß mit schwarzem
Kopf und schwarzen Platten
Land Deutschland/Schweiz
FCI-Nr. 226, Gruppe 2.2

Portugiesische und baskische Fischer nahmen zum Schutz der Schiffe und Siedlungen Hirtenhunde mit auf die Reise an die Küste Neufundlands. Sie halfen im Sommer beim Einholen der Netze, brachten Schiffbrüchige an Land, zogen Boote ein und apportierten alles aus dem Wasser, was nicht hineingehörte. Im Winter schleppten sie, in Geschirre gespannt, Holz aus den umliegenden Wäldern. Unter denkbar harten Lebensbedingungen entwickelten sich genügsame, wetterharte Tiere. Im 18. Jh. brachten Fischer die ersten Exemplare nach England, wo der imponierende und gutmütige Hund rasch Freunde gewann. Auf zahlreichen Gemälden schmückten sich die Herrschaften mit ihrem Landseer, der den Namen seinem prominentesten Maler verdankt:

Sir Edwin Landseer. Selbst die deutsche Kaiserfamilie besaß diese Hunde. Der große, temperamentvolle, fröhliche Hund darf nicht nervös, scheu oder aggressiv sein. Er ist ausgesprochen menschenfreundlich, verschmust, anhänglich, verspielt und gelehrig. Der Landseer ist kein scharfer Wach- und Schutzhund, schlägt jedoch an, weiß überzeugend zu drohen und notfalls auch zu verteidigen. Er benötigt Lebensraum, liebt den Aufenthalt im Freien, braucht jedoch unbedingt engen Familienkontakt. Eine konsequente Erziehung und klare Führung ist unbedingt notwendig, sonst setzt der starke Hund seinen Willen durch. Kein Hund für hundesportlich engagierte Menschen. Das dichte Fell muss regelmäßig gebürstet werden.

Shiloh Shepherd™

Tina Barber stammte aus Deutschland und erlangte in den USA Ruhm als Ausbilderin und Züchterin hervorragender Deutscher Schäferhunde. Ihre Großeltern züchteten schon Schäferhunde, und seit den 1970er Jahren versuchte sie, eine Linie Deutscher Schäferhunde aufzubauen, wie sie sie aus ihrer Kindheit kannte: Groß, selbstsicher, gelassen, hochintelligent und mit aller Konsequenz verteidigungsbereit, wenn nötig, und HD-frei. Zunächst bemühte sie sich um alte Linien Deutscher Schäferhunde, kam aber nur sehr langsam voran. In den 1980ern kam sie ihrem Zuchtziel nahe, die Hunde unterschieden sich deutlich vom modernen Deutschen Schäferhund, waren größer, weniger stark gewinkelt und von sicherem Wesen. Auf der Suche nach neuen Blutli-

nien stieß sie auf eine Zucht großer Malamuten mit Deutschem Schäferhund, die ebenfalls seit Generationen auf HD überprüft war, und auf einen Farmer, der alte Württemberger Linien, gekreuzt mit Sarplaninac, züchtete. Diese Hunde führten sie zum erhofften Erfolg. Der Shiloh Shepherd™ war begehrt, Züchter gingen eigene Wege, sodass sie den Namen schützen ließ, um den Qualitätsstand zu sichern. Eine Abspaltung des Shiloh Shepherd™ ist der sog. **King Shepherd**. Die wenigen in Europa lebenden Hunde zeichnen sich durch Freundlichkeit und ausgeglichenes Wesen aus, eignen sich allerdings nicht für den Schutzhundsport. Die Rasse in Europa zu etablieren, ist bislang nicht gelungen. Das stock- oder langstockhaarige Fell ist pflegeleicht.

▶ **Shiloh Shepherd™**
Schulterhöhe
Rüden ideal 75 cm,
Hündinnen ideal 70 cm,
und mehr
Gewicht Rüden ideal 63 kg,
Hündinnen ideal 45 kg, und
mehr
Farbe schwarz-gelb, gold,
rot, silber, creme, dunkelbraun, grau, schwarz, weiß
Land USA
FCI nicht anerkannt

Saarlooswolfhond

Wolfhunde

► **Saarlooswolfhond**
Schulterhöhe
Rüden 65–75 cm,
Hündinnen 60–70 cm
Farbe wolfsgrau,
braunwildfarben, hell
creme bis weiß
Land Niederlande
FCI-Nr. 311, Gruppe 1.1

In Tausenden von Jahren züchterischer Arbeit hat der Mensch den Wolf zum Haushund umfunktioniert. Wolfkreuzungen sind ein Rückschlag und eher fragwürdiges Experiment. Wolfsverhalten schlägt durch und erfordert eine sehr frühe Prägung und sorgfältige Sozialisierung der Welpen, damit sie in unserer Umwelt ohne Stress überleben können, da sie sehr misstrauisch allem Fremden gegenüber sind. Die Haltung erfordert ausbruchsichere Unterbringung, fundierte Kenntnisse in Wolfs- und Hundeverhalten und sehr viel Zeit und Einfühlungsvermögen. Wolfhunde sind hochintelligent, die Sinne schärfer und das Reaktionsvermögen schneller als beim Hund, das gesamte Instiktrepertoire einschl. Sozialverhalten ist

intakt, die Jagdpassion ausgeprägt. Alles in allem sehr schwierig zu haltende Tiere. Für gesunde, sportliche Men-

Wolf

Foto: Grenz

Tschechoslowakischer Wolfhund

schen mit guter Kenntnis in Wolfs- und Hundeverhalten ein reizvoller, wenn auch nie bequemer Kamerad. Pflegeleichtes Fell, das stark haart.

Saarlooswolfhond
Leendert Saarloos (1884–1969) wollte die scharfen Sinne des Wolfs mit der

Wölfe
Foto: Grenz

Verbundenheit zum Menschen und der Lernfreudigkeit des Deutschen Schäferhundes verbinden. Lebhafter, nur bei klarer Führung unterordnungsbereiter Hund mit hoher Fluchtbereitschaft.

Tschechoslowakischer Wolfhund
Aus Deutschem Schäferhund und Wolf gezüchteter Diensthund des Militärs. Der **Ceskoslovensky Vlcak** ist ausdauernd, temperamentvoll, gelehrig ohne Unterwürfigkeit, misstrauisch und mutig.

Lupo Italiano
Wolf-Schäferhund-Kreuzungszucht, die 1966 in den Bergen von Lazio begann und sich im Rettungs- und Lawinensuchdienst bewährte. Streng kontrollierte Zucht und Ausbildung durch die Forstbehörde.

▸ **Tschechoslowakischer Wolfhund**
Schulterhöhe
Rüden mind. 65 cm,
Hündinnen mind. 60 cm
Gewicht
Rüden mind. 26 kg,
Hündinnen mind. 20 kg
Farbe gelb- bis silbergrau
Land Slowakische Republik
FCI-Nr. 332, Gruppe 1.1

▸ **Lupo Italiano**
Land Italien
FCI nicht anerkannt

Greyhound

▶ **Greyhound**
Schulterhöhe
Rüden 71–76 cm,
Hündinnen 68–71 cm
Farbe schwarz, weiß, rot,
blau, bräunliches rotgelb,
sandfarben, gestromt mit
oder ohne Weiß
Land Großbritannien
FCI-Nr. 158, Gruppe 10.3

Der schnellste Hund der Welt gilt als Vollblut unter den Windhunden. Der Kurzstreckenspezialist erreicht im Spurt bis zu 70 km/h! Schon die Kelten brachten 375 v. Chr. Windhunde mit auf die Insel. Der Name kann sowohl vom keltischen „grey" = Hund stammen, als auch auf „gazehound" = Sichthund oder „greecehound" = griechischer Hund hinweisen. Windhunde genossen stets die besondere Zuneigung ihrer adeligen Herren, und man findet sie auf Darstellungen aus der Antike bis zur Gegenwart. Der Greyhound wurde in England beim sogenannten Coursing eingesetzt, bei dem zwei Greys den lebenden Hasen hetzten. Später wurden bei Windhundrennen hinter künstlichem Hasen stattliche Summen verwettet. Der Greyhound wurde zum Profitobjekt, das aber todgeweiht ist, wenn es die Leistung nicht mehr erbringt. Greyhounds sind liebevolle, anschmiegsame, treue, ruhige Hausgenossen, anspruchslos in Haltung und Pflege. Sie brauchen unbedingt engen Familienanschluss. Bei liebevoller Erziehung sind sie gehorsame Gefährten. Sehen sie allerdings etwas, das ihre Hetzleidenschaft entfacht, sind sie nicht zu halten. Freilauf ist daher nur bedingt möglich. Deshalb sollte man sich einem Renn- oder Coursingverein anschließen, um dem Grey die Ersatzjagd anzubieten.

Deerhound

Der schottische Hirschhund ist ein
Aristokrat feinsten Adels und vermutlich der reinste Nachkomme der alten
Keltenwindhunde. Schottische Clans
züchteten ihn mit größter Sorgfalt für
die Wolfs- und Großwildhatz im
Hochland. Die Hunde sind dem rauen
Klima und Gelände bestens angepasst. Als 1746 die Engländer die
Schotten in Culloden schlugen und
die Clans auflösten, war auch die
Deerhoundzucht bedroht. Ihr Überleben verdankt sie Sir Walter Scott
(1771–1832), dem Dichter, der alles
Schottische in romantisches Licht
rückte und populär machte. Im
19. Jahrhundert verewigte Sir Edwin
Landseer den Deerhound auf herrlichen Gemälden. Als auch noch Queen
Victoria einen Deerhound hielt, war
die Rasse gerettet. Trotzdem blieb der
sensible Hund in der rauen Schale
wenigen Liebhabern vorbehalten. Der
Deerhound ist zärtlich, aber nie aufdringlich, ruhig im Haus und gehorsam. Draußen zeigt der robuste Läufer sein ganzes Temperament. Die
Aufzucht bedarf großer Sorgfalt, die
Haltung des erwachsenen Hundes ist
umso einfacher, wenn ihm Platz, Bewegung und enge Verbundenheit zu
seinem Herrn geboten werden. Jagd-
Coursing sollte neben ausgedehnten
Spaziergängen oder Ausritten auf
dem Programm stehen. Das Rauhaar
ist pflegeleicht.

▶ **Deerhound**
Schulterhöhe
Rüden mind. 76 cm,
Hündinnen mind. 71 cm
Gewicht Rüden 45,5 kg,
Hündinnen ca. 36,5 kg
Farbe dunkles Blaugrau,
grau, gelb, rotsandfarben,
rötlichbraun, gestromt
Land Großbritannien
FCI-Nr. 164, Gruppe 10.2

► **Lurcher**
Schulterhöhe unterschied-
lich
Farbe alle
Land Großbritannien
FCI nicht anerkannt

Lurcher

Uralte Windhundform Großbritanniens, die auch heute noch zur Hasen-,
Kaninchen- und Fuchsjagd verwendet
wird. Lurcher sind gezüchtete Mischlinge zwischen Deerhound, Whippet
oder Greyhound mit Terrier und Collie. Kreuzungen unter Windhunden
nennt man Longdogs. Das Zuchtziel
ist ein robuster, nicht verletzungsan-
fälliger Jagdgebrauchshund. Charakteristisch sind Schnelligkeit, Wendigkeit, erstaunliche Intelligenz, Bereitschaft zum Gehor-
sam und ausge-
prägte Hetzleiden-
schaft. Die Größen
variieren von Whip-
pet bis Deerhound,
es gibt Glatt- oder
Rauhaar.
Lurcher sind in
Großbritannien be-

liebt, Zuchtvereine veranstalten
Shows und Rennen. Bei sportlichen
Jagdveranstaltungen hetzen zwei oder
mehrere Hunde künstliche Hasen.
Die passionierten Jäger sind beliebte,
liebenswerte Familienhunde mit viel
Charme. Das Aussehen der Lurcher
spielt keine Rolle, wichtig ist jedoch
der Körperbau: nicht zu klein und
fein, nicht zu groß und schwer, um
effektiv jagen zu können.

Känguru-Hund
Der Känguru-Hund Australiens
basiert auf Grey- und Deerhoundblut.
Der große, starke und schnelle Hund
mit viel Mut konnte die wehrhaften
Kängurus fangen und reißen. Da die
Känguru-Jagd verboten ist, ist er vom
Aussterben bedroht. Es soll noch eini-
ge Exemplare auf abgelegenen
Farmen geben. (ohne Foto)

Glatthaariger Lurcher
beim Lurcher-Coursing

Foto: Mayekar

Caravan Hound

Indische Hunderassen

In Indien gibt es einige interessante Lokalschläge, aber ihre Katalogisierung und Aufnahme in die Rassehundezucht befindet sich in den Anfängen. Die genannten Rassen sind in Indien bekannt und anerkannt, werden ausgestellt und gezüchtet.

Caravan Hound
Mit den Karawanen aus Afghanistan, Persien und der Mongolei kamen Windhunde, die in Indien auf den Dörfern zur Jagd weiter gehalten und gezüchtet wurden. Sehr robuste Hunde.

Chippiparai (ohne Foto)
Aus dem Süden Indiens, der Region Thanjavur, kommender Jagdwindhund. Unabhängiger, nur seinem Herrn ergebener, Fremden gegenüber unzugänglicher Hund. Sehr widerstandsfähiger, harter Hund.

Rampur Hound (ohne Foto)
Rampur ist ein Dorf bei Delhi. Seine Königliche Hoheit Ahmed Ali Khan Bahadur züchtete aus kraftvollen, aber aggressiven afghanischen Tazis und dem gehorsamen, aber weniger widerstandsfähigen Greyhound einen kraftvollen Windhund für die Jagd auf Hirsche und Schakale.

Rajapalayam
Kräftiger, athletischer Jagdhund auf Wildschwein und Hase. Der Hund benötigt viel Freiraum. Erstklassiger Schutzhund. (Bild unten)

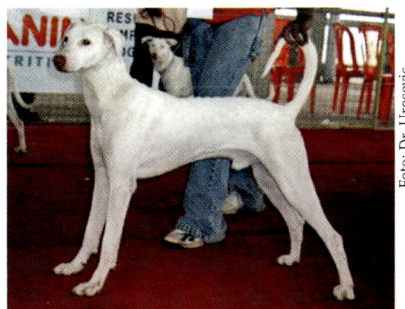

Foto: Dr. Urosevic

▸ **Caravan Hound**
Schulterhöhe
Rüden 68–72 cm,
Hündinnen 64–68 cm
Farbe grau, falb, rot, creme,
schwarz mit oder ohne Weiß

▸ **Chippiparai**
Schulterhöhe ca. 50 cm
Gewicht 15–20 kg
Farbe alle

▸ **Rampur Hound**
Schulterhöhe Rüden 60–
75 cm, Hündinnen 55–60 cm
Gewicht 27–30 kg
Farbe schwarz, grau, falb,
weiß, gestromt, auch
gescheckt

▸ **Rajapalayam**
Schulterhöhe Rüden ca.
65 cm, Hündinnen ca. 60 cm
Gewicht Rüden ca. 25 kg,
Hündinnen ca. 20 kg
Farbe meist weiß

Leonberger

Leonberger
Schulterhöhe
Rüden 72–80 cm,
Hündinnen 65–75 cm
Farbe löwengelb, rot, rot-
braun, sandfarben mit
schwarzer Maske
Land Deutschland
FCI-Nr. 145, Gruppe 2.2

Heinrich Essig, Stadtrat der kleinen schwäbischen Stadt Leonberg, war eine begeisterte Züchternatur. Neben Klein- und Federvieh galt sein Interesse der Hundezucht, die er mit zahlreichen verschiedenen Rassen betrieb. Damals genossen solche Züchter-Händler großes Ansehen und dürfen als Begründer der modernen Rassehundezucht angesehen werden. Sein Hund sollte den Löwen im Wappen Leonbergs repräsentieren. Stammeltern waren eine Landseerhündin und ein St.-Bernhards-Rüde, später kreuzte er einen Pyrenäenberghund und vermutlich Kaukasen ein. Der erste Leonberger wurde 1846 geboren. Essig wusste seine Neuzüchtung gut zu vermarkten, prominente Besitzer waren Kaiserin Sissi, Napoleon III., der Prince of Wales, König Umberto von Italien, Richard Wagner, Bismarck und viele andere mehr. Ende des 19. Jh. als Wach- und Zughund geschätzter Bauernhund in Württemberg. Der Leonberger ist ein ruhiger, nervenfester Begleithund. Er besticht durch souveräne Gelassenheit, bellt selten, beschützt jedoch zuverlässig seine Menschen und deren Hab und Gut. Der Leonberger schätzt seinen Spaziergang, ist aber kein ausgesprochen laufhungriger Hund. Der große, kraftvolle, selbstbewusste, gleichzeitig liebebedürftige Hund braucht eine konsequente Erziehung ohne unnötige Härte. Frühe Sozialisierung wichtig, da er als typischer Revierwächter fremde Hunde nicht gern duldet. Die Aufzucht des jungen Hundes bedarf großer Sorgfalt. Das schöne Fell muss regelmäßig gepflegt werden.

Rafeiro do Alentejo

Portugiesische Herdenschützer

Portugal besitzt vier Rassen: den Rafeiro do Alentejo aus der Region Alentejo südlich des Tejo bis an die Algarve, weiter nördlich aus der Bergregion
Estrela den Cao da Serra da Estrela,
und im Norden in den Bergen zur
spanischen Grenze den Cao de Castro
Laboreiro (→ Seite 225) und Cao de
Gado Transmontano.
Im Norden wandern vermehrt Wölfe
aus Spanien ein, sodass dort der Herdenschutzhund seine einstige große
Bedeutung wiedererlangt. Das Auftau-
chen des Wolfes in der Estrela ist
wahrscheinlich.
Der **Rafeiro** wurde zum Schutzhund
der Anwesen der Reichen umfunktioniert. Während der Revolution 1974
drohte er unterzugehen und wurde
mit viel Mühe wieder aufgebaut.
Der **Estrela** wird als einziger auch

langhaarig gezüchtet, was ihn zu einem attraktiven und begehrten Wach-
und Begleithund in ganz Portugal
werden ließ. Der Kurzhaar ist vom
Aussterben bedroht und wird gezielt
an die Hirten vermittelt.
Neu anerkannt wurde der **Cao de
Gado Transmontano**, der, ebenfalls
selten geworden, im Zuge des Wolfs-
schutzes von den Behörden zur Scha-
densbegrenzung in einem Zuchtprogramm für die Hirten gefördert wird.
Alle sind misstrauisch gegen Fremde,
fremden Artgenossen gegenüber unduldsam und verteidigen kompromisslos ihr Eigentum – sei es Herde,
Hof oder Familie. In der Familie anschmiegsam, freundlich. Bemerkenswert ist ihre Aufmerksamkeit bei
Dunkelheit. Ihre Aufgabe bei der Herde verlangt selbstständiges Handeln,

Rafeiro do Alentejo
Schulterhöhe
Rüden 66–74 cm,
Hündinnen 64–70 cm
Gewicht Rüden 40–50 kg,
Hündinnen 35–45 kg
Farbe schwarz, wolfsgrau,
falbfarben, gelb, gescheckt,
gestromt
Land Portugal
FCI-Nr. 96, Gruppe 2.2

Cao de Gado Transmontano

Cao de Gado Transmontano
Schulterhöhe
Rüden 74–84 cm,
Hündinnen 66–76 cm
Gewicht 55–65 kg, Hündinnen 45–60 kg
Farbe weiß mit schwarzen, gelben, falbfarbenen, wolfsgrauen, einfarbigen oder gestromten Flecken
Land Portugal, national anerkannt
FCI nicht anerkannt

sie sind unabhängig und nicht unterwürfig. Sie brauchen für ein Leben in unserer Umwelt sehr frühe, sorgfältige und sachkundige Prägung und Sozialisierung. Ihre Erziehung erfordert Einfühlungsvermögen und Durchsetzungskraft. Trotzdem werden sie immer zur Eigenständigkeit neigen. Der Hirte gängelt niemals seine Hunde, sondern respektiert und schätzt ihre Selbstständigkeit. Die Beziehung ist eher eine kameradschaftliche zum gegenseitigen Nutzen. Diese Hunde brauchen die Möglichkeit, ihrer Auf-

gabe nachkommen zu können. Unerlässlich ist deshalb ein großes Areal, wo sie sich frei bewegen, aufhalten und aufpassen können. Die Enge einer Wohnung mit kleinem Gärtchen frustriert den Hund. Da er keinen Wert auf sportliche Aktivitäten legt, auch wenn er gerne ausgiebig spazieren geht, um die Umgebung zu erkunden, kann man kaum Ersatzhandlungen bieten. Die Hunde sind spät reif; einmal erwachsen, nehmen sie ihre Aufgaben sehr ernst. Keine Hunde für Anfänger. Ansonsten anspruchslos und pflegeleicht.

Cao de Gado
Transmontano
bei der Herde

Cao da Serra da Estrela Kurzhaar

Cao da Serra da Estrela Langhaar

▸ **Cao da Serra da Estrela**
Schulterhöhe
Rüden 65–72 cm,
Hündinnen 62–68 cm
Gewicht Rüden 40–50 kg,
Hündinnen 30–40 kg
Farbe falbfarben,
wolfsgrau, gelb mit oder
ohne weiße Abzeichen
Land Portugal
FCI-Nr. 173, Gruppe 2.2

Pyrenäenberghund

Berghunde Südwesteuropas

▶ **Pyrenäenberghund**
Schulterhöhe
Rüden 70–80 cm,
Hündinnen 65–75 cm
Farbe weiß mit oder ohne
graue, blassgelbe oder
orangefarbenen Flecken
Land Frankreich
FCI-Nr. 137, Gruppe 2.2

Die großen Hirtenhunde schützten einst – und durch Schutz von Wölfen und Bären heute wieder – die Herden. Hauptsächlich nachts aktiv, beobachten sie die Herden von übersichtlicher Stelle aus und greifen Feinde sofort an. In der Familie ruhig und anschmiegsam, sind sie Fremden gegenüber reserviert bis scharf, akzeptieren aber, wen der Besitzer einlässt. Fremden Hunden gegenüber unduldsam. Die selbstständiges Handeln gewohnten Hunde sind nicht unterordnungsbereit und brauchen neben früher Prägung und Sozialisierung einfühlsame, konsequente Erziehung und klare Führung, Lebensraum und die Möglichkeit, ihrer Aufgabe nachzugehen. Keine Hunde für Anfänger oder ein Leben in der Stadt. Sie lieben Spaziergänge, eignen sich jedoch nicht für hundesportliche Aktivitäten.

Pyrenäenberghund
Herdenschutzhund der französischen Pyrenäen. Schon der Adel des 17. Jh. fand an den attraktiven Hunden als Begleiter und Beschützer Gefallen und holte sie an die Höfe. Der **Chien de Montagne des Pyrénées** ist weltweit als Schauhund verbreitet.

Mastin del Pirineo
Auf der spanischen Seite der Pyrenäen heimisch, wird er, ebenfalls als Schauhund gezüchtet, allmählich über die Grenzen Spaniens hinaus bekannt.

Mastin Español
Hirtenhund der spanischen Wanderschäfer und Schutzhund großer Anwesen, der während des Bürgerkriegs fast ausgerottet wurde, sich heute aber in Spanien wieder großer Beliebtheit erfreut.

Mastin del Pirineo

Mastin Español

▶ **Mastin del Pirineo**
Schulterhöhe Rüden mind.
77 cm, Hündinnen mind.
72 cm, wesentlich größer
bevorzugt
Farbe weiß mit grauen,
goldgelben, braunen,
schwarzen, hell-beigen
oder sandfarbenen, auch
gestromten Flecken
Land Spanien
FCI-Nr. 92, Gruppe 2.2

▶ **Mastin Español**
Schulterhöhe Rüden mind.
77 cm, Hündinnen mind.
72 cm, deutlich größer erwünscht
Farbe einfarbig gelb, falbfarben, schwarz, rot, wolfsgrau, gestromt, mit oder
ohne weiße Abzeichen,
auch gescheckt
Land Spanien
FCI-Nr. 91, Gruppe 2.2

Polski Owczarek Podhalanski

Weiße Hirtenhunde

▸ **Polski Owczarek**
Podhalanski
Schulterhöhe
Rüden 65–70 cm,
Hündinnen 60–65 cm
Farbe weiß
Land Polen
FCI-Nr. 252, Gruppe 1.1

Obwohl kynologisch den Schäferhunden zugeordnet, sind es typische, zum Teil heute noch aktive Herdenschutzhunde gegen Wölfe, Bären und verwilderte Hunde. Häufig als Wachhunde der Gehöfte gebraucht, sind sie ihrer Familie eng verbunden. Sie werden seit Generationen als Schau- und Begleithunde gezüchtet und sind daher auch umgänglicher als die ihrer Aufgabe näherstehende Hunde, gelehrig, intelligent, arbeitsfreudig und anschmiegsam in der Familie. Doch verleugnen sie ihre Herkunft nicht, sind besonders nachts aktiv, verteidigen zuverlässig und brauchen frühe Prägung auf unsere Umwelt sowie eine konsequente Führung. Sie sind Fremden gegenüber reserviert und brauchen Lebensraum. Pflegeleicht, aber haaren stark.

Polski Owczarek Podhalanski
Der **Podhalaner** oder **Tatra-Schäferhund** wurde ab 1937 zuchtbuchmäßig erfasst und vom Militär ausgebildet. Heute Wach- und Begleithund.

Slovensky Cuvac
Der **Slowakische Tschuvatsch** verdankt seine Rasseanerkennung Prof. Hruza, der nach alten Gemälden und Beschreibungen den Standard festlegte und Zuchttiere sammelte, um sie nach alter Tradition weiterzuzüchten.

Cane da Pastore Maremmano-Abruzzese
Der Hirtenhund des Abruzzengebirges in Mittelitalien schützt dort nach uralter Tradition die Herden vor Wölfen und ist in Italien allgemein ein beliebter Schutzhund großer Anwesen.

Slovensky Cuvac

Cane da Pastore Maremmano-Abruzzese

▶ **Slovensky Cuvac**
Schulterhöhe
Rüden 62–70 cm,
Hündinnen 59–65 cm
Gewicht Rüden 36–44 kg,
Hündinnen 31–37 kg
Farbe weiß
Land Slowakei
FCI-Nr. 142, Gruppe 1.1

▶ **Cane da Pastore**
Maremmano-Abruzzese
Schulterhöhe
Rüden 65–73 cm,
Hündinnen 60–68 cm
Gewicht Rüden 35–45 kg,
Hündinnen 30–40 kg
Farbe weiß
Land Italien
FCI-Nr. 201, Gruppe 1.1

Kuvasz

► **Kuvasz**
Schulterhöhe
Rüden 71–76 cm,
Hündinnen 66–70 cm
Gewicht Rüden 48–62 kg,
Hündinnen 37–50 kg
Farbe weiß, elfenbeinfarben
Land Ungarn
FCI-Nr. 54, Gruppe 1.1

Der Kuvasz kam mit den einwandernden Hirtenvölkern aus Asien ins heutige Ungarn. Er ist ein unbestechlicher Wächter und Beschützer der Herden und des Eigentums seines Herrn. Während der Weltkriege erlitt die Rasse schwere Rückschläge, 1956 wäre sie beim Ungarnaufstand in ihrer Heimat sogar beinahe ausgerottet worden. Hinderten die tapferen Hunde die Soldaten am Eindringen in ihr Revier, wurden sie kurzerhand erschossen. Glücklicherweise hatten die schönen weißen Hunde längst ihre Liebhaber in Europa und Amerika, und die ungarische Zucht konnte sich wieder erholen. Der Kuvasz ist von allen weißen Hirtenhunden weltweit am bekanntesten und eine seit vielen Jahren etablierte Rasse. Der ausgesprochen schöne Hund besitzt eine starke Persönlichkeit und ausgeprägtes Rangordnungsempfinden. Die konsequente Erziehung muss schon beim Welpen beginnen. Der rasch wachsende, kräftige und sehr temperamentvolle Hund stellt hohe Ansprüche an die Geduld und das Durchsetzungsvermögen seines Erziehers. Hat er seinen Platz in der Familie gefunden und seinen untergeordneten Rang akzeptiert, ist der Kuvasz ein angenehmer, lernfähiger Hausgenosse und zuverlässiger Wach- und Schutzhund, der Fremden gegenüber misstrauisch bis reserviert ist. Der Kuvasz braucht angemessenen Bewegungsraum und Auslauf, allerdings muss sein Jagdtrieb durch konsequente Erziehung in Grenzen gehalten werden. Der Kuvasz verliert zeitweise viele Haare, ansonsten ist die Pflege einfach.

Komondor

Der Komondor ist der Hirtenhund der heißen Grassteppen Asiens, wo er sein panzerartig verzottendes Haarkleid als Schutz vor extremer Hitze und Kälte ebenso wie gegen Sandstürme und im Kampf gegen Wölfe entwickelte. 1544 wurde der Hund erstmals als **Ungarischer Hirtenhund** bezeichnet. Als in Ungarn weite Steppen urbar gemacht wurden und sich die großen Viehherden nur noch auf die Nationalparks beschränkten, brauchte man den Herdenschützer nicht mehr. Das Interesse der Rassehundezüchter bewahrte den Komondor vor dem Aussterben. Allerdings fanden die Kynologen des 20. Jh. das in Platten verfilzende Fell ungeeignet für eine „normale" Hundehaltung und gaben den feinschnurhaarigen, leichter sauber zu haltenden Hunden den Vorzug in der Zucht. Der Komondor wird jedoch nie ein Hund für „normale" Verhältnisse sein, soll er sein uriges Rassebild erhalten. Das betrifft nicht nur sein Zotthaar, sondern auch seinen Charakter. Der ernste, selbstständige Hund ist ruhig und würdevoll, aber unglaublich schnell und gewandt im Kampf. Heute noch schützt er in den USA Schafe vor Kojoten. Er ist kein Schmeichler und Schmuser und selbstständiges Handeln gewohnt. Daher ist ihm Unterwürfigkeit fremd, was seine Erziehung nicht einfach macht.

Der Komodor gehört nur in die Hände von Leuten, die sich auf ihn einstellen und sich auch der Pflege gewachsen fühlen. Der große Schutz- und Wachhund eignet sich nicht für ein Leben in der Stadt.

▶ **Komondor**
Schulterhöhe
Rüden mind. 70 cm,
Hündinnen mind. 65 cm
Gewicht Rüden 50–60 kg,
Hündinnen 40 50 kg
Farbe elfenbeinfarben
Land Ungarn
FCI-Nr. 53, Gruppe 1.1

Sarplaninac

Hirtenhunde Südosteuropas

▶ **Sarplaninac**
Schulterhöhe
Rüden ca. 62 cm,
Hündinnen ca. 58 cm
Gewicht Rüden 35–45 kg,
Hündinnen 30–40 kg
Farbe einfarbig weiß bis
schwarz, erwünscht eisen-
grau und dunkelgrau
Land Makedonien/Serbien
FCI-Nr. 41, Gruppe 2.2

In den letzten Jahrzehnten erwachte das kynologische Interesse an den einheimischen Hirtenhunden, die schon seit Jahrtausenden die Herden vor Wölfen und Bären schützen. Lediglich der → *Sarplaninac* und der → *Kraski Ovcar* wurden früh als Rassen anerkannt und nach Standard gezüchtet. Die anderen lokalen Schläge verrichteten unbeachtet ihre Arbeit. Nur noch in den entlegensten Gebieten drohte den Herden Gefahr durch Raubtiere, ansonsten schätzte man die starken Hunde als Wächter von Haus und Hof. Durch Kriegswirren, Abwanderung der Bevölkerung und Vermischung mit neu hinzukommenden Hunderassen drohen diese lokalen Schläge auszusterben. Doch seit der Öffnung der Ostgrenzen wandern vermehrt Wölfe und Bären ein, sodass der Herdenschutzhund in den

Gebirgsregionen wieder an Bedeutung gewinnt. Inzwischen bemühen sich Kynologen mit den letzten Resten der traditionellen Rassen um deren Erhaltung und Reinzucht. Die Hirten müssen vom Wert ihrer Hunde im Sinne einer erhaltenswerten Rasse überzeugt werden, was nicht einfach ist. Niemals gab es für sie eine planvolle Hundezucht mit Stammbucheintragung. Ob es allerdings Sinn macht, alle lokalen Schläge entsprechend der modernen politischen Grenzen als separate Rassen zu etablieren, wage ich zu bezweifeln. Da der Nationalstolz überwiegt, dürfte eine Kooperation über die Grenzen hinweg kaum zustande kommen. Es wird wie bei den weißen Hirtenhunden kommen, die kaum zu unterscheiden sind und deren Standards natürliche Unterschiede als jeweils rassetypisch zur

Tornjak

Serbischer Schäferhund

▶ **Tornjak**
Schulterhöhe
Rüden 65–70 cm,
Hündinnen 60–65 cm,
± 2 cm
Farbe weiß gescheckt oder
weiß mit schwarzem Mantel
Land Bosnien und Herzegowina, Kroatien
FCI-Nr. 355, Gruppe 2,2

▶ **Serbischer Schäferhund**
Schulterhöhe
Rüden 58–69 cm,
Hündinnen 55–65 cm
± 2 cm
Farbe alle, einfarbig oder
gescheckt, außer einfarbig
schwarz
Land Serbien, national
anerkannt
FCI nicht anerkannt

Foto: Dr. Urosevic

Pimenikos Hellenikos

Pimenikos Hellenikos

Schulterhöhe
Rüden 70–75 cm,
Hündinnen 65–68 cm
Gewicht Rüden 40–55 kg,
Hündinnen 32–40 kg
Farbe schwarz, braungrau,
weiß und mehrfarbig ge-
scheckt
Land Griechenland, natio-
nal anerkannt
FCI nicht anerkannt

Abgrenzung von den anderen zum Schönheitsideal erheben. Es kommen sicher noch mehr Rassen hinzu, denn Hirtenhunde gibt es überall in Südosteuropa. Manche werden seit einigen Jahren gezielt gezüchtet, sind national anerkannt und streben in absehbarer Zeit eine FCI-Anerkennung an.
Da diese Rassen erst seit wenigen Jahren im Zuge der Rassehundezucht auch als Begleithunde gehalten werden, gilt für sie ganz besonders, dass man fundiertes Wissen um die typischen Wesenszüge eines Herdenschutzhundes besitzen muss, um diese attraktiven Hunde in unsere moderne Umwelt integrieren und relativ problemlos halten zu können. All diese Hunde sind weder Stadt- noch Wohnungshunde, sondern brauchen weitläufiges Terrain zum Bewachen, halten sich lieber im Freien auf und

sind dann nicht besonders anspruchsvoll in Bezug auf zusätzlichen Auslauf. Typisch Herdenschützer, ruhen sie am Tag und wachen in der Nacht. Sie sind ihren Bezugspersonen treu ergeben, ordnen sich aber nie gänzlich unter und folgen nur einer respektierten Person. Sie sind Fremden gegenüber misstrauisch bis aggressiv und verteidigen kompromisslos. Charakteristisch territorial dulden sie keine fremden Hunde in ihrem Revier, insbesondere gleichgeschlechtliche. Die Hunde sind spät reif, aber einmal erwachsen, treffen sie selbstständige Entscheidungen. Das mehr oder weniger lange, sehr dichte Haar bedarf der Pflege und haart stark.

Sarplaninac
Typischer Herdenschützer aus dem Sarplanina, einem an der albanischen

Karakachan

Grenze gelegenen Gebiet, wo er die Herden vor Wölfen, Bären und Luchsen, in den Dörfern Hab und Gut sowie Frauen und Kinder bewacht. In seiner Heimat für militärische und polizeiliche Zwecke gezüchtet, war seine Ausfuhr bis 1970 verboten. Der **Jugoslovenski Ovcarski Pas** handelt selbstständig und ist zuweilen in seinen Reaktionen unberechenbar.

Serbischer Schäferhund

In Serbien verbreiteter Hirtenhund. Ruhiges Temperament, mutig, würdevoll. Sehr scharf, unbestechlich und furchtlos beim Bewachen ihm anvertrauten Eigentums und Herden. Gutartig gegenüber seinen Bezugspersonen, sich in der Gegenwart seines Herrn absolut ruhig verhaltend. Selbstständig arbeitend und nicht unterordnungsbereit. **Srpski Pastirski Pas.**

Tornjak

Er lebt in den Bergen Bosnien-Herzegowinas und Kroatiens. Schon im frühen Mittelalter erwähnt, wird er seit 1978 rein gezüchtet. Auch er ein typischer Herdenschützer mit starkem Territorialinstinkt. Er ist eher ruhig, friedlich, wirkt sogar teilnahmslos in Gegenwart seiner Menschen, ist jedoch bei Gefahr blitzschnell verteidigungsbereit. Seinen Menschen freundlich zugetan, Fremden gegenüber misstrauisch.

Karakachan

Das antike Thrakien erstreckte sich über den südöstlichen Teil der Balkanhalbinsel ins heutige Bulgarien, Griechenland und die Türkei. Als typischer, noch unverfälschter Herdenschutzhund, der schon in der Antike als Beschützer seiner

► **Karakachan**
Schulterhöhe
Rüden 63–73 cm,
Hündinnen 60–70 cm
Gewicht Rüden 40–55 kg,
Hündinnen 30–45 kg
Farbe ein- oder dreifarbig gefleckt; große, klar abgegrenzte dunkle Flecken auf weißem Grund oder große weiße Flecken auf dunklem Grund bevorzugt
Land Bulgarien, national anerkannt
FCI nicht anerkannt

► **Molosser von Epirus**
Schulterhöhe
Rüden 66–75 cm,
Hündinnen 64–74 cm
Farbe einfarbig rot, blond, gelb, schwarz; schwarz-loh, gestromt, wolfsfarben
Land Griechenland, national anerkannt
FCI nicht anerkannt

Foto: Dr. Dintchev

Carpatin

Mioritic

Foto: Dr. Kovacova-Pecarova

▶ **Weißer griechischer
Schäferhund**
Schulterhöhe
Rüden 68–75 cm,
Hündinnen 65–72cm
Farbe weiß
Land Griechenland, natio-
nal anerkannt
FCI nicht anerkannt

▶ **Carpatin Hirtenhund**
Schulterhöhe
Rüden 65–73 cm,
Hündinnen 59–67 cm
Farbe wolfsgrau in
verschiedenen Tönen mit
oder ohne weiße Abzeichen
Land Rumänien
FCI-Nr. 350, Gruppe 1.1

Menschen und deren Hab und Gut
eine bedeutende kulturelle Rolle spielte, ist der „**Thrakische Molosser**" stets
verteidigungsbereit. Artgenossen gegenüber ist der Hund wenig duldsam.
Heute in Bulgarien geschätzter Wachhund und vermehrt Begleithund, da
er innerhalb seiner Familie sehr anhänglich ist. Den Karakachan gibt es
in stock- und langhaarig.

Weißer griechischer Schäferhund

Pimenikos Hellenikos
Herdenschützer Nordgriechenlands
und beliebter Wach- und Begleithund.
In seinem Wesen ist der Pimenikos
ein durch und durch typischer Hirtenhund. Seinen Menschen innig zugetan, Fremden gegenüber reserviert,
kompromisslos Eigentum und Herde
verteidigend. Es gibt stock- und langhaarige Exemplare.
Kürzlich teilte der griechische Dachverband die Herdenschützer auf. Die
Zuchtbasis der abgesplitterten Typen
ist jedoch außerordentlich schmal.
Der **Weiße griechische Schäferhund**
wird eher als Hütehund beschrieben,
auch zur Bewachung von Grundstü-
cken geeignet. Wesen: dynamisch, intelligent und furchtlos, freundlich mit
Hausgenossen. Der **Molosser von Epirus** (ohne Foto) ist ein ausgeprägt mo-
lossoider, stockhaariger Herdenschützer dieser Region gegen Schakale,

Foto: Asociatia Chinologica Romana

Bucovina Hirtenhund

Wölfe, Bären. Er ist seiner Herde verbunden, freundlich mit seiner Umgebung, doch jederzeit bereit, Herde, Besitz und Territorium zu verteidigen.

Carpatin

Dieser rumänische Hirtenhund stammt aus der Donauregion der Karpaten. Intelligenter Hund mit unabhängigem, ruhigem, ausgeglichenem Wesen, wachsam und mutig. Die Rasse wird vornehmlich von Hirten für den eigenen Bedarf gezüchtet, die Wert auf Leistungsfähigkeit, Ausdauer, Gesundheit und Genügsamkeit legen. Seit der Anerkennung hat der **Ciobanesc Romanesc Carpatin** auch in seiner Heimat an Bekanntheit gewonnen.

Mioritic Hirtenhund

Der **Ciobanesc Romanesc Mioritic** ist besonders im Grenzgebiet der Moldau verbreitet. Erst 1978 brachte ein

Kürschner aus Radauti einige Exemplare aus dem Karpaten-Gebirge mit, wo die Hunde „Mocano" genannt werden. 1981 wurde die Rasse offiziell anerkannt. Nach wie vor liegt die Zucht vorrangig in Händen der Schäfer, die nur nach eigenem Bedarf züchten. Seit der Anerkennung weiter verbreitet. Ruhiger, ausgeglichener Hund. Sehr mutig in der Abwehr von Bären, Wölfen und Luchsen. Misstrauisch gegenüber Fremden.

Bucovina Hirtenhund

Er stammt aus dem Nordosten Rumäniens, der Bucovina, wo er Dulau oder Capau genannt wird. Herdenschützer, auch als Wach- und Schutzhund von Anwesen eingesetzt. Ausgeglichener, ruhiger Hund, mutig im Kampf gegen Bär, Wolf und Luchs. Bemerkenswert seine laute, tiefe Stimme, die alleine abschreckend wirkt.

▶ **Mioritic Hirtenhund**
Schulterhöhe
Rüden mind. 70 cm,
Hündinnen mind. 65 cm
Farbe einfarbig weiß oder grau, schwarz- oder grauweiß gescheckt
Land Rumänien
FCI-Nr. 349, Gruppe 1.1

▶ **Bucovina Hirtenhund**
Schulterhöhe
Rüden 68–78 cm,
Hündinnen 64–72 cm
Farbe weiß oder beige mit klar abgegrenzten grauen, schwarzen oder schwarzloh Platten
Land Rumänien national anerkannt
FCI nicht anerkannt

Anatolischer Hirtenhund   Kangal

Türkische Hirtenhunde

Diese Hunde fanden erst in jüngster Zeit neuen Lebensraum als Begleithunde in Westeuropa und in den USA. Als unverfälschte, typische Herdenschützer, die selbstständig arbeiten und sich nur dem unterordnen, der in Kenntnis des Hundeverhaltens versteht, mit ihnen umzugehen, gehören sie nur in fachkundige Hände und sind eigentlich für ein Leben in unserem Umfeld nicht geeignet. Kynologen streiten sich, ob es sich bei diesen Hunden um eine Rasse mit lokalen Schlägen oder deutlich traditionell abgegrenzte Typen handelt, mit allen möglichen Übergangsformen in überlappenden Regionen. Tatsache ist, dass der Hirte stets mehr Wert auf einen funktionstüchtigen Hund legte denn auf Aussehen. Andererseits sind Unterschiede auffällig. FCI-Anerkennung fanden alle Türkischen Hirtenhunde unter dem in der Türkei selbst nicht gebräuchlichen Begriff „Anatolischer Hirtenhund". Da die Türkei selbst die Anerkennung nicht anstreb-

te, hat die FCI die Schirmherrschaft für die Zucht nach Rassestandard übernommen. Als Rasse wird nur der **Sivas Kangal** in der Türkei offiziell gezüchtet.

Anatolischer Hirtenhund

Die Hirtenhunde Anatoliens **(Coban Köpegi)** beschützen die Herden vor Wölfen und Dieben weitgehend selbstständig. Die imposanten Hunde wurden von Franzosen, Engländern und Amerikanern mitgenommen und weitergezüchtet. Sie sind intelligent und freundlich in ihrer Familie und lernen schnell die nötigen Gehorsamsregeln, doch sie brauchen von klein an konsequente, liebevolle Erziehung und frühe Gewöhnung an fremde Hunde. Zu Fremden misstrauisch, sehr wachsam, mit ausgeprägtem Schutztrieb. Typisches, unverfälschtes Herdenschutzhundverhalten mit ausgeprägtem Revierschutzsinn, dominant und selbstständig, deshalb nie unterordnungsbereit. Um sie zu füh-

Akbas

ren, muss man Kenntnisse im Hundeverhalten besitzen. Im deutschen Standardwortlaut ist die Bezeichnung Hütehund kynologisch nicht korrekt.

Kangal

Nur der Kangal/Karabas hat in der Türkei den Rang eines anerkannten Rassehundes. Er wird im Raum Sivas von Bauern, Adel und Militär als Wach- und Schutzhund gezüchtet. Der Export aus der Türkei ist verboten, da er unter „Naturschutz" steht; dennoch trifft man häufiger illegale Importe an, und er wird hier gezüchtet.

Akbas

Diesen eleganten, großen weißen Hirtenhund findet man vornehmlich westlich von Ankara. Er gilt als Vorfahre der weißen europäischen Hirtenhunde. Er wurde hauptsächlich in den USA kultiviert, wo er auch als Herdenschützer eingesetzt wird. Typisches, ursprüngliches Hirtenhundverhalten, daher sehr schwierig als Begleithund. Langhaar oder Stockhaar.

Kars-Hund

Dieser langstockhaarige, aus dem Nordosten der Türkei stammende Hirtenhund ist bislang noch nicht standardmäßig erfasst, sehr vereinzelt gelangen Exemplare nach Europa. Er ist jedoch in dieser Region häufig bei den Herden zu finden und ebenfalls ein im Verhalten noch sehr ursprünglicher Hund.

Kars-Hund

▶ **Akbas**
Schulterhöhe
Rüden 76–86 cm,
Hündinnen 71–81 cm
Gewicht Rüden ca. 54 kg,
Hündinnen ca. 41 kg
Farbe reinweiß
Land Türkei
FCI nicht anerkannt

Kaukasischer Schäferhund

Kaukasischer Schäferhund

▶ **Kaukasischer Schäferhund**
Schulterhöhe
Rüden mind. 65 cm,
Hündinnen mind. 62 cm
Farbe grau, helle bis rost-
farbene Töne, rostfarbig,
strohgelb, weiß, erdfarben,
gestromt oder gescheckt
Land Russland
FCI-Nr. 382, Gruppe 2.2

▶ **Georgischer Berghund**
Schulterhöhe
Rüden mind. 65 cm,
Hündinnen mind. 60 cm
Farbe alle
Land Georgien, national
anerkannt
FCI nicht anerkannt

Die Herdenschützer aus dem Kaukasus wurden in der ehemaligen DDR zum Grenzschutz eingesetzt und gelangten in den 1970er Jahren in die BRD. Der **Kavkazskaia Ovtcharka** ist widerstandsfähig, genügsam und hält sich vorzugsweise im Freien auf. Gegenüber seinen Menschen freundlich, ruhig und unaufdringlich, duldet er keine Fremden im eigenen Revier. Schärfe und Misstrauen gegenüber Fremden sind typisch. Er ist unabhängig und selbstständiges Handeln gewohnt. Konsequenz, Einfühlungsvermögen und Kenntnis in Hundeverhalten sind nötig, um von dem nicht unterordnungsbereiten Hund akzeptiert zu werden. Trotzdem wird er nie aufs Wort gehorchen. Der sehr souveräne Hund braucht Lebensraum, er ist keinesfalls ein Stadt- oder Wohnungshund. Als reviertreuer Beschützer hat er keine hundesportlichen Ambitionen. Sowohl der leichtere Steppen- als auch der mächtigere Berg-Kaukase kommen kurz- und langhaarig vor. Das dicke Fell ist pflegeleicht, haart aber stark.

Georgischer Berghund

Herdenschutz- und Wachhund der nordöstlichen Bergregion Georgiens. Aggressiv und misstrauisch gegen Fremde, freundlich und ruhig in der Familie und mit Haustieren. Sehr aufmerksam, ausgeglichen, selbstsicher. Das kurze, dichte Stockhaar schützt gegen jedes Wetter.

Georgischer Berghund

Mittelasiatischer Schäferhund

Mittelasiatischer Schäferhund

Der **Zentralasiatische Ovtcharka (Sredneasiatskaia Ovtcharka)** stammt aus Kasachstan, Usbekistan, Turkmenien und Kirgisien. In den Steppengebieten lebt ein leichterer Typ mit Windhundeinschlag, während die Hunde des Pamirgebirges größer und robuster sind. Sie sind der Hitze, Kälte und Trockenheit Zentralasiens bestens angepasst. Seit Jahrhunderten begleiten sie die Nomaden und schützen die Herden vor Wölfen, sollen aber auch zur Jagd auf Wildschwein und Leopard eingesetzt werden. Der Zentralasiat bellt nie ohne Grund, ist gelassen, doch greift er, wenn nötig, ohne zu zögern und ohne Vorwarnung an. Der sehr selbstständige, dominante Hund mit ausgeprägtem Rangordnungs- und Territorialbewusst-

sein bedarf einer in Hundeverhalten sehr sachkundigen Führung, die Möglichkeit seine Arbeit zu tun und viel Lebensraum.

Sage Koochee

Der Nomadenhund ist ein Schlag des Mittelasiaten aus dem Norden Afghanistans. Durch die Kriegswirren in seiner Existenz bedroht. Es gibt einige wenige Exemplare in Europa.

▸ **Mittelasiatischer Schäferhund**
Schulterhöhe mind. 65 cm
Gewicht über 45 kg
Farbe weiß, schwarz, grau, strohfarben, fuchsrot, braungrau, getigert, gescheckt, getüpfelt; Langstock- und Stockhaar
Land Russland
FCI-Nr. 335, Gruppe 2.2

▸ **Sage Koochee**
Schulterhöhe bis zu 90 cm
Gewicht bis zu 90 kg
Farbe alle Farben erlaubt
Land Afghanistan
FCI nicht anerkannt

Sage Koochee

Südrussischer Ovtcharka

▶ **Südrussischer Ovtcharka**
Schulterhöhe
Rüden über 65 cm,
Hündinnen über 62 cm
Farbe weiß, gelblich weiß,
strohgelb, alle Tönungen
weiß und grau
Land Russland
FCI-Nr. 326, Gruppe 1.1

Imposanter, langhaariger Hirtenhund, der im gesamten südrussischen Raum beheimatet ist. Außerordentlich robuster Schutzhund der Herden und Dörfer. Ende des 18. Jh. kamen mit spanischen Merinoschafen kleine Schäferhunde in die Ukraine, die sich aber nicht als Schutzhunde gegen die Wölfe behaupten konnten. Jedoch sollen sie zur Entstehung des heutigen Südrussischen Ovtcharka beigetragen haben, der nicht mehr das Zotthaar seiner Ahnen aufweist. Mächtiger Körperbau, imposante Erscheinung, beachtliche Schärfe und Furchtlosigkeit brachten ihm den Namen „Bärenhund" ein. Das sowjetische Militär züchtete besonders scharfe Exemplare zum selbstständigen Bewachen einsamer Militär- und Industrieanlagen. Dieser starke, temperamentvolle gro-

ße Hund, dem selbstständiges Handeln und blitzschneller Angriff ohne Vorwarnung angezüchtet wurden, muss sehr früh sozialisiert und auf den Menschen geprägt werden. Als eigenverantwortlich arbeitender Hund ist er nicht unterordnungsbereit. Kein Hund für Anfänger. Er braucht Lebensraum, ein Revier zum Bewachen und darf nie sich selbst überlassen werden. Als typischer Herdenschutzhund hält er sich vorzugsweise in seinem Revier auf und legt wenig Wert auf ausgedehnte Spaziergänge. Heute will man keinen so scharfen Schutzhund mehr, sodass der **Ioujnorousskaia Ovtcharka** durch entsprechende Selektion inzwischen besser in unserem Umfeld zu halten ist. Das lange, derbe weiße Haar ist pflegeintensiv.

Do Khyi

Aristoteles beschreibt die **Tibet-Dogge** oder **Tibet Mastiff** als Hund mit „… kolossalen Knochen, muskulös, schwer, großköpfig und mit breiter Schnauze ausgestattet …", im Mittelalter sah sie Marco Polo „… groß wie Esel, vorzüglich zur Jagd, namentlich der wilden Ochsen (Yaks) …" Seither geistert die Rasse als riesiger, Furcht einflößender Vorfahre aller Kampf- und Hirtenhundrassen durch die Hundeliteratur. Dabei ist sie ein typischer Gebirgshirtenhund, der dem rauen Klima und Gelände ebenso wie dem Vieh, das er beschützt, und seinen Feinden, große Raubkatzen und Bären, bestens angepasst ist. Meist halten die Hirten kastrierte Rüden, die beträchtlich größer werden als unkastrierte. Besonders scharfe Tiere bewachten, in Ketten gelegt, die Paläste.

Um 1900 tauchten sie erstmals in England auf. In den 1970er Jahren kamen die ersten Exemplare aus den USA und später aus Nepal nach Deutschland.

Tibet Mastiffs sind mutig, ausdauernd und besitzen ausgeprägten Schutzinstinkt. Bei engem, verständnisvollem Kontakt mit dem Menschen können sie gutwillige, treue Hausgenossen werden. Zu Fremden misstrauisch bis aggressiv. Der intelligente Hund besitzt die Selbstständigkeit des Hirtenhundes und muss durch konsequente, einfühlsame Erziehung lernen, sich unterzuordnen.

Die witterungsunempfindliche Tibet-Dogge braucht Lebensraum und liebt den Aufenthalt im Freien. Das dicke lange Fell wird gelegentlich durchgebürstet.

▶ **Do Khyi**
Schulterhöhe
Rüden mind. 66 cm,
Hündinnen mind. 61 cm
Farbe tiefschwarz oder blau mit oder ohne Loh, gelb- bis rotgold, zobelfarben
Land Tibet
FCI-Nr. 230, Gruppe 2.2

Česky Horsky Pes

Česky Horsky Pes

▶ **Česky Horsky Pes**
Schulterhöhe
Rüden 60–70 cm,
Hündinnen 56–66 cm
Gewicht Rüden 30–40 kg,
Hündinnen 26–36 kg
Farbe weiß gefleckt
Land Tschechien, national
anerkannt
FCI nicht anerkannt

▶ **Germanischer Bärenhund**
Schulterhöhe
Rüden 70–90 cm,
Hündinnen 65 cm
Farbe blond, rot
Land Deutschland
FCI nicht anerkannt

Der Böhmische Berghund entstammt einer Kreuzung von Slovensky Cuvac und einem schweren, nicht huskyähnlichen Schlittenhund aus Alaska. 1977 wurde der erste Wurf eingetragen, heute ist die Rasse in ihrer Heimat sehr beliebt. Zuchtziel: robuster, wasserfreudiger, ausdauernder Familienhund. Eignet sich gut als Rettungshund, Lawinensuchhund und zum Schlittenziehen, da im Gespann gehorsam und ohne Neigung zum selbstständigen Jagen. Angenehmer, ausgeglichener, leicht erziehbarer Familienhund, der dennoch eine konsequente Führung und Beschäftigung braucht. Ein Hund für naturverbundene, aktive Menschen. Wachsam, aber nicht aggressiv. Das langstockhaarige Fell ist pflegeleicht.

Germanischer Bärenhund
Versuch der Rückzüchtung eines angeblichen alten germanischen Hundes mit Bernhardiner, Leonberger und anderen Herdenschützern. Angestrebtes Zuchtziel: gutmütiger, kinderfreundlicher und leicht erziehbarer Großhund. Leider werden x-beliebige Mischungen unter dem Namen vermarktet, daher ist große Sorgfalt beim Kauf angebracht.

Germanischer Bärenhund

Moskauer Wachhund

Vom sowjetischen Militär in der Zuchtanstalt „Roter Stern" nach dem II. Weltkrieg aus → **Bernhardiner, Kaukase** und → **Russischer gescheckter Bracke** zur Bewachung von Militärobjekten gezüchtet. Der Hund musste jeder Witterung trotzen, genügsam und anpassungsfähig sein. Die Rasse blieb bis zur Wende ausschließlich in Händen der Behörden als Diensthund zum Schutz der Flughäfen und Raketenbasen. Die Hunde wurden sogar bei den Militärparaden mitgeführt. Nach der Wende gelangten Hunde in Privathand. Der Hund genoss den Ruf, ausgesprochen wachsam und scharf zu sein. Inzwischen wird er als unbestechlicher Beschützer und Begleiter geschätzt. Der ruhige und ausgeglichene Hund mit gutem Nervenkostüm braucht eine sachkundige und konsequente Erziehung bei liebevollem Umgang und vollem Familienanschluss. Sehr territorialer Hund, der frühe sorgfältige Prägung und Sozialisierung braucht, um der Umwelt und fremden Hunden unbefangen entgegentreten zu können. Dann ein angenehmer Begleiter, der selten aus der Fassung gerät. Dennoch bewahrt er sich Fremden gegenüber ein gewisses Misstrauen, droht überzeugend und verteidigt im Ernstfall mit allem Nachdruck. Kein Hund für sportliche oder nachgiebige Menschen; er gehorcht, ordnet sich aber nie gänzlich unter, er geht gerne spazieren, aber fordert keine sportlichen Aktionen. Er braucht Lebensraum, hält sich gerne im Freien auf und liebt es, Haus und Hof zu bewachen. Das lange, sehr dichte Haar braucht regelmäßige Pflege.

▶ **Moskauer Wachhund**
Schulterhöhe
Rüden 75–78 cm, mind. 68 cm, Hündinnen 70–75 cm, mind. 63 cm
Gewicht 50–65 kg
Farbe hirschrot, graubraun mit weißen Abzeichen, auch gescheckt
Land Russland
FCI nicht anerkannt

Foto: Kovacs

Chart Polski

► **Chart Polski**
Schulterhöhe
Rüden 70–80 cm,
Hündinnen 68–75 cm
Farbe alle
Land Polen
FCI-Nr. 333, Gruppe 10.3

Schon im 14. Jh. erwähnter Windhund Polens, der ursprünglich zur Beizjagd verwendet wurde. Vermutlich entstand er aus der Kreuzung einheimischer Hetzhunde mit tatarischen und asiatischen Windhunden sowie dem englischen → *Greyhound* und dem Barsoi. Bis ins 19. Jh. war der Chart Polski beliebter Windhund des polnischen Adels, der zu Pferde Hase, Fuchs, Reh, Trappe und Wölfe jagte. Danach wurde er nur noch der Tradition halber gezüchtet, was jedoch der II. Weltkrieg und die schweren Nachkriegsjahre beendeten. Zudem wurden 1946 die Jagd mit Windhunden und das Halten von Windhunden auf dem Lande generell verboten. Die Rasse galt offiziell als ausgestorben. Anfang der 1970er Jahre wurde der Polnische Windhund wiederentdeckt, denn er hatte sich bei Leuten erhalten,

die ihn heimlich zum Wildern benutzten, um ihren kargen Lebensunterhalt aufzubessern. Der **Polnische Windhund** ist ein ruhiger, angenehmer, liebevoller Hausgenosse, wachsam, aber nie aggressiv. Er schließt sich eng an seine Bezugsperson an, von der er sich leicht und gerne, jedoch liebevoll, zu einem für Windhunde ungewöhnlich gehorsamen Hund erziehen lässt. Die anderen Familienmitglieder behandelt er freundlich wohlwollend. Ausdauernder, robuster, nicht heikler, rustikaler Windhund von selbstständigem, anderen Hunden gegenüber ausgesprochen dominantem Charakter, was die Haltung zu mehreren erschwert.
Auf der Rennbahn ist der Chart Polski schnell und ausdauernd. Braucht viel Bewegung, gut geeignet für Jogger, Radfahrer und Reiter.

Kypriakos Lagonikos

Traditioneller Jagdwindhund auf Zypern und nicht zu verwechseln mit den Renngreys, die für hohe Wettgelder im türkischen Teil der Insel gezüchtet werden. Aber gerade diese Region ist das ursprüngliche Jagdgebiet der einheimischen Windhunde. Die in den griechischen Teil flüchtenden Menschen nahmen ihre Hunde mit, denen sie das Überleben in schlimmer Zeit verdanken. Schon immer versorgten die Hunde die Bauern mit Fleisch und wurden als Familienmitglied hoch geschätzt. Sehr auf ihre Menschen bezogen, anhänglich, ruhig und gehorsam, sind sie Fremden gegenüber reserviert. Bei der Hasenjagd arbeiten sie eng mit dem Jäger zusammen, der zu Fuß mit zwei Hunden unterwegs ist und nach Hasen sucht. Sobald ein Hase aufspringt, beginnt die Hatz. Optimal, aber nicht mehr erlaubt, sind drei, mehr gibt Streitigkeiten. Zwei treiben einander den Hasen zu, der dritte schneidet ihm den Weg ab und fängt ihn. Die Hunde liefern ihn unversehrt, oft lebend, ab oder warten, bis er abgeholt wird. Der Lagonikos ist ausdauernd, schnell und wendig und jagt auch bei großer Hitze.

In den Dörfern leben noch recht viele Windhunde. Seit 2004 werden die Hunde zwecks Eintragung gesichtet und unter dem Dachverband gezüchtet.

Lagonikos tis Rodou (kleines Bild) Der auf Rhodos Tazi genannte Hund ist legendär, es gibt aber nur noch um die 50 Exemplare. Die Rasse wird leider kynologisch nicht gefördert und ist durch Vermischung bedroht. In Wesen und Verwendung entspricht sie dem zyprischen Windhund.

▸ **Kypriakos Lagonikos**
Farbe alle
Land Zypern, national anerkannt
FCI nicht anerkannt

▸ **Lagonikos tis Rodou**
Schulterhöhe
Rüden 56–64 cm,
Hündinnen 47–52 cm
Gewicht Rüden 12–16 kg,
Hündinnen 8–12 kg
Land Griechenland
FCI-Nr. nicht anerkannt

Foto: Pesouvanis

Hortaya Borzaya

▸ **Hortaya Borzaya**
Schulterhöhe
Rüden 65–75 cm,
Hündinnen 61–71 cm
Farbe schwarz, rot, weiß,
creme, gestromt, einfarbig
oder gescheckt
Land Südrussland/Ukraine
FCI nicht anerkannt

Asiatische Windhunde

Sie jagen mit Augen und Nase und apportieren kleines Wild. Die Jagd dient dem Lebensunterhalt, die Hunde sind entsprechend wertvoll und werden nur für den Eigenbedarf gezüchtet. In der Abgeschiedenheit ihrer Heimat blieben sie weitgehend unentdeckt. Seit 1984 wurden sie in Moskau in einer staatlichen Hundezucht geführt, jagdlich und bei Rennen eingesetzt. Mit ihrer Auflösung nach der Wende verschwanden die Hunde zunächst, doch das Interesse flammte in Russland und im Ausland wieder auf. Die passionierten Jäger zeichnen sich durch ursprüngliches Verhalten aus, sind Fremden gegenüber unnahbar und benötigen eine einfühlsame, liebevoll-konsequente Erziehung bei engem Kontakt zu ihren Menschen. Kenntnis in Hundeverhalten ist notwendig. **Chortajs**

brauchen sehr viel Bewegung, am liebsten Coursing.

Hortaya Borzaya
Seine Heimat sind die Steppen Südrusslands und der Ukraine. Der selbstständige, unabhängige Hund ist seinen Menschen treu ergeben. Hortaya Borzaya sind sehr souveräne, selbstsichere Windhunde, die Rüden behaupten gerne ihre Vorrangstellung.

Tazy
Der Tazy jagt in Kasachstan, Turkmenien und Usbekistan Hase, Fuchs, Murmeltier, Wildkatze, Dachs und kleine Huftiere, auch gemeinsam mit Greifvögeln. In Kasachstan ist man bemüht, die Rasse zu erhalten und strebt die internationale Anerkennung an.

Foto: Shiboleth

Kazakh Tazy

Tajgan

Dem rauen Klima der Hochgebirgsregion Kirgisiens angepasst, jagt Wildschaf oder Steinbock, tötet aber auch den Wolf. Der sich selbst versorgende Hund ist selbstständig, nicht unterordnungsbereit und allem Fremden gegenüber misstrauisch.

▸ **Kazakh Tazy**
Schulterhöhe
Rüden 61–71 cm,
Hündinnen 55–65 cm
Farbe agouti, rot, weiß,
schwarz, sable, schwarz-
loh
Land Kasachstan, national
anerkannt
FCI nicht anerkannt

▸ **Tajgan**
Schulterhöhe
Rüden 65–70 cm,
Hündinnen 60–65 cm
Farbe schwarz mit oder
ohne weiße Abzeichen; rot,
blond, grau, weiß
Land Kirgisien
FCI nicht anerkannt

Foto: Dr. Kovacova–Pecarova

Tajgan

► Barsoi
Schulterhöhe
Rüden 75–85 cm,
Hündinnen 68–78 cm
Farbe alle außer blau und
schokoladenbraun, einfarbig oder gescheckt
Land Russland
FCI-Nr. 193, Gruppe 10.1

Barsoi

Die Vorfahren der Russischen Jagdwindhunde **(Russkaya Psovaya Borzaya)** dürften die Tataren aus dem Osten mitgebracht haben. Sie werden erstmals im 11. Jh. erwähnt. Seit Beginn der Zarenherrschaft im 16. Jh. wurde der Barsoi für Hetzjagden auf Hasen, Füchse und Wölfe gezüchtet. Im 18. Jh. waren Hetzjagden mit Hunderten von Barsois und großen Brackenmeuten prunkvolle Veranstaltungen des Adels. Bei der Oktober-Revolution vernichtete das Volk nahezu alle Hunde des Adels. Der Barsoi drohte in Russland auszusterben. Inzwischen hatte er aber als Repräsentationsstück in vielen reichen europäischen und amerikanischen Bürgerhäusern Einlass gefunden, sodass die Rasse überlebte. Sein Wesen zeichnet sich durch vornehme Gelassenheit und vorsichtige Zurückhaltung aus.

Sehr angenehmer, sanfter Familienhund, der engen Kontakt zu seinen Menschen und Lebensraum braucht. Er lässt sich mit liebevoller Konsequenz leicht erziehen und verträgt keine Grobheiten. Der im Hause ruhige Hund bellt selten und besitzt angeborenen Schutztrieb. Fremden Menschen gegenüber ist er unnahbar und zeigt wenig Interesse an fremden Artgenossen. Jedoch einmal provoziert, ist der große Hund ein kompromissloser Gegner mit ungeheurer Kraft und Wendigkeit.
Der schnelle, auf Mittelstrecken ausdauernde Hund braucht viel Bewegung, Freilauf ist bei dem passionierten Hetzhund jedoch nur bedingt möglich. Beim Coursing kann er sich richtig verausgaben. Das schlichte Wellhaar muss regelmäßig gekämmt werden.

Langhaar

St. Bernhardshund

Seit dem 18. Jh. ist bekannt, dass Hospizhunde den Bergführern dabei halfen, bei Nacht und Nebel den Weg zu finden und Vermisste zu suchen. Der legendäre Barry I soll 40 Menschenleben gerettet haben. Die alten Hospizhunde stammten von rot-weißen Bauernhunden aus den Tälern der Umgebung ab. Es waren kräftige, aber bewegliche, im Vergleich zum heutigen **Bernhardiner** leichte, wendige, stockhaarige Hunde, die sich im hohen Schnee gut bewegen konnten. Langhaarige Welpen schenkte man den Bauern im Tal. Sie erregten das Interesse britischer Touristen und wurden besonders in England modern, wo man hohe Preise für sie zahlte. Immer größer, immer massiger war gefragt, sodass der moderne Bernhardiner wenig Ähnlichkeit mit dem alten Hospizhund hat und sich nicht

mehr als Lawinenhund eignet. Er ist heute repräsentativer Begleithund, der viel Platz braucht. Die Aufzucht des Junghundes ist teuer und anspruchsvoll. Der Hund hat kein allzu großes Laufbedürfnis, muss aber regelmäßig bewegt werden. Er braucht eine frühe, konsequente Erziehung. Der sehr territoriale Hund ist wachsam und verteidigungsbereit und keineswegs immer so unendlich gutmütig, wie sein Ruf es verspricht. Fremden Hunden gegenüber oft unduldsam. In den letzten Jahren wird großer Wert auf die Zucht gesunder Hunde gelegt, die beweglicher sind, kaum noch speicheln und durch gut schließende Augenlider nicht zu Bindehautentzündungen neigen. Möglichst große und schwere Hunde sind heute nicht mehr Zuchtziel. Regelmäßiges Bürsten des Langhaars erforderlich.

▶ **St. Bernhardshund**
Schulterhöhe Rüden 70–90 cm, Hündinnen 65–80 cm
Farbe weiß mit rotbraunen, auch gestromten oder braungelben Platten oder Mantel; Lang- und Stockhaar
Land Schweiz
FCI-Nr. 61, Gruppe 2.2

Stockhaar

Gestromt

Deutsche Dogge

▶ **Deutsche Dogge**
Schulterhöhe
Rüden mind. 80 cm,
Hündinnen mind. 72 cm
Farbe gelb, gestromt, blau,
schwarz, schwarz-weiß ge-
fleckt (Tiger)
Land Deutschland
FCI-Nr. 235, Gruppe 2.2

Mit doggenartigen Hunden jagten
schon die Germanen Bären und Wildschweine. Windhundblut machte sie
schnell, wendig und edel. Später war
die Haltung der sogenannten Hatzrü-
den fürstliches Privileg, wenn auch
nicht mehr zur Jagd, sondern als Begleiter. Im 19. Jh. fand die Dogge Einzug in die Häuser wohlhabender Bür-
ger und wurde als eine der ersten
Rassen zuchtbuchmäßig erfasst. Fürst
Bismarck erhob sie zum „Reichs-
hund". Die Deutsche Dogge, im Ausland „Great Dane" oder Dänische
Dogge genannt, gilt in ihrer stolzen,
mächtigen, doch edlen Erscheinung
als der Apoll unter den Hunderassen.
Unvernünftige Zucht auf Größe führt
zu anatomischen Missbildungen, ge-
sundheitlichen Problemen und geringer Lebenserwartung. Eine wohlge-
staltete Dogge von stattlicher Größe
ist jedoch unbestritten ein eindrucks-
voller Anblick. Die Dogge muss mit

liebevoller Konsequenz vom Welpenalter an erzogen werden und aufs
Wort gehorchen. In der Familie ist sie
sanft, liebevoll und anhänglich. Niemals darf sie ängstlich oder aggressiv

Blau

Tiger- oder Harlekin-Dogge

sein. Doch gegenüber Fremden ist sie zurückhaltend, wachsam und im Ernstfall verteidigungsbereit. Als sehr territorial orientierte Hunde dulden besonders Rüden keine fremden Rüden im eigenen Revier. Sie müssen von klein an den Umgang mit frem-

den Hunden lernen. Der Doggenhalter braucht Platz und Zeit, denn die Dogge ist ein vollwertiges Familienmitglied und braucht viel Auslauf. Die Aufzucht ist aufwendig und teuer. Aufzuchtlehler führen zu lebenslangen Schäden. Das kurze Fell ist pflegeleicht.

Schwarz

Gelb

Irish Wolfhound

► **Irish Wolfhound**
Schulterhöhe Rüden mind.
79 cm, Hündinnen mind.
71 cm
Gewicht Rüden mind.
54,5 kg, Hündinnen mind.
40,5 kg
Farbe grau, gestromt, rot,
schwarz, weiß, rehbraun
und alle Deerhoundfarben
Land Irland
FCI-Nr. 160, Gruppe 10.2

Schon die Römer berichten von riesigen Hunden auf der Insel, die zur Wolfs- und Elchjagd verwendet wurden. Sie waren nicht nur Jagdgefährten, sondern ständige, hoch verehrte Begleiter der Häuptlinge und Könige. Trotz Exportverbots der begehrten Hunde im 16. Jh. war der Irische Wolfshund im 19. Jh. praktisch ausgestorben. Ab 1860 schuf Captain Graham mit Hilfe noch vorhandener Reste wolfhoundblütiger Hunde, → *Deerhound*, → *Deutscher Dogge*, → *Barsoi* und einiger anderer großer Rassen den uns heute bekannten mächtigen Irischen Wolfshund. Diese ungewöhnliche Hundeerscheinung war auf dem besten Wege, ein Modehund zu werden – mit allen daraus entstehenden Nachteilen. Kaum eine Rasse ist so anspruchsvoll in Aufzucht und Haltung wie der irische Riese. Wer Wert auf einen gesunden Wolfhound legt, muss zunächst seine Herkunft sorgfältig und kritisch prüfen, denn die artgerechte Aufzucht ist teuer und aufwendig und darf nie am Profit orientiert sein. Dieser großrahmige Hund braucht Bewegungsraum im Hause und im eingezäunten Grundstück sowie ausgedehnte Spaziergänge. Junghunde dürfen weder unter- noch überfordert werden, bis Knochenbau und Muskulatur ausgereift sind, und müssen sorgfältig ernährt werden. Der sensible Riese braucht engen Familienanschluss. Er ist sanftmütig auch zu Fremden und sozial verträglich. Er schlägt an, ist aber kein Schutzhund! Er eignet sich nicht für Hunderennen. Pflege einfach. Leider ist seine Lebenserwartung gering.

Service

▸ **Wichtige Fachausdrücke der Kynologie**

Aalstrich Streifen dunkleren Haares entlang der Wirbelsäule (Mops).

Abzeichen alle regelmäßigen oder unregelmäßigen Flecken und Farbverschiebungen im Fell.

Afterkralle Wolfskralle. Meist verkümmerte fünfte Zehe an den Läufen oberhalb der Pfoten. Am Hinterlauf bei manchen Rassen Standard (z.B. Beauceron).

Agility Geschicklichkeitssport mit Hunden.

Ahnentafel Abstammungsnachweis des Rassehundes, der vom jeweiligen Zuchtbuchamt ausgestellt wird und über die Herkunft des Hundes Auskunft gibt. Im Volksmund auch „Stammbaum" genannt, engl. pedigree.

Albino Tier mit vererbbarem, unerwünschtem Mangel von Farbstoffen (Pigmenten) in Haut und Haaren.

Apfelkopf runder, apfelförmiger Oberschädel mancher Zwerghunderassen (z.B. Chihuahua).

Apportieren Bringen von Gegenständen (Wild, aber auch Gegenstände des Menschen) durch den Hund, meist auf Befehl.

Art Angehörige einer bestimmten Gruppe, die untereinander unbegrenzt fruchtbar sind.

Befederung langes Haar an Ohren, Brust, Läufen, Bauch und Rute.

Behang Hängeohren bei Jagdhunden (z.B. Spaniel).

Belegen Decken der Hündin.

Blesse weißer Streifen vom Schädel zur Nasenspitze.

Blue Merle vererbbare Farbverdünnung im Haar, z.B. aus schwarz wird grau marmoriert.

Bogenrein jagt ein Hund, der einen bestimmten Abstand zum Jäger hält und „im Bogen" (altes Flächenmaß) immer wieder zurückkehrt.

Brackieren Jagd mit Bracken auf niederes Wild (Fuchs oder Hase).

Brand helle Abzeichen auf dunklem Fell, z.B. gelbe oder braune regelmäßig verteilte Zeichnung auf schwarzem Grund (Dobermann, Rottweiler).

Breitensport frühere Bezeichnung für → Turnierhundesport.

Bringfreude zeigt ein Hund, der von Natur aus gerne apportiert.

Bringselverweiser Hat der Hund das Gesuchte gefunden (Wild beim Jagdhund oder Mensch beim Katastrophenhund), kehrt er, mit dem am Halsband hängenden Bringsel im Fang den Fund anzeigend, zum Führer zurück.

Bringtreue zeigt ein Hund, der zuverlässig apportiert.

Buschieren Suche nach Wild in unübersichtlichem Buschwerk vor dem Schuss.

CAC = Certificat d'Aptitude au Championat: Anwartschaft auf einen nationalen Siegertitel (z.B. Deutscher Champion).

CACIB = Certificat d'Aptitude au Championat International de Beauté: Anwartschaft auf den internationalen Titel eines Schönheits-Champions.

CACIT = Certificat d'Aptitude au Championat International de Travail: Anwartschaft auf den internationalen Arbeitstitel (für Gebrauchshunde).

Chromosomen Träger der Erbanlagen (Gene); der Hund hat 39 Chromosomenpaare.

Coursing Ehemals das Hetzen lebender Hasen mit zwei Windhunden. Heute hetzen die Windhunde einen im Zickzackkurs gezogenen künstlichen Hasen, wobei Geschicklichkeit und Schnelligkeit bewertet werden.

Domestikation Haustierwerdung von Wildtieren und Zuchtung der Tiere zum Nutzen des Menschen.

Drahthaar dichtes, kurzes, harsches Haar mit Bart.

Erdarbeit Arbeit unter der Erde auf Fuchs, Dachs und Kaninchen.

Fahne lange Haare an der Rutenunterseite.

Fährtenhund speziell auf das Ausarbeiten schwieriger Fährten abgerichteter Hund mit Prüfung.

Fang Schnauze des Hundes vom Stop (Stirnabsatz) ab bis zur Nasenspitze.

FCI = Fédération Cynologique International: Internationale kynologische Vereinigung; Dachorganisation nationaler Zuchtverbände in der ganzen Welt.

Feder lange Haare an der Rückseite der Läufe.

Fersenbeinhöcker Sprunggelenksknochen.

Fesseln Vordermittelfuß.

Flanken Weichteile zwischen Rippen und Keule.

Fledermausohr breit angesetzte, langgezogene, oben gerundete Stehohren (z.B. Franz. Bulldogge).

Frisbee Flugscheibe, die der Hund fängt, auch im sportlichen Wettbewerb.

Gangwerk Bewegungsablauf des Hundes.

Gebäude Körperbau.

Gebiss besteht aus 42 Zähnen, und zwar jeweils 6 Schneidezähne, 2 Fangzähne, 8 Prämolaren (Vorbackenzähne), 4 (oben) bzw. 6 (unten) Molaren (hintere Backenzähne). Es gibt → Scheren-, → Zangengebiss, → Vor- und → Hinterbiss oder → Überbiss.

Gehör beim Hund sehr gut entwickelt; steht an zweiter Stelle nach dem Geruchssinn. Vor allem hohe Töne, die das menschliche Ohr nicht mehr wahrnehmen kann, hört der Hund noch.

Geläut heulendes Bellen jagender Laufhunde.

Gen Faktor der Erbanlage, ist Teil der Chromosomen.

Genotyp genetische Ausstattung eines Organismus.

Geruchssinn bestentwickelter Sinn des Hundes; kann bei manchen Rassen enorm ausgeprägt sein und unersetzliche Dienste leisten (Spürhunde beim Zoll, Lawinensuchhunde, Krebserkennung usw.).

Gesichtssinn nur mäßig entwickelt; räumliches und exaktes Sehen wohl nicht möglich, jedoch größeres Gesichtsfeld und dadurch schnelleres Erfassen von Bewegungen.

Gestromt Streifenzeichnung im Fell.

Haar wird meist von Unterwolle und Deckhaar gebildet; je nach Haarbeschaffenheit unterscheidet man → Lang-, Kurz-, Glatt-, Rau-, → Draht-, → Stock- oder → Kraushaar.

Harlekin durch Merlefaktor gescheckte Hunde (z.B. Deutsche Dogge).

Hasenpfote ovale, flache Pfote.

HD Hüftgelenksdysplasie, krankhafte Veränderung der Hüftgelenke.

Hinterbiss die Schneidezähne des Unterkiefers liegen deutlich hinter den Schneidezähnen des Oberkiefers.

Hinterhand Hinterläufe, Keulen und Hüften.

Hinterhauptbein Hinterhauptstachel: nach hinten stehende Fortsetzung der Scheitelleiste des Schädels, bei manchen Rassen stark ausgeprägt erwünscht.

Hirtenhunde große wehrhafte Herdenschutzhunde.

Hitze Brunftzeit der Hündin, im allgemeinen alle 6 Monate.

Hosen lange Haare an der Rückseite der Keulen.

Hütehund meist mittelgroße, sehr ausdauernde und bewegliche Hunde, die die Herden zusammenhalten und treiben.

Inzucht (beim Menschen Inzest) Zucht mit mehr oder weniger eng verwandten Tieren mit allen Risiken des Verlustes der genetischen Vielfalt.

Karpfenrücken hochgewölbter Rücken (z.B. Franz. Bulldogge).

Katastrophenhund zum Finden von Menschen in Trümmern oder Vermissten im Gelände ausgebildete Hunde mit Prüfung.

Katzenpfote runde, geschlossene Pfote mit gewölbten Zehen.

Kehlhaut lose Haut an der Halsunterseite.

Kehlwamme → Kehlhaut.

Kippohr aufrecht stehendes Ohr mit nach vorne kippender Spitze (z.B. Collie).

Knopfohr hoch angesetztes, nach vorn fallendes, am Kopf dicht anliegendes Ohr.

Kondition erworbene Körperverfassung, abhängig von Fütterung, Haltung und Training.

Konstitution von Anlage und Umwelteinflüssen bestimmte Verfassung, abhängig von Art, Rasse, Geschlecht und äußeren Gegebenheiten.

Kraushaar gelocktes Haar, das zum Verfilzen neigt.

Kruppe Hinterteil des Hunderückens vom letzten Lendenwirbel bis zum Rutenansatz; gebildet vom Kreuzbein, den beiden Beckenbeinen und den bedeckenden Muskeln.

Kupieren Kürzen von Ohren und Rute (in Deutschland nur bei jagdlich geführten Hunden Kürzen der Rute erlaubt).

Kynologie (gr. kyon = Hund, logos = Lehre); Wissenschaft vom Hund.

Laktation Milchabsonderung aus der Zitze der Hündin während des Säugens.

Langhaar besonders langes Deckhaar, je nach Rasse mit oder ohne Unterwolle.

Läufe Beine des Hundes.

Läufigkeit → Hitze.

Lawinenhund speziell für das Suchen von Lawinenopfern ausgebildete Hunde.

Lefzen Lippen des Hundes.

Linienzucht Form der Inzucht mit entfernteren Verwandten.

Loh hell- oder leuchtendbraune Farbe, meist Abzeichen im Fell.

Mannschärfe bei Bedrohung zeigen Hunde Menschen gegenüber Aggression.

Maske meist dunkler pigmentierte Partie an Fang (Leonberger, Mops) oder Schädel.

Mantrailing Verfolgung der Spur vermisster Personen.

Merlefaktor Erbanlage, die Farbverdünnung verursacht und Scheckung im Fell und teilweise oder ganz blaue Augen hervorruft. Paart man zwei Tiere mit Merlefaktor, können vorwiegend weiße, blinde und taube Welpen kommen.

Meute 1. Familienverband, 2. zu jagdlichen Zwecken gehaltene, große Anzahl von Hunden (Foxhounds, Beagles).

Nachsuche Suchen von angeschossenem Wild auf der Schweißfährte (Blutspur).

Nasenschwamm Nasentrüffel, die vordere Nasenkuppe.

Niederwild Reh, Hase, Kaninchen, Fuchs, Dachs usw.

Obedience Gehorsamsausbildung mit sportlichem Wettbewerb.

Oberkopf Oberschädel, Hirnschädel.

Ohren → Fledermaus-, → Kipp-, → Knopf-, → Rosen-, Schmetterlings-, Steh- oder Tulpenohr.

Parforcejagd Jagd zu Pferde hinter der Hundemeute auf lebendes Wild (in Deutschland verboten).

Paria echter Haushund, der sich selbst überlassen im oder am Rande menschlicher Siedlungen lebt.

Passgang gleichzeitige Vorwärtsbewegung beider Läufe einer Körperseite (charakteristisch für den Old English Sheepdog).

Phänotypus äußeres Erscheinungsbild.

Pigment im Körpergewebe vorkommende Farbstoffe.

Platten großflächige andersfarbige Flecken im Fell.

Ramsnase im Profil gesehen stark gebogener Nasenrücken (Bull Terrier, Barsoi).

Rasse Untergruppe einer Art, die alle Individuen mit bestimmten Merkmalen und Eigenschaften umfasst und diese an ihre Nachkommen vererbt.

Raubwildscharf Jagdhunde und Terrier mit starkem Trieb, das in der Jägerfachsprache sog. Raubwild zu töten.

Reibegebiss ganz dicht aneinander reibende vordere Schneidezähne.

Reinrassigkeit rassetypische Eigenschaften werden von reinerbigen Eltern weitervererbt.

Rettungshund → Katastrophenhund.

Ridge gegen den normalen Haarwuchs wachsender Streifen Fell auf dem Rücken.

Rosenohr Rückseite des Ohrs nach innen gefaltet, so dass das Innere der Ohrmuschel sichtbar wird; oberer Teil des Ohres nach hinten gebogen (Bulldog, Greyhound).

Rüde männlicher Hund.

Rute Schwanz des Hundes.

Schecken großflächige Fleckung des Fells.

Scherengebiss Schneidezähne des Unterkiefers liegen knapp hinter den Schneidezähnen des Oberkiefers.

SchH Schutzhund; SchH I, II, III sind Prüfungsstufen beim Deutschen Schäferhund.

Schimmel weißgrundiges Fell mit kleinen, z. T. etwas verschwommenen Sprenkeln.

Schlag Gruppe von Hunden, die sich innerhalb einer kynologischen Rasse durch besondere Merkmale oder bestimmte Eigenschaften abhebt (z.B. besondere Farbe oder Haarlänge).

Schlittenhund zum Ziehen von Schlitten gezüchtete Hunde.

Schnippe kleines weißes Fleckchen direkt über dem Nasenschwamm.

Schnürenhaar langes Haar, das sich abgestorben mit dem nachwachsenden Haar verdreht und lange Schnüre bildet (Puli, Komondor).

Schopf langes, feines Haar auf dem Schädel (Chinesischer Haarloser Schopfhund, Dandie Dinmont Terrier).

Schur mit der Schere oder dem Scherapparat In-Form-Schneiden des Haarkleides (Pudel, Bedlington Terrier).

Schwarzmarkenfarbig dunkles Fell mit hell- oder leuchtendbraunen (lohfarbenen) Abzeichen, auch → Brand (Hovawart).

Schweißarbeit (Schweiß = Blut); Suche des Jagdhundes nach angeschossenem oder verwundetem Wild auf der Schweißfährte; manche Hunde können die Fährte noch nach über 40 Stunden auffinden.

Sprunggelenk aus den 7 Knochen der Hinterfußwurzel zusammengesetztes Gelenk, von denen das Fersenbein mit seinem Fersenbeinhöcker sichtbar ist. Form und Winkelung sind u.a. bedeutend für die Art der Vorwärtsbewegung.

Spurlaut Hetzlaut des Hundes, der bellend eine Spur verfolgt, ohne das Wild zu sehen.

Standard Rassekennzeichen, die vom Zuchtverband des Heimatlandes der Rassen, sofern es dort einen gibt, aufgestellt werden. Er wird durch die FCI anerkannt und ist für das Beurteilen von Hunden dieser Rasse in allen der FCI angeschlossenen Ländern der Erde bindend.

Stöbern der Hund verfolgt das Wild in unzugänglichem Gelände ohne Beachtung der Fährte mit hoher Nase und unter Zuhilfenahme von Auge und Ohr.

Stockhaar kurzes bis mittellanges Grannenhaar mit sehr dichter, weicher Unterwolle (z.B. Deutscher Schäferhund).

Stop Stirnabsatz zwischen Schädel und Nasenbein.

Stromung Streifen auf andersfarbigem Fellgrund.

Totverbeller hat der Hund das verendete Wild gefunden, bleibt er dort und ruft durch anhaltendes Bellen den Jäger.

Totverweiser Hund, der zum Jäger zurückläuft und ihm anzeigt, wo das gefundene, verendete Stück liegt.

Treibhund Hund, der Herden über lange Strecken von einem Ort zum anderen treibt (Bouvier, Rottweiler).

Tricolour dreifarbig, meist schwarze Grundfarbe mit weißen und braunen Abzeichen (Sheltie) oder weiß mit schwarzen und braunen Flecken (Beagle).

Trimmen Ausrupfen der abgestorbenen Haare, um eine gleichmäßige, vom Standard vorgeschriebene Form des Hundes zu erhalten (Foxterrier).

Trocken in der Kynologie Bezeichnung für einen Hund mit gut anliegender Haut, ohne lose Falten und ohne Fettablagerungen unter der Haut.

Turnierhundesport sportlicher Wettbewerb von Besitzer und Hund in Gehorsams- und sportlichen Übungen.

Überbiss der Oberkiefer ragt über den Unterkiefer hinaus.

Unterwolle weiche, dichte, meist kurze, feine Haare, die der Wärmeisolierung des Fells dienen.

VDH Verband für das Deutsche Hundewesen e.V.: Dachorganisation der deutschen Hundezuchtverbände.

Verlorensuche Arbeit eines Jagdhundes, der angeschossenes Niederwild selbstständig aufstöbert und apportiert bzw. den Jäger aufmerksam macht, wo das Stück liegt.

Vorbiss die Schneidezähne des Unterkiefers stehen vor denen des Oberkiefers.

Vorstehen Eigenschaft bei Jagdhunden, die reglos vor dem aufgestöberten Wild ausharren, bis der Jäger herankommt; typische Haltung dabei: ein Lauf wird angewinkelt erhoben.

VPG Vielseitigkeitsprüfung für Gebrauchshunde, ehemals Schutzhundprüfung.

Wamme lockere Kehlhaut.

Wasserfreudigkeit besonders bei Jagdhunden geschätzte Eigenschaft, wenn der Hund ohne zu zögern auch in kaltes Wasser springt, um zum Beispiel eine geschossene Ente daraus zu apportieren.

Welpe Junghund bis zum 2. Lebensmonat.

Widerrist höchster Punkt der Rückenlinie bzw. des Schulterblattes.

Widerristhöhe oder Schulterhöhe: sie wird vom Boden bis zum Widerrist in senkrechter Linie gemessen.

Wolfskralle → Afterkralle.

Wurf alle Welpen einer Hündin bei einer Geburt.

Zangengebiss die Schneidezähne des Oberkiefers stehen genau auf den Schneidezähnen des Unterkiefers.

Zucht gezielte Vereinigung von Rüde und Hündin mit der Absicht, Welpen mit den erwünschten Eigenschaften der Eltern zu erhalten.

Zuchtbuch wird beim jeweiligen Zuchtbuchamt des Rassehundeklubs (im Ausland durch den nationalen Dachverband) geführt und enthält alle Angaben über jeden Hund, der unter den Zuchtbestimmungen dieses Vereins gezüchtet wurde. Anhand des Zuchtbuchs kann man die Abstammung eines Hundes bis zum Beginn der zuchtbuchmäßigen Erfassung einer Hunderasse zurückverfolgen, und damit auch seine Reinrassigkeit.

▸ **Zum Weiterlesen**

Rassehunde und Kynologie

Becker, Margitta und Veronika Thiele-Schneider: Golden Retriever. Kosmos, Stuttgart 2008.

Berghäuser, Walter: Westie. Kosmos, Stuttgart 1999.

Bürner, Margit: Berner Sennenhund. Kosmos, Stuttgart 2000.

Drever, Karl-Josef: Rottweiler. Kosmos, Stuttgart 1999.

Fechler, Christel: Entlebucher Sennenhund. Kosmos, Stuttgart 2001.

Gallant, Johan und Edith: SOS Dog. Alpine 2008 (in englischer Sprache).

Gewert, Wulf A. und Wolfgang Dettlaff: Neu-fundländer. Kosmos, Stuttgart 2001.

Hollensteiner, Dr. Horst: Deutsche Dogge. Kos-mos, Stuttgart 1999.

Kejcz, Yvonne: Hovawart. Kosmos, Stuttgart 1999.

Klein, Reinhild: Dobermann. Kosmos, Stuttgart 1999.

Krämer, Eva-Maria und Martina Feldhoff: Collie und Sheltie. Kosmos, Stuttgart 2005.

Krivy, Petra: Herdenschutzhunde. Vom Herden-bewacher zum Familienbegleiter. Kosmos, Stuttgart 2004.

Laukner, Dr. Anna: Deutscher Schäferhund. Kosmos, Stuttgart 2000.

Müller, Josef: Auf der Spur des Gefährten – ky-nosophische Zeitreise. Band 1-5. Club Berger des Pyrénées (cbp) e.V.,2008.

Pelz, Ilse: Australian Shepherd. Kosmos, Stutt-gart 2004.

Penizek, Dorothea: Parson und Jack Russell Ter-rier. Kosmos, Stuttgart 2008.

Räber, Dr. Hans: Enzyklopädie der Rassehunde. Ursprung, Geschichte, Zuchtziele, Eignung und Verwendung. 2 Bände. Kosmos, Stutt-gart 2001.

Rauth-Widmann, Brigitte: Labrador Retriever. Kosmos, Stuttgart 2009.

Reißer, Monika: Cairn Terrier. Kosmos, Stuttgart 1999.

Roloff, Margit: Zwergschnauzer. Kosmos, Stutt-gart 2000.

Schicker, Gisa und Walter: Riesenschnauzer. Kosmos, Stuttgart 1999.

Beagle

Schmidt-Duisberg, Dr. Kurt: Dackel. Kosmos, Stuttgart 1999.

Stracke, Petra: Rhodesian Ridgeback. Kosmos, Stuttgart 2006.

Hundehaltung

Durst-Benning, Petra und Carola Kusch: Spiele-Spaß für Hunde. Kosmos, Stuttgart 2006.

Führmann, Petra und Iris Franzke: Zwei Hunde – doppelte Freude. Haltung und Erziehung von zwei und mehr Hunden. Kosmos, Stutt-gart 2005

Glanz, Christiane: Der Rüde. Wesen, Haltung, Gesundheit und Erziehung. Kosmos, Stutt-gart 2008.

Harries, Brigitte: Welpe. Halten & pflegen, ver-stehen & beschäftigen. Kosmos, Stuttgart 2007.

Kejcz, Yvonne: Hundehaltung. Kosmos, Stutt-gart 2001.

Krämer, Eva-Maria: Hunde, die besten Freunde. Rassen, Haltung, Erziehung und Beschäfti-gung. Kosmos, Stuttgart 2006.

Kusch, Carola: Die Hündin. Wesen, Verhalten, Pflege, Gesundheit. Kosmos, Stuttgart 2004.

Poetting, Beate und Sabine Winkler: Endlich Zeit für einen Hund. Hunde für die besten Jahre. Kosmos, Stuttgart 2009.

Tammer, Isabell: Hundeernährung. Kosmos, Stuttgart 2000.

Theby, Viviane: Das Kosmos-Welpenbuch. Ent-wicklung und Auswahl, Eingewöhung und Welpenschule. Mit Geräusch-CD. Kosmos, Stuttgart 2004.

Whitehead, Sarah: Das Hundebuch für Kids. So wird dein Hund dein bester Freund. Kosmos, Stuttgart 2008.

Winkler, Sabine (Hrsg.): Kosmos Handbuch Hund. Rassen, Haltung, Erziehung, Beschäf-tigung, Gesundheit. Kosmos, Stuttgart 2008.

Hundeerziehung

Feltmann-von Schroeder, Gudrun: Welpentraining mit Gudrun Feltmann. Der gute Start. Kosmos, Stuttgart 2000.

Führmann, Petra und Nicole Hoefs: Erziehungsspiele für Hunde. Kosmos, Stuttgart 2002.

Hoefs, Nicole und Petra Führmann: Das Kosmos-Erziehungsprogramm für Hunde. Kosmos, Stuttgart 2006.

Nijboer, Jan: Hunde erziehen mit Natural Dogmanship®. Kosmos, Stuttgart 2002.

Pietralla, Martin: Clickertraining für Hunde. Kosmos, Stuttgart 2000.

Pryor, Karen: Positiv bestärken, sanft erziehen. Die verblüffende Methode, nicht nur für Hunde. Kosmos, Stuttgart 2006.

Tellington-Jones, Linda: Tellington-Training für Hunde. Das Praxisbuch zu TTouch und TTeam. Kosmos, Stuttgart 1999.

Winkler, Sabine: Hundeerziehung. Sozialisation, Ausbildung, Problemlösung. Kosmos, Stuttgart 2009.

Winkler, Sabine: So lernt mein Hund. Kosmos, Stuttgart 2005.

Hundeverhalten

Abrantes, Roger: Hundeverhalten von A-Z. Mimik und Körpersprache, Verhalten und Verständigung Kosmos, Stuttgart 2005.

Bloch, Günther: Der Wolf im Hundepelz. Kosmos, Stuttgart 2004.

Donaldson, Jean: Hunde sind anders ... Menschen auch – so gelingt die Verständigung zwischen Mensch und Hund. Kosmos, Stuttgart 2009.

Feddersen-Petersen, Dr. Dorit.: Ausdrucksverhalten. Mimik und Körpersprache, Kommunikation und Verständigung. Kosmos, Stuttgart 2008.

Feddersen-Petersen, Dr. Dorit: Hundepsychologie. Wesen und Sozialverhalten. Kosmos, Stuttgart 2004.

Nijboer, Jan: Hunde verstehen mit Jan Nijboer. Kosmos, Stuttgart 2004.

Schöning, Dr. Barbara: Hundeverhalten. Verhalten verstehen, Körpersprache deuten. Kosmos, Stuttgart 2008.

Gesundheit

Becvar, Dr. Wolfgang: Naturheilkunde für Hunde. Grundlagen, Methoden, Krankheitsbilder. Kosmos, Stuttgart 1994.

Bergmann-Scholvien, Claudia: Schüßler-Salze für meinen Hund. Kosmos, Stuttgart 2009.

Biber, Dr.med.vet. Vera: Allergien beim Hund. Kosmos, Stuttgart 2006.

Lausberg, Frank: Erste Hilfe für den Hund. Kosmos, Stuttgart 1999.

Rakow, Dr. Barbara: Homöopathie für Hunde. Kosmos, Stuttgart 2009.

Rustige, Dr. Barbara: Hundekrankheiten. Kosmos, Stuttgart 1999.

Stein, Petra: Bach-Blüten für Hunde. Kosmos, Stuttgart 2009.

Hundezucht

Eichelberg, Dr. Helga (Hrsg.): Hundezucht. Erfolgreich züchten auf Gesundheit, Leistung und Aussehen. Kosmos, Stuttgart 2006.

Krämer, Eva-Maria und Ulrike Siegel:, Hundezucht für Einsteiger. Cadmos, Brunsbek 2009.

▸ Quellen

Zu meinen persönlichen Erfahrungen mit vielen Hunderassen vor Ort in ihrer Heimat und bei ihren ursprünglichen Aufgaben, Gesprächen mit Züchtern und Hundehaltern, offiziellen Informationen der Rassezuchtvereine, Veröffentlichungen in internationalen kynologischen Fachzeitschriften sowie im Internet, zog ich zahlreiche deutsche und englische Standardwerke des 19. und frühen 20. Jh. zu Rate und hielt mich im Laufe der Jahre auf dem neuesten Stand der internationalen Literatur. Die Quellen im Einzelnen aufzuführen, würde an dieser Stelle den Rahmen sprengen.

▶ **Nützliche Adressen**

Adressen der Rassezuchtvereine und Rasseclubs finden Sie auf den Homepages der nationalen Verbände, die Anschriften weiterer kynologischer Dachverbände über die FCI.

Kontakt mit der Autorin über www.infohund.de. Weitere Publikationen der Autorin: die Fachzeitschriften Collie Revue, Beardie Revue.

Deutschland
Verband für das Deutsche Hundewesen
VDH e.V.
Postfach 10 41 54
44041 Dortmund
Tel.: 02 31 – 56 50 00
Fax: 02 31 – 59 24 40
Info@vdh.de
www.vdh.de

Österreich
Österreichischer Kynologenverband ÖKV
Siegfried Marcus Str. 7
A – 2362 Biedermannsdorf
Tel.: 0043 – 22 36 71 06 67
Fax: 0043 – 22 36 71 06 67 – 30
office@oekv.at
www.oekv.at

Schweiz
Schweizerische Kynologische Gesellschaft SKG
Brunnmattstrasse 24
Postfach 8276
CH – 3001 Bern
Tel.: 0041 – 31 – 3 06 62 62
Fax: 0041 – 31 – 3 06 62 60
skg@hundeweb.org
www.hundeweb.org

Internationaler Dachverband
Fédération Cynologique Internationale FCI
Place Albert 1, 13
B – 6530 Thuin
Tel.: 0032 – 71 – 59 12 38
Fax: 0032 – 71 – 59 22 29
www.fci.be

Großbritannien
The Kennel Club
1-5 Clarges Street
Piccadilly
GB – London W1J 8AB
Tel. 0044 – 87 06 06 67 50
Fax 0044 – 20 75 18 10 58
www.the-kennel-club.org.uk

Vereinigte Staaten
American Kennel Club AKC
260 Madison Avenue
New York, NY 10016
Tel.: 001 – 2 12 – 6 96 – 82 00
www.akc.org

United Kennel Club, Inc. UKC
(nicht in der FCI, für nicht AKC-anerkannte Rassen)
100 East Kilgore Road
Kalamazo, MI 49002-5584
Tel.: 001 –6 16 – 3 43 – 90 20
Fax: 001 – 6 16 – 3 43 – 70 37
www.ukcdogs.com

Catahoula Leopard Dog

► **Register**

Aberdeen Terrier 35
Affenpinscher 51
Afghanischer Windhund 334
AfriCanis 221
Aidi 271
Ainu 148
Airedale Terrier 240
Akbas 365
Akita 317
Aktita Inu 285
Alano 228
Alapaha Blue Blood Bulldog
    318
Alaskan Husky 208
Alaskan Malamute 273
Alaunt 228
Alopekis 56
Alpenländische Dachsbracke
    92
Alsatian 246
Altdänischer Vorstehhund
    310
Altdeusche Hütehunde 249
Altenglischer Schäferhund
    194
American Akita 317
American Bulldog 318
American Cocker Spaniel 91
American English Coon-
    hound 263
American Eskimo 64
American Foxhound 262

American Hairless Terrier 47
American Indian Dog™ 220
American Leopard Hound
    263
American Spitz 64
American Staffordshire Ter-
    rier 124
American Water Spaniel 132
Amerikanisch-Canadischer
    Weißer Schäferhund 247
Anatolischer Hirtenhund
    364
Anglo-français de petite véne-
    rie 168
Anglo-Russische Bracke 266
Anjing Kintamani 216
Antikdogge 338
Appalachian Greyhound 197
Appenzeller Sennenhund 195
Ardennen Treibhund 291
Ardennenbracke 155
Ariégeois 172
Arkansas Giant Bulldog 318
Atlas Berghund 271
Aussie 199
Australian Cattle Dog 145
Australian Kelpie 147
Australian Shepherd 199
Australian Silky Terrier 23
Australian Stumpy Tail Cattle
    Dog 146
Australian Terrier 24
Australischer Treibhund 145
Azawakh 333

Bali-Berghund 216
Barbado da Terceira 151
Barbet 205
Bärenhund 368
Bärenhund, Germanischer
    370
Bärenhund, Karelischer 222
Bärenschnauzer 315
Barsoi 376
Basenji 114
Basset 80
Basset artésien normand 80
Basset bleu de Gascogne 81
Basset fauve de Bretagne 81
Basset Griffon Vendeen 81
Basset Hound 79
Baumwollhündchen 37
Bayerischer Gebirgsschweiß-
    hund 156
Beagle 98
Beagle Harrier 168
Beagle, Kerry 169
Bearded Collie 193
Beauceron 312
Bedlington Terrier 108
Belgischer Griffon 52
Belgischer Mastiff 337
Belgischer Schäferhund 244
Bell-Murray 334
Bergamasker Hirtenhund
    241
Berger de Beauce 312
Berger de Brie 289
Berger de Picardie 276

Australian Kelpie

Berger de Savoie 195
Berger des Alpes 195
Berger des Pyrénées à face
   rase 119
Berger des Pyrénées à poil
   long 118
Berg-Kaukase 366
Berner Laufhund 178
Berner Niederlaufhund 84
Berner Sennenhund 314
Bernhardiner 377
Bichon 73
Bichon à poil frisé 38
Bichon Havanais 37
Bichons 36-41
Bierschnauzer 315
Biewer-Yorkie à la Pom-Pon
   22
Billy 327
Bingley Terrier 240
Black and Tan Coonhound
   262
Black and Tan Terrier 109
Black and Tan Toy Terrier 46
Black Mouth Cur 139
Blässi 195
Bloodhound 283
Bluetick Coonhound 263
Bluthund 283
Bobtail 194
Boerböel 280
Böhmisch Raubart 306
Böhmischer Berghund 370
Bologneser 39
Bolonka 41
Bolonka franzuska 41
Bolonka Zwetna 41
Bordeauxdogge 288
Border Collie 158
Border Terrier 76
Bosanski Ostrodlaki Gonic-
   Barak 182
Boston Terrier 112
Bouledogue français 71
Bouvier des Ardennes 291
Bouvier des Flandres 290
Bouvier Roulers 290
Boxer 272
Boykin Spaniel 132

Brabanter Bullenbeißer 272
Brabanter, Kleiner 52
Bracco Italiano 310
Bracke, Brandl- 152
Bracke, Bulgarische 154
Bracke, Deutsche 161
Bracke, Griechische 166
Bracke, Istrische Kurzhaarige
   180
Bracke, Istrische Rauhaarige
   181
Bracke, Olper 161
Bracke, Österreichische
   Glatthaarige 152
Bracke, Peintinger 152
Bracke, Save- 182
Bracke, Schwarzwälder 93
Bracke, Steen- 161
Bracke, Stein- 161
Bracke, Tiroler 152
Bracke, Westfälische 161
Branchiero Siziliano 301
Brandlbracke 152
Braque Compiègne 258
Braque d'Auvergne 258
Braque de l'Ariège 259
Braque du Bourbonnais 259
Braque Français 259
Braque Saint Germain 258
Brasilianischer Terrier 96
Bretonischer Spaniel 137
Bretonischer Vorstehhund
   137
Briard 289
Briquet 172
Briquet Griffon Vendeen 170
Broholmer 337
Bruno St. Hubert Francais
   178
Brüsseler Griffon 52
Buansu 266
Bucovina Hirtenhund 363
Buhund, Norwegischer 122
Buldogue Campeiro 301
Bulgarische Bracke 154
Bull Terrier 190
Bull Terrier, Miniatur 77
Bull Terrier, Staffordshire 107
Bulldog 99

Bulldog, American 318
Bulldog, Continental 100
Bulldogge, Französische 71
Bulldogge, Spanische 228
Bullmastiff 293
Burenbulldogge 280

Ca de Bestiar 332
Ca de Bou 227
Ca Eivissec 324
Ca Rater 45
Cairn Terrier 33
Camus Cur 139
Can de Palleiro 252
Can Guicho 57
Canaan Dog 215
Canadian Cur 139
Canadian Eskimo Dog 273
Cane Corso Italiano 301
Cane da Pastore Bergamasco
   241
Cane da Pastore Maremma-
   no-Abruzzese 354
Caniche 226
Caniche 90
Cao da Serra da Estrela 351
Cao da Serra de Aires 189
Cao de Agua Portugues 198
Cao de Castro Laboreiro 225
Cao de Fila da Terceira 229
Cao de Gado Transmontano
   350
Cao Fila de Sao Miguel 229
Capau 363
Caravan Hound 347
Cardigan 54
Carolina Dog 219
Carpatin Hirtenhund 362
Catahoula Bulldog 318
Catahoula Leopard Dog 277
Cattle Dog, Australian 145
Cattle Dog, Stumpy Tail 146
Cavalier King Charles Spani-
   el 69
Ceskoslovensky Vlcak 343
Cesky Fousek 306
Cesky Horsky Pes 370
Cesky Strakaty Pes 128
Cesky Teriér 62

Chart Polski 372
Chesapeake Bay Retriever 278
Chien Courant Suisse 178
Chien d'Artois 172
Chien de Berger Belge 244
Chien de Montagne de l'Atlas 271
Chien de Montagne des Pyrénées 352
Chien de St. Hubert 283
Chien Gris de Saint Louis 256
Chien Normand 328
Chihuahua 20
Chin 29
Chinese Crested Dog 66
Chinesischer Schopfhund 66
Chinook 287
Chippiparai 347
Chodsky Pes 192
Chortaj 374
Chow Chow 191
Cimarron Uruguayo 300
Ciobanesc Romanesc Carpatin 362
Ciobanesc Romanesc Mioritic 362
Cirneco dell'Etna 202
Clumber Spaniel 104
Clydesdale Terrier 22
Coban Köpegi 364
Cockapoo 237
Cocker Spaniel, English 111
Cocker Spaniel, American 91
Coelleiro Galego 203
Collie, Bearded 192
Collie, Border 158
Collie, Kurzhaar 239
Collie, Langhaar 238
Contintal Bulldog 100
Corgi 54
Corso-Hund 301
Coton de Tulear 36
Crnogorski Planinski Gonic 182
Cur 139
Cur-Dog 239
Curly Coated Retriever 279

Cursinu 230
Cuvac 354

Dachsbracken 92
Dachshund 48
Dackel 48
Dalmatinac 232
Dalmatiner 232
Dandie Dinmont Terrier 31
Dänische Dogge 378
Dansk Spids 129
Dansk/Svensk Gardhund 86
Deerhound 345
DenMark Feist 139
Designerdogs 237
Deutsch Drahthaar 304
Deutsch Kurzhaar 281
Deutsch Langhaar 282
Deutsch Stichelhaar 304
Deutsche Bracke 161
Deutsche Dogge 378
Deutscher Bolonka 41
Deutscher Boxer 272
Deutscher Jagdterrier 106
Deutscher Pinscher 141
Deutscher Schäferhund 246
Deutscher Spitz 64
Deutscher Wachtelhund 163
Dingo 219
DJT 106
DL 282
Do Khyi 369
Dobermann 331
Dogge, Deutsche 378
Dogge, Spanische 228
Dogo Argentino 299
Dogo Canario 227
Dogue Brasileiro 301
Dogue de Bordeaux 288
Drahthaar, Ungarisch 261
Drahthaariger Deutscher Vorstehhund 304
Dreifarbiger Serbischer Laufhund 181
Drent'scher Hühnerhund 253
Drentse Patrijshond 253
Drever 92
Drover Dogs 159

Dulau 363
Dunker 174
Dürrbächler 314

Elchhunde 186
Elo® 224
English Cocker Spaniel 111
English Foxhound 264
English Pointer 298
English Setter 295
English Shepherd 160
English Springer Spaniel 142
English Staghound 284
English Toy Terrier 46
Entlebucher Sennenhund 127
Epagneul Bleu de Picardie 255
Epagneul Breton 137
Epagneul de St. Usuge 137
Epagneul du Larzac 137
Epagneul du Pont-Audemer 207
Epagneul Français 254
Epagneul Nain Continental 30
Epagneul Picard 254
Erbi Txakur 166
Erdély Kopo 269
Eskimo, American 64
Estländische Bracke 267
Estonskaja Goncaja 268
Eurasier 209
Euskal Artzain Txakurra 252

Feist 139
Fell Hound 264
Fell Terrier 88
Field Spaniel 104
Fila Brasileiro 336
Finnenbracke 184
Finnenspitz 138
Finnischer Lapphund 164
Finnischer Rentierhütehund 164
Flandrischer Treibhund 290
Flat Coated Retriever 236
Foo Dog 103
Fox Paulistinha 96

Fox Terrier 95
Foxhound, American 262
Foxhound, English 264
Français blanc et noir 328
Français blanc et orange 328
Français tricolore 328
Französische Bulldogge 71
Französischer Rauhaariger
   Vorstehhund Korthals 307
Fuchs 250

Gadhar 169
Galgo Español 319
Galgos inglesespanol 319
Gammel Dansk Honsehond
   310
Garafiano 252
Gardhund 86
Gebirgslaufhund, Montene-
   grinischer 182
Gebirgsschweißhund 156
Gelbbacke 251
Georgischer Berghund 366
German Coolie 146
German Spaniel 163
Germanischer Bärenhund
   370
Ghazni 334
Glen of Imaal Terrier 75
GM 274
Golden Retriever 235
Goldendoodle 237
Gonczy Polski 155
Gontsche 154
Gorbeiakoa 252
Gordon Setter 294
Gos d'Atura Catalá 188
Gos Rater 97
Gotlandstövare 176
Grand anglo-français blanc et
   noir 327
Grand anglo-français blanc et
   orange 328
Grand anglo-français tricolo-
   re 327
Grand Bleu de Gascogne 326
Grand Gascon Saintongeois
   327
Grand Griffon Vendeen 256

Great Dane 378
Greyhound 344
Greyhound, Appalachian 197
Griechische Bracke 166
Griffon 52
Griffon à poil Laineux 307
Griffon Bleu de Gascogne
   170
Griffon Boulet 307
Griffon d'arrêt à poil dur-
   Korthals 307
Griffon de Bresse 256
Griffon Fauve de Bretagne
   256
Griffon Nivernais 256
Griffon Vendeen 170
Groenendael 244
Grönlandhund 223
Großen Japanischer Hund
   317
Großer Münsterländer 274
Großer Schweizer Sennen-
   hund 330
Großspitz 129

Hahoawu 114
Haldenstövare 174
Hälleforshund 187
Hallströmhund 219
Hamiltonstövare 176
Hannoverscher Schweiß-
   hund 185

Harrier 168
Harrier, Somerset 168
Harrier, Southern 168
Harrier, Studbook 168
Harrier, West Country 168
Harzer Fuchs 251
Havana Silk Dog 37
Havaneser 37
Heeler 56
Heidewachtel 196
Hellenikos Ichnilatis 166
Hellenikos Pimenikos 360
Hertha Pointer 298
Hokkaido 148
Holländischer Schifferspitz
   210
Holländischer Schäferhund
   242
Hollandse Herdershonde
   242
Hollandse Smoushond 110
Horak'scher Laborhund 128
Hortaya Borzaya 374
Hovawart 313
Hrvatski Ovcar 134
Hund von Korsika 230
Hush Puppy 79
Husky 208
Hütehunde, Altdeutsche 249
Hygenhund 174

Iletsua 252

Polski Owczarek Nizinny

Illyrischer Laufhund 182
Illyrischer Schäferhund 248
Inca Orchid Moonflower Dog 66
Ioujnorousskaia Ovtcharka 368
Irischer roter Setter 296
Irischer rot-weißer Setter 297
Irischer Wolfshund 380
Irish Glen of Imaal Terrier 75
Irish Red and White Setter 297
Irish Red Setter 296
Irish Soft Coated Wheaten Terrier 125
Irish Terrier 116
Irish Water Spaniel 206
Irish Wolfhound 380
Islandhund 123
Islenskur Fjarhundur 123
Istarski Kratkodlaki Gonic 180
Istarski Ostrodlaki Gonic 181
Istrianer Schäferhund 248
Istrische Kurzhaarige Bracke 180
Istrische Rauhaarige Bracke 181
Italienischer Vorstehhund 310
Italienisches Windspiel 78
Jack Russell Terrier 58
Jagdspaniel, Russischer 111
Jagdterrier, Deutscher 106
Jämthund 187
Japan Chin 29

Japan Spitz 65
Japanische Spitze 148
Japanischer Terrier 96
Jin-Do-Gae 216
Jugoslovenski Ovcarski Pas 360
Jura Laufhund 178
Jura Niederlaufhund 84

Kai 148
Kanaan Hund 215
Kangal 364
Känguruh-Hund 346
Kaninchen-Dachshund 48
Kanton-Hund 191
Karabas 365
Karakachan 361
Karelischer Bärenhund 222
Karjalankarhukoira 222
Kars-Hund 365
Karstschäferhund 248
Katalanischer Schäferhund 188
Kaukasischer Ovtcharka 366
Kaukasischer Schäferhund 366
Kavkazskaia Ovtcharka 366
Kazakh Tazy 374
Keeshond 210
Kelb tal Fenek 201
Kelef Kanani 215
Kelpie 147
Keltenbracke 180, 182, 185, 256
Kemmer Stock Mountain Cur 139

Kerry Beagle 169
Kerry Blue Terrier 126
King Charles Spaniel 68
King Shepherd 341
Kishu 149
Klein-Elo® 224
Kleiner Brabanter 52
Kleiner Münsterländer 196
Kleinspitz 64
Kobe-Terrier 96
Kochi Ken 149
Kohshu-Tora 148
Kojenhündchen 102
Kokonis 56
Komondor 357
Kontinentaler Zwergspaniel 30
Kooikerhondje 102
Kopov 154
Korea Jindo Dog 216
Korthals 307
Kraski Ovcar 248
Kretahund 204
Kritikos Lagonikos 204
Kroatischer Schäferhund 134
Kromfohrländer 117
Kuhhund 251
Kurlandbracke 268
Kurzhaar Collie 239
Kurzhaar, Ungarisch 261
Kurzhaariger Schottischer Schäferhund 239
Kurzhaarigr Pyrenäen-Hüte-hund 119
Kuvasz 356
Kyi Leo® 42
Kypriako Maliaro Bichon 42
Kypriakos Lagonikos 373

Labradoodle 237
Labrador Retriever 234
Laeken 244
Lagonikos 373
Lagonikos tis Rodou 373
Lagotto Romagnolo 131
Laika 212
Lakeland Terrier 88
Lakenois 244
Lancashire Heeler 56

Cirneco dell' Etna

Landseer 340
Langhaar Collie 238
Langhaar Whippet 197
Langhaariger Pyrenäen-
  Hütehund 118
Lapinporokoira 164
Lapphunde 164
Lappländischer Rentierhüte-
  hund 164
Latvijskaja Goncaja 268
Laufhund, Dreifarbiger Ser-
  bischer 181
Laufhund, Illyrischer 182
Laufhund, Posavatz 182
Laufhund, Schweizer 178
Laufhund, Serbischer 182
Laufhund, Slowakischer 154
Laufhund, Stichelhaariger
  Bosnischer 182
Laverack Setter 137, 295
Leonberger 348
Leopard Cur 139
Lettische Bracke 268
Lhasa Apso 26
Litauische Bracke 268
Litovskaja Goncaja 268
Longdogs 346
Löwchen 73
Löwenhund 309
Löwenhund, Tibetanischer
  26
Louisiana Catahoula Leopard
  Dog 277
Lucas Terrier 61
Lundehund 94
Lupo Italiano 343
Lurcher 346
Luzerner Laufhund 178
Luzerner Niederlaufhund 84

Magyar Agar 320
Magyar Vizsla 261
Majorero Canario 225
Malamute 273
Malchower 292
Malinois 244
Mallorca Dogge 227
Mallorca-Schäferhund 332
Malteser 40

Manchester Terrier 109
Maneto 50
Maremmano-Abruzzese 354
Markiesje 74
Mastiff 338
Mastiff, Belgischer 337
Mastin del Pirineo 352
Mastin Español 352
Mastino Napoletano 335
Matin Belge 337
McNab 160
Mechelaer 244
Mexikanischer Nackthund
  214
Mikado-Terrier 96
Mi-Ki™ 42
Miniatur Australian Shep-
  herd 199
Miniatur Bull Terrier 77
Mini-Shar Pei 144
Mini-Yorkie 22
Mino-Shiba 101
Mioritic Hirtenhund 362
Mittelasiatischer Schäfer-
  hund 367
Mittelspitz 64
Mocano 362
Molosser von Epirus 361
Montenegrinischer Gebirgs-
  laufhund 182
Mops 70
Moskauer Toy Terrier 43
Moskauer Wachhund 371
Mountain View Cur 139
Mudi 134
Mullins Feist 139
Münchner Schnauzer 315
Münsterländer, Großer 274
Münsterländer, Kleiner 196

Nachtfalter 30
Nackthund, Mexikanischer
  214
Nackthund, Peruanischer 66
Neufundländer 339
New-Guinea-Singing Dog
  219
Nihon Supittsu 65
Nihon Teria 96

Nivernais 256
Norbottenspets 113
Norbottenspitz 113
Norfolk Terrier 24
Norsk Buhund 122
Norsk Elghund grä 186
Norsk Elghund sort 186
Norsk Lundehund 94
Norwegischer Buhund 122
Norwegischer Elchhund grau
  186
Norwegischer Elchhund
  schwarz 186
Norwegischer Lundehund 94
Norwich Terrier 24
Nova Scotia Duck Tolling Re-
  triever 157

Odate-Hund 285
Ogar Polski 270
Ohar 306
Old English Sheepdog 194
Olde English Bulldogge 100
Olper Bracke 161
Original Cajun Squirrel Dog
  139
Original Mountain Cur 139
Österreichische Glatthaarige
  Bracke 152
Österreichischer Pinscher 133
Ostsibirischer Laika 213
Otterhound 284
Ovelheiro Gaucho 159
Ovtcharka, Kavkazskaia 366
Ovtcharka, Südrussischer
  368
Pachon Navarro 310
Pannonischer Spürhund 269
Papillon 30
Parson Russell Terrier 58
Patterdale Terrier 88
Peintinger Bracke 152
Pekingese 28
Pembroke 54
Perdigueiro Galego 231
Perdigueiro Portugues 231
Perdiguero de Burgos 310
Perro de Agua Español 130
Perro de Pastor Catalán 188

Perro de Pastor Mallorquin 332
Perro de Presa Canario 227
Perro de Toro 228
Perro Dogo Mallorquin 227
Perro Ratero Mallorquin 45
Perro sin Pelo del Peru 66
Peruanischer Nackthund 66
Petit Bleu de Gascogne 170
Petit Brabancon 52
Petit chien courant suisse 84
Petit Chien Lion 73
Petit Gascon-Saintongeois 170
Phalène 30
Pharaonenhund 201
Phu Quoc Hund 218
Picard 276
Picardie Spaniel 254
Piccolo lepraiolo dell'Appenino molisano 167
Piccolo Levriero Italiano 78
Pimenikos 360
Pinscher 141
Pinscher, Österreichischer 133
Pinscher, Reh- 44
Pinscher, Zwerg- 44
Pit Bull Terrier 124
Plott Hound 263
Plummer Terrier 59
Podenco Andaluz 203, 324
Podenco Canario 324
Podenco Ibicenco 324
Podengo Galego 203
Podengo Portugues grande 323
Podengo Portugues medio 200
Podengo Portugues pequeno 50
Podhalaner 354
Pointer, English 298
Pointer, Hertha 298
Poitevin 327
Polnische Bracke 270
Polnischer Niederungshütehund 135
Polnischer Windhund 372

Polski Owczarek Nizinny 135
Polski Owczarek Podhalanski 354
Pomeranian 21
PON 135
Porcelaine 172
Portugiesischer Schäferhund 189
Portugiesischer Wasserhund 198
Posavatz Laufhund 182
Posavki Gonic 182
Powder Puff 66
PP 305
Prager Rattler 45
Prazsky Krysarik 45
Presa de Toro 228
Pudel 90, 226
Pudelpointer 305
Pug 70
Puli 121
Pumi 115
Pyrenäenberghund 352
Pyrenäen-Hütehund 118

Quisquelo 57

Rabo torto 229
Rafeiro do Alentejo 349
Rajapalayam 347
Rampur Hound 347
Rastreador Brasileiro 264
Rat Terrier 47
Rater Valencia 97
Ratonero Bodeguero Andaluz 97
Ratonero Valencia 97
Rattler 140
Rattler, Prager 45
Raubart, Böhmischer 306
Raubart, Slowakischer 306
Rauhaarbracke, Steirische 152
Redbone Coonhound 263
Rehpinscher 44
Rekel 337
Retriever, Chesapeake Bay 278
Retriever, Curly Coated 279

Retriever, Flat Coated 236
Retriever, Golden 235
Retriever, Labrador 234
Retriever, Nova Scotia Duck Tolling 157
Rhodesian Ridgeback 309
Ridgeback 309
Ridgeback, Thailand 218
Riesenschnauzer 315
Roeselaarse Bouvier 290
Rottweiler 292
Rough Collie 238
Russenschnauzer 315
Russische Bracke 266
Russische gescheckte Bracke 266
Russische Laiki 212
Russischer Jagdspaniel 111
Russischer Jagdwindhund 376
Russischer Toy 43
Russischer Zwerghund 43
Russisch-Europäischer Laika 212
Russkaja Goncaja 266
Russkaja Pegaja Goncaja 266
Russkaya Psovaya Borzaya 376
Russkiy Toy 43
Russko-Evropeiskaia Laika 212

Saarlooswolfhond 342
Sabueso Español 166
Sage Koochee 367
Saluki 321
Samoiedskaia Sabaka 211
Samojede 211
Sapsaree 151
Sarplaninac 358
Sauerländer Holzbracke 161
Save-Bracke 182
Schäferhund, Belgischer 244
Schäferhund, Deutscher 246
Schäferhund, Holländischer 242
Schäferhund, Katalanischer 188
Schäferhund, Kroatischer 134

Schäferhund, Portugiesischer 189
Schäferhund, Schweizer 247
Schäferhund, Weißer Schweizer 247
Schafpudel 250
Schapendoes 136
Schifferspitz, Holländischer 210
Schillerstövare 177
Schipperke 63
Schmetterlingshündchen 30
Schnauzer 140
Schnauzer, Zwerg- 72
Schnürenpudel 226
Schopfhund, Chinesischer 66
Schwarzer Altdeutscher 249

Sealyham Terrier 60
Segugio Italiano 167
Segusier 256
Sennenhund, Appenzeller 195
Sennenhund, Berner 314
Sennenhund, Großer Schweizer 330
Serbischer Laufhund 182
Serbischer Schäferhund 359
Setter, English 295
Setter, Gordon 294
Setter, Irischer rot-weißer 297
Setter, Irish Red 296
Setter, Irish Red and White 297
Setter, Laverack 137, 295

Siberian Husky 208
Siebenbürger Bracke 269
Siegerländer Fuchs 251
Silken Windhound 233
Silken Windsprite 197
Silky Terrier 23
Sivas Kangal 364
Skye Terrier 32
Sloughi 322
Slovakischer Tschuvatsch 354
Slovensky Cuvac 354
Slovensky Hrubosrsty Stavac 306
Slovensky Kopov 154
Slowakischer Laufhund 154
Slowakische Schwarzwildbracke 154
Slowakischer Raubart 306

Malinois

Schwarzer Terrier 329
Schwarzwälder Bracke 93
Schwedischer Elchhund 187
Schwedischer Lapphund 164
Schweißhund, Hannoverscher 185
Schweizer Laufhund 178
Schweizer Niederlaufhunde 84
Schwyzer Laufhund 178
Schwyzer Niederlaufhund 84
Scottish Terrier 35

Shar Pei 144
Sheepdog, Old English 194
Sheepdog, Welsh 158
Sheltie 87
Shepherd, Australian 199
Shepherd, English 160
Shetland Sheepdog 87
Shiba Inu 101
Shih Tzu 26
Shikoku 148
Shiloh Shepherd' 341
Shinsyu-Shiba 101

Smaland-Bracke 177
Smalandsstövare 177
Smithfield Drover 146
Smooth Collie 239
Smoushond, Hollandse 110
Somerset Harrier 168
Southern Harrier 168
Spaniel, American Cocker 91
Spaniel, Bretonischer 137
Spaniel, Cavalier King Charles 69
Spaniel, Clumber 104

Spaniel, English Cocker 111
Spaniel, English Springer 142
Spaniel, Field 104
Spaniel, German 163
Spaniel, Irish Water 206
Spaniel, King Charles 68
Spaniel, Sussex 104
Spaniel, Tibet 26
Spaniel, Toy 68
Spaniel, Welsh Springer 143
Spanische Bulldogge 228
Spanische Dogge 228
Spanischer Wasserhund 130
Spanischer Windhund 319
Spinone 308
Spitz 129
Spitz, Deutscher 64
Spitz, Japan 65
Spitz, Klein- 64
Spitz, Mittel- 64
Spitz, Westgoten 57
Spitz, Zwerg- 21
Spitze, Japanische 148
Springer Spaniel, English 142
Springer Spaniel, Welsh 143
Sredneasiatskaia Ovtcharka 367
Srpski Gonic 182
Srpski Pastirski Pas 361
Srpski Trobojni Gonic 181
St. Bernhardshund 377

St. Johns Hund 234
Stabyhoun 162
Staffordshire Bull Terrier 107
Steenbracke 161
Steinbracke 161
Steirische Rauhaarbracke 152
Stephens Cur 139
Steppen-Kaukase 366
Stichelhaariger Bosnischer Laufhund 182
Strobel 250
Studbook Harrier 168
Stumper 250
Stumpy Tail Cattle Dog 146
Südrussischer Ovtcharka 368
Suomenajokoira 184
Suomenlapinkoira 164
Suomenpystykorva 138
Sussex Spaniel 104
Svensk Vit Älghund 187
Swedish Vallhund 57
Taiwan Dog 216
Taiwan Hund 216
Tajgan 374
Tatarenbracke 270
Tatraschäferhund 354
Tazi 321, 373
Tazy 374
Tchiorny Terrier 329
Teckel 48
Teddy Roosevelt Terrier 47
Telomian 103
Teneriffa-Hündchen 38

Tenterfield Terrier 59
Terceira-Dogge 229
Terrier, Aberdeen 35
Terrier, Airedale 240
Terrier, American Hairless 47
Terrier, Australian 24
Terrier, Australian Silky 23
Terrier, Bedlington 108
Terrier, Bingley 240
Terrier, Black and Tan 109
Terrier, Black and Tan Toy 46
Terrier, Border 76
Terrier, Boston
Terrier Brasileiro 96
Terrier, Brasilianischer 96
Terrier, Clydesdale 22
Terrier, Dandie Dinmont 31
Terrier, English Toy 46
Terrier, Fell 88
Terrier, Fox 95
Terrier, Irish 116
Terrier, Irish Glen of Imaal 75
Terrier, Jack Russell 58
Terrier, Japanischer 96
Terrier, Lakeland 88
Terrier, Lucas 61
Terrier, Manchester 109
Terrier, Moskauer Toy 43
Terrier, Norfolk 24
Terrier, Norwich 24
Terrier, Parson Russell 58
Terrier, Patterdale 88

Weißer Schweizer Schäferhund

Terrier, Plummer 59
Terrier, Rat 47
Terrier, Schwarzer 329
Terrier, Scottish 35
Terrier, Sealyham 60
Terrier, Skye 32
Terrier, Tchiorny 329
Terrier, Tenterfield 59
Terrier, Tibet 120
Terrier, Toy Fox 47
Terrier, Welsh 88
Terrier, West Highland White 34
Terrier, Westfalen 89
Terrier, Yorkshire 22
Tervueren 244
Thai Bangkaew 103
Thai Ridgeback 218
Thailand Ridgeback 218
Thornburg Feist 139
Thrakische Molosser 361
Tibet Mastiff 369
Tibet Spaniel 26
Tibet Terrier 120
Tibetanischer Löwenhund 26
Tibet-Dogge 369
Tiger 249
Tiroler Bracke 152
Toller 157
Tornjak 358
Tosa 303
Toy Fox Terrier 47
Toy Spaniel 68
Toy Terrier, Black and Tan 46
Toy Terrier, English 46
Toy Terrier, Moskauer 43
Transsilvanischer Spürhund 269
Treeing Cur 139
Treeing Feist 139
Treeing Tennessee Brindle 139, 263
Treeing Walker Coonhound 263
Tschechischer Terrier 62
Tschechoslowakischer Wolfhund 343
Tsvetnaya Bolonka 41
Turco Andaluz 130

Ungarisch Drahthaar 261
Ungarisch Kurzhaar 261
Ungarischer Hirtenhund 357
Ungarischer Windhund 320

Vallhund 57
Västgötaspets 57
Veadeiro 264
Veadeiro Pampeano 204
Victoria Bulldog 318
Vieräugl 152
Villano de las Encartaciones 229
Villanunca de las Encartaciones 97
Virginia Foxhound 262
Viszla, Magyar 261
Vlaamse Koehond 290
Volpino Italiano 65
Vorstehhund, Bretonischer 137
Vostotchno Sibirskaia Laika 213

Wachtelhund 196
Wachtelhund, Deutscher 163
Wälderdackel 93
Wäller 275
Waschbärenhund 262
Wasserhund, Portugiesischer 198
Water Spaniel, Irish 206
Weimaraner 316
Weißer griechischer Schäferhund 361
Weißer Schweizer Schäferhund 247
Weißer Schwedischer Elchhund 187
Welsh Corgi Cardigan 54
Welsh Corgi Pembroke 54
Welsh Hound 284
Welsh Sheepdog 159
Welsh Springer Spaniel 143
Welsh Terrier 88
West Country Harrier 168
West Highland White Terrier 34
Westerwälder Fuchs 251

Westfalenterrier 89
Westfälische Bracke 161
Westfälische Dachsbracke 92
Westgotenspitz 57
Westsibirischer Laika 212
Wetterhoun 286
Whippet 150
Whippet, Langhaar 197
Windhound, Silken 233
Windhund, Afghanischer 334
Windhund, Polnischer 372
Windhund, Spanischer 319
Windhund, Ungarischer 320
Windspiel 78
Windsprite, Silken 197
Wolfhound 380
Wolfhund 342
Wolfsspitz 210
Wüstenwindhund 333

Xoloitzcuintle 214

Yorkshire Terrier 22

Zapadno-Sibirskaia Laika 212
Zentralasiatischer Ovtcharka 367
Zwerg-Dachshund 48
Zwerghund, Russischer 43
Zwergpinscher 44
Zwergschnauzer 72
Zwergspaniel, Kontinentaler 30
Zwergspitz 21

Hunde verstehen und richtig erziehen

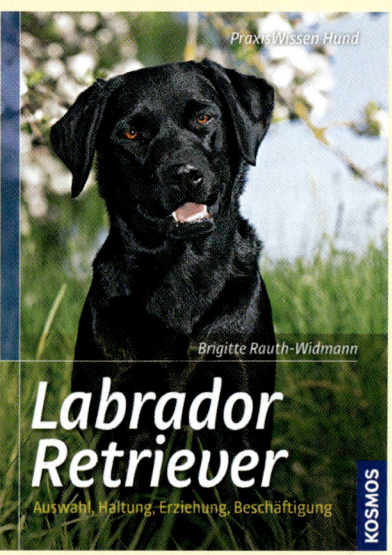

Brigitte Rauth-Widmann
Labrador Retriever
128 Seiten, 200 Farbfotos
€/D 12,95; €/A 13,40; sFr 24,90
ISBN 978-3-440-11178-9

- Der Labrador Retriever besticht überall mit seinem freundlichen Wesen, seiner Intelligenz und Arbeitsfreude.

- Die Labradorkennerin Brigitte Rauth-Widmann beschreibt ausführlich seinen Charakter, welche Ansprüche er an seinen Halter stellt und wie man ihn zu einem angenehmen Begleiter erzieht.

Dorothea Penizek
Parson und Jack Russell Terrier
128 Seiten, 189 Farbfotos
€/D 12,95; €/A 13,40; sFr 24,90
ISBN 978-3-440-11179-6

- Parson und Jack Russell Terrier werden vor allem als unkomplizierter Familienhund und fröhlicher Begleiter im Reitstall geschätzt.

- Dieser kompetente Ratgeber enthält geballtes Wissen zur Auswahl, Haltung, Erziehung und Beschäftigung.

- … und 15 weitere Rassen in der Reihe.

KOSMOS

www.kosmos.de/heimtiere   Preisänderung vorbehalten

Das Standardwerk für Hundefreunde

Hans Räber
Enzyklopädie der Rassehunde
912 Seiten, 1.338 Farbfotos
€/D 99,90; €/A 102,70; sFr 165,90
ISBN 978-3-440-08235-5

■ Hunde waren die ersten vierbeinigen Gefährten des Menschen. So verschieden wie ihre Aufgaben, so vielgestaltig sind auch die Typen und Rassen, die sich dabei entwickelten.

■ Detailliert und sachkundig beschreibt Hans Räber für jede Rasse die Herkunft, ihren ursprünglichen Verwendungszweck, die Entwicklung der Zucht und die heutige Situation.

Die Fotos wurden von der Autorin Eva-Maria Krämer für dieses Buch aufgenommen, in den wenigen Ausnahmefällen haben wir den Fotografen am Bild vermerkt.

Umschlaggestaltung von eStudio Calamar unter Verwendung von drei Hundeaufnahmen von Eva-Maria Krämer. Das Autorenfoto auf der Umschlagrückseite hat Marianne Bunyan aufgenommen.

Die Umschlagvorderseite zeigt einen Kromfohrländer (groß), einen Appenzeller Sennenhund (oben) und einen Shiba Inu (unten), die Umschlagrückseite einen Welsh Hound, Seite 1 einen Boston Terrier, Seite 2/3 einen Flat Coated Retriever.

Mit 620 Farbfotos.

Unser gesamtes lieferbares Programm und viele weiter Informationen zu unseren Büchern, Spielen, Experimentierkästen, DVDs, Autoren und Aktivitäten finden Sie unter **www.kosmos.de**

Gedruckt auf chlorfrei gebleichtem Papier

Fünfte, vollständig überarbeitete, erweiterte und neu bebilderte Auflage

© 2009 Franckh-Kosmos Verlags-GmbH & Co. KG, Stuttgart
Alle Rechte vorbehalten
ISBN 978-3-440-10645-7
Redaktion: Angela Beck
Satz und Gestaltung: TypoDesign, Kist
Produktion: Eva Schmidt, Svenja Becker, Julia Katharina Höll
Printed in Germany / Imprimé en Allemagne